セミナー
ライブラリ 物理学＝4

演習 量子力学 ［新訂版］

岡崎　誠／藤原毅夫　共著

サイエンス社

サイエンス社のホームページのご案内
http://www.saiensu.co.jp
ご意見・ご要望は　rikei@saiensu.co.jp　まで.

新訂にあたって

　本書は1983年の出版以来，幸いにも多くの読者を得て21刷を重ねた．
　多くの若い方々の支持を得たことが，著者らの「なるべく数少ないしかし基本的な例題で量子力学の基礎知識を身に付けてもらう」という方針が受け入れられたものとすれば，大変にうれしいことである．しかし，近年，いわゆるメゾスコピック系の物理，あるいは量子光学の発展が著しく，例題や問題に新しい装いを加えたいという気持ちが強くなった．また，SI単位系（国際単位系）が広く用いられ，高等学校，あるいは大学初年時のテキストが，SI単位系のみによって書かれるようになった．
　これらの理由により，この度，旧版を改訂することにした．
　今回の改訂ではすべての記述をSI単位系とした．また，要項の記述をより丁寧にするように心掛けた．例題や問題は新たに大分加えたが，基本方針は堅持した．
　しかし，新しいタイプの問題を付け加えたいという気持ちは，難しい問題は加えないという方針のためもあって，十分達成されたとは言いがたい．
　これについては，別の機会に試みることができればと考えている．
　今回の改訂では，細かい変更など困難な作業も加わったが，スケジュールから編集作業まで，サイエンス社田島伸彦氏，鈴木綾子氏には著者のわがままを聞き入れて頂いた．あわせて篤く感謝する．

2002年2月

岡崎　　誠
藤原　毅夫

ま　え　が　き

　量子力学は，いまや理工系の多くの学科に共通して必要な科目となっている．本書は著者の講義と演習の経験にもとづいて，量子力学を初めて勉強する人たちの自習用に書かれた．
　物理学の基本法則や方法を理解し，使えるようにするには，自分で演習問題を解いてみることがもっとも効果的である．量子力学は，これまで親しんできた古典物理学と考え方の違いが大きいだけに，なおさら演習を通じて慣れることが大切である．
　今日の科学技術の進展の多くは，現象のミクロな世界での理解の上に立っている．理工学の分野で量子力学を必要とする程度も幅広い．量子力学に基礎づけられた考え方によって，ある現象を理解できれば十分ということもあれば，自分自身である程度

の計算を実行しなくてはならないこともあるだろう．将来，自分がいずれの分野にかかわるにしても，演習は内容の理解に欠かせない．

　本書の執筆方針は，なるべく数少ない例題で，量子力学の基礎的知識を身につけるようにというものである．そのとき，例題の答を読んで，それだけがわかったというのでは不十分である．そこでの解法を一般的な手法として理解し，自分ですぐに類似の問題に応用できるかという意識で，考えながら読んでほしい．そう考えて，量子力学をひととおり理解するのに必要不可欠な例題の数を，典型的なもの60題程度にしぼった．標準的なテキストでは本文中に述べられている事柄を例題の形に書き直したものも多い．

　具体的な内容について簡単に述べておこう．実際の問題では，非常に多くの場合，摂動論（の考え方）の助けをかりることが必要となる．そう考えると極端な言い方をすれば，本書の中心は第3章の摂動論である．摂動論を用いるには，シュレディンガー方程式が正確に解けるいくつかの例を知っていなければならない．それは第2章で与えられる．量子力学的に状態を指定する物理量として，エネルギーと並んで重要なのが角運動量であり，電子状態の理解に欠かせないスピンとともに第4章があてられる．第5章の原子は，多粒子系の例であると同時に，分子から固体へと物性物理の基礎につなぐ役割を果たす．輻射場は，物質と相互作用して物性を明らかにしてくれる．この現象は摂動論の応用でもある（第7章）．衝突問題はすべてが摂動論ではないが，原子核・素粒子に関する実験を解釈するときの基礎となっているし，また現代では物性物理でも広く用いられている．

　「うめくさ」は，最小限必要な内容ではないが言っておきたいこと，見方を変えれば理解を助けると思われること，この本の範囲を超えるが将来役立つと思われることなどを思いつくままに書いたものである．なかには教室で学生諸君との応答に誘発されたものもある．

　原稿は，1，2，3，7章と補遺を藤原，4，5，6章を岡崎が分担して執筆したのち，両名で全体に検討を重ねた．

　出版に際して，サイエンス社編集部の橋元淳一郎，久保尚子両氏にひとかたならぬお世話になったことを深く感謝する．

　　1983年4月

岡崎　　誠
藤原　毅夫

目　次

1　量子力学の基礎
- 1.1　量子力学の建設　・・・・・・・・・・・・・・・・・・・・・・・・・　1
  - 例題 1
- 1.2　量子力学の考え方と波動関数の解釈　・・・・・・・・・・・　5
  - 例題 2〜5
- 1.3　量子力学の基礎づけ　・・・・・・・・・・・・・・・・・・・・　12
  - 例題 6〜10

2　シュレディンガー方程式の解
- 2.1　自由な粒子に対する解と波束　・・・・・・・・・・・・・・・・　24
  - 例題 1〜3
- 2.2　1次元箱型ポテンシャル　・・・・・・・・・・・・・・・・・・・　31
  - 例題 4〜5
- 2.3　調和振動子　・・・・・・・・・・・・・・・・・・・・・・・・・・・　36
  - 例題 6〜9
- 2.4　3次元球対称ポテンシャル　・・・・・・・・・・・・・・・・・　45
  - 例題 10〜12

3　近似解法（摂動論と変分法）
- 3.1　定常状態に対する摂動論Ⅰ（縮退のない場合）　・・・・　54
  - 例題 1〜2
- 3.2　定常状態に対する摂動論Ⅱ（縮退のある場合）　・・・・　60
  - 例題 3〜4
- 3.3　時間に依存した摂動　・・・・・・・・・・・・・・・・・・・・・　65
  - 例題 5〜8
- 3.4　変 分 法　・・・・・・・・・・・・・・・・・・・・・・・・・・・・　73
  - 例題 9

4　角運動量とスピン
- 4.1　軌道角運動量　・・・・・・・・・・・・・・・・・・・・・・・・・　77
  - 例題 1〜4
- 4.2　ス ピ ン　・・・・・・・・・・・・・・・・・・・・・・・・・・・・　88
  - 例題 5〜7
- 4.3　角運動量の合成　・・・・・・・・・・・・・・・・・・・・・・・　94
  - 例題 8〜9

iv 目次

    4.4 ゼーマン効果とスピン・軌道相互作用 · · · · · · · · · 100
            例題 10～12

5 原 子
    5.1 原 子 構 造 · · · · · · · · · · · · · · · · · · · 108
            例題 1
    5.2 同 種 粒 子 · · · · · · · · · · · · · · · · · · · 112
            例題 2～4
    5.3 電子配置と周期律 · · · · · · · · · · · · · · 119
    5.4 多重項構造 · · · · · · · · · · · · · · · · · · 120
            例題 5～6

6 散 乱 問 題
    6.1 粒子の散乱 · · · · · · · · · · · · · · · · · · 126
            例題 1～2
    6.2 位相のずれの方法 · · · · · · · · · · · · · · 132
            例題 3～4
    6.3 ボルン近似 · · · · · · · · · · · · · · · · · · 136
            例題 5～7
    6.4 トンネル現象 · · · · · · · · · · · · · · · · · 143
            例題 8～9

7 輻射の理論
    7.1 輻射場の量子化 · · · · · · · · · · · · · · · · 149
            例題 1～3
    7.2 輻射場と荷電粒子の相互作用 · · · · · · · · · 156
            例題 4～8

補 遺 · 167

問 題 解 答 · 171
    1 章の解答　171　　4 章の解答　208　　7 章の解答　238
    2 章の解答　179　　5 章の解答　221
    3 章の解答　194　　6 章の解答　229

索 引 · 247

1 量子力学の基礎

1.1 量子力学の建設

◆ **光量子仮説**　1900 年，ドイツの M. プランクは「光のエネルギーは，バラバラのかたまりでしか存在し得ない」という考えを発表した．これは，振動数 ν の光のエネルギーは，光量子

$$E = h\nu \tag{1}$$

を単位として，その整数倍しか許されない，という考えである．(h はプランクの定数と呼ばれる普遍定数で，$h = 2\pi\hbar = 6.63 \times 10^{-34}\text{J}\cdot\text{s}$) この**光量子仮説**は，一定温度の炉の中に閉じ込められた電磁波 (可視光，X 線，γ 線など) のエネルギー分布の問題から導かれたが，その後，アインシュタインによる**光電効果の説明** (1904 年)，あるいは**コンプトン効果の実験** (1923 年) などにより，光量子の実在が確かめられた．

◆ **ボーアの原子模型**　1913 年，デンマークの N. ボーアは，ラザフォードの原子模型 (原子は，その中心に集中した正電荷の核——原子核——と，その周囲をぐるぐるまわっている負電荷の軽い粒子——電子——から成り立っている) に対して，次のように考えた．古典力学で知られるように，電荷が振動しているときには，そこから電磁波が放出されて，あっという間に電子はエネルギーを失い，原子核に落ち込んでしまい，原子自身の構造がつぶれてしまう．しかし，光が光量子としてとびとびのエネルギーしかもたないのなら，電子のエネルギーもまたとびとびの値しか許されないと考えていいはずである．電子 (電荷 $-e$，質量 m：$e = 1.6021 \times 10^{-19}$C, $m = 9.11 \times 10^{-31}$kg) が原子核 (電荷 Ze) のまわりの，半径 r の円周上を，速度 v でまわっているとする．遠心力と静電的引力のつり合いの条件

$$-\frac{Ze^2}{4\pi\epsilon_0 r^2} + \frac{mv^2}{r} = 0$$

より，電子の円軌道の半径は

$$r = \frac{Ze^2}{4\pi\epsilon_0 mv^2} \tag{2}$$

である．この円運動で，電子の角運動量は mvr であるが，量子化の規則として

$$2\pi mvr = nh \quad (n \text{ は正の整数}) \tag{3}$$

を仮定しよう．(3) の左辺は「作用」と呼ばれる．(2) と (3) より，円軌道の半径 r は

$$r = \frac{4\pi\epsilon_0}{e^2}\frac{n^2h^2}{4\pi^2 mZ} \quad (n = 1, 2, 3, \cdots) \tag{4}$$

であり，また電子のエネルギー E は

$$E = \frac{1}{2}mv^2 - \frac{Ze^2}{4\pi\epsilon_0 r} = -\left(\frac{e^2}{4\pi\epsilon_0}\right)^2 \frac{2\pi^2 m Z^2}{n^2 h^2} \tag{5}$$

となる．(5) は，実験的に観測されている原子の線スペクトル (例えば，水素ガスを真空放電させたときに発せられる光は，鋭い輝線の配列から成り立っている) を見事に説明した．

◆ **ド・ブロイ波と電子の波動性**　1925 年，フランスのルイ・ヴィクトール・ド・ロイは，ボーアの模型でエネルギーの異なる電子状態を規定するのは，バイオリンの弦の振動のように，電子の軌道上を伝播する波動であると考えた．この波は，今日，**ド・ブロイ波**といわれる．電子の状態は，このド・ブロイ波が，軌道上に，1 波長，2 波長，…と納められるとして定められる，と考えたのである．

光においては，エネルギー E と運動量 p の間には (c を光速として)

$$E = cp \tag{6}$$

が，また波長 λ と振動数 ν の間には，

$$\lambda = \frac{c}{\nu} \tag{7}$$

の関係がある．これらの関係と光量子仮説 (1) とを結びつけることにより，

$$\lambda = \frac{h}{p} \tag{8}$$

が成立しなくてはならないことがわかる．

ド・ブロイは，原子のまわりを運動する電子の運動量 $p = mv$ と，それに付随した波 (ド・ブロイ波) にも同じ式

$$\lambda = \frac{h}{mv} \tag{9}$$

を要求した．また，ド・ブロイ波の波長 (**ド・ブロイ波長**) λ の整数倍が，電子の軌道の円周の長さでなくてはならないから，

$$2\pi r = n\lambda \tag{10}$$

が要求される．(9), (10) の条件は，ボーアの量子化条件 (3) と同じである．

電子には，(9) で表わされる波長をもったド・ブロイ波が付随しているという考えは，翌 1926 年，イギリスの G. P. トムソン，アメリカの G. デヴィッソンと L. H. ガーマー，および日本の西川と菊池により，電子線の結晶による回折現象として確かめられた．

電子の運動エネルギー

$$E = \frac{mv^2}{2}$$

を用いると，ド・ブロイ波長は

$$\lambda = \frac{h}{\sqrt{2mE}} \tag{11}$$

である．E を電子ボルトで表わせば，
$$\lambda = \frac{12.2}{\sqrt{E}} \times 10^{-10} \text{m}$$
となる．したがって，数百ボルトの電位差で加速された電子ビームのド・ブロイ波長は 10^{-10} m 程度の大きさとなり，同程度の間隔で原子が規則的に並んでいる結晶が回折格子の役割りをはたす．

◆ **シュレディンガー方程式** 粒子の状態を記述する"波"を**波動関数** ψ で表わす．これがしたがう方程式に，要請される条件は，

> (i) 線形性 (電子波には干渉効果——重ね合せ——がある)．
> (ii) 運動に関する量 (p, E など) をパラメタとして含まない．

ということである．これらの条件から，自由粒子に対する基本方程式は

$$i\hbar \frac{\partial \psi}{\partial t} = -\frac{\hbar^2}{2m} \frac{\partial^2 \psi}{\partial x^2}, \qquad \text{(1 次元の場合)} \tag{12}$$

$$i\hbar \frac{\partial \psi}{\partial t} = -\frac{\hbar^2}{2m} \nabla^2 \psi, \quad \nabla = \left(\frac{\partial}{\partial x}, \frac{\partial}{\partial y}, \frac{\partial}{\partial z} \right) \quad \text{(3 次元の場合)} \tag{13}$$

となる．これらを**自由粒子のシュレディンガー方程式**という．また，時間に関する微分演算子はエネルギーに，座標に関する微分演算子は運動量に対応する．

$$E \rightleftarrows i\hbar \frac{\partial}{\partial t}, \quad \boldsymbol{p} \rightleftarrows -i\hbar \,\text{grad}. \tag{14}$$

◆ **原子単位** 今日，広く用いられる SI 単位系 (国際単位系) では，質量をキログラム (kg)，長さをメートル (m)，時間を秒 (s)，電荷をクーロン (C) で表わす．しかし量子力学で扱う単位は，これらに比べると著しく小さいものである．そこで，量子力学では原子単位 (atomic unit) というものを使うことが多い．これは，電子の質量 $m=1$, $\hbar=1$, $e^2/4\pi\epsilon_0 = 1$ としたものである．これによれば，長さの単位は

$$a_0 = \frac{h^2}{4\pi^2 m} \frac{4\pi\epsilon_0}{e^2} = 5.2918 \times 10^{-11} \text{m}$$

エネルギーの単位は

$$E = \left(\frac{e^2}{4\pi\epsilon_0} \right)^2 \frac{4\pi^2 m}{h^2} = 4.3598 \times 10^{-18} \text{J}$$

時間の単位は

$$\tau_0 = \frac{(4\pi\epsilon_0)^2 \hbar^3}{me^4} = 2.4189 \times 10^{-17} \text{s}$$

を 1 としたものとなる．a_0 は水素 $1s$ 電子の軌道半径，E は $1s$ 電子の束縛エネルギーの 2 倍である．

例題 1

自由な電子の波がしたがう，1 次元空間での方程式が，
  (i)   線形方程式．
  (ii) 運動に関する量を含まない．
という条件を満たし，かつ自由な波 $\psi = \exp[i(kx - \omega t)]$ を解としてもつ場合，最も簡単な式は，要項 (12) であることを示せ．ここで $\omega = 2\pi\nu$, $k = 2\pi/\lambda$ である．

(自由粒子に対するシュレディンガー方程式)

【解答】 光量子の式 $E = h\nu$ と，ド・ブロイの式 $\lambda = h/p$ は書きなおすと

$$E = \hbar\omega, \tag{1}$$

$$p = \hbar k \tag{2}$$

となる．自由粒子のエネルギーと運動量の関係

$$E = \frac{p^2}{2m} \tag{3}$$

に (1), (2) を用いて変形すると

$$\hbar\omega = \frac{(\hbar k)^2}{2m} \tag{3'}$$

となる．一方，x 方向に波数 k，角振動数 ω で進む波動

$$\psi = \exp[i(kx - \omega t)]$$

については，

$$-\frac{\hbar}{i}\frac{\partial \psi}{\partial t} = \hbar\omega\psi, \quad \frac{\hbar}{i}\frac{\partial \psi}{\partial x} = \hbar k\psi, \quad -\hbar^2\frac{\partial^2 \psi}{\partial x^2} = (\hbar k)^2\psi, \quad \cdots \tag{4}$$

などが成立する．(3') および (4) を比較し，条件 (i), (ii) を満たす最も簡単な方程式は，

$$-\frac{\hbar}{i}\frac{\partial \psi}{\partial t} = -\frac{\hbar^2}{2m}\frac{\partial^2 \psi}{\partial x^2} \tag{5}$$

であることがわかる．

【注意】 (4) の第 1, 2 式より，エネルギー E, 運動量 p は，

$$E \rightleftarrows i\hbar\frac{\partial}{\partial t}, \quad p \rightleftarrows -i\hbar\frac{\partial}{\partial x}$$

のように，それぞれの演算子と対応関係のあることがわかる．

問 題

1.1 例題と同様にして，3 次元空間での自由粒子に対するシュレディンガー方程式は

$$i\hbar\frac{\partial \psi}{\partial t} = -\frac{\hbar^2}{2m}\nabla^2\psi \quad \left(\nabla = \left(\frac{\partial}{\partial x}, \frac{\partial}{\partial y}, \frac{\partial}{\partial z}\right)\right)$$

となることを示せ．

1.2 量子力学の考え方と波動関数の解釈

◆ **不確定性原理** (uncertainty principle)　　ある特定の変数の組 (ハミルトン形式の中で互いに正準共役な変数：1.3 節参照) に対しては，その双方を任意の程度の正確さで測定することができない．たとえば，座標と運動量，回転角と角運動量の間には，

$$\Delta x \cdot \Delta p_x \gtrsim \hbar, \tag{1}$$
$$\Delta \phi \cdot \Delta J_\phi \gtrsim \hbar$$

の関係がある．ただし，ΔA (真の値と測定値の差) は，A という量の測定の不確かさの程度を表わす．

◆ **シュレディンガー方程式**　　ポテンシャル・エネルギー $V(\boldsymbol{r},t)$ で表わされる外場中にある粒子のエネルギー E は

$$E = \frac{\boldsymbol{p}^2}{2m} + V(\boldsymbol{r},t) \tag{2}$$

であるから，対応関係

$$E \rightleftarrows i\hbar \frac{\partial}{\partial t}, \tag{3}$$
$$p_x \rightleftarrows -i\hbar \frac{\partial}{\partial x}$$

により，シュレディンガー方程式は

$$i\hbar \frac{\partial}{\partial t} \psi(\boldsymbol{r},t) = \left\{ -\frac{\hbar^2}{2m} \nabla^2 + V(\boldsymbol{r},t) \right\} \psi(\boldsymbol{r},t) \tag{4}$$

である．

◆ **波動関数の解釈と規格化**　　波動関数の絶対値の 2 乗

$$P(\boldsymbol{r},t) = |\psi(\boldsymbol{r},t)|^2 \tag{5}$$

は，座標 $\boldsymbol{r}$ の点で，時刻 t に粒子を見出す**確率**を表わし，**確率密度**と呼ぶ．したがって，1 個の粒子の波動関数 $\psi(\boldsymbol{r},t)$ に対しては，**規格化条件**

$$\int |\psi(\boldsymbol{r},t)|^2 d\boldsymbol{r} = 1 \tag{6}$$

を要請する (積分は全空間)．また，シュレディンガー方程式が (4) の場合，

$$\boldsymbol{S}(\boldsymbol{r},t) = \frac{\hbar}{2im} [\psi^* \operatorname{grad} \psi - (\operatorname{grad} \psi)^* \psi] \tag{7}$$

を，**確率の流れの密度**と呼ぶ．これは，粒子の速度分布を表わしている．

◆ **期待値**　$P(\boldsymbol{r},t)$ は確率密度であるから，種々の物理量の値は，その確率分布における**期待値**として計算できる．x 座標の期待値は

$$\begin{aligned}\langle x \rangle &= \int P(\boldsymbol{r},t) x d\boldsymbol{r} \\ &= \int \psi^*(\boldsymbol{r},t) x \psi(\boldsymbol{r},t) d\boldsymbol{r}\end{aligned} \tag{8}$$

である．運動量のように微分演算子で表わされるものの期待値は

$$\langle p_x \rangle = \int \psi^*(\boldsymbol{r},t) \left(-i\hbar \frac{\partial}{\partial x}\right) \psi(\boldsymbol{r},t) d\boldsymbol{r} \tag{9}$$

で与えられる．つまり，一般に**演算子** A に対応する物理量の期待値 $\langle A \rangle$ は

$$\langle A \rangle = \int \psi^*(\boldsymbol{r},t) A \psi(\boldsymbol{r},t) d\boldsymbol{r} \tag{10}$$

で計算される．この式で，演算子 A は，右側にある関数 $\psi(\boldsymbol{r},t)$ にだけ演算することに注意する必要がある．

◆ **エネルギー固有関数**　ポテンシャルが時間に依存せず $V(\boldsymbol{r})$ と書けるときには，波動関数を

$$\psi(\boldsymbol{r},t) = e^{-iEt/\hbar} \psi(\boldsymbol{r}) \tag{11}$$

と $\boldsymbol{r}$ と t に変数分離した形に置ける．$\psi(\boldsymbol{r})$ は，時間に依存しないシュレディンガー方程式

$$\left\{-\frac{\hbar^2}{2m}\Delta + V(\boldsymbol{r})\right\} \psi(\boldsymbol{r}) = E \psi(\boldsymbol{r}) \quad (\Delta = \nabla^2) \tag{12}$$

を満たす．以下では，この方程式を $V(\boldsymbol{r})$ のいろいろな場合について解くことになる．(12) は，ハミルトニアン演算子

$$\mathcal{H} = -\frac{\hbar^2}{2m}\Delta + V(\boldsymbol{r})$$

に関する**固有値問題**である．すなわち，$\mathcal{H}$ を ψ に演算した結果が ψ に定数 E をかけたものになるような，関数 (**固有関数**) と定数 E (**固有値**) を求める問題である．$|\psi(\boldsymbol{r},t)|^2$ が t によらないから，(11) の波動関数は**定常状態**を表わす．

1.2 量子力学の考え方と波動関数の解釈

―― 例題 2 ――――――――――――――――――――――――――――――

図のように，弱い光を電子にあてて散乱させ，その光を開口角 ϕ のレンズによりスクリーン上に集めて電子の位置を測定することが可能だとする．この場合，電子の位置と運動量に関し，不確定性関係

$$\Delta x \cdot \Delta p \geq \hbar$$

が成立することを示せ．

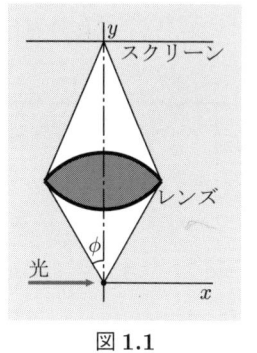

図 1.1

――――――――――――――――――――――――――――――――

【ヒント】 散乱光をレンズに集める際の回折の効果により，スクリーン上のある1点に像を結ぶ光は，$\Delta x = \lambda/\sin\phi$ 程度の広がりをもった領域で散乱されたことがわかるだけである．ここで λ は光の波長である．すなわち光学系の分解能は Δx である．

【解答】 ヒントにより，電子の位置は $\Delta x = \lambda/\sin\phi$ 程度の不確定さで測定が可能である．この不確定さを小さくするには，光の波長 λ を小さくすればよい．一方，光が，スクリーンに垂直な軸となす角が θ の方向に散乱されるとし，またこの散乱光の運動量を $\boldsymbol{p}$ とすると

$$p = \frac{h}{\lambda} \quad (p = |\boldsymbol{p}|)$$

かつ，運動量 $\boldsymbol{p}$ の x 方向の成分 p_x は

$$p_x = p \sin\theta = \frac{h}{\lambda} \sin\theta$$

である．したがって，逆に電子は x 方向に $-(h/\lambda)\sin\theta$ だけの運動量を受けとることになる．$\phi \geq \theta \geq 0$ であること以上には θ を知る方法はないから，電子の運動量は

$$\Delta p = \frac{h}{\lambda} \sin\phi$$

だけ不確定になる．以上により

$$\Delta x \cdot \Delta p \geq h$$

が示された．

問　題

2.1 1個の光量子が，幅 a のスリットを通過するとき，回折効果のために $\Delta p = h/a$ 程度の運動量が不確定になり，したがって不確定性原理が成立していることを示せ．(フラウンホーファー回折)

例題 3

水素原子は 1 個の陽子と 1 個の電子がクーロン相互作用をしている系であるのに，電子が陽子の位置に落ち込まない理由を，不確定性原理 $\Delta x \cdot \Delta p \geq \hbar$ を用いて説明せよ．また水素原子のおおよその大きさを決定せよ．

【解答】 陽子 (十分重いので，今の場合静止した質点と考えてよい) のまわりで，運動している電子が，$\Delta x, \Delta y, \Delta z$ 程度の空間的領域の中で，$\Delta p_x, \Delta p_y, \Delta p_z$ 程度の運動量をもっているとすると，全エネルギーは

$$E = \frac{1}{2m}(\Delta p_x{}^2 + \Delta p_y{}^2 + \Delta p_z{}^2) - \frac{e^2}{4\pi\epsilon_0 \sqrt{\Delta x^2 + \Delta y^2 + \Delta z^2}}$$

である．$\Delta x, \cdots, \Delta p_x, \cdots$ は，それ自身，位置および運動量の不確定さだから

$$\Delta x \geq \frac{\hbar}{\Delta p_x}, \quad \Delta y \geq \frac{\hbar}{\Delta p_y}, \quad \Delta z \geq \frac{\hbar}{\Delta p_z}$$

を上式に代入すると，

$$E \geq \frac{1}{2m}(\Delta p_x{}^2 + \Delta p_y{}^2 + \Delta p_z{}^2) - \frac{e^2}{4\pi\epsilon_0 \hbar}\left(\frac{1}{\Delta p_x{}^2} + \frac{1}{\Delta p_y{}^2} + \frac{1}{\Delta p_z{}^2}\right)^{-\frac{1}{2}}$$

となる．x 方向, y 方向, z 方向をそれぞれ特別に区別する必要はないから

$$\Delta p_x \approx \Delta p_y \approx \Delta p_z \approx \Delta$$

と置いてよい．したがって，$E \geq \dfrac{3}{2m}\Delta^2 - \dfrac{e^2}{4\sqrt{3}\hbar\epsilon_0}\Delta$ と書き改められる．右辺は $\Delta = \Delta_0 \equiv \dfrac{me^2}{12\sqrt{3}\hbar\pi\epsilon_0}$ のとき，最小値 $-\dfrac{me^4}{18\hbar^2(4\pi\epsilon_0)^2}$ をとり，E はこれ以上小さくはならない．すなわち，電子が陽子の近くに落ち込んでいくと (位置の不確定さは小さくなるから) 運動エネルギーが大きくなって外へはじき出され，一方外へはじき出されれば，ポテンシャル・エネルギーが大きくなって内側へ引き込まれた方が，安定となる．このようにして上の Δ_0 が決まっている．水素原子のおおよその大きさは，

$$\Delta x = \hbar/\Delta_0 = 3\sqrt{3}\hbar^2/(me^2/(4\pi\epsilon_0)) \approx 2.75 \times 10^{-10} \mathrm{m}$$

で与えられる．(これは正確な計算結果 a_0 の $3\sqrt{3}$ 倍である．水素原子の基底状態では，正しくは，運動の自由度は，陽子からの距離 r と対応する運動量 $p_r = m\dfrac{dr}{dt}$ のみだからである.)

問題

3.1 1 次元調和振動子 $\left(\text{エネルギー } E = p^2/2m + (K/2)x^2\right)$ の最低エネルギーを不確定性原理でみつもれ．また粒子の広がりを求めよ．

1.2 量子力学の考え方と波動関数の解釈

例題 4

確率密度 $P(\boldsymbol{r}, t)$ と確率の流れの密度 $\boldsymbol{S}(\boldsymbol{r}, t)$ との間には，連続の方程式

$$\frac{\partial P}{\partial t} + \operatorname{div} \boldsymbol{S} = 0$$

が成り立つことを示せ．ただしシュレディンガー方程式は要項 (4) で与えられる．

【解答】 $P(\boldsymbol{r}, t)$ を時間 t で偏微分すると，

$$\frac{\partial P}{\partial t} = \frac{\partial}{\partial t}(\psi^*(\boldsymbol{r}, t)\psi(\boldsymbol{r}, t)) = \frac{\partial \psi^*}{\partial t}\psi + \psi^* \frac{\partial \psi}{\partial t}$$

である．これに，シュレディンガー方程式

$$i\hbar \frac{\partial \psi}{\partial t} = -\frac{\hbar^2}{2m}\nabla^2 \psi + V\psi$$

および，その複素共役

$$-i\hbar \frac{\partial \psi^*}{\partial t} = -\frac{\hbar^2}{2m}\nabla^2 \psi^* + V\psi^*$$

を代入すると

$$\frac{\partial P}{\partial t} = \frac{\hbar}{2im}((\nabla^2 \psi^*)\psi - \psi^*(\nabla^2 \psi))$$

となる．一方 $\operatorname{div} \boldsymbol{S}$ を計算すると

$$\operatorname{div}(\varphi \operatorname{grad} \psi) = \operatorname{grad} \varphi \cdot \operatorname{grad} \psi + \varphi \nabla^2 \psi$$

を用いて，要項 (7) より

$$\operatorname{div} \boldsymbol{S} = \frac{\hbar}{2im}(\psi^*(\nabla^2 \psi) - (\nabla^2 \psi^*)\psi)$$

となる．したがって

$$\frac{\partial P}{\partial t} + \operatorname{div} \boldsymbol{S} = 0$$

を得る．このことからも，$\boldsymbol{S}$ を確率の流れの密度と呼ぶこと，および単位体積中での確率の時間的変化 (連続方程式の第 1 項) はその領域への流入と流出の差 (第 2 項) によって決定されることがわかるであろう．

問　題

4.1 自由な粒子の波動関数 $\psi = a \exp\left[i\left(\boldsymbol{k}\cdot\boldsymbol{r} - \frac{\hbar k^2}{2m}t\right)\right]$ について，$\boldsymbol{S} = \frac{\hbar \boldsymbol{k}}{m}P(\boldsymbol{r}, t) = \boldsymbol{v}P(\boldsymbol{r}, t)$ であることを示せ．ただし速度は $\boldsymbol{v} = \langle \boldsymbol{p}\rangle/m$ である．このことは一定速度 $\boldsymbol{v}$，密度 ρ の流体の流れの密度が $\boldsymbol{j} = \rho \boldsymbol{v}$ であることに対応する．

4.2 一般に $\boldsymbol{S}(\boldsymbol{r}, t) = \left\{\left(\psi^* \frac{\hbar}{im}\operatorname{grad} \psi\right)\text{の実数部}\right\}$ を示せ．したがって $-i\hbar \operatorname{grad}$ を運動量演算子と考えることは，物理的直観と合致している．

―― 例題 5 ――

ポテンシャル・エネルギーを $V(\boldsymbol{r}, t)$ とし，$\langle \boldsymbol{f} \rangle = \int \psi^*(-\mathrm{grad}\, V)\psi d\boldsymbol{r}$ で力の期待値を表わすと

$$\frac{d}{dt}\langle \boldsymbol{r} \rangle = \frac{1}{m}\langle \boldsymbol{p} \rangle, \quad m\frac{d^2}{dt^2}\langle \boldsymbol{r} \rangle = \langle \boldsymbol{f} \rangle$$

が成立することを示せ．これはちょうど古典力学におけるニュートンの運動方程式に対応する．すなわち，量子力学では，期待値に対してニュートンの方程式が成立している．これを「エーレンフェストの定理」と呼ぶ．

【解答】 $\langle x \rangle$ を時間で微分して，

$$\frac{d}{dt}\langle x \rangle = \frac{d}{dt}\int \psi^* x \psi d\boldsymbol{r} = \int \psi^* x \frac{\partial \psi}{\partial t} d\boldsymbol{r} + \int \frac{\partial \psi^*}{\partial t} x \psi d\boldsymbol{r}.$$

これに，シュレディンガー方程式とその複素共役な式を用いると

$$\frac{d}{dt}\langle x \rangle = -\frac{i}{\hbar}\left[\int \psi^* x\left(-\frac{\hbar^2}{2m}\nabla^2\psi + V\psi\right)d\boldsymbol{r} - \int\left(-\frac{\hbar^2}{2m}\nabla^2\psi^* + V\psi^*\right)x\psi d\boldsymbol{r}\right]$$

$$= \frac{i\hbar}{2m}\int[\psi^* x(\nabla^2\psi) - (\nabla^2\psi^*)x\psi]d\boldsymbol{r}.$$

となる．右辺の各項に対し，グリーンの公式 (n は微小面積要素 dS に垂直な成分を表わす．)

$$\int u\nabla^2 v d\boldsymbol{r} + \int \nabla u \cdot \nabla v d\boldsymbol{r} = \int (u\nabla v)_n dS$$

を用いれば

$$\frac{d}{dt}\langle x \rangle = \frac{i\hbar}{2m}\left[-\int \{(\nabla\psi^* x)\cdot \nabla\psi - (\nabla\psi^*)\cdot \nabla x\psi\}d\boldsymbol{r}\right.$$

$$\left.+ \int \{\psi^* x \nabla\psi - (\nabla\psi^*)x\psi\}_n dS\right]$$

$$= \frac{i\hbar}{2m}\left[-\int \left\{\psi^* \frac{\partial \psi}{\partial x} - \frac{\partial \psi^*}{\partial x}\psi\right\}d\boldsymbol{r} + \int \{\psi^* x\nabla\psi - (\nabla\psi^*)x\psi\}_n dS\right]$$

を得る．第 2 項の無限遠における表面積分は，波動関数の規格化（要項 (6)）により 0 である．第 1 項に対して，部分積分を行ない，表面積分は再び 0 となり，

$$\frac{d}{dt}\langle x \rangle = -\frac{i\hbar}{2m}\int\left\{\psi^*\frac{\partial \psi}{\partial x} - \frac{\partial \psi^*}{\partial x}\psi\right\}d\boldsymbol{r}$$

$$= -\frac{i\hbar}{m}\int \psi^*\frac{\partial \psi}{\partial x}d\boldsymbol{r} = \frac{1}{m}\int \psi^* p_x \psi d\boldsymbol{r}$$

より第 1 式が示された．第 2 式を示すために $\langle p_x \rangle$ を時間で微分する．

$$\frac{d}{dt}\langle p_x \rangle = -i\hbar\frac{d}{dt}\int \psi^*\frac{\partial \psi}{\partial x}d\boldsymbol{r}$$

1.2 量子力学の考え方と波動関数の解釈

$$= -i\hbar \int \frac{\partial \psi^*}{\partial t} \frac{\partial \psi}{\partial x} d\boldsymbol{r} - i\hbar \int \psi^* \frac{\partial}{\partial x} \frac{\partial}{\partial t} \psi d\boldsymbol{r}.$$

これに対して，再びシュレディンガー方程式を用いると

$$\frac{d}{dt}\langle p_x \rangle = \int \left(-\frac{\hbar^2}{2m}\nabla^2 \psi^* + V\psi^*\right)\frac{\partial \psi}{\partial x} d\boldsymbol{r} - \int \psi^* \frac{\partial}{\partial x}\left(-\frac{\hbar^2}{2m}\nabla^2 \psi + V\psi\right) d\boldsymbol{r}$$

$$= -\frac{\hbar^2}{2m}\int \left\{(\nabla^2 \psi^*)\frac{\partial \psi}{\partial x} - \psi^* \nabla^2 \left(\frac{\partial \psi}{\partial x}\right)\right\} d\boldsymbol{r} - \int \psi^* \frac{\partial V}{\partial x}\psi d\boldsymbol{r}$$

となる．第 1 項にグリーンの公式を用いると

$$\int \left\{(\nabla^2 \psi^*)\frac{\partial \psi}{\partial x} - \psi^* \nabla^2 \left(\frac{\partial \psi}{\partial x}\right)\right\} d\boldsymbol{r} = \int \left(\frac{\partial \psi}{\partial x}\nabla \psi^* - \psi^* \nabla \frac{\partial \psi}{\partial x}\right)_n dS$$

となり，波動関数の規格化により 0 である．したがって第 2 項のみ残り

$$\frac{d}{dt}\langle p_x \rangle = -\int \psi^* \frac{\partial V}{\partial x}\psi d\boldsymbol{r}$$

となる．これと第 1 式より第 2 式が示される．

以上のことは，もし波動関数がある限られた空間の中でしか有限の値をもたないものであるならば（これを波束と呼ぶ），そして，ポテンシャル・エネルギー V の微分が，波束の広がりの程度の領域では変化しないものなら，波束の運動は，対応する古典的粒子の運動に完全に一致することを意味している．

問 題

5.1 シュレディンガー方程式が

$$i\hbar \frac{\partial}{\partial t}\psi = \left(-\frac{\hbar^2}{2m}\nabla^2 + V(\boldsymbol{r})\right)\psi$$

で与えられる場合，

$$\overline{\left\langle \frac{1}{2m}\boldsymbol{p}^2 \right\rangle} = \frac{1}{2}\overline{\langle \boldsymbol{r}\cdot\nabla V(\boldsymbol{r})\rangle}$$

が成立することを示せ．ただし，$\langle \boldsymbol{r} \rangle$，$\langle \boldsymbol{p} \rangle$ および $\langle \boldsymbol{r}\cdot\boldsymbol{p} \rangle$ は時間について周期的に変化しているとし，$\langle\ \ \rangle$ の上の横棒は，時間的平均を表わす．上の関係式をビリアル定理と呼ぶ．

【ヒント】 $\langle \boldsymbol{r}\cdot\boldsymbol{p} \rangle$ について

$$\overline{\frac{d}{dt}\langle \boldsymbol{r}\cdot\boldsymbol{p}\rangle} = \lim_{T\to\infty}\frac{1}{T}\int_0^T \frac{d}{dt}\langle \boldsymbol{r}\cdot\boldsymbol{p}\rangle dt = \lim_{T\to\infty}\frac{1}{T}\Big[\langle \boldsymbol{r}\cdot\boldsymbol{p}\rangle\Big]_0^T = 0$$

であることを用い，また計算により

$$\frac{d}{dt}\langle \boldsymbol{r}\cdot\boldsymbol{p}\rangle = \left\{\frac{1}{m}\langle \boldsymbol{p}^2\rangle - \langle \boldsymbol{r}\cdot\nabla V(\boldsymbol{r})\rangle\right\}$$

を示せ．

1.3 量子力学の基礎づけ

◆ **古典力学における正準理論**　シュレディンガー方程式は，その力学系のハミルトン関数 (ハミルトニアン) が決まれば，与えられる．古典力学は，ニュートンの運動方程式を出発点とすることもできるが，一方次のように定式化することもできる．**一般化座標**を $q_i (i = 1, 2, \cdots)$，その時間微分を $\dot{q}_i$ と書き，運動エネルギーとポテンシャルエネルギーを各々 $T(q_i, \dot{q}_i)$，$U(q_i)$ とすると，

$$L = T(q_i, \dot{q}_i) - U(q_i) \tag{1}$$

によって，**ラグランジュ関数** (ラグランジアン) が定義される．ラグランジュの方程式

$$\frac{d}{dt}\left(\frac{\partial L}{\partial \dot{q}_i}\right) - \frac{\partial L}{\partial q_i} = 0 \quad (i = 1, 2, \cdots) \tag{2}$$

は，ニュートンの運動方程式と完全に同等である．また，ラグランジアンの速度 $\dot{q}_i$ についての導関数

$$p_i = \frac{\partial L}{\partial \dot{q}_i} \tag{3}$$

を，**一般化運動量**と呼ぶ．ハミルトニアンは，ラグランジアンおよび一般化運動量を用いて，

$$\mathcal{H}(q_i, p_i, t) = \sum_i p_i \dot{q}_i - L(q_i, \dot{q}_i) \tag{4}$$

と定義され，これは系のエネルギーを表わす．運動方程式は，

$$\frac{\partial \mathcal{H}}{\partial p_i} = \dot{q}_i + \sum_r \frac{\partial \dot{q}_r}{\partial p_i} p_r - \sum_r \frac{\partial L}{\partial \dot{q}_r} \frac{\partial \dot{q}_r}{\partial p_i} = \dot{q}_i, \tag{5}$$

$$\frac{\partial \mathcal{H}}{\partial q_i} = \sum_r \frac{\partial \dot{q}_r}{\partial q_i} p_r - \sum_r \frac{\partial L}{\partial \dot{q}_r} \frac{\partial \dot{q}_r}{\partial q_i} - \frac{\partial L}{\partial q_i} = -\frac{\partial L}{\partial q_i} = -\dot{p}_i \tag{5'}$$

と書くことができる．これを**ハミルトン方程式**または**正準方程式**と呼ぶ．ハミルトニアンの時間に関する完全導関数は (5), (5') より，容易にわかるように

$$\frac{d\mathcal{H}}{dt} = \frac{\partial \mathcal{H}}{\partial t} + \sum_i \frac{\partial \mathcal{H}}{\partial q_i} \dot{q}_i + \sum_i \frac{\partial \mathcal{H}}{\partial p_i} \dot{p}_i = \frac{\partial \mathcal{H}}{\partial t} \tag{6}$$

である．ハミルトニアンが時間に陽に依存しなければ $\frac{d\mathcal{H}}{dt} = 0$，すなわちエネルギー保存則が成り立つ．

◆ **古典力学から量子力学への移行**　古典力学におけるハミルトニアン $\mathcal{H}(q_i, p_i, t)$ が求まれば，p_i を演算子

$$p_i = -i\hbar \frac{\partial}{\partial q_i} \tag{7}$$

によって置き換え，シュレディンガー方程式

$$i\hbar\frac{\partial}{\partial t}\psi = \mathcal{H}\left(q_i, -i\hbar\frac{\partial}{\partial q_i}, t\right)\psi \tag{8}$$

を得ることができる．q_i と p_i は (3) の意味で互いに共役な座標と運動量でなければならない．

◆ **交換子，反交換子**　　量子力学では交換関係が本質的な役割りをはたす．不確定性関係，あるいは観測可能量の関係が，量子力学的粒子の本質的な性質を示しているからである．交換関係または反交換関係を表わす記号として

$$[A, B] = AB - BA$$
$$\{A, B\} = AB + BA$$

を定義し，それぞれ交換子 (または交換子括弧)，反交換子 (または反交換子括弧) という．

量子力学への移行の任意性　　(7) のような移行は必ずしも一意的ではない．たとえば，2 次元空間で中心力ポテンシャル中を運動する粒子のハミルトニアンは，デカルト座標で (運動量 $p_x = m\dot{x}$，$p_y = m\dot{y}$ を用いて)

$$\mathcal{H} = \frac{1}{2m}(p_x{}^2 + p_y{}^2) + V(x, y)$$
$$\longrightarrow -\frac{\hbar^2}{2m}\left(\frac{\partial^2}{\partial x^2} + \frac{\partial^2}{\partial y^2}\right) + V(x, y)$$

極座標では (r と θ に対応する一般化運動量 $p_r = m\dot{r}$，$p_\theta = mr\dot{\theta}$ を用いて)

$$\mathcal{H} = \frac{1}{2m}\left(p_r{}^2 + \frac{p_\theta{}^2}{r^2}\right) + V(r\cos\theta, r\sin\theta)$$
$$\longrightarrow -\frac{\hbar^2}{2m}\left(\frac{\partial^2}{\partial r^2} + \frac{1}{r^2}\frac{\partial^2}{\partial \theta^2}\right) + V(r\cos\theta, r\sin\theta)$$

となる．ところが，最初のハミルトニアンを極座標に変換すれば

$$\mathcal{H} = -\frac{\hbar^2}{2m}\left(\frac{\partial^2}{\partial x^2} + \frac{\partial^2}{\partial y^2}\right) + V(x, y)$$
$$= -\frac{\hbar^2}{2m}\left[\frac{1}{r}\frac{\partial}{\partial r}\left(r\frac{\partial}{\partial r}\right) + \frac{1}{r^2}\frac{\partial^2}{\partial \theta^2}\right] + V(r\cos\theta, r\sin\theta)$$

となり，第 2 のハミルトニアンと明らかに異なる．実は一般に最後の結果が実験結果との一致を与える．このため，次の条件が付加されねばならない．

「演算子による置き換え (7) はデカルト座標で行なわれなくてはならない．」
極座標への変換が必要ならば，そのあとで行なえばよい．

◆ **時間に依存しないシュレディンガー方程式**　ハミルトニアン $\mathcal{H}(\boldsymbol{r}, -i\hbar\,\mathrm{grad}, t)$ が時間 t を陽に含まない場合，(8) の解として

$$\psi(\boldsymbol{r}, t) = e^{-i\frac{E}{\hbar}t}\psi(\boldsymbol{r}, 0) \tag{9}$$

を考えると，シュレディンガー方程式 (8) は，時間を含まない固有値方程式

$$\mathcal{H}(\boldsymbol{r}, -i\hbar\,\mathrm{grad})\psi(\boldsymbol{r}, 0) = E\psi(\boldsymbol{r}, 0) \tag{10}$$

となる．これを (時間に依存しない) **シュレディンガー方程式**と呼び，これからは，ハミルトニアンが，時間に依存しない場合，(10) を考えることにする．

◆ **量子力学の行列形式**　量子力学に現われる演算子はすべて**線形演算子**である．また波動関数について，重ね合せの原理が要求されている．任意の状態を表わす波動関数 f, g に対して，線形演算子 A は

$$A(f + g) = Af + Ag, \tag{11}$$

$$A(cf) = cAf \quad (c \text{ は定数}) \tag{12}$$

の性質をもっている．また，**完備な規格直交関数系** $\{\varphi_i\}(i = 1, 2, \cdots)$ を選べば，

$$\begin{aligned} f &= \sum_i f_i \varphi_i, \\ g &= \sum_i g_i \varphi_i \end{aligned} \tag{13}$$

と展開できる．ただし，展開係数 f_i, g_i は，規格直交関数系の条件

$$\int {\varphi_i}^* \varphi_j d\boldsymbol{r} = \delta_{ij} \tag{14}$$

および，完備系の条件

$$\int f^* f d\boldsymbol{r} = \sum_i |f_i|^2 \tag{15}$$

により，

$$\begin{aligned} f_i &= \int {\varphi_i}^* f d\boldsymbol{r}, \\ g_i &= \int {\varphi_i}^* g d\boldsymbol{r} \end{aligned} \tag{16}$$

と決められる．これらのことは，$\{\varphi_i\}$ を基底ベクトルと考え，線形演算子 A を行列 A に対応させて考えることができることを示している．ただし，行列 A の各要素は，

$$A_{ij} = \int {\varphi_i}^* A \varphi_j d\boldsymbol{r} = (\varphi_i, A\varphi_j), \tag{17}$$

任意の関数 (あるいは，ベクトル) f と g の内積 (f, g) は

$$(f, g) = \int f^* g d\boldsymbol{r} = \sum_i {f_i}^* g_i \tag{18}$$

1.3　量子力学の基礎づけ

と定義される．これらから，

$$A\varphi_i = \sum_j \varphi_j(\varphi_j, A\varphi_i)$$

が得られる．さらに

$$\begin{aligned}
Ag &= \sum_i g_i A\varphi_i \\
&= \sum_j \varphi_j \sum_i (\varphi_j, A\varphi_i) g_i \\
&= \sum_j \varphi_j \sum_i A_{ji} g_i,
\end{aligned} \tag{19}$$

$$(f, Ag) = \sum_{ij} f_j^* A_{ji} g_i \tag{20}$$

である．以上のようにして，以下の行列表示が得られる．

$$f = \begin{bmatrix} f_1 \\ f_2 \\ \vdots \\ \vdots \end{bmatrix}, \quad f^* = [f_1^* f_2^* \cdots \cdots], \tag{21}$$

$$A = \begin{bmatrix} A_{11} & A_{12} & \cdots & \cdots \\ A_{21} & A_{22} & & \\ \vdots & & \ddots & \\ \vdots & & & \end{bmatrix} \tag{22}$$

◆ **エルミート性とユニタリー性**　量子力学では，(無限大次元) のエルミート行列およびユニタリー行列をあつかうのが一般的である．行列 A の**エルミート共役**な行列 $A^\dagger$ とは，その行列要素が

$$(A^\dagger)_{nm} = (A_{mn})^* \tag{23}$$

で定義される行列である．特に

$$H^\dagger = H \tag{24}$$

である場合，**エルミート行列**という．また，行列 U のエルミート共役が U の逆行列 U^{-1} に等しいとき，すなわち

$$U^\dagger = U^{-1} \quad \text{または} \quad U^\dagger U = 1 \quad \text{および} \quad UU^\dagger = 1 \tag{25}$$

のとき，**ユニタリー行列**と呼ぶ．エルミート共役，エルミートあるいはユニタリーと

いう言葉は，もとの演算子についても用いられる．したがって，一般に線形演算子 A と，それにエルミート共役な演算子 $A^\dagger$ の間には任意の波動関数 f, g について

$$(A^\dagger f, g) = (f, Ag) \tag{26}$$

の関係があり，特に H がエルミート演算子であれば，

$$(Hf, g) = (f, Hg) \tag{27}$$

である．ユニタリーな演算子 U については，定義より

$$(Uf, Ug) = (U^\dagger U f, g)$$
$$= (f, g) \tag{28}$$

であるから，ユニタリー演算子は，波動関数の内積を不変に保つようなもの，つまり，ベクトル空間における回転に対応するものである．

ユニタリー演算子 (行列) により，波動関数 (ベクトル) f, g を f', g' に変換するとき，$(f, g, \cdots)$ 空間での演算子 (行列) A が，$(f', g', \cdots)$ 空間での演算子 (行列) A' に変換されるとする．

$$\begin{aligned} f' &= Uf, \\ g' &= Ug \end{aligned} \tag{29}$$

であるが，波動関数のとり方にかかわらず，物理量は不変でなくてはならないから，

$$(f, Ag) = (f', A'g') \tag{30}$$

でなくてはならない．つまり

$$(f', A'g') = (Uf, A'Ug) = (f, U^\dagger A' U g) = (f, Ag) \tag{31}$$

である．これは，任意の波動関数の組 $f, g, \cdots$ について成立しなくてはならないから，

$$A = U^{-1} A' U \quad \text{または} \quad A' = U A U^{-1} \tag{32}$$

である．

我々は，(13) でとった完備な規格直交関数系 $\{\varphi_i\}$ として，ハミルトニアンまたはその他の適当なエルミート演算子の固有関数系を考える．

1.3 量子力学の基礎づけ

例題 6

エルミート演算子の固有値は実数であること，また 1 つのエルミート演算子の異なる固有値に対応する固有関数は互いに直交することを示せ．

【解答】 エルミート演算子 A の固有値と対応する固有関数を，$a_i, \varphi_i (i=1,2,\cdots)$ とする．ただし φ_i は規格化されているとしよう．

$$A\varphi_i = a_i \varphi_i$$

A のエルミート性より

$$(A\varphi_i, \varphi_i) = a_i{}^*(\varphi_i, \varphi_i) = (\varphi_i, A\varphi_i) = a_i(\varphi_i, \varphi_i)$$

である．したがって，$a_i{}^* = a_i$．すなわち固有値 a_i は実数である．また，エルミート性より $(\varphi_i, A\varphi_j) = (A\varphi_i, \varphi_j)$ であるが，左右両辺はそれぞれ

$$a_j(\varphi_i, \varphi_j) = a_i{}^*(\varphi_i, \varphi_j) = a_i(\varphi_i, \varphi_j)$$

であるから，$(a_i - a_j)(\varphi_i, \varphi_j) = 0$ となる．したがって $a_i \neq a_j$ であるかぎり $(\varphi_i, \varphi_j) = 0$ となる (直交性)．もし 1 つの a_i に互いに独立な固有関数が 2 個またはそれ以上存在する場合，それらを $\varphi_i{}^{(1)}, \varphi_i{}^{(2)}, \cdots$ とすると，一般には

$$(\varphi_i{}^{(n)}, \varphi_i{}^{(m)}) \neq 0 \quad (n \neq m)$$

である．しかしシュミットの直交化法により

$$\psi_i{}^{(1)} = \varphi_i{}^{(1)}$$
$$\varphi_i{}^{(n)'} = \varphi_i{}^{(n)} - \sum_{m=1}^{n-1}(\psi_i{}^{(m)}, \varphi_i{}^{(n)})\psi_i{}^{(m)}, \quad \psi_i{}^{(n)} = \varphi_i{}^{(n)'}/(\varphi_i{}^{(n)'}, \varphi_i{}^{(n)'})^{1/2}$$

という関数 $\psi_i{}^{(n)}$ をつくれば，それらは，やはり固有値 a_i に属する固有関数であり，また

$$(\psi_i{}^{(n)}, \psi_i{}^{(m)}) = 0 \quad (n \neq m)$$

となる．

問題

6.1 シュワルツの不等式 $|(u,v)| \leq (u,u)^{1/2}(v,v)^{1/2}$ および三角不等式 $(u+v, u+v)^{1/2} \leq (u,u)^{1/2} + (v,v)^{1/2}$ を示せ．

6.2 領域 $(-\infty, \infty)$ で定義され，境界条件 $\lim_{x \to \pm\infty} \psi(x) = 0$ を満たす関数系について，$\dfrac{\hbar}{i}\dfrac{\partial}{\partial x}$ はエルミート演算子であることを示せ．

6.3 A をエルミート演算子であるとするとき，$A^n (n=2,3,4,\cdots)$ はやはりエルミートであり，かつ $(\psi, A^2\psi) \geq 0$ であることを示せ．

―― 例題 7 ――

エルミート演算子 A および B について

$$AB = BA$$

ならば，A の固有関数は，同時に B の固有関数となるようにとることができることを示せ．

【解答】 演算子 A, B に対応するエルミート行列 A, B で考えよう．与えられた条件は，行列 A, B が交換することである．今，適当なユニタリー行列 U を考えると

$$UAU^{-1} \cdot UBU^{-1} = UBU^{-1} \cdot UAU^{-1}$$

である．ここで U を $A' = UAU^{-1}$ が対角形になるように決めたとしよう．$B' = UBU^{-1}$ として，$A'B' = B'A'$ かつ A' は対角行列 $(A')_{ij} = a_{ii}\delta_{ij}$ であるから

$$(A'B' - B'A')_{ij} = a_{ii}(B')_{ij} - (B')_{ij}a_{jj} = (a_{ii} - a_{jj})(B')_{ij} = 0$$

となる．したがって，すべての i, j について $a_{ii} \neq a_{jj} (i \neq j)$ ならば

$$(B')_{ij} = b_{ii}\delta_{ij}$$

すなわち B' は対角行列となる．

複数個の固有値について，たとえば $a_{L_1 L_1} = a_{L_2 L_2} = \cdots = a_{L_N L_N}$ が成り立ち，1つの固有値が N 重に縮退している場合，

$$(B')_{ij} = b_{ii}\delta_{ij}, \qquad (i \neq L_1, L_2, \cdots, L_N \text{ または } j \neq L_1, L_2, \cdots, L_N)$$

$$(B')_{L_i L_i} = b_{L_i L_i}, \qquad (B')_{L_i L_j} = (B')_{L_j L_i}{}^* = b_{L_i L_j}$$

となる．この場合には，適当なユニタリー行列 V として次のようなものを考えれば，$VB'V^{-1}$ は対角行列とすることができる．$(V)_{ij} = v_{ij}$ として

$$v_{ij} = \delta_{ij} \quad (i \neq L_1, L_2, \cdots, L_N \text{ または } j \neq L_1, L_2, \cdots, L_N)$$

$$\tilde{v} = \begin{bmatrix} v_{L_1 L_1} & v_{L_1 L_2} & \cdots & v_{L_1 L_N} \\ \vdots & \vdots & \ddots & \vdots \\ v_{L_N L_1} & v_{L_N L_2} & \cdots & v_{L_N L_N} \end{bmatrix} \text{ で } \tilde{v}^\dagger = \tilde{v}^{-1} \quad (N \times N \text{ のユニタリー行列}).$$

$\tilde{v}$ は行列 $b = \begin{bmatrix} b_{L_1 L_1} & \cdots & b_{L_1 L_N} \\ \vdots & \ddots & \vdots \\ b_{L_N L_1} & \cdots & b_{L_N L_N} \end{bmatrix}$ を対角行列に変換するユニタリー行列である．

実際このような V を用いれば，

$$(VB'V^{-1})_{ij} = \sum_{mn} v_{im} b_{mn} v_{jn}{}^*$$

1.3 量子力学の基礎づけ

であるから，V の定義より

$$(VB'V^{-1})_{ij} = b_{ii}\delta_{ij}, \quad (i \neq L_1, L_2, \cdots, L_N \text{ または } j \neq L_1, L_2, \cdots, L_N)$$

$$(VB'V^{-1})_{ij} = \sum_{mn} v_{im} b_{mn} v_{jn}{}^* = (\tilde{v}b\tilde{v}^\dagger)_{ij} = (\tilde{v}b\tilde{v}^\dagger)_{ii}\delta_{ij}$$

$$(i = L_1, L_2, \cdots, L_N, \text{ または } j = L_1, L_2, \cdots, L_N)$$

が示される．一方 $VA'V^{-1}$ については

$$(VA'V^{-1})_{ij} = \sum_{mn} v_{im} a_{mn} v_{jn}{}^* = \sum_{mn} v_{im} a_{mm} \delta_{mn} v_{jn}{}^*$$

$$= \sum_m a_{mm} v_{im} v_{jm}{}^* = \sum_m a_{ii} v_{im} v_{jm}{}^*$$

である．最後の変形では，次のようにした．

$i, j \neq L_1, L_2, \cdots, L_N$ なら m についての和は $m = i$ (または j) のみをとり，また，i と j が L_1 から L_N までのどれかであるなら，m についての和は L_1 から L_N までをとって $a_{mm} = a_{ii} = a_{L_1 L_1}$ を用いる．したがって

$$(VA'V^{-1})_{ij} = a_{ii} \sum_m v_{im} v_{jm}{}^* = a_{ii}(VV^\dagger)_{ij} = a_{ii}\delta_{ij}$$

となり，$VA'V^{-1} = A'$ であることが示される．すなわちユニタリー行列 (VU) により A および B が同時に対角行列に変換される．

問 題

7.1 ある基底で，エルミート演算子 A の行列表示として，$A = \begin{bmatrix} 1 & i & 0 \\ -i & 0 & -i \\ 0 & i & 1 \end{bmatrix}$ を得た．A の固有値を求め，対応する基底を求めよ．また，A を対角行列に変換するユニタリー行列を求めよ．

7.2 2 つのエルミート行列

$$A = \begin{bmatrix} 1 & 0 & 0 & 0 \\ 0 & 0 & 0 & 0 \\ 0 & 0 & 0 & 0 \\ 0 & 0 & 0 & -1 \end{bmatrix}, \quad B = \begin{bmatrix} 2 & 0 & 0 & 0 \\ 0 & 1 & 1 & 0 \\ 0 & 1 & 1 & 0 \\ 0 & 0 & 0 & 2 \end{bmatrix}$$

を同時に対角化する (すなわち，A を不変に保ち，B を対角化する) ユニタリー行列を求めよ．

7.3 完備な規格直交基底 $\{\varphi_i\}$ に対して，線形演算子 A は $A\varphi_i = \sum_j \varphi_j (\varphi_j, A\varphi_i)$ であることを示せ．

例題 8

エルミート演算子 A, B が, 交換関係 $AB - BA = iC$ を満たすならば
$$\sqrt{\langle(\Delta A)^2\rangle\langle(\Delta B)^2\rangle} \geq \frac{1}{2}|\langle C\rangle|$$
が成立することを示せ (不確定性原理). ただし
$$\langle A\rangle = (\psi, A\psi),$$
$$\Delta A = A - \langle A\rangle$$
とする. また, C は一般に演算子である.

【解答】 $\langle(\Delta A)^2\rangle = (\psi, (A - \langle A\rangle)^2\psi) = ((A - \langle A\rangle)\psi, (A - \langle A\rangle)\psi)$
であるから, シュワルツの不等式 (問題 7.1) を用いて
$$\langle(\Delta A)^2\rangle\langle(\Delta B)^2\rangle \geq |((A - \langle A\rangle)\psi, (B - \langle B\rangle)\psi)|^2$$
$$= |(\psi, (A - \langle A\rangle)(B - \langle B\rangle)\psi)|^2$$
となる. 一方, 演算子の関係
$$(A - \langle A\rangle)(B - \langle B\rangle) = \Delta A \cdot \Delta B$$
$$= (\Delta A \cdot \Delta B - \Delta B \cdot \Delta A)\frac{1}{2} + (\Delta A \cdot \Delta B + \Delta B \cdot \Delta A)\frac{1}{2}$$
$$= [\Delta A, \Delta B]\frac{1}{2} + \{\Delta A, \Delta B\}\frac{1}{2}$$
が成り立つ. ここで
$$[A, B] = AB - BA,$$
$$\{A, B\} = AB + BA$$
と書き, それぞれ交換子括弧および反交換子括弧と呼ぶ. 上式の関係より
$$(\psi, (A - \langle A\rangle)(B - \langle B\rangle)\psi) = (\psi, [\Delta A, \Delta B]\psi)\frac{1}{2} + (\psi, \{\Delta A, \Delta B\}\psi)\frac{1}{2}$$
となる. A, B のエルミート性より右辺第 1 項は虚数, 第 2 項は実数であることがわかる.
$$(\psi, \Delta A \cdot \Delta B\psi) = (\Delta B \cdot \Delta A\psi, \psi)$$
$$= (\psi, \Delta B \cdot \Delta A\psi)^*$$
により, $i[A, B]$ および $\{A, B\}$ がエルミートだからである. したがって
$$|(\psi, (A - \langle A\rangle)(B - \langle B\rangle)\psi)|^2 = |(\psi, [\Delta A, \Delta B]\psi) + (\psi, \{\Delta A, \Delta B\}\psi)|^2\frac{1}{4}$$
$$\geq |(\psi, [\Delta A, \Delta B]\psi)|^2\frac{1}{4}$$

1.3 量子力学の基礎づけ

となる．一方

$$[\Delta A, \Delta B] = \Delta A \cdot \Delta B - \Delta B \cdot \Delta A$$
$$= AB - BA$$
$$= iC$$

である．以上まとめると

$$\langle (\Delta A)^2 \rangle \langle (\Delta B)^2 \rangle \geq \frac{1}{4} \langle C \rangle^2$$

を得る．これは，実は不確定性原理の厳密な表現になっている．

問　題

8.1 座標 x, y, z と共役な運動量 $p_x = -i\hbar\dfrac{\partial}{\partial x}$, p_y, p_z の間に

$$[x, y] = 0, \quad [p_x, p_y] = 0,$$
$$[x, p_x] = i\hbar, \quad [y, p_x] = 0$$

等が成立していることを示し，次式の不確定性原理を示せ．

$$\langle (\Delta x)^2 \rangle^{1/2} \langle (\Delta p_x)^2 \rangle^{1/2} \geq \frac{\hbar}{2}$$

例題 9

電磁場がある場合の古典力学に従う粒子のラグランジアンは (電荷を $-e$ として)
$$L = mv^2/2 - e\boldsymbol{A}\cdot\boldsymbol{v} + e\phi$$
であることを，ラグランジュの方程式がよく知られた形 $m\dfrac{d\boldsymbol{v}}{dt} = -e\boldsymbol{E} - e\boldsymbol{v}\times\boldsymbol{B}$ となることを導いて示せ．$\boldsymbol{A}$, ϕ はベクトル・ポテンシャルおよびスカラー・ポテンシャルで，電場 $\boldsymbol{E}$ と，磁束密度 $\boldsymbol{B}$ は
$$\boldsymbol{E} = -\partial\boldsymbol{A}/\partial t - \operatorname{grad}\phi, \qquad \boldsymbol{B} = \operatorname{rot}\boldsymbol{A}$$
と書ける．また，これからハミルトニアンが
$$\mathcal{H} = \frac{1}{2m}(\boldsymbol{p} + e\boldsymbol{A})^2 - e\phi, \qquad \boldsymbol{p} = m\boldsymbol{v} - e\boldsymbol{A}$$
であることを示せ．量子力学でのハミルトニアンはどうすれば求められるか．

【解答】 $\dfrac{\partial L}{\partial \boldsymbol{v}} = m\boldsymbol{v} - e\boldsymbol{A} = \boldsymbol{p}$

$\dfrac{\partial L}{\partial \boldsymbol{r}} = -e\operatorname{grad}(\boldsymbol{A}\cdot\boldsymbol{v}) + e\operatorname{grad}\phi = -e(\boldsymbol{v}\cdot\nabla)\boldsymbol{A} - e\boldsymbol{v}\times\operatorname{rot}\boldsymbol{A} + e\operatorname{grad}\phi$

である．ただし，一般式
$$\operatorname{grad}(\boldsymbol{a}\cdot\boldsymbol{b}) = (\boldsymbol{a}\cdot\nabla)\boldsymbol{b} + (\boldsymbol{b}\cdot\nabla)\boldsymbol{a} + \boldsymbol{b}\times\operatorname{rot}\boldsymbol{a} + \boldsymbol{a}\times\operatorname{rot}\boldsymbol{b}$$
を用いた．したがって，ラグランジュの方程式は
$$\frac{d}{dt}(m\boldsymbol{v} - e\boldsymbol{A}) = -e(\boldsymbol{v}\cdot\nabla)\boldsymbol{A} - e\boldsymbol{v}\times\operatorname{rot}\boldsymbol{A} + e\operatorname{grad}\phi$$
となる．ところで $d\boldsymbol{A}/dt = \partial\boldsymbol{A}/\partial t + (\boldsymbol{v}\cdot\nabla)\boldsymbol{A}$ であるから上の式は
$$m\frac{d\boldsymbol{v}}{dt} = e\frac{\partial\boldsymbol{A}}{\partial t} + e\operatorname{grad}\phi - e\boldsymbol{v}\times\operatorname{rot}\boldsymbol{A} = -e\boldsymbol{E} - e\boldsymbol{v}\times\boldsymbol{B}$$
となる．また $\boldsymbol{p} = m\boldsymbol{v} - e\boldsymbol{A}$ となったから，ハミルトニアンは定義から
$$\mathcal{H} = (m\boldsymbol{v} - e\boldsymbol{A})\cdot\boldsymbol{v} - L = \frac{1}{2m}(\boldsymbol{p} + e\boldsymbol{A})^2 - e\phi$$
となる．量子力学的ハミルトニアンは，上式で $\boldsymbol{p}$ を $\boldsymbol{p} = -i\hbar\nabla$ とみなしてやればよい．

問 題

9.1 上で述べた量子力学的ハミルトニアンに対し，確率の流れの密度 $\boldsymbol{S}$ を例題 4 で与えられた連続の方程式により定義すると，
$$\boldsymbol{S} = \frac{\hbar}{2im}(\psi^*\operatorname{grad}\psi - (\operatorname{grad}\psi^*)\psi) + \frac{e}{m}\boldsymbol{A}\psi^*\psi$$
となることを示せ．$(-e)\boldsymbol{S}$ は電流の密度に対応する演算子といえる．

1.3 量子力学の基礎づけ

―― 例題 10 ――――――――――――――――――――――――――――

演算子 A に対する時間微分 $\dfrac{dA}{dt}$ を

$$\int \psi^*(\boldsymbol{r},t)\frac{dA}{dt}\psi(\boldsymbol{r},t)d\boldsymbol{r} = \frac{d}{dt}\int \psi^*(\boldsymbol{r},t)A\psi(\boldsymbol{r},t)d\boldsymbol{r}$$

という関係式で定義することにより，A の運動方程式 (ハイゼンベルクの運動方程式という)

$$\frac{dA}{dt} = \frac{\partial A}{\partial t} + \frac{1}{i\hbar}(A\mathcal{H} - \mathcal{H}A)$$

を証明せよ．$\dfrac{\partial A}{\partial t}$ は A が時間 t を陽に含む演算子であるとき，その偏微分を表わす．

―――――――――――――――――――――――――――――――

【解答】
$$\frac{d}{dt}\int \psi^*(\boldsymbol{r},t)A\psi(\boldsymbol{r},t)d\boldsymbol{r} = \int \frac{\partial \psi^*}{\partial t}A\psi d\boldsymbol{r} + \int \psi^*\frac{\partial A}{\partial t}\psi d\boldsymbol{r} + \int \psi^* A\frac{\partial \psi}{\partial t}d\boldsymbol{r}$$
$$= \int \frac{-1}{i\hbar}\mathcal{H}\psi^* A\psi d\boldsymbol{r} + \int \psi^*\frac{\partial A}{\partial t}\psi d\boldsymbol{r} + \int \psi^* A\left(\frac{1}{i\hbar}\right)\mathcal{H}\psi d\boldsymbol{r}$$

である．ここではシュレディンガー方程式の形を用いた．さらに $\mathcal{H}$ のエルミート性を用いると，

$$\text{上式} = \frac{-1}{i\hbar}\int \psi^*\mathcal{H}A\psi d\boldsymbol{r} + \int \psi^*\frac{\partial A}{\partial t}\psi d\boldsymbol{r} + \frac{1}{i\hbar}\int \psi^* A\mathcal{H}\psi d\boldsymbol{r}$$
$$= \int \psi^*\left[\frac{\partial A}{\partial t} + \frac{1}{i\hbar}(A\mathcal{H} - \mathcal{H}A)\right]\psi d\boldsymbol{r}$$

となる．これは任意の波動関数 ψ について成立するから

$$\frac{dA}{dt} = \frac{\partial A}{\partial t} + \frac{1}{i\hbar}(A\mathcal{H} - \mathcal{H}A) = \frac{\partial A}{\partial t} + \frac{1}{i\hbar}[A,\mathcal{H}]$$

となる．

問題

10.1 座標 x を演算子と考えたとき，ハミルトニアン $\mathcal{H} = \dfrac{\boldsymbol{p}^2}{2m} + U(\boldsymbol{r})$ に対して，例題 10 の結果を用いて，ハイゼンベルクの運動方程式が，

$$m\frac{d^2 x}{dt^2} = -\frac{\partial U(\boldsymbol{r})}{\partial x}$$

となることを示せ．(例題 5 と比較せよ.)

10.2 前問と同様にして，電磁場のある場合のハミルトニアン (例題 9) に対しハイゼンベルクの運動方程式を求め

$$m\frac{d^2\boldsymbol{r}}{dt^2} = -e\boldsymbol{E} - \frac{1}{2}e\left(\frac{d\boldsymbol{r}}{dt}\times\boldsymbol{B} - \boldsymbol{B}\times\frac{d\boldsymbol{r}}{dt}\right)$$

を示せ．第 2 項が対称な形になることに注意せよ．

2 シュレディンガー方程式の解

2.1 自由な粒子に対する解と波束

◆ **自由な粒子に対する一般解**　ポテンシャル $V(\boldsymbol{r})$ が 0 の場合，粒子は何ら束縛されることなく，すべての方向に無限に広がった空間内を自由に運動する (自由粒子)．3 次元の空間でのシュレディンガー方程式は

$$-\frac{\hbar^2}{2m}\left(\frac{\partial^2}{\partial x^2}+\frac{\partial^2}{\partial y^2}+\frac{\partial^2}{\partial z^2}\right)\psi(x,y,z) = E\psi(x,y,z) \tag{1}$$

であるから，変数分離法により解けて，

$$\psi_{\boldsymbol{k}}(x,y,z) = A\exp\left[i(k_x x + k_y y + k_z z)\right] = A\exp(i\boldsymbol{k}\cdot\boldsymbol{r}), \tag{2}$$

$$E = \frac{\hbar^2|\boldsymbol{k}|^2}{2m} \tag{3}$$

となる．規格化定数 A を決める方法には次の 2 つがある．

◆ **波動関数の規格化 (1) —— δ 関数によるもの**　ディラックの δ 関数

$$\delta(x) = \lim_{\alpha\to\infty}\frac{\sin\alpha x}{\pi x} \tag{4}$$

を用いて，

$$\int_{-\infty}^{\infty}dx\int_{-\infty}^{\infty}dy\int_{-\infty}^{\infty}dz\,\psi_{\boldsymbol{k}}^{*}(x,y,z)\psi_{\boldsymbol{k}'}(x,y,z) \\ = \delta(k_x-k_x')\delta(k_y-k_y')\delta(k_z-k_z') = \delta(\boldsymbol{k}-\boldsymbol{k}') \tag{5}$$

と規格 (直交) 化する．このとき，規格化定数 A は次のようになる．

$$A = (2\pi)^{-3/2}. \tag{6}$$

◆ **波動関数の規格化 (2) —— 箱を用いるもの**　空間を，一辺 L の十分大きい立方体に分割し，波動関数は，空間的に，その立方体を単位として周期的に変化するとする (周期的境界条件)．この条件から (2) の k_x, k_y, k_z は

$$k_i = 2\pi n_i/L \quad (i=x,y,z), \quad n_i = 0,\pm 1,\pm 2,\cdots \tag{7}$$

となる．これにより，$\boldsymbol{k}$ の異なる波動関数は互いに直交する．規格化定数 A は，波動関数が，単一の立方体の中で 1 に規格化されるように決められ，

$$A = L^{-3/2} \tag{8}$$

である. L はいくらでも大きくできるから, k についての和は, 次のように置き換えても, 結果は変わらない.

$$\sum_{k} = \sum_{n_x}\sum_{n_y}\sum_{n_z} \longrightarrow \left(\frac{L}{2\pi}\right)^3 \int_{-\infty}^{\infty} dk_x \int_{-\infty}^{\infty} dk_y \int_{-\infty}^{\infty} dk_z. \tag{9}$$

波束のイメージ 電子は, 波動関数で記述される波動性と, 古典的描像による粒子性の二面をもっている. この2つの見方は, 空間的にせまい範囲でのみ有限の値をもつ波 (波束と呼ぶ) を考えることにより両立させることができる.

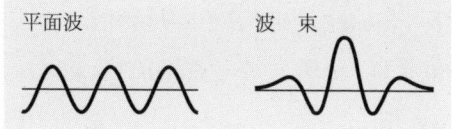

波束は, 波長の異なるいろいろな波を重ね合わせ, 考えている領域の外では干渉し合って打ち消すようにつくればよい. 簡単のために1次元の場合を例にとろう. 全空間に広がっている平面波 $L^{-1/2}e^{ikx}$ に係数 $g(k)$ をかけて重ね合わせると ($g(k) = (8\pi\alpha/L^2)^{1/4}e^{-\alpha(k-k_0)^2}$ にとる)

$$\begin{aligned}
f(x) &= \sum_k g(k)L^{-1/2}e^{ikx} = \frac{L}{2\pi}\int_{-\infty}^{\infty} dk \left(\frac{8\pi\alpha}{L^2}\right)^{1/4} e^{-\alpha(k-k_0)^2} \cdot L^{-1/2}e^{ikx} \\
&= \left(\frac{\alpha}{2\pi^3}\right)^{1/4} e^{ik_0 x} \int_{-\infty}^{\infty} e^{-\alpha k'^2} e^{ik'x} dk' \\
&= \left(\frac{\alpha}{2\pi^3}\right)^{1/4} e^{ik_0 x} \int_{-\infty}^{\infty} e^{-\alpha(k'-ix/2\alpha)^2} dk' e^{-x^2/4\alpha} \\
&= \left(\frac{\alpha}{2\pi^3}\right)^{1/4} \sqrt{\frac{\pi}{\alpha}} e^{ik_0 x} e^{-x^2/4\alpha} = (2\pi\alpha)^{-1/4} e^{ik_0 x} e^{-x^2/4\alpha}
\end{aligned}$$

となる. したがって存在確率 $|f|^2$ は, x の $\sqrt{2\alpha}$ 程度の範囲に局在している. この範囲は, g の分布を与える k の範囲 Δk と逆関係にある.

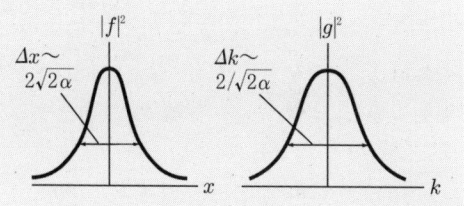

空間的にせまい範囲でのみ有限の値をもつ波 (粒子) をつくるには広い範囲の k の波を必要とし, 単一の k の波を考えると空間的に広がっている. 粒子性と波動性には, 位置と運動量に対応した相補性がある.

原子に散乱される電子などは, 波束の運動として理解される.

── 例題 1 ──

立方体の箱の中に閉じ込められた自由粒子のシュレディンガー方程式を解け.

【解答】 これはシュレディンガー方程式の最も簡単な例の1つである. 箱の中ではポテンシャルは0と考えてよいから,

$$-\frac{\hbar^2}{2m}\left(\frac{\partial^2}{\partial x^2}+\frac{\partial^2}{\partial y^2}+\frac{\partial^2}{\partial z^2}\right)\psi(x,y,z) = E\psi(x,y,z) \tag{1}$$

を解けばよい. 箱の中に閉じ込められているという条件は, 箱の外で $\psi=0$ ということであり, 波動関数の連続性から箱の表面で $\psi=0$ という境界条件を満たさねばならない. すなわち立方体の一辺の長さを L とすると

$$\psi(0,y,z)=\psi(L,y,z)=\psi(x,0,z)=\psi(x,L,z)=\psi(x,y,0)=\psi(x,y,L)=0. \tag{2}$$

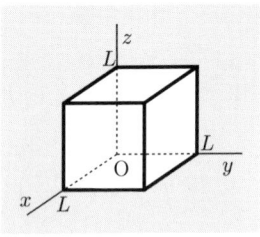

図 2.1

(1) の偏微分方程式は, 変数分離法によって解くことができる.

$$\psi(x,y,z) = X(x)Y(y)Z(z) \tag{3}$$

と仮定して (1) に代入し, 全体を $X(x)Y(y)Z(z)$ で割ると

$$\frac{1}{X}\frac{d^2X}{dx^2}+\frac{1}{Y}\frac{d^2Y}{dy^2}+\frac{1}{Z}\frac{d^2Z}{dz^2} = -\frac{2m}{\hbar^2}E \tag{4}$$

左辺の各項は, それぞれ x だけ, y だけおよび z だけの関数であり, その和が右辺 (定数) と恒等的に等しいためには, 各項はいずれも実は定数でなければならない. 定数を, E_x, E_y, E_z で表わすと, (4) は

$$\frac{d^2X}{dx^2}+\frac{2m}{\hbar^2}E_xX=0, \quad \frac{d^2Y}{dy^2}+\frac{2m}{\hbar^2}E_yY=0, \quad \frac{d^2Z}{dz^2}+\frac{2m}{\hbar^2}E_zZ=0,$$

$$E_x+E_y+E_z=E$$

となる. 同時に, (2) は

$$X(0)=X(L)=0, \quad Y(0)=Y(L)=0, \quad Z(0)=Z(L)=0.$$

こうして, 3つの1次元自由粒子の問題に帰着された. $E_x>0$ と考えて, $2mE_x/\hbar^2=k_x^2$

2.1 自由な粒子に対する解と波束

と置く ($E \leq 0$ に対しては,境界条件を満たす物理的に意味のある解がないことが示せる) と,$X'' + k_x{}^2 X = 0$ の一般解は,$Ae^{ik_x x} + Be^{-ik_x x}$ でもよいが,境界条件を満たすのに便利な形として

$$X = A\sin k_x x + B\cos k_x x$$

をとる (A, B は任意定数).境界条件 $X(0) = 0$ から $B = 0$,$X(L) = 0$ から

$$k_x = \frac{\pi}{L} n_x \quad (n_x = 1, 2, \cdots)$$

となり,これからとびとびのエネルギー固定値

$$E_x = \frac{\hbar^2 \pi^2}{2mL^2} n_x^2$$

が決まる.係数 A は波動関数の規格化条件から決まる.すなわち

$$\int |\psi(x,y,z)|^2 d\boldsymbol{r} = \int |X|^2 dx \int |Y|^2 dy \int |Z|^2 dz$$
$$= 1$$

において,X, Y, Z をそれぞれ規格化すればよいから,

$$|A|^2 \int_0^L \sin^2 k_x x\, dx = \frac{L}{2}|A|^2 = 1$$

から,$A = \sqrt{2/L}$.したがって x 座標に関する固有値,固有関数は

$$E_x = \frac{\hbar^2}{2m} \frac{\pi^2}{L^2} n_x^2,$$
$$X(x) = \sqrt{\frac{2}{L}} \sin\left(\frac{\pi}{L} n_x x\right) \quad (n_x = 1, 2, \cdots)$$

となる.y, z 座標についても同様の結果が得られるから,結局

$$\psi(x,y,z) = \left(\frac{2}{L}\right)^{3/2} \sin\left(\frac{\pi}{L} n_x x\right) \sin\left(\frac{\pi}{L} n_y y\right) \sin\left(\frac{\pi}{L} n_z z\right),$$
$$E = \frac{\hbar^2}{2m} \frac{\pi^2}{L^2}(n_x^2 + n_y^2 + n_z^2), \quad (n_x, n_y, n_z = 1, 2, \cdots).$$

状態を指定する n_x, n_y, n_z を量子数という.

問題

1.1 例題1において,1番エネルギーの低い状態 (基底状態),低い方から2番目の状態をあげよ.同じエネルギー値をとる2個以上の状態があるとき (縮退しているという) は,すべての状態をあげよ.

1.2 例題1において,異なる状態の固有関数の規格直交性を証明せよ.

1.3 例題1の解について,流れの密度を計算せよ.

例題 2

1次元の自由な空間で,時刻 $t=0$ に波動関数が
$$\psi(x,0) = (\pi\sigma_0^2)^{-1/4} \exp\left[-\frac{x^2}{2\sigma_0^2} + ik_0 x\right]$$
で与えられるガウス型波束がある.これは $x=0$ のまわりで σ_0 程度の範囲にしか広がっていない波束である.この波動関数に対する,x, x^2, p, p^2 の期待値 $\langle x \rangle$, $\langle x^2 \rangle$, $\langle p \rangle$, $\langle p^2 \rangle$ を求めよ.

【解答】
$$\int_{-\infty}^{\infty} x^{2n} e^{-a^2 x^2} dx = \frac{(2n-1)!!}{2^n}\sqrt{\frac{\pi}{a^{4n+2}}},$$
$$\int_{-\infty}^{\infty} x^{2n+1} e^{-a^2 x^2} dx = 0$$

を用いれば,十分大きい L に対して

$$\int_{-L/2}^{L/2} |\psi(x,0)|^2 dx = \int_{-\infty}^{\infty} |\psi(x,0)|^2 dx = 1,$$

$$\langle x \rangle = \int_{-L/2}^{L/2} x|\psi(x,0)|^2 dx = 0,$$

$$\langle x^2 \rangle = \int_{-L/2}^{L/2} x^2 |\psi(x,0)|^2 dx$$
$$= \int_{-\infty}^{\infty} x^2 |\psi(x,0)|^2 dx$$
$$= \frac{\sigma_0^2}{2},$$

$$\langle p \rangle = \int_{-L/2}^{L/2} \psi^*(x,0)\left(-i\hbar\frac{\partial}{\partial x}\right)\psi(x,0)dx$$
$$= -i\hbar \int_{-\infty}^{\infty} |\psi(x,0)|^2 \left(-\frac{x}{\sigma_0^2} + ik_0\right) dx$$
$$= \hbar k_0,$$

$$\langle p^2 \rangle = \int_{-L/2}^{L/2} \psi^*(x,0)\left(-\hbar^2\frac{\partial^2}{\partial x^2}\right)\psi(x,0)dx$$
$$= -\hbar^2 \int_{-\infty}^{\infty} |\psi(x,0)|^2 \left(\frac{x^2}{\sigma_0^4} - \frac{2ik_0}{\sigma_0^2}x - k_0^2 - \frac{1}{\sigma_0^2}\right) dx$$
$$= \hbar^2\left(k_0^2 + \frac{1}{2\sigma_0^2}\right)$$

2.1 自由な粒子に対する解と波束

が計算できる．$\hbar k_0$ はこの波束の「平均の」運動量になっている．

問題

2.1 例題 2 の波動関数に対して，
$$\Delta x = x - \langle x \rangle, \quad \Delta p = p - \langle p \rangle$$
と定義するとき，
$$\sqrt{\langle (\Delta x)^2 \rangle \langle (\Delta p)^2 \rangle} = \frac{\hbar}{2}$$
が成立すること，すなわち，座標と運動量の不確定性の積が，最小になることを示せ．（最小波束）

2.2 例題 2 のガウス型波束 $\psi(x,0)$ を固有関数 $L^{-1/2}\exp(ikx)$ で展開し，
$$\psi(x,0) = \sum_k A_k L^{-1/2} e^{ikx},$$
と表わしたとき，展開係数 A_k が以下のようになることを示せ．
$$A_k = \left(\frac{4\pi \sigma_0^2}{L^2} \right)^{1/4} \exp\left[-\frac{\sigma_0^2}{2}(k-k_0)^2 \right].$$

2.3 例題 2 の，自由な空間で，$t=0$ に与えられた波束
$$\psi(x,0) = (\pi\sigma_0^2)^{-1/4} \exp\left[-\frac{x^2}{2\sigma_0^2} + ik_0 x \right]$$
は，その後任意の時刻 $t(\neq 0)$ でどのような形になるか求めよ．

【ヒント】 問題 2.2 で $\psi(x,0)$ を，$L^{-1/2}\exp(ikx)$ で展開した．これは，シュレディンガー方程式の固有エネルギー $E_k = \hbar^2 k^2/(2m)$ に対応する固有関数だから，任意の時刻 t における波動関数 $\psi(x,t)$ は 1.2 節要項 (11) より
$$\psi(x,t) = \sum_k A_k e^{-iE_k t/\hbar} L^{-1/2} e^{ikx}$$
と書ける．L を充分大きいとすると，
$$\sum_k \longrightarrow \frac{L}{2\pi} \int_{-\infty}^{\infty} dk$$
という置き換えが許される．この積分を複素積分を用いて実行せよ．

2.4 前問で求めた $\psi(x,t)$ について，x, x^2 の期待値を計算せよ．また p, p^2 の期待値を計算し，この 2 つは，t に依存しないことを示せ．

―― 例題 3 ――

ディラックの δ 関数は，
$$\int_{-\infty}^{\infty} f(x)\delta(x)dx = f(0)$$
を満たすものとして定義される．ここで $f(x)$ は $x=0$ で連続とする．$\delta(x)$ に次の関係が成り立つことを証明せよ．

(i) $\delta(x) = \delta(-x)$

(ii) $\delta(ax) = |a|^{-1}\delta(x)$

(iii) $\delta'(x) = -\delta'(-x)$

(iv) $\delta[g(x)] = \sum_i |g'(x_i)|^{-1}\delta(x-x_i)$ (x_i は $g(x)=0$ の根)

【解答】 証明すべき式の両辺を，任意の連続関数 $f(x)$ にかけて積分した結果が等しいことを示せばよい．

(i) $\displaystyle\int_{-\infty}^{\infty} f(x)\delta(-x)dx = \int_{-\infty}^{\infty} f(-x)\delta(x)dx = f(0) = \int_{-\infty}^{\infty} f(x)\delta(x)dx.$

(ii) $a>0$ ならば，
$$\int_{-\infty}^{\infty} f(x)\delta(ax)dx = \frac{1}{a}\int_{-\infty}^{\infty} f\left(\frac{x}{a}\right)\delta(x)dx = \frac{1}{a}f(0) = \frac{1}{a}\int_{-\infty}^{\infty} f(x)\delta(x)dx.$$

$a<0$ ならば，$a=-a'$ として
$$\int_{-\infty}^{\infty} f(x)\delta(-a'x)dx = \frac{1}{a'}f(0) = \frac{1}{|a|}f(0) = \frac{1}{|a|}\int_{-\infty}^{\infty} f(x)\delta(x)dx.$$

(iii) 部分積分により
$$\int_{-\infty}^{\infty} f(x)\delta'(x)dx = -\int_{-\infty}^{\infty} f'(x)\delta(x)dx = -f'(0).$$

一方，$\delta'(-x) = -\dfrac{d}{dx}\delta(-x)$ だから
$$-\int_{-\infty}^{\infty} f(x)\delta'(-x)dx = \int_{-\infty}^{\infty} f(x)\frac{d}{dx}\delta(-x)dx = -\int_{-\infty}^{\infty} f'(x)\delta(-x)dx = -f'(0).$$

(iv) $g(x)=0$ の根 x_i のまわりで $g(x)$ を展開すると
$$g(x) \simeq g(x_i) + \left.\frac{dg}{dx}\right|_{x=x_i}(x-x_i)$$
$$\int_{-\infty}^{\infty} f(x)\delta[g(x)]dx = \sum_i \int_{-\infty}^{\infty} f(x)\delta\left[\left.\frac{dg}{dx}\right|_{x=x_i}(x-x_i)\right]dx$$
$$= \sum_i |g'(x_i)|^{-1}\int_{-\infty}^{\infty} f(x)\delta(x-x_i)dx.$$

2.2　1次元箱型ポテンシャル

◆ **束縛状態**　1次元ポテンシャル $V(x)$ が，たとえば

$$V(x) = \begin{cases} 0 & |x| < a \\ V_0 & |x| > a \quad (V_0 > 0) \end{cases} \tag{1}$$

の場合，これを (**1次元**) **箱型ポテンシャル**という．$V_0 > 0$ の場合，エネルギー E が

$$V_0 > E > 0 \tag{2}$$

である状態は束縛状態となり，波動関数は無限に遠くまで広がることはできない．V_0 が正で有限の値の場合，束縛状態の波動関数は，$|x| > a$ の領域に幾分かはしみ出している．

◆ **境界条件**　シュレディンガー方程式は，適当な境界条件のもとで，エネルギー E を固有値とする固有値問題として解けばよい．束縛状態に対する境界条件は

$$\lim_{|x| \to \infty} \psi(x) = 0 \quad (束縛状態) \tag{3}$$

とすればよい．一方，束縛状態でなければ，波動関数は無限に遠くまで有限であるから (3) は成立しないが，もう少しゆるい条件

$$\lim_{|x| \to \infty} \psi(x) = 有界 \tag{4}$$

が成立しなくてはならない．さらに (1) のように $x = \pm a$ でポテンシャルに「とび」のある場合，その点で**波動関数とその1階導関数が連続である**，というのが境界条件として付け加わる．シュレディンガー方程式が2階の微分方程式であるから，この連続性が暗黙のうちに仮定されているからである．ポテンシャルの「とび」が無限大，すなわち (1) で $V_0 = \infty$ の場合には，その点で波動関数が 0 という条件を置けばよい (問題 4.1 参照)．

◆ **偶奇性**　1次元空間で，ポテンシャル $V(x)$ が x の偶関数なら，固有関数は，x に関して偶または奇の関数であるように選ぶことができる．これを偶奇性 (パリティ) と呼ぶ (例題 5 参照)．

境界条件　上の束縛状態に対する境界条件 (3) は実は正確ではない．束縛状態を問題にするかぎり，波動関数は全空間で 1 に規格化し得るわけだから，

$$\int_{-\infty}^{\infty} |\psi(x)|^2 dx = 1 \tag{3'}$$

が正しい条件である．したがって $\psi(x)$ は (1次元の場合)，無限遠で $|x|^{-1/2}$ よりは早く 0 になるようなものでなくてはならない．

例題 4

1次元の空間で，ポテンシャルが
$$V(x) = \begin{cases} 0 & |x| < a \\ V_0 & |x| > a \end{cases} \quad (V_0 > 0)$$
である場合，束縛状態の固有エネルギーを決定せよ．

【解答】 シュレディンガー方程式は，
$$k^2 = \frac{2mE}{\hbar^2}, \qquad k'^2 = \frac{2m(V_0 - E)}{\hbar^2} \tag{1}$$

とすると，
$$\frac{d^2\psi}{dx^2} + k^2\psi = 0 \quad (|x| < a),$$
$$\frac{d^2\psi}{dx^2} - k'^2\psi = 0 \quad (|x| > a) \tag{2}$$

である．E はエネルギーで $E > 0$ である．$|x| < a$ での基本解は (2) より $\exp(\pm ikx)$ であり，$|x| > a$ では $k'^2 > 0$ の場合 $\exp(\pm k'x)$，$k'^2 < 0$ の場合 $\exp(\pm i|k'|x)$ である．

束縛状態に対する境界条件 $\psi(x) \to 0 \; (x \to \pm\infty)$ より，$k'^2 > 0$ すなわち
$$V_0 > E > 0 \tag{3}$$

の場合に束縛状態の解が存在し ($k' > 0$ ととる)，
$$\psi(x) = \begin{cases} C_1 \exp(+k'x) & (x < -a) \\ C_2 \exp(-k'x) & (x > a) \end{cases} \tag{4}$$

である．$k > 0$，$k' > 0$ として解をまとめると，

パリティ偶の解
$$\psi_e(x) = \begin{cases} B \exp(k'x) & (x < -a) \\ A \cos(kx) & (|x| < a) \\ B \exp(-k'x) & (x > a) \end{cases} \tag{5}$$

パリティ奇の解
$$\psi_0(x) = \begin{cases} +B \exp(k'x) & (x < -a) \\ A \sin(kx) & (|x| < a) \\ -B \exp(-k'x) & (x > a) \end{cases} \tag{6}$$

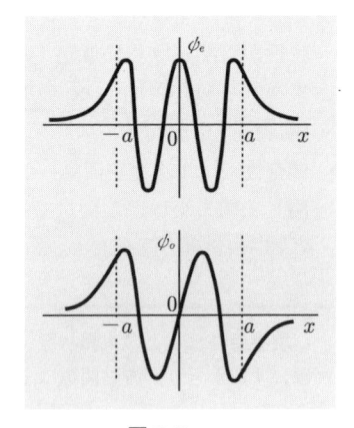

図 2.2

2.2　1次元箱型ポテンシャル

となる．図 2.2 にその略図を示した．偶の解について，$x = a$ における ψ_e および ψ_e' の連続性は

$$A\cos(ka) = B\exp(-k'a),$$
$$kA\sin(ka) = k'B\exp(-k'a) \tag{7}$$

であるから (このとき $x = -a$ における連続性は自動的に満足される)，まとめると

$$k\tan(ka) = k' \quad (偶) \tag{8}$$

を得る．同様にして奇の解については

$$k\cot(ka) = -k' \quad (奇) \tag{9}$$

となる．これらが固有エネルギー E を決定する方程式である．A および B は (偶の状態については) (7) および規格化の条件より決められる．

無次元の量 α, β, ξ を

$$\alpha = ka, \quad \beta = k'a, \quad \xi = \left(\frac{2mV_0}{\hbar^2}\right)^{1/2} a \tag{10}$$

として導入すると，

$$k^2 + k'^2 = \frac{2mV_0}{\hbar^2}$$

であるから，k を決める方程式は

$$\alpha^2 + \beta^2 = \xi^2 \quad \text{かつ} \quad \alpha\tan\alpha = \beta \quad (偶) \quad \text{または} \quad \alpha\cot\alpha = -\beta \quad (奇) \tag{11}$$

となる．これから β を消去して，$\alpha = ka$ がポテンシャルの強さ ξ^2 の関数として

$$\begin{aligned} \alpha^2 \sec^2\alpha &= \xi^2 \quad (偶) \quad \text{または} \\ \alpha^2 \operatorname{cosec}^2\alpha &= \xi^2 \quad (奇) \end{aligned} \tag{12}$$

となる．(8) および (9) より，適当に n (正整数または 0) を選ぶと

$$\begin{aligned} n\pi < \alpha &< \left(n + \frac{1}{2}\right)\pi \quad (偶), \\ \left(n + \frac{1}{2}\right)\pi < \alpha &< (n+1)\pi \quad (奇) \end{aligned}$$

であるから (12) は

$$\begin{aligned} \frac{\alpha}{\xi} &= \cos(\alpha - n\pi) \quad (偶), \\ \frac{\alpha}{\xi} &= \cos\left(\alpha - n\pi - \frac{\pi}{2}\right) \quad (奇) \end{aligned} \tag{13}$$

と書きなおされる．

$$\alpha_e = \alpha - n\pi, \quad \alpha_o = \alpha - n\pi - \pi/2$$

として，$\eta = \alpha_e + n\pi$ と $\eta = \xi \cos \alpha_e$ または $\eta = \alpha_o + n\pi + \pi/2$ と $\eta = \xi \cos \alpha_o$ ($0 \leq \alpha_e$, $\alpha_o \leq \pi/2$) の交点における η の値が，解 α の値を与える．$\xi = 6$ の場合を図 2.3 に示した．○印が偶の解，□印が奇の解を表わし，その点の η の値がそれぞれの解の値 $\alpha = ka$ である．ポテンシャルが十分浅ければ (ξ が小さければ)，唯一の偶状態の解のみ現われ，ポテンシャルを次第に深くすると，$\xi = (n+1/2)\pi$ ($n = 0, 1, 2, \cdots$) で奇状態の，$\xi = n\pi$ ($n = 1, 2, \cdots$) で偶状態の解が 1 つずつ付け加わる．それらは，すでに存在した状態よりエネルギーの高い状態である．

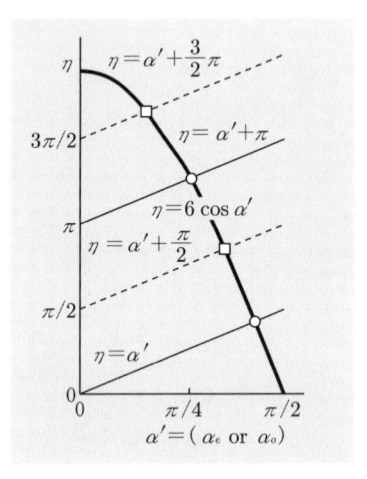

図 2.3

問題

4.1 例題 4 で $V_0 \to \infty$ としたとき，エネルギーおよび波動関数はどうなるか．この解が境界条件として $\psi(x = \pm a) = 0$ をとったものと同じであることを示せ．

4.2 1 次元空間で，ポテンシャルが ($V_0, V_1 > 0$ として)

$$V(x) = \begin{cases} V_1 & (x < 0) \\ -V_0 & (0 < x < a) \\ 0 & (x > a) \end{cases}$$

の場合，束縛状態の解を求めよ．$V_1 \to \infty$ としたときはどうなるか．

4.3 1 次元空間で，ポテンシャルが δ 関数形

$$V(x) = -V_0 \delta(x) \quad (V_0 > 0)$$

の場合の束縛状態を求めよ．

2.2 1次元箱型ポテンシャル

例題 5

1次元空間で，ポテンシャルが x の偶関数なら，シュレディンガー方程式
$$-\frac{\hbar^2}{2m}\frac{d^2}{dx^2}\psi(x) + V(x)\psi(x) = E\psi(x)$$
の固有関数は必ず，偶または奇関数にとり得ることを示せ．(パリティ)

【解答】 シュレディンガー方程式と，そこで $x \to -x$ とした方程式は $V(x) = V(-x)$ であるから

$$-\frac{\hbar^2}{2m}\frac{d^2}{dx^2}\psi(x) + V(x)\psi(x) = E\psi(x), \tag{1}$$

$$-\frac{\hbar^2}{2m}\frac{d^2}{dx^2}\psi(-x) + V(x)\psi(-x) = E\psi(-x) \tag{2}$$

となる．(1), (2) を比較すれば $\psi(x)$ が固有関数なら $\psi(-x)$ も同じエネルギー固有値 E をもつ固有関数となる．もし，エネルギー E の固有状態が縮退していないものなら，$\psi(x)$ と $\psi(-x)$ は係数のみ違うことになる．すなわち

$$\psi(x) = p\psi(-x) \tag{3}$$

ここで $x \to -x$ とすれば $\psi(-x) = p\psi(x)$ であるから

$$\psi(x) = p^2\psi(x) \quad \text{つまり} \quad p = \pm 1 \tag{4}$$

でなくてはならない．すなわち

$$\psi(x) = +\psi(-x) \quad (偶) \quad \text{または} \quad \psi(x) = -\psi(-x) \quad (奇) \tag{5}$$

である．もし，エネルギー E の状態が縮退していれば，固有関数は偶関数でも奇関数でもないものをとってもかまわない．ところで $\psi_o(x)$ と $\psi_e(x)$ を

$$\psi_o(x) = \{\psi(x) - \psi(-x)\}/2, \quad \psi_e(x) = \{\psi(x) + \psi(-x)\}/2 \tag{6}$$

と定義すると，$\psi_o(x)$ は奇関数，$\psi_e(x)$ は偶関数である．また，(1), (2) から ψ_e, ψ_o もまた，シュレディンガー方程式の，エネルギー E に対応する固有関数であることがわかる．したがって，縮退した状態で偶関数でも奇関数でもない $\psi(x)$ が求まったら，(6) のようにして，波動関数を選びなおせば，固有関数は偶または奇関数にとり得ることがわかる．

問 題

5.1 1次元空間では，束縛状態には縮退がないことを示せ．

〔ヒント〕 縮退があると仮定して，その波動関数を ψ_1, ψ_2 とすると $\psi_1''\psi_2 - \psi_1\psi_2'' = 0$ であることを導き，これを積分せよ．その際 $|x| \to \infty$ での境界条件を使用せよ．

2.3 調和振動子

◆ **1次元調和振動子** 古典的調和振動子の運動方程式 $\ddot{x}+\omega_0 x=0$ に対応して，そのハミルトニアンは

$$\mathcal{H} = \frac{p^2}{2m} + \frac{1}{2}m\omega_0{}^2 x^2 = -\frac{\hbar^2}{2m}\frac{d^2}{dx^2} + \frac{1}{2}m\omega_0{}^2 x^2 \tag{1}$$

と与えられる (1.3節要項 (5′)，(7) 参照)．無次元の量

$$\xi = \sqrt{m\omega_0/\hbar}\, x \equiv \alpha x, \quad \lambda = 2E/(\hbar\omega_0) \tag{2}$$

を導入すると，シュレディンガー方程式 $\mathcal{H}\psi = E\psi$ は

$$\frac{d^2\psi}{d\xi^2} + (\lambda - \xi^2)\psi = 0 \tag{3}$$

となる．(3) の $\xi \to \pm\infty$ における振舞いは，$\psi \sim e^{\pm\xi^2/2}$ であるから，解を

$$\psi = \exp(-\xi^2/2)\phi(\xi) \tag{4}$$

と置く．$\phi(\xi)$ はエルミート多項式 $H_n(\xi)$ となり，またエネルギー固有値 λ も次のように定まる．(N_n は規格化定数で $N_n = (\alpha/(\sqrt{\pi}2^n n!))^{1/2}$)

$$\psi_n(\xi) = N_n \exp(-\xi^2/2)H_n(\xi), \tag{5}$$

$$\lambda_n = 2n+1 \quad (n=0,1,2,3,\cdots) \tag{6}$$

または

$$\psi_n(x) = N_n \exp(-\alpha^2 x^2/2)H_n(\alpha x), \tag{5′}$$

$$E_n = \hbar\omega_0(n+1/2). \tag{6′}$$

◆ **エルミート多項式** エルミート多項式 $H_n(\xi)$ は，ξ について n 次の多項式 (偶数ベキまたは奇数ベキのみの) であり，具体的には，ロドリーグの公式

$$H_n(\xi) = (-1)^n e^{\xi^2}\frac{d^n}{d\xi^n}e^{-\xi^2} \tag{7}$$

で与えられる．また，次の母関数表示が成立する．

$$e^{-s^2+2s\xi} = \sum_{n=0}^{\infty}\frac{H_n(\xi)}{n!}s^n. \tag{8}$$

エルミート多項式に関する積分

$$\int_{-\infty}^{\infty} H_n(\xi)H_m(\xi)e^{-\xi^2}d\xi = \delta_{nm}\sqrt{\pi}2^n n! \tag{9}$$

から，$\psi_n(x)$ は規格直交化されている．

◆ **偶奇性** 前節 2.2 で述べた一般論より，1次元調和振動子の固有関数は，縮退がなく，偶または奇であるはずである．(5) または (5′) では確かにそうなっている．

2.3 調和振動子

例題 6

1次元調和振動子
$$\mathcal{H} = -\frac{\hbar^2}{2m}\frac{d^2}{dx^2} + \frac{1}{2}m\omega_0^2 x^2$$
について，固有関数およびエネルギー固有値 E を求めよ．

【解答】 $\xi = \sqrt{m\omega_0/\hbar}\, x = \alpha x,\ \lambda = 2E/(\hbar\omega_0)$ とするとシュレディンガー方程式は

$$\frac{d^2\psi}{d\xi^2} + (\lambda - \xi^2)\psi = 0 \tag{1}$$

となる．$\xi \to \pm\infty$ で $\psi \sim \exp(\pm\xi^2/2)$ だから ($\xi \to \pm\infty$ では境界条件を考慮し) 解を $\psi = \exp(-\xi^2/2)\phi(\xi)$ と置く，これを (1) に代入して $\phi(\xi)$ の微分方程式を作ると，

$$\frac{d^2\phi}{d\xi^2} - 2\xi\frac{d\phi}{d\xi} + (\lambda - 1)\phi = 0 \tag{2}$$

となる．(2) は $\xi = 0$ のまわりで正則だから，$\phi(\xi)$ を ξ の無限級数

$$\phi(\xi) = \sum_{n=0}^{\infty} C_n \xi^{s+n} \tag{3}$$

の形に書くことができる．これを (2) に代入して ξ のベキで整理すると，

$$\begin{aligned}s(s-1)C_0\xi^{s-2} + s(s+1)C_1\xi^{s-1} \\ + \sum_{n=0}^{\infty}\{(s+n+2)(s+n+1)C_{n+2} + (\lambda - 1 - 2s - 2n)C_n\}\xi^{s+n} = 0\end{aligned} \tag{4}$$

となる．$C_0 \neq 0$ としても任意性を失わないから，(4) が任意の ξ で成立するためには，まず

$$s(s-1) = 0 \quad \text{すなわち} \quad s = 0 \quad \text{または} \quad s = 1 \tag{5}$$

である．ξ^{s-1} の係数については

$$s = 0 \text{ なら } C_1\text{は任意,} \quad s = 1 \text{ なら } C_1 = 0 \tag{6}$$

となる．また ξ^{s+n} の係数が 0 になるためには

$$C_{n+2} = \frac{2s + 2n - \lambda + 1}{(s+n+2)(s+n+1)}C_n \quad (n = 0, 1, 2, \cdots) \tag{7}$$

となる．ところで，(7) より

$$C_{n+2}/C_n \to 2/n \quad (n \to \infty)$$

であるから，一般には $\phi(\xi)$ の無限級数の和 (3) は，

$$\exp(2\xi^2) = 1 + 2\xi^2 + 2^2\frac{\xi^4}{2!} + \cdots + 2^n\frac{\xi^{2n}}{n!} + \cdots$$

を用いて，
$$\phi(\xi) \sim (C_0 + C_1\xi)\xi^s \exp(2\xi^2) \quad (\xi \to \pm\infty)$$
と書ける．ここで ξ のベキの低次の項は重要でないから省略した．これを用いると
$$\psi(\xi) \sim (C_0 + C_1\xi)\xi^s \exp\left(\frac{3\xi^2}{2}\right) \quad (\xi \to \pm\infty)$$
となり，境界条件 $\psi(\xi) \to 0 \,(\xi \to \pm\infty)$ を満足しない．これをさけるためには，(7) で n が偶数次のベキが途中で切れ，かつ n が奇数次のベキが現われないことが必要である．($s=1$ のときは (6) により初めからそうなっている)．こうして ((7) の関数が $n = m_0$ で切れるために)
$$\lambda = 2s + 2m_0 + 1 \quad \text{かつ} \quad C_1 = 0 \quad (\boldsymbol{m_0 \text{は偶数}}) \tag{8}$$
となる．$m_0 + s$ を改めて m と書くと，$\boldsymbol{s=0}$ **のときは** $\boldsymbol{m}$ **は偶数**，$\boldsymbol{s=1}$ **のときは** $\boldsymbol{m}$ **は奇数**となり
$$\lambda = 2m + 1 \quad (E = \hbar\omega_0(m + 1/2)) \quad \text{かつ} \quad C_1 = 0 \tag{9}$$
である．(3) より $\phi(\xi)$ は $m_0 + s = m$ 次の多項式であることもわかる．

次に，今求めた多項式 $\phi(\xi)$ がエルミート多項式であることを示さなくてはならない．例題7で証明されるエルミート多項式の漸化式
$$\frac{d}{d\xi}H_n(\xi) = 2nH_{n-1}(\xi), \tag{10}$$
$$H_{n+1}(\xi) = 2\xi H_n(\xi) - 2nH_{n-1}(\xi) \tag{11}$$
を用いればよい．(10) をもう一度 ξ で微分した H_n'' より
$$2\xi H_n' = 2n \cdot 2\xi H_{n-1}$$
を引くと
$$H_n'' - 2\xi H_n' = 2n[2(n-1)H_{n-2} - 2\xi H_{n-1}]$$
となり，右辺は (11) より $-2nH_n$ に等しいことがわかる．すなわちエルミート多項式 H_n は微分方程式
$$H_n'' - 2\xi H_n' + 2nH_n = 0 \tag{12}$$
を満足することがわかる．これは (2) で $\lambda = 2n + 1$ と置いたものに等しいから，
$$\phi_n(\xi) = N_n H_n(\xi) \quad \text{あるいは} \quad \psi_n(x) = N_n H_n(\alpha x)e^{-\alpha^2 x^2/2} \tag{13}$$
が示された．

あとは，規格化定数
$$N_n = \left(\frac{\alpha}{\sqrt{\pi}\,2^n n!}\right)^{1/2}$$

を決めるのだが，そのためには積分

$$\int_{-\infty}^{\infty} \psi_n{}^*(x)\psi_m(x)dx = \frac{1}{\alpha}N_n N_m \int_{-\infty}^{\infty} H_n(\xi)H_m(\xi)e^{-\xi^2}d\xi$$
$$= \frac{N_n{}^2}{\alpha}\delta_{nm}\sqrt{\pi}\,2^n n! \tag{14}$$

を示せばよい．実際，母関数表示より

$$\int_{-\infty}^{\infty} e^{-s^2+2s\xi}e^{-t^2+2t\xi}e^{-\xi^2}d\xi = \sum_{n=0}^{\infty}\sum_{m=0}^{\infty}\frac{s^n t^m}{n!\,m!}\int_{-\infty}^{\infty}H_n(\xi)H_m(\xi)e^{-\xi^2}d\xi \tag{15-1}$$

となる．左辺は $\int_{-\infty}^{\infty} e^{2st}e^{-(\xi-s-t)^2}d\xi$ と変形してすぐ計算できて，

$$\pi^{1/2}e^{2st} = \pi^{1/2}\sum_{n=0}^{\infty}\frac{(2st)^n}{n!} \tag{15-2}$$

であるから，$s,\,t$ のベキが同じ項同士を比べて (14) が得られる．

問題

6.1 2次元等方調和振動子の固有値，固有関数を求めよ．

6.2 1次元ポテンシャル

$$V(x) = \begin{cases} \dfrac{1}{2}m\omega_0{}^2 x^2 & (x>0) \\ \infty & (x<0) \end{cases}$$

内を運動する粒子について，エネルギー準位と波動関数を求めよ．

6.3 古典的調和振動子 $\ddot{x}+\omega_0{}^2 x = 0$ の運動を決定し，粒子を $(x, x+dx)$ に見出す確率は

$$W(x)dx = (\pi a)^{-1}(1-x^2/a^2)^{-1/2}dx$$

であることを示せ．a は粒子の振動の振幅である．また粒子のエネルギー E と a の関係は $E = m\omega_0{}^2 a^2/2$ である．以上の結果を量子力学的調和振動子の解における存在確率 $W_{\mathrm{qu}}(x) = |\psi(x)|^2$ と比較せよ．

─── 例題 7 ───

エルミート多項式 $H_n(\xi)$ には漸化式

$$\frac{d}{d\xi}H_n(\xi) = 2nH_{n-1}(\xi),$$

$$H_{n+1}(\xi) = 2\xi H_n(\xi) - 2nH_{n-1}(\xi)$$

が成立することを示せ．

【解答】 ロドリーグの公式より

$$\frac{d}{d\xi}H_n(\xi) = (-1)^n \frac{d}{d\xi} e^{\xi^2} \frac{d^n}{d\xi^n} e^{-\xi^2}$$
$$= (-1)^n \left(2\xi e^{\xi^2} \frac{d^n}{d\xi^n} e^{-\xi^2} + e^{\xi^2} \frac{d^{n+1}}{d\xi^{n+1}} e^{-\xi^2} \right)$$
$$= 2\xi H_n(\xi) - H_{n+1}(\xi) \tag{1}$$

となる．
また，

$$\frac{d^{n+1}}{d\xi^{n+1}} e^{-\xi^2} = \frac{d^n}{d\xi^n}(-2\xi e^{-\xi^2})$$

であるから，(1) は

$$\frac{d}{d\xi}H_n(\xi) = 2\xi H_n(\xi) + (-1)^n e^{\xi^2} \frac{d^n}{d\xi^n}(-2\xi e^{-\xi^2}) \tag{2}$$

となる．(2) の右辺第 2 項は

$$\frac{d}{d\xi}(-2\xi e^{-\xi^2}) = -2e^{-\xi^2} - 2\xi \frac{d}{d\xi} e^{-\xi^2},$$
$$\frac{d^2}{d\xi^2}(-2\xi e^{-\xi^2}) = -4\frac{d}{d\xi} e^{-\xi^2} - 2\xi \frac{d^2}{d\xi^2} e^{-\xi^2},$$
$$\cdots\cdots,$$
$$\frac{d^n}{d\xi^n}(-2\xi e^{-\xi^2}) = -2n \frac{d^{n-1}}{d\xi^{n-1}} e^{-\xi^2} - 2\xi \frac{d^n}{d\xi^n} e^{-\xi^2} \tag{3}$$

である．(3) の最後の式を用いて (2) を書きなおせば，

$$\frac{d}{d\xi}H_n(\xi) = 2nH_{n-1}(\xi) \tag{4}$$

が求められた．さらに (4) を (1) の左辺に代入すると証明すべき第 2 の式となる．

問題

7.1 エルミート多項式の母関数表示の左右両辺を s および ξ で微分することにより，例題 7 の漸化式を証明せよ．

2.3 調和振動子

例題 8

1次元調和振動子の固有関数を用いて，x の行列要素
$$\int_{-\infty}^{\infty} \psi_n{}^*(x) x \psi_m(x) dx$$
を計算せよ．

【解答】 1次元調和振動子の固有関数は

$$\psi_n(x) = N_n \exp\left(\frac{-\alpha^2 x^2}{2}\right) H_n(\alpha x),$$

$$\alpha = \sqrt{\frac{m\omega_0}{\hbar}}, \quad N_n = \left(\frac{\alpha}{\sqrt{\pi} 2^n n!}\right)^{\frac{1}{2}}$$

エルミート多項式の漸化式(例題7)を用いると

$$x\psi_m = N_m \exp\left(\frac{-\alpha^2 x^2}{2}\right) \frac{1}{\alpha} \alpha x H_m(\alpha x)$$

$$= \frac{1}{2\alpha} N_m \exp\left(\frac{-\alpha^2 x^2}{2}\right) \{H_{m+1}(\alpha x) + 2m H_{m-1}(\alpha x)\}$$

$$= \frac{1}{2\alpha} \left\{\frac{N_m}{N_{m+1}} \psi_{m+1}(x) + \frac{N_m}{N_{m-1}} 2m \psi_{m-1}(x)\right\}$$

$$= \frac{1}{2\alpha} \left\{\sqrt{2m+2}\, \psi_{m+1}(x) + \sqrt{2m}\, \psi_{m-1}(x)\right\}$$

ここで，左から $\psi_n{}^*(x)$ をかけて積分し，$\psi_n(x)$ の規格直交関係を用いると

$$\int_{-\infty}^{\infty} \psi_n{}^*(x) x \psi_m(x) dx = \begin{cases} \dfrac{\sqrt{2(m+1)}}{2\alpha} & (n = m+1) \\[2mm] \dfrac{\sqrt{2m}}{2\alpha} & (n = m-1) \\[2mm] 0 & (n \neq m \pm 1) \end{cases}$$

調和振動子の状態は，量子数 n と $n \pm 1$ の状態の間でのみ，x の行列要素が0でない．これは基本的な性質である．

問 題

8.1 1次元調和振動子の固有関数に対して，x^2 および $-i\hbar\dfrac{\partial}{\partial x}$ の行列要素

$$\int_{-\infty}^{\infty} \psi_n{}^*(x) x^2 \psi_m(x) dx, \quad \int_{-\infty}^{\infty} \psi_n{}^*(x)\left(-i\hbar \frac{\partial}{\partial x}\right) \psi_m(x) dx$$

を計算せよ．

例題 9

1次元調和振動子の時間に依存するシュレディンガー方程式

$$i\hbar\frac{\partial}{\partial t}\psi(x,t) = \left(-\frac{\hbar^2}{2m}\frac{\partial^2}{\partial x^2} + \frac{m\omega_0^2}{2}x^2\right)\psi(x,t)$$

の解で，時刻 $t=0$ において

$$\psi(x,0) = \sqrt{\frac{\alpha}{\sqrt{\pi}}} \exp\left[-\frac{\alpha^2}{2}(x-a)^2\right] \quad \left(\alpha = \sqrt{\frac{m\omega_0}{\hbar}}\right)$$

となる波束の運動を論ぜよ．

【解答】 $\psi(x,t)$ を問題 2.3 と同様に，固有関数 $\psi_n(x)$ で展開し

$$\psi(x,t) = \sum_{n=0}^{\infty} A_n e^{-i(n+\frac{1}{2})\omega_0 t} \psi_n(x) \tag{1}$$

と書くと，係数 A_n は $\xi_0 = \alpha a$, $\xi = \alpha x$ として

$$A_n = \int_{-\infty}^{\infty} \psi_n{}^*(x)\psi(x,0)dx$$

$$= N_n/\sqrt{\alpha\sqrt{\pi}} \int_{-\infty}^{\infty} H_n(\xi) e^{-\frac{1}{2}\xi^2} e^{-\frac{1}{2}(\xi-\xi_0)^2} d\xi \tag{2}$$

となる．母関数表示を用いて

$$\int_{-\infty}^{\infty} e^{-s^2+2s\xi} e^{-(\xi^2-\xi\xi_0+\xi_0{}^2/2)} d\xi = \sum_{n=0}^{\infty} \frac{s^n}{n!} \int_{-\infty}^{\infty} H_n(\xi) e^{-\frac{1}{2}\xi^2} e^{-\frac{1}{2}(\xi-\xi_0)^2} d\xi \tag{3}$$

となり，一方左辺は直接積分できて

$$\int_{-\infty}^{\infty} e^{-s^2+2s\xi} e^{-(\xi^2-\xi\xi_0+\xi_0{}^2/2)} d\xi = e^{-\frac{\xi_0{}^2}{4}+s\xi_0} \int_{-\infty}^{\infty} e^{-\left(\xi-\frac{\xi_0+2s}{2}\right)^2} d\xi$$

$$= \sqrt{\pi} e^{-\frac{\xi_0{}^2}{4}+s\xi_0}$$

$$= \sqrt{\pi} e^{-\frac{\xi_0{}^2}{4}} \sum_{n=0}^{\infty} \frac{(s\xi_0)^n}{n!} \tag{4}$$

である．(3), (4) はすべての n について s^n の係数が等しくなければならず，結局

$$A_n = \frac{\xi_0{}^n e^{-(1/4)\xi_0{}^2}}{(2^n n!)^{1/2}} \tag{5}$$

が求まる．したがって $\psi(x,t)$ は H_n の母関数表示を用いて

2.3 調和振動子

$$\psi(x,t) = \sqrt{\frac{\alpha}{\sqrt{\pi}}} e^{-\frac{1}{2}\xi^2 - \frac{1}{4}\xi_0^2 - \frac{i}{2}\omega_0 t} \sum_{n=0}^{\infty} \frac{H_n(\xi)}{n!} \left(\frac{1}{2}\xi_0 e^{-i\omega_0 t}\right)^n$$

$$= \sqrt{\frac{\alpha}{\sqrt{\pi}}} \exp\left(-\frac{1}{2}\xi^2 - \frac{1}{4}\xi_0^2 - \frac{i}{2}\omega_0 t - \frac{1}{4}\xi_0^2 e^{-2i\omega_0 t} + \xi\xi_0 e^{-i\omega_0 t}\right)$$

$$= \sqrt{\frac{\alpha}{\sqrt{\pi}}} \exp\left[-\frac{1}{2}(\xi - \xi_0 \cos\omega_0 t)^2 - i\left(\frac{1}{2}\omega_0 t + \xi\xi_0 \sin\omega_0 t - \frac{1}{4}\xi_0^2 \sin 2\omega_0 t\right)\right]$$

$$|\psi(x,t)|^2 = \frac{\alpha}{\sqrt{\pi}} \exp\left[-\alpha^2 (x - a\cos\omega_0 t)^2\right] \tag{6}$$

となる. すなわち, $|\psi(x,t)|$ は形を変えず, 波束の中心が古典的調和振動子の運動方程式に従って運動する.

問題

9.1 上の例題で, a を十分大きくすると, この波束に対するエネルギー期待値が, $m\omega_0^2 a^2/2$, すなわち, 振幅 a の古典的調和振動子のエネルギーに等しいことを示せ. $\left(\ln A^2 = 2n\ln\xi_0 - \frac{1}{2}\xi_0^2 - (n\ln 2 + \ln n!) \approx 2n\left(\ln\xi_0 - \frac{1}{2}\ln 2\right) - n(\ln n - 1)\right.$ を用いよ. この最後の変形にはスターリングの公式を用いた.$\Big)$

9.2 調和振動子ハミルトニアン $\mathcal{H} = \frac{1}{2m}p^2 + \frac{1}{2}m\omega^2 x^2$ はエネルギー量子の生成, 消滅演算子 $b^\dagger = -\frac{i}{\sqrt{2m\hbar\omega}}p + \sqrt{\frac{m\omega}{2\hbar}}x$, $b = \frac{i}{\sqrt{2m\hbar\omega}}p + \sqrt{\frac{m\omega}{2\hbar}}x$ を用いて, $\mathcal{H} = \hbar\omega\left(b^\dagger b + \frac{1}{2}\right)$ と書けることを示し, また演算子 $b^\dagger, b$ の間には交換関係 $[b, b^\dagger] = 1$ が成立することを示せ.

9.3 問題 9.2 の $b^\dagger, b$ を用いると, 調和振動子固有関数 $\psi_n(x)$ (要項 (5′) 式) に対して

$$b\psi_n = \sqrt{n}\psi_{n-1}, \quad b^\dagger\psi_n = \sqrt{n+1}\psi_{n+1}$$

が成り立つことを示せ.

シュレディンガー表示とハイゼンベルク表示　時間に依存するシュレディンガー方程式

$$i\hbar\frac{\partial\psi(\boldsymbol{r},t)}{\partial t} = \mathcal{H}\psi(\boldsymbol{r},t) \tag{1}$$

の解は，$\mathcal{H}$ が t を陽に含まないとすると

$$\psi(\boldsymbol{r},t) = e^{-i\mathcal{H}(t-t_0)/\hbar}\psi(\boldsymbol{r},t_0) \tag{2}$$

で与えられる．これは，ハミルトニアン $\mathcal{H}$ と，$t=t_0$ での ψ がわかれば，任意の時刻 $t(>t_0)$ での ψ を与える式であり，$e^{-i\mathcal{H}(t-t_0)/\hbar}$ は $t>t_0$ での波動関数の時間変化を与える演算子と考えられる．ここで演算子の指数関数は，次の級数展開で定義する．

$$\begin{aligned}
e^{i\mathcal{H}t/\hbar}\varphi_n(\boldsymbol{r},t_0) &\equiv \left\{1 + \frac{i\mathcal{H}t}{\hbar} + \frac{1}{2!}\left(\frac{i\mathcal{H}t}{\hbar}\right)^2 + \cdots\right\}\varphi_n(\boldsymbol{r},t_0) \\
&= e^{i\epsilon_n t/\hbar}\varphi_n(\boldsymbol{r},t_0).
\end{aligned}$$

ただし $\mathcal{H}\varphi_n = \epsilon_n\varphi_n$ とする．

物理量 A の期待値を，波動関数 (1) を用いて求めると

$$\begin{aligned}
\langle A \rangle &= \int \psi^*(\boldsymbol{r},t)A\psi(\boldsymbol{r},t)d\boldsymbol{r} \\
&= \int \psi^*(\boldsymbol{r},t_0)e^{i\mathcal{H}(t-t_0)/\hbar}Ae^{-i\mathcal{H}(t-t_0)/\hbar}\psi(\boldsymbol{r},t_0)d\boldsymbol{r}.
\end{aligned} \tag{3}$$

物理量の時間的変化を (3) で考えるとき，ψ が (2) にしたがって時間変化しているとみるのが，シュレディンガー表示である．一方，

$$A(t-t_0) = e^{i\mathcal{H}(t-t_0)/\hbar}Ae^{-i\mathcal{H}(t-t_0)/\hbar} \tag{4}$$

によって演算子が時間変化し，波動関数は変化しないとして，(3) を

$$\langle A \rangle = \int \psi^*(\boldsymbol{r},t_0)A(t-t_0)\psi(\boldsymbol{r},t_0)d\boldsymbol{r}$$

と考えるのが，ハイゼンベルク表示である．

(4) を t で微分することにより，ハイゼンベルクの運動方程式を導くことができる．

2.4　3次元球対称ポテンシャル

◆ **球座標によるシュレディンガー方程式**　ポテンシャル・エネルギーが球対称 $V(\boldsymbol{r}) = V(r)$ のとき，3次元空間でのシュレディンガー方程式は球座標 $(x = r\sin\theta\cos\phi, y = r\sin\theta\sin\phi, z = r\cos\theta)$ を用いて次のように書ける．

$$\left[-\frac{\hbar^2}{2m} \left\{ \frac{1}{r^2}\frac{\partial}{\partial r}\left(r^2 \frac{\partial}{\partial r} \right) + \frac{1}{r^2 \sin\theta}\frac{\partial}{\partial \theta}\left(\sin\theta \frac{\partial}{\partial \theta} \right) + \frac{1}{r^2 \sin^2\theta}\frac{\partial^2}{\partial \phi^2} \right\} + V(r) \right] \psi(r,\theta,\phi)$$
$$= E\psi(r,\theta,\phi). \tag{1}$$

波動関数 $\psi(r,\theta,\phi)$ を，r を含む部分と θ, ϕ を含む部分に分離して

$$\psi(r,\theta,\phi) = R(r) Y(\theta,\phi) \tag{2}$$

と書いて，(1) に変数分離法を行なえば，R, Y の満たす微分方程式はそれぞれ

$$\frac{1}{r^2}\frac{d}{dr}\left(r^2 \frac{dR}{dr} \right) + \left\{ \frac{2m}{\hbar^2}(E - V(r)) - \frac{\lambda}{r^2} \right\} R = 0, \tag{3}$$

$$\frac{1}{\sin\theta}\frac{\partial}{\partial \theta}\left(\sin\theta \frac{\partial Y}{\partial \theta} \right) + \frac{1}{\sin^2\theta}\frac{\partial^2 Y}{\partial \phi^2} + \lambda Y = 0 \tag{4}$$

となる．さらに θ, ϕ について

$$Y(\theta,\phi) = \Theta(\theta)\Phi(\phi) \tag{5}$$

とすると，Θ, Φ はそれぞれ次の微分方程式を満たす．

$$\frac{1}{\sin\theta}\frac{d}{d\theta}\left(\sin\theta \frac{d\Theta}{d\theta} \right) + \left(\lambda - \frac{m^2}{\sin^2\theta} \right)\Theta = 0, \tag{6}$$

$$\frac{d^2\Phi}{d\phi^2} + m^2 \Phi = 0. \tag{7}$$

◆ **境界条件**　3次元のシュレディンガー方程式に対する境界条件も，1次元の場合とほぼ同じである．すなわち，束縛状態に対しては

$$\lim_{|r|\to\infty} \psi(r,\theta,\phi) = 0 \quad \left(\text{より厳密には} \iiint |\psi(r,\theta,\phi)|^2 r^2 \sin\theta\, dr d\theta d\phi = 1 \right) \tag{8}$$

であり，また束縛状態でなければ

$$\lim_{|r|\to\infty} \psi(r,\theta,\phi) = 有界 \tag{9}$$

が成立しなくてはならない．

　さらに，ポテンシャル $V(r)$ に有限のとびがあれば，そのような r で $R(r)$ および $R'(r)$ は連続でなくてはならない．

　$r = 0$ での振舞いについては特に注意しなくてはならない．

◆ **球面調和関数** (7) の解 $\Phi(\phi)$ は，ϕ についての周期性により，$2\pi > \phi \geq 0$ で 1 に規格化し

$$\Phi_m(\phi) = \frac{1}{\sqrt{2\pi}} e^{im\phi} \quad (m = 0, \pm 1, \pm 2, \cdots) \tag{10}$$

である．(6) については $\omega = \cos\theta$ と変数変換し，$P(\omega) = \Theta(\theta)$ と置くと

$$\frac{d}{d\omega}\left[(1-\omega^2)\frac{dP}{d\omega}\right] + \left(\lambda - \frac{m^2}{1-\omega^2}\right)P = 0$$
$$\text{(ルジャンドルの陪微分方程式)} \tag{11}$$

を得る．l を 0 または正の整数として，

$$\lambda = l(l+1) \quad (|m| \leq l) \tag{12}$$

のとき，物理的に意味のある解となる (例題 11 参照)．それを $P_l^m(\omega)$ と書くと，具体的な P_l^m の形は

$$P_l^m(\omega) = (1-\omega^2)^{|m|/2}\frac{d^{|m|}}{d\omega^{|m|}}P_l(\omega), \quad P_l(\omega) = \frac{1}{2^l l!}\frac{d^l}{d\omega^l}(\omega^2-1)^l \tag{13}$$

である．$P_l(\omega)$ は $m=0$ のときの $P_l^m(\omega)$ で，**ルジャンドルの多項式**といい，また $P_l^m(\omega)$ を**ルジャンドルの陪多項式**という．$P_l(\omega)$ の**母関数表示**は

$$(1 - 2s\omega + s^2)^{-1/2} = \sum_{l=0}^{\infty} P_l(\omega)s^l \quad (|s|<1) \tag{14}$$

である．(4) の解 $Y(\theta,\phi)$ は Φ_m，$\Theta_{lm} \sim P_l^m$ を用いて

$$Y_{lm}(\theta,\phi) = \Theta_{lm}(\theta)\Phi_m(\phi) = (-1)^{\frac{|m|+m}{2}}\left[\frac{2l+1}{4\pi}\frac{(l-|m|)!}{(l+|m|)!}\right]^{1/2}P_l^m(\cos\theta)e^{im\phi} \tag{15}$$

と表わされ，球面調和関数と呼ぶ．Y_{lm} は次のように規格直交化されている．

$$\int_0^\pi \sin\theta d\theta \int_0^{2\pi} d\phi Y_{lm}{}^*(\theta,\phi)Y_{l'm'}(\theta,\phi) = \delta_{ll'}\delta_{mm'}. \tag{16}$$

l および m を，**方位量子数**および**磁気量子数**と呼び，$l=0,1,2,3,\cdots$ の状態をそれぞれ，s 状態，p 状態，d 状態，f 状態，$\cdots$ と名付けている．

◆ **動径部分の解**(クーロン・ポテンシャルの場合) $V(r)$ がクーロン・ポテンシャル $V(r) = -Ze^2/(4\pi\epsilon_0 r)$ (電子の電荷 $-e$，核の電荷 Ze) の場合，動径波動関数 $R(r)$ に対する微分方程式は

$$\frac{1}{r^2}\frac{d}{dr}\left(r^2\frac{d}{dr}R(r)\right) + \left\{\frac{2m}{\hbar^2}\left(E + \frac{Ze^2}{4\pi\epsilon_0 r}\right) - \frac{l(l+1)}{r^2}\right\}R(r) = 0 \tag{17}$$

である．束縛状態 ($E<0$) のみ考えることにして，パラメタ α および λ，

$$\alpha^2 = \frac{8m|E|}{\hbar^2}, \quad \lambda = \frac{2mZe^2}{4\pi\epsilon_0 \alpha\hbar^2} = \frac{Ze^2}{4\pi\epsilon_0\hbar}\left(\frac{m}{2|E|}\right)^{1/2} \tag{18}$$

2.4 3次元球対称ポテンシャル

を導入する．$\rho = \alpha r$ と変数変換すると (17) は

$$\frac{1}{\rho^2}\frac{d}{d\rho}\left(\rho^2 \frac{d}{d\rho}R\left(\frac{\rho}{\alpha}\right)\right) + \left\{\frac{\lambda}{\rho} - \frac{1}{4} - \frac{l(l+1)}{\rho^2}\right\} R\left(\frac{\rho}{\alpha}\right) = 0 \quad (19)$$

と書き換えられる．$\rho \to \infty$ で 0 になる解として

$$R(\rho/\alpha) = \exp(-\rho/2)F(\rho) \quad (20)$$

を仮定すると，適当な正の整数 n' に対して (λ が $l+1$ に等しいか，より大きい整数の場合と言い換えてもよい)

$$\lambda = n = n' + l + 1 \quad (21)$$

の場合，物理的に許される解 ($\rho \to \infty$ で $R \to 0$ となる解) $F(\rho) = \rho^l L_{n+l}^{2l+1}(\rho)$ が存在する．n' を**動径量子数**，n を**主量子数**と呼ぶ．$L_{n+l}^{2l+1}(\rho)$ は**ラゲールの陪多項式**と呼ばれ，微分方程式

$$\rho L'' + [2(l+1) - \rho]L' + (n - l - 1)L = 0 \quad \text{(ラゲールの陪微分方程式)} \quad (22)$$

を満足し，具体的には

$$L_{n+l}^{2l+1}(\rho) = \sum_{k=0}^{n-l-1} (-1)^{k+2l+1} \frac{[(n+l)!]^2 \rho^k}{(n-l-1-k)!\,(2l+1+k)!\,k!}$$

$$= (-1)^{2l+1} e^\rho \rho^{-2l-1} \frac{(n+l)!}{(n-l-1)!} \frac{d^{n-l-1}}{d\rho^{n-l-1}}(e^{-\rho}\rho^{n+l}) \quad (23)$$

となる．また規格化積分は

$$\int_0^\infty e^{-\rho}\rho^{2l+2}\left\{L_{n+l}^{2l+1}(\rho)\right\}^2 d\rho = \frac{2n[(n+l)!]^3}{(n-l-1)!} \quad (24)$$

となる．以上により固有エネルギーおよび規格化された動径波動関数 $R_{nl}(r)$ は

$$E_n = -\frac{Z^2(e^2/4\pi\epsilon_0)}{2a_0 n^2}, \quad \left(a_0 = \frac{\hbar^2 4\pi\epsilon_0}{me^2} \approx 0.53 \times 10^{-10}\text{m} : \text{ボーア半径}\right) \quad (25)$$

$$R_{nl}(r) = -\left\{\left(\frac{2Z}{na_0}\right)^3 \frac{(n-l-1)!}{2n[(n+l)!]^3}\right\}^{1/2} \exp\left(-\frac{1}{2}\cdot\frac{2Z}{na_0}r\right)\cdot\left(\frac{2Z}{na_0}r\right)^l L_{n+l}^{2l+1}\left(\frac{2Z}{na_0}r\right). \quad (26)$$

ラゲールの陪多項式に対する**母関数表示**は次のように与えられる．

$$\sum_{r=s}^\infty \frac{L_r{}^s(\rho)}{r!} u^r = (-1)^s \frac{u^s}{(1-u)^{s+1}} \exp\left[-\frac{\rho u}{1-u}\right]. \quad (27)$$

さらに動径波動関数は規格直交関係

$$\int_0^\infty r^2 R_{nl}(r) R_{n'l}(r) dr = \delta_{nn'} \quad (28)$$

を満足している．

例題 10

質量 M_1 および M_2 の 2 つの粒子から成り立っている系を考える．重心座標
$$R = \frac{M_1 r_1 + M_2 r_2}{M_1 + M_2}$$
と相対座標 $r = r_2 - r_1$ を用いて r_1, r_2 に関するラプラシアン Δ_1, Δ_2 を書きなおせ．また，2 粒子間に働くポテンシャル・エネルギーが
$$V(r_1, r_2) = V(r)$$
であるなら，全系のハミルトニアンは
$$\mathcal{H} = -\frac{\hbar^2}{2M}\Delta_R - \frac{\hbar^2}{2\mu}\Delta_r + V(r)$$
となることを示せ．ただし Δ_R, Δ_r は R および r に関するラプラシアンで
$$M = M_1 + M_2, \quad \mu = \frac{M_1 M_2}{M_1 + M_2}$$
はそれぞれ全質量と換算質量である．

【解答】 $R = (X, Y, Z)$, $\quad r = (x, y, z)$, $\quad r_i = (x_i, y_i, z_i)(i = 1, 2)$ とベクトルの各成分を書くと

$$\frac{\partial}{\partial x_1} = \frac{\partial X}{\partial x_1}\frac{\partial}{\partial X} + \frac{\partial x}{\partial x_1}\frac{\partial}{\partial x}$$
$$= \frac{M_1}{M_1 + M_2}\frac{\partial}{\partial X} - \frac{\partial}{\partial x},$$
$$\frac{\partial}{\partial x_2} = \frac{M_2}{M_1 + M_2}\frac{\partial}{\partial X} + \frac{\partial}{\partial x},$$
$$\frac{\partial^2}{\partial x_1^2} = \frac{\partial}{\partial x_1}\left(\frac{\partial}{\partial x_1}\right)$$
$$= \frac{M_1}{M_1 + M_2}\frac{\partial}{\partial X}\left(\frac{M_1}{M_1 + M_2}\frac{\partial}{\partial X} - \frac{\partial}{\partial x}\right) - \frac{\partial}{\partial x}\left(\frac{M_1}{M_1 + M_2}\frac{\partial}{\partial X} - \frac{\partial}{\partial x}\right)$$
$$= \left(\frac{M_1}{M_1 + M_2}\right)^2 \frac{\partial^2}{\partial X^2} - \frac{2M_1}{M_1 + M_2}\frac{\partial^2}{\partial X \partial x} + \frac{\partial^2}{\partial x^2},$$
$$\frac{\partial^2}{\partial x_2^2} = \left(\frac{M_2}{M_1 + M_2}\right)^2 \frac{\partial^2}{\partial X^2} + \frac{2M_2}{M_1 + M_2}\frac{\partial^2}{\partial X \partial x} + \frac{\partial^2}{\partial x^2}$$

などを得る．したがって

2.4 3次元球対称ポテンシャル

$$\Delta_1 = \frac{\partial^2}{\partial x_1{}^2} + \frac{\partial^2}{\partial y_1{}^2} + \frac{\partial^2}{\partial z_1{}^2}$$

$$= \left(\frac{M_1}{M_1+M_2}\right)^2 \Delta_R - \frac{2M_1}{M_1+M_2}\left(\frac{\partial^2}{\partial x \partial X} + \frac{\partial^2}{\partial y \partial Y} + \frac{\partial^2}{\partial z \partial Z}\right) + \Delta_r,$$

$$\Delta_2 = \frac{\partial^2}{\partial x_2{}^2} + \frac{\partial^2}{\partial y_2{}^2} + \frac{\partial^2}{\partial z_2{}^2}$$

$$= \left(\frac{M_2}{M_1+M_2}\right)^2 \Delta_R + \frac{2M_2}{M_1+M_2}\left(\frac{\partial^2}{\partial x \partial X} + \frac{\partial^2}{\partial y \partial Y} + \frac{\partial^2}{\partial z \partial Z}\right) + \Delta_r$$

を得る.またこれから

$$\frac{\hbar^2}{2M_1}\Delta_1 + \frac{\hbar^2}{2M_2}\Delta_2 = \frac{\hbar^2}{2M}\Delta_R + \frac{\hbar^2}{2\mu}\Delta_r,$$

$$\mathcal{H} = -\frac{\hbar^2}{2M}\Delta_R - \frac{\hbar^2}{2\mu}\Delta_r + V(\boldsymbol{r})$$

を得る.

問題

10.1 球対称ポテンシャルの場合,波動関数を $\psi(r,\theta,\phi) = R(r)\Theta(\theta)\Phi(\phi)$ と変数分離形を仮定し,R, Θ, Φ に対する微分方程式を導け.

動径波動関数 $R(r)$ の $r=0$ 近傍での振舞い 原点 $r=0$ の近傍で $rV(r)$ が正則の場合,動径部分の解 $R(r)$ としては一般に,

$$R_1(r) = r^l(c_0 + c_1 r + \cdots),$$
$$R_2(r) = cR_1(r)\ln r + r^{-l-1}(d_0 + d_1 r + \cdots)$$

の2つがある.$l \neq 0$ の場合には,第2の解 R_2 は規格化条件を満足し得ないのですてられる.$l=0$ の場合には,R_2 は一見可能のようにみえる.しかし,よく知られるように $\Delta(1/r) = -4\pi\delta(\boldsymbol{r})$ であるから,$R_2(r)$ は原点では,シュレディンガー方程式の解とはなり得ずすてられるのである.

---- 例題 11 ----

ルジャンドルの陪微分方程式

$$\frac{d}{d\omega}\left[(1-\omega^2)\frac{d}{d\omega}P(\omega)\right] + \left(\lambda - \frac{m^2}{1-\omega^2}\right)P(\omega) = 0$$

は，第 2 項に $(1-\omega^2)^{-1}$ の項を含むので $\omega = \pm 1$ が特異点になっている．その特異性を $P(\omega) = (1-\omega^2)^s Q(\omega)$ と表わしたとき，

$$s = |m|/2$$
$$(1-\omega^2)Q(\omega)'' - 2(|m|+1)\omega Q(\omega)' + \{\lambda - |m|(|m|+1)\}Q(\omega) = 0$$

となることを示せ．$Q(\omega)$ が ω の全域で正則であることを要求して，$Q(\omega)$ を ω の級数の形に表わせ．

【解答】 $P(\omega) = (1-\omega^2)^s Q(\omega)$ としてルジャンドルの陪微分方程式に代入すると

$$(1-\omega^2)Q(\omega)'' - 2(1+2s)\omega Q(\omega)' + \left\{(\lambda - 2s) - 4s^2\left(\frac{m^2}{4s^2} - \omega^2\right)/(1-\omega^2)\right\}Q(\omega) = 0$$

となる．$m^2 \neq 4s^2$ であると第 3 項の係数より $Q(\omega)$ も $\omega = \pm 1$ を**確定特異点**としてもつ．したがって，$m^2 = 4s^2$ でなくてはならない．さらに $s = -|m|/2$ では $P(\omega)$ は $\omega = \pm 1$ で発散する解であるから除外し，次の結果を得る．

$$s = |m|/2, \tag{1}$$
$$(1-\omega^2)Q(\omega)'' - 2(|m|+1)\omega Q(\omega)' + \{\lambda - |m|(|m|+1)\}Q(\omega) = 0 \tag{2}$$

次に $Q(\omega) = \sum_{k=0}^{\infty} a_k \omega^k$ と仮定して，上の微分方程式に代入し整理すると

$$\sum_{k=0}^{\infty}[(k+1)(k+2)a_{k+2} + \{\lambda - k(k-1) - (|m|+1)(|m|+2k)\}a_k]\omega^k = 0$$

を得る．これが任意の ω について成立するためには ω^k の係数が 0 でなければならず

$$a_{k+2} = -\frac{1}{(k+1)(k+2)}\{\lambda - (k+|m|)(k+|m|+1)\}a_k \quad (k=0,1,2,\cdots) \tag{3}$$

となる．一般の λ については a_k は 0 になることはなく $a_{k+2}/a_k \to 1 \; (k\to\infty)$ であるから $Q(\omega)$ の振舞いは (ω の有限の多項式) $+ (a+b\omega)(\omega^{2k} + \omega^{2(k+1)} + \omega^{2(k+2)} + \cdots)$ となり $\omega = \pm 1$ で発散する．したがって，(3) の級数は有限項で切れなくてはならない．

$$\lambda = l(l+1) \quad (l \text{ は } 0 \text{ または正の整数}) \tag{4}$$

の場合，$k = l - |m|, -l - |m| - 1$ のとき，$\{\lambda - (k+|m|)(k+|m|+1)\} = 0$ となる．この k が，偶数なら偶数次の ω のベキが有限項で切れ，k が奇数なら，奇数次の ω のベキが有限項で切れる．すなわち

2.4 3次元球対称ポテンシャル

$$\begin{cases} |m|=0 & \text{では} \quad k_0=l & \text{次のベキ} \\ |m|=1 & \text{〃} \quad k_0=l-1 & \text{〃} \\ |m|\geq 2 & \text{〃} \quad k_0=l-|m| & \text{〃} \end{cases}$$

で切れて，それから先は $a_{k_0+2}=a_{k_0+4}=\cdots=0$ となる．したがって

$$\begin{cases} k_0:\text{偶の場合} \quad a_0 \neq 0, \quad a_1=0 \\ k_0:\text{奇の場合} \quad a_0=0, \quad a_1 \neq 0 \end{cases} \tag{5}$$

と選べば，$Q(\omega)$ は有限級数となり，全域で正則となる．以上のようにして，求まった固有関数を $P_l^m(\omega)$ と書けば，実はこれがルジャンドルの陪多項式になっていることは，具体的に，いくつかの場合を計算してみれば確かめることができる．

問題

11.1 クーロン・ポテンシャルの場合，動径波動関数が満たす微分方程式

$$\frac{1}{\rho^2}\frac{d}{d\rho}\left(\rho^2\frac{d}{d\rho}R\left(\frac{\rho}{\alpha}\right)\right)+\left\{\frac{\lambda}{\rho}-\frac{1}{4}-\frac{l(l+1)}{\rho^2}\right\}R\left(\frac{\rho}{\alpha}\right)=0$$

の物理的な解(境界条件を満足する解)を，$\rho\to\infty$ での漸近形 $e^{-\rho/2}$ を考慮して，$R(\rho/\alpha)=e^{-\rho/2}F(\rho)$ の形に求めよ．

【ヒント】 $F(\rho)=\sum\limits_{\nu=0}^{\infty}C_\nu\rho^{s+\nu}$ と書くと

$$s(s+1)-l(l+1)=0, \quad C_\nu\{(s+\nu)(s+\nu+1)-l(l+1)\}=C_{\nu-1}(s+\nu-\lambda)$$

を得る．第1式から s が決まる．第2式から，一般の λ については $C_{\nu+1}/C_\nu \to 1/\nu(\nu\to\infty)$ となり，したがって $F(\rho)\sim e^\rho$ となる．これは $R(\rho/\alpha)$ の解としては受け入れられない．そのため，この級数を有限項で切るように λ が定まる．

11.2 ルジャンドルの陪多項式の直交性

$$\int_{-1}^{1}P_l{}^m(\omega)P_{l'}{}^m(\omega)d\omega=0 \quad (l\neq l')$$

を，ルジャンドルの陪微分方程式を用いて導け．

11.3 中心力ポテンシャルに対する動径波動関数の直交性

$$\int_0^\infty r^2 R_{nl}(r)R_{n'l}(r)dr=0 \quad (n\neq n')$$

を，微分方程式

$$\frac{1}{r^2}\frac{d}{dr}\left(r^2\frac{dR_{nl}}{dr}\right)+\left\{\frac{2m}{\hbar^2}(E_{nl}-V(r))-\frac{l(l+1)}{r^2}\right\}R_{nl}=0$$

より導け．ただし，固有エネルギー E_{nl} は一般に n と l に依存し，$E_{nl}\neq E_{n'l}(n\neq n')$ とする．また $\{r^2R_{nl}dR_{n'l}/dr\}$ は $r=0$ と $r=\infty$ で 0 とする．

---例題 12---

3次元箱型ポテンシャル
$$V(r) = \begin{cases} -V_0 & r < a \quad (V_0 > 0) \\ 0 & r > a \end{cases}$$
が与えられているとき，固有状態と波動関数を求めよ．ただし，微分方程式
$$\frac{d^2 R}{d\rho^2} + \frac{2}{\rho}\frac{dR}{d\rho} + \left[1 - \frac{l(l+1)}{\rho^2}\right] R = 0$$
の解は球ベッセル関数 $j_l(\rho)$ および球ノイマン関数 $n_l(\rho)$，あるいは第1種および第2種ハンケル関数 $h_l^{(1)}(\rho) = j_l(\rho) + in_l(\rho)$, $h_l^{(2)} = j_l(\rho) - in_l(\rho)$ として知られ，
$$j_l(\rho) = \left(\frac{\pi}{2\rho}\right)^{1/2} J_{l+\frac{1}{2}}(\rho) = (-1)^l \rho^l \left(\frac{1}{\rho}\frac{d}{d\rho}\right)^l \frac{\sin\rho}{\rho},$$
$$n_l(\rho) = (-1)^{l+1}\left(\frac{\pi}{2\rho}\right)^{1/2} J_{-l-\frac{1}{2}}(\rho) = (-1)^{l+1} \rho^l \left(\frac{1}{\rho}\frac{d}{d\rho}\right)^l \frac{\cos\rho}{\rho}$$
かつ，次であることに注意せよ．
$$j_l(\rho) \sim \frac{\rho^l}{(2l+1)!!}, \quad n_l(\rho) \sim -\frac{(2l-1)!!}{\rho^{l+1}}, \quad (\rho \to 0)$$
$$j_l(\rho) \sim \frac{1}{\rho}\cos\left(\rho - \frac{(l+1)\pi}{2}\right), \quad n_l(\rho) \sim \frac{1}{\rho}\sin\left(\rho - \frac{(l+1)\pi}{2}\right) \quad (\rho \to \infty)$$

【解答】　ポテンシャルが球対称であるから，球座標を導入して解くことができ，波動関数は $\psi_{nlm}(r,\theta,\phi) = R_{nl}(r) Y_{lm}(\theta,\phi)$ と書ける．ただし動径波動関数 $R_{nl}(r)$ は，微分方程式

$$\frac{1}{r^2}\frac{d}{dr}\left(r^2 \frac{dR_{nl}}{dr}\right) + \left[\frac{2m}{\hbar^2}(E + V_0) - \frac{l(l+1)}{r^2}\right] R_{nl} = 0, \quad (r < a) \quad (1)$$

$$\frac{1}{r^2}\frac{d}{dr}\left(r^2 \frac{dR_{nl}}{dr}\right) + \left[\frac{2m}{\hbar^2}E - \frac{l(l+1)}{r^2}\right] R_{nl} = 0 \quad (r > a) \quad (2)$$

の解である．$E < 0$ では束縛状態が，$E > 0$ では非束縛状態が存在する．

(i) 束縛状態 $E < 0$ の場合： パラメタ α, β を
$$\alpha = \sqrt{2m(E+V_0)/\hbar^2}, \quad \beta = \sqrt{-2mE/\hbar^2} \quad (3)$$
と導入する．$r < a$ の場合と $r > a$ の場合に，それぞれ
$$\rho = \alpha r \quad (r < a), \quad \rho = i\beta r \quad (r > a) \quad (4)$$
と ρ を定義すると，(1), (2) はともに
$$\frac{d^2 R_{nl}}{d\rho^2} + \frac{2}{\rho}\frac{dR_{nl}}{d\rho} + \left(1 - \frac{l(l+1)}{\rho^2}\right) R_{nl} = 0 \quad (5)$$
と変形される．要項の最後（かこみ）の部分で述べたように，$r = 0$ で動径波動関数 $R_{nl}(r)$ は定数または r の正ベキの項から成らねばならないから，$r < a$ の領域では解は

2.4 3次元球対称ポテンシャル

$j_l(\rho) = j_l(\alpha r)$ のみ物理的に許される．$r > a$ では j_l と n_l 線形結合で $r \to \infty$ で 0 になるものが許される．$h_l^{(1)}$ と $h_l^{(2)}$ の漸近形は $\frac{1}{\rho}\exp[\pm i(\rho - \frac{\pi}{2}(l+1))](+ : h_l^{(1)}, \ - : h_l^{(2)})$ であるから，$h_l^{(1)}(\rho) = h_l^{(1)}(i\beta r)$ が許される．結局，波動関数は次のようになる．

$$R_{nl}(r) = \begin{cases} A_l j_l(\alpha r) & (r < a) \\ B_l h_l^{(1)}(i\beta r) & (r > a) \end{cases} \tag{6}$$

エネルギー固有値 $E(\alpha)$ は $r = \alpha$ において波動関数が滑らかにつながるという条件より，

$$\left[\frac{\frac{d}{dr}j_l(\alpha r)}{j_l(\alpha r)}\right]_{r=a} = \left[\frac{\frac{d}{dr}h_l^{(1)}(i\beta r)}{h_l^{(1)}(i\beta r)}\right]_{r=\alpha} \tag{7}$$

によって決まる．したがって一般に l によってエネルギーの値が異なる．これで比 B_l/A_l も決まり，A_l，B_l の絶対値は規格化によって定められる．$l = 0$ の場合 (7) は簡単な式

$$\alpha \cot \alpha a = -\beta \tag{8}$$

となる．この式は例題 4 で詳しく調べられたとおり，$V_0 a^2 \leq \pi^2 \hbar^2/(2m)$ では束縛状態は存在せず，$V_0 a^2$ が大きくなると，順次解の数が増していく．

(ii) 非束縛状態 $E > 0$ の場合：パラメタ k_I, k_O を

$$k_I = \sqrt{2m(E+V_0)/\hbar^2}, \quad k_O = \sqrt{2mE/\hbar^2} \tag{9}$$

と導入すると (i) の場合と同様波動関数は

$$R_{El}(r) = \begin{cases} A_l j_l(k_I r) \\ B_l j_l(k_O r) + C_l n_l(k_O r) \end{cases} \tag{10}$$

となる．係数の比 B_l/A_l，C_l/B_l は，$r = a$ で波動関数がなめらかである条件

$$\left[\frac{\frac{d}{dr}j_l(k_I r)}{j_l(k_I r)}\right]_{r=a} = \left[\frac{B_l dj_l(k_O r)/dr + C_l dn_l(k_O r)dr}{B_l j_l(k_O r) + (C_l n_l(k_O r)}\right]_{r=a} \tag{11}$$

により E の関数として決まり，E は任意の正の値をとり得る (連続固有値)．

$$C_l/B_l = -\tan \delta_l \tag{12}$$

と定義すると，$r \to \infty$ で次のようになる．

$$R_{El}(r) \sim (B_l/k_O r)\sin\left(k_O r - \frac{l\pi}{2} + \delta_l\right) \tag{13}$$

問題

12.1 無限に高い壁にかこまれた 3 次元箱型ポテンシャル

$$V(r) = \begin{cases} 0 & (r < a) \\ +\infty & (r > a) \end{cases}$$

が与えられるとき，固有エネルギーと波動関数を求めよ．

12.2 3 次元調和振動子を極座標を用いて解け．同じ問題を x, y, z 座標で分離して解いたものと関連づけて議論せよ．

3 近似解法(摂動論と変分法)

3.1 定常状態に対する摂動論 I(縮退のない場合)

◆ **完備な規格直交系による展開** ハミルトニアンが与えられたとき,その固有状態の波動関数が簡単な式で表現できる問題はきわめて限られている.その場合にも,一般の(波動)関数が,既知の完備な規格直交関数系の線形結合で表わすことができるという事実が有効な力を発揮する.摂動論では波動関数を無摂動ハミルトニアン $\mathcal{H}_0$ の(規格直交化された)固有関数 $\{\psi_m^{(0)}\}$ で展開することを考える.

◆ **摂動ハミルトニアン** 系を記述するハミルトニアン $\mathcal{H}$ が主要部分 $\mathcal{H}_0$ と付加部分 $\mathcal{H}'$ とからなるとき

$$\mathcal{H} = \mathcal{H}_0 + \mathcal{H}' \tag{1}$$

$\mathcal{H}_0$ の固有状態 $\psi_m^{(0)}$ から出発して,$\mathcal{H}'$ による変化を調べ,$\mathcal{H}$ の固有値,固有関数を近似的に求めるのが,摂動論である.$\mathcal{H}_0$ と $\mathcal{H}'$ を各々無摂動ハミルトニアン,摂動ハミルトニアンと呼ぶ.

固有関数系 $\{\psi_m^{(0)}\}$ は完備系を作る(固有エネルギーを $E_m^{(0)}$ とする:$\mathcal{H}_0 \psi_m^{(0)} = E_m^{(0)} \psi_m^{(0)}$)ので,$\mathcal{H}$ の固有関数 ψ_n(固有エネルギー E_n)を $\{\psi_m^{(0)}\}$ で展開し,

$$\psi_n = \sum_{m=0}^{\infty} C_{nm} \psi_m^{(0)} \tag{2}$$

と表わすことができる.$\psi_m^{(0)}$ の規格直交性より,係数 C_{nm} を決める式として次のものを得る.

$$(E_k^{(0)} - E_n) C_{nk} + \sum_{m=0}^{\infty} \mathcal{H}'_{km} C_{nm} = 0 \tag{3}$$

$$\mathcal{H}'_{km} = \int \psi_k^{(0)*} \mathcal{H}' \psi_m^{(0)} d\boldsymbol{r}$$

$$\equiv \langle \psi_k^{(0)} | \mathcal{H}' | \psi_m^{(0)} \rangle$$

◆ **1 次摂動** 摂動論では (3) を逐次近似で解く.係数 C_{nm},固有エネルギー E_n を,摂動ハミルトニアンの次数で展開し,

$$E_n = E_n^{(0)} + E_n^{(1)} + E_n^{(2)} + \cdots \tag{4}$$

$$C_{nm} = C_{nm}^{(0)} + C_{nm}^{(1)} + C_{nm}^{(2)} + \cdots \tag{5}$$

3.1 定常状態に対する摂動論 I（縮退のない場合）

と置く．上付の添字 (l) は $\mathcal{H}'$ についての次数を表わす．こうして 0 次，および 1 次摂動の結果

$$\begin{aligned} E_n^{(0)} &= E_n^{(0)}, \\ E_n^{(1)} &= \mathcal{H}'_{nn}, \end{aligned} \tag{6}$$

$$C_{nm}^{(0)} = \delta_{nm}, \tag{7}$$

$$\begin{aligned} C_{nm}^{(1)} &= \frac{\mathcal{H}'_{mn}}{E_n^{(0)} - E_m^{(0)}} \quad (n \neq m), \\ C_{nn}^{(1)} &= 0 \end{aligned} \tag{8}$$

を得る (証明は例題 1 に示す)．

◆ **2 次摂動** 1 次摂動と同様にして，逐次近似を $\mathcal{H}'$ の 2 次まで進めると，2 次摂動の結果

$$E_n^{(2)} = \sum_{k=0}^{\infty}{}' \frac{|\mathcal{H}'_{nk}|^2}{E_n^{(0)} - E_k^{(0)}} \tag{9}$$

$$C_{nm}^{(2)} = \sum_{k=0}^{\infty}{}' \frac{\mathcal{H}'_{mk}\mathcal{H}'_{kn}}{\left(E_n^{(0)} - E_m^{(0)}\right)\left(E_n^{(0)} - E_k^{(0)}\right)} - \frac{\mathcal{H}'_{nn}\mathcal{H}'_{mn}}{\left(E_n^{(0)} - E_m^{(0)}\right)^2} \quad (m \neq n) \tag{10}$$

$$C_{nn}^{(2)} = -\frac{1}{2} \sum_{k=0}^{\infty}{}' \frac{|\mathcal{H}'_{nk}|^2}{\left(E_n^{(0)} - E_k^{(0)}\right)^2} \tag{11}$$

を得る．(9)～(11) で和の記号 $\sum{}'$ のプライムは，k の和を $k \neq n$ (および (10) では $k \neq m$ も) である k について行なうことを意味する．

容易にわかるように，固有関数が縮退する場合，(8)～(11) の分母が発散することがあるから，このような逐次近似は使えない．

例題 1

定常状態, 非縮退の場合の 1 次および 2 次摂動の公式を導け.

【解答】 要項 (3)

$$(E_k^{(0)} - E_n)C_{nk} + \sum_{m=0}^{\infty} \mathcal{H}'_{km} C_{nm} = 0 \tag{1}$$

および, 要項 (4), (5) より出発する.

$$E_n = E_n^{(0)},$$
$$C_{nm}^{(0)} = \delta_{nm} \tag{2}$$

とすると (1) の 0 次近似の式を満足している. したがって (2) が 0 次の結果である. (2) を用いて, (1) を $\mathcal{H}'$ の 1 次の項について書くと,

$$-E_n^{(1)} \delta_{nk} + (E_k^{(0)} - E_n^{(0)}) C_{nk}^{(1)} + \mathcal{H}'_{kn} = 0 \tag{3}$$

となる. (3) で $n = k$ の場合 $E_n^{(1)}$ を得, $n \neq k$ の場合 $C_{nk}^{(1)} (n \neq k)$ を得る.

$$E_n^{(1)} = \mathcal{H}'_{nn}$$
$$C_{nk}^{(1)} = \mathcal{H}'_{kn} / (E_n^{(0)} - E_k^{(0)}) \tag{4}$$

$C_{nn}^{(1)}$ については, 次のように考える. 1 次摂動の範囲で, ψ_n は

$$\psi_n = (1 + C_{nn}^{(1)}) \psi_n^{(0)} + {\sum_{m=0}^{\infty}}' \frac{\mathcal{H}'_{mn}}{E_n^{(0)} - E_m^{(0)}} \psi_m^{(0)}$$

であるから

$$(\psi_n, \psi_n) = |1 + C_{nn}^{(1)}|^2 + {\sum_{m=0}^{\infty}}' \frac{|\mathcal{H}'_{mn}|^2}{(E_n^{(0)} - E_m^{(0)})^2}$$
$$= 1 + C_{nn}^{(1)} + C_{nn}^{(1)*}$$

である. 上式で最後の形は, 2 番目の形のうち $\mathcal{H}'$ について 1 次の項のみ残した. ゆえに,

$$C_{nn}^{(1)} + C_{nn}^{(1)*} = 2 \operatorname{Re} C_{nn}^{(1)} = 0$$

つまり $C_{nn}^{(1)}$ は純虚数である. しかし $C_{nn}^{(1)}$ が純虚数の場合には ψ_n を展開したときの $\psi_n^{(0)}$ の係数は

$$1 + C_{nn}^{(1)} = 1 + i|C_{nn}^{(1)}| \simeq \exp(i|C_{nn}^{(1)}|)$$

となるから, これは ψ_n の位相を $\psi_n^{(0)}$ の位相と違うものに選ぶことを意味するだけである. ゆえに要項 (8)

$$C_{nn}^{(1)} = 0$$

3.1 定常状態に対する摂動論 I（縮退のない場合）

としてよい．

(1) において $\mathcal{H}'$ の 2 次の式を書き下すと，

$$(E_k^{(0)} - E_n^{(0)})C_{nk}^{(2)} - E_n^{(1)}C_{nk}^{(1)} - E_n^{(2)}C_{nk}^{(0)} + \sum_{m=0}^{\infty} \mathcal{H}'_{km}C_{nm}^{(1)} = 0 \tag{5}$$

となる．$n = k$ と置くと，

$$\begin{aligned} E_n^{(2)} &= \sum_{m=0}^{\infty} \mathcal{H}'_{nm}C_{nm}^{(1)} \\ &= {\sum_{m=0}^{\infty}}' \frac{|\mathcal{H}'_{nm}|^2}{E_n^{(0)} - E_m^{(0)}} \end{aligned} \tag{6}$$

を得，また $n \neq k$ の場合には

$$\begin{aligned} C_{nk}^{(2)} &= {\sum_{m=0}^{\infty}}' \frac{\mathcal{H}'_{km}C_{nm}^{(1)}}{E_n^{(0)} - E_k^{(0)}} - \frac{E_n^{(1)}C_{nk}^{(1)}}{E_n^{(0)} - E_k^{(0)}} \\ &= {\sum_{m=0}^{\infty}}' \frac{\mathcal{H}'_{km}\mathcal{H}'_{mn}}{\left(E_n^{(0)} - E_k^{(0)}\right)\left(E_n^{(0)} - E_m^{(0)}\right)} - \frac{\mathcal{H}'_{nn}\mathcal{H}'_{kn}}{\left(E_n^{(0)} - E_k^{(0)}\right)^2} \end{aligned} \tag{7}$$

となる．2 次の係数 $C_{nn}^{(2)}$ については

$$\psi_n = (1 + C_{nn}^{(2)})\psi_n^{(0)} + {\sum}' (C_{nm}^{(1)} + C_{nm}^{(2)})\psi_m^{(0)}$$

としたとき，同様に

$$(\psi_n, \psi_n) = 1 + 2\,\mathrm{Re}\,C_{nn}^{(2)} + {\sum}' \frac{|\mathcal{H}'_{mn}|^2}{(E_n^{(0)} - E_m^{(0)})^2} = 1$$

であることから，($C_{nn}^{(2)}$ を実数としてよいのは，$C_{nn}^{(1)}$ に対する議論と全く同じで）要項 (11) の結果を得る．

問題

1.1 無摂動系のハミルトニアンを $\mathcal{H}_0$，摂動ハミルトニアンを $\mathcal{H}'$，無摂動系の固有値，固有関数を $(E_1^{(0)}, E_2^{(0)})$, $(\psi_1^{(0)}, \psi_2^{(0)})$ とする．$\mathcal{H}'_{ij} = \langle \psi_i^{(0)}|\mathcal{H}'|\psi_j^{(0)}\rangle$ と書くと，$\mathcal{H}$ の行列表示として，次の行列を得る．

$$\begin{bmatrix} E_1^{(0)} + \mathcal{H}'_{11} & \mathcal{H}'_{12} \\ \mathcal{H}'_{21} & E_2^{(0)} + \mathcal{H}'_{22} \end{bmatrix}$$

(i) 上の行列の固有値，固有ベクトルを求めよ．
(ii) 上で求めた固有値を，$\mathcal{H}'$ のベキに展開し，2 次までの項を求めよ．
($E_1^{(0)} \neq E_2^{(0)}$ とする．)

例題 2

電荷 e をもつ 1 次元調和振動子に強さ $\mathcal{E}$ の電場が働いているとき,ハミルトニアンは

$$\mathcal{H} = -\frac{\hbar^2}{2m}\frac{d^2}{dx^2} + \frac{1}{2}m\omega_0{}^2 x^2 - e\mathcal{E}x$$

と表わされる. $\mathcal{H}' = -e\mathcal{E}x$ を摂動として,2 次までの範囲で各準位のエネルギーを求めよ. さらにハミルトニアンを

$$\mathcal{H} = -\frac{\hbar^2}{2m}\frac{d^2}{dx^2} + \frac{1}{2}m\omega_0{}^2\left(x - \frac{e\mathcal{E}}{m\omega_0{}^2}\right)^2 - \frac{e^2\mathcal{E}^2}{2m\omega_0{}^2}$$

と変形し正確なエネルギーを求め比較せよ.

【解答】 $\mathcal{H}_0 = p^2/2m + m\omega_0{}^2 x^2/2$ の固有関数 $\psi_n^{(0)} = N_n \exp(-\alpha^2 x^2/2)H_n(\alpha x), \alpha = \sqrt{m\omega_0/\hbar}$ (固有エネルギー $E_n^{(0)} = (n+1/2)\hbar\omega_0$) を基底としたときの x の行列表示は 2 章例題 8 より

$$(x)_{n,n-1} = (x)_{n-1,n} = \sqrt{\hbar/(2m\omega_0)} \cdot \sqrt{n}, \tag{1}$$

$$(x)_{n,m} = 0 \quad (m \neq n \pm 1) \tag{1'}$$

である. したがって 1 次の摂動エネルギーは 0 で 2 次の摂動エネルギー $E_n^{(2)}$ が有限の値をもつ. 結局

$$\begin{aligned}
E_n &= E_n^{(0)} + E_n^{(2)} = E_n^{(0)} + \sum_{m=0}^{\infty}{}' (-e\mathcal{E})^2 \frac{|(x)_{n,m}|^2}{E_n^{(0)} - E_m^{(0)}} \\
&= \left(n + \frac{1}{2}\right)\hbar\omega_0 + e^2\mathcal{E}^2 \frac{1}{\hbar\omega_0}\frac{\hbar}{2m\omega_0}\{n - (n+1)\} \\
&= \left(n + \frac{1}{2}\right)\hbar\omega_0 - \frac{e^2\mathcal{E}^2}{2m\omega_0{}^2}.
\end{aligned} \tag{2}$$

また,波動関数は

$$\psi_n = \psi_n^{(0)} + \sum_{m=0}^{\infty}{}' \frac{(-e\mathcal{E})(x)_{n,m}}{E_n^{(0)} - E_m^{(0)}}\psi_m^{(0)} = \psi_n^{(0)} - \frac{e\mathcal{E}}{\sqrt{2m\hbar\omega_0{}^3}}\{\sqrt{n}\psi_{n-1}^{(0)} - \sqrt{n+1}\psi_{n+1}^{(0)}\} \tag{3}$$

となる. 一方正確な計算では,振動の中心が $+e\mathcal{E}/(m\omega_0{}^2)$ だけずれ,エネルギー固有値は一様に $-e^2\mathcal{E}^2/(2m\omega_0{}^2)$ だけ下っているから

$$\begin{aligned}
E_n &= \left(n + \frac{1}{2}\right)\hbar\omega_0 - \frac{e^2\mathcal{E}^2}{2m\omega_0{}^2}, \\
\psi_n &= N_n \exp\left[-\alpha^2(x-x_0)^2/2\right]H_n(\alpha(x-x_0)), \quad x_0 = e\mathcal{E}/(m\omega_0{}^2)
\end{aligned} \tag{4}$$

となる.

3.1 定常状態に対する摂動論 I（縮退のない場合）

問　題

2.1 1次元調和振動子 ($\mathcal{H}_0 = p^2/2m + m\omega_0^2 x^2/2$) に摂動項 $\mathcal{H}' = bx^2/2$ がかかっている．エネルギー準位を2次振動までの範囲で求め，正確なエネルギー $E_n = (n+1/2)\hbar(\omega_0^2 + b/m)^{1/2}$ と比較せよ．

2.2 1次元調和振動子のハミルトニアンが $\mathcal{H} = -\dfrac{\hbar^2}{2m}\dfrac{d^2}{dx^2} + \dfrac{1}{2}m\omega_0^2 x^2 + ax^3 + bx^4$ で与えられている．$\mathcal{H}' = ax^3 + bx^4$ を摂動として，エネルギー固有値を（$\hbar$ のベキ展開と考えて）$\hbar^2$ の項まで求めよ．

2.3 z 方向に強さ $\mathcal{E}$ の電場をかけたとき，水素原子の基底状態のエネルギーがどう変化するかを，摂動の1次と2次について求めよ．（シュタルク効果）

2.4 ヘリウム原子に対するハミルトニアンは，
$$\mathcal{H} = \frac{\bm{p}_1^2}{2m} + \frac{\bm{p}_2^2}{2m} + \frac{e^2}{4\pi\epsilon_0}\left(-\frac{2}{r_1} - \frac{2}{r_2} + \frac{1}{r_{12}}\right)$$
である．1, 2 は2つの電子を区別する添字で $r_{12} = |\bm{r}_1 - \bm{r}_2|$ である．$\mathcal{H}' = e^2/4\pi\epsilon_0 r_{12}$ を摂動として，1次摂動の範囲で基底状態のエネルギーを求めよ．ただし，次のルジャンドル多項式の母関数表示を用いよ．
$$\frac{1}{|\bm{r}_1 - \bm{r}_2|} = \sum_{k=0}^{\infty} \frac{r_<^k}{r_>^{k+1}} P_k(\cos\theta)$$
θ はベクトル $\bm{r}_1$ と $\bm{r}_2$ のなす角で $r_> = \max(r_1, r_2)$, $r_< = \min(r_1, r_2)$ である．

2.5 ポテンシャル $V(x)$ と無摂動のポテンシャル $V_0(x)$ が
$$V(x) = \begin{cases} +\infty & (|x| > a) \\ 0 & (a > |x| > b) \\ V_1/b & (|x| < b) \end{cases}, \quad V_0(x) = \begin{cases} +\infty & (|x| > a) \\ 0 & (|x| < a) \end{cases}$$
で与えられる．摂動の2次までの範囲で，各状態のエネルギーを求めよ．また $b \to 0$ (V_1 は一定) のときどうなるか．

2.6 基底状態にある2つの水素原子の相互作用エネルギーを2次摂動の範囲で評価せよ．2つの原子核は十分大きい一定の距離 R だけはなれているとする．

【ヒント】 2つの原子核を A, B と書くと，摂動項は $\mathcal{H}' = \dfrac{e^2}{4\pi\epsilon_0}\left(\dfrac{1}{R} + \dfrac{1}{r_{12}} - \dfrac{1}{r_{1B}} - \dfrac{1}{r_{2A}}\right)$ である（電子1は原子核Aの，電子2はBのまわりに束縛されているとする）．これを R^{-1} のベキで展開すると最初の項は次のようになる．
$$\mathcal{H}' = \frac{e^2}{4\pi\epsilon_0 R^3}(x_1 x_2 + y_1 y_2 - 2z_1 z_2)$$
ただし $\bm{r}_1$ の原点は A に，$\bm{r}_2$ の原点は B にあり，z 軸を A 原子と B 原子を結ぶ直線上，A から B の方向にとる．

3.2 定常状態に対する摂動論 II（縮退のある場合）

◆ **1次摂動** 1次の摂動で結びついている状態が，お互いに縮退しているとき，前節のような取り扱いはできない．いま，前節で与えられた連立方程式

$$(E_k^{(0)} - E_n)C_{nk} + \sum_{m=0}^{\infty} \mathcal{H}'_{km} C_{nm} = 0 \tag{1}$$

で，固有エネルギー $E_n^{(0)}$ が s 重に縮退しているとして，それらを $n_1, n_2, \cdots, n_s$ と書こう．これらが摂動を受けて組み換った後の状態を $j = 1, 2, \cdots, s$ と名付けておく．

$$E_j = E_n^{(0)} + E_j^{(1)} \tag{2}$$

$$\begin{aligned}C_{jn_\beta} &= C_{jn_\beta}^{(0)}, \\ C_{jm} &= C_{jm}^{(0)} = 0 \quad (m \neq n_1, n_2, \cdots, n_s)\end{aligned} \tag{3}$$

と置いて，(1) について $\mathcal{H}'$ の1次の項を書き下すと，(1) で $k = n_\alpha$ として，

$$\sum_\beta (-E_j^{(1)} \delta_{\alpha\beta} + \mathcal{H}'_{n_\alpha n_\beta}) C_{jn_\beta}^{(0)} = 0 \tag{4}$$

となる．(4) で，すべての $C_{jn_\beta}^{(0)}$ が 0 ではないという条件より，$E_j^{(1)}$ を決める**永年方程式**

$$\begin{vmatrix} -E_j^{(1)} + \mathcal{H}'_{n_1 n_1} & \mathcal{H}'_{n_1 n_2} & \mathcal{H}'_{n_1 n_3} & \cdots \\ \mathcal{H}'_{n_2 n_1} & -E_j^{(1)} + \mathcal{H}'_{n_2 n_2} & \mathcal{H}'_{n_2 n_3} & \cdots \\ \mathcal{H}'_{n_3 n_1} & \mathcal{H}'_{n_3 n_2} & -E_j^{(1)} + \mathcal{H}'_{n_3 n_3} & \cdots \\ \vdots & \vdots & \vdots & \ddots \end{vmatrix} = 0 \tag{5}$$

を得る．これにより s 個の解 $E_j^{(1)}(j = 1, 2, \cdots, s)$ が求まる．

◆ **2次摂動** (4) ですべての n_α, n_β について $\mathcal{H}'_{n_\alpha n_\beta} = 0$ である場合は $E_j^{(1)} = 0$ となる．すなわち，1次摂動は何の変化も与えず，縮退が除かれることはない．この場合には2次摂動を行なって縮退を除かねばならない．(1) で

$$E_j = E_n^{(0)} + E_j^{(2)}, \tag{6}$$

$$\begin{aligned}C_{jn_\beta} &= C_{jn_\beta}^{(0)} + C_{jn_\beta}^{(1)}, \\ C_{jm} &= C_{jm}^{(1)} \quad (m \neq n_\beta)\end{aligned} \tag{7}$$

と置き，$k = n_\alpha$ とすると，$\mathcal{H}'$ の2次の項は

$$E_j^{(2)} C_{jn_\alpha}^{(0)} = \sum_m \mathcal{H}'_{n_\alpha m} C_{jm}^{(1)} \tag{8}$$

3.2 定常状態に対する摂動論 II（縮退のある場合）

となる．また，$k \neq n_\alpha$ とすると $\mathcal{H}'$ の1次までで

$$(E_k^{(0)} - E_n^{(0)})C_{jk}^{(1)} + \sum_{n_\beta} \mathcal{H}'_{kn_\beta} C_{jn_\beta}^{(0)} = 0 \tag{9}$$

となる．(8), (9) より $C_{jm}^{(1)}$ を消去すると

$$E_j^{(2)} C_{jn_\alpha}^{(0)} = \sum_{n_\beta} C_{jn_\beta}^{(0)} {\sum_m}' \frac{\mathcal{H}'_{n_\alpha m} \mathcal{H}'_{m n_\beta}}{E_n^{(0)} - E_m^{(0)}} \tag{10}$$

を得る．したがって，2次摂動の永年方程式として

$$\begin{vmatrix} -E_j^{(2)} + {\sum_m}' \dfrac{\mathcal{H}'_{n_1 m}\mathcal{H}'_{m n_1}}{E_n^{(0)}-E_m^{(0)}} & {\sum_m}' \dfrac{\mathcal{H}'_{n_1 m}\mathcal{H}'_{m n_2}}{E_n^{(0)}-E_m^{(0)}} & \cdots & \cdots \\ {\sum_m}' \dfrac{\mathcal{H}'_{n_2 m}\mathcal{H}'_{m n_1}}{E_n^{(0)}-E_m^{(0)}} & -E_j^{(2)} + {\sum_m}' \dfrac{\mathcal{H}'_{n_2 m}\mathcal{H}'_{m n_2}}{E_n^{(0)}-E_m^{(0)}} & {\sum_m}' \dfrac{\mathcal{H}'_{n_2 m}\mathcal{H}'_{m n_3}}{E_n^{(0)}-E_m^{(0)}} & \cdots \\ \vdots & \vdots & \vdots & \end{vmatrix} = 0 \tag{11}$$

を得る．この方程式を解いて s 個の解 $E_j^{(2)}(j=1,2,\cdots,s)$ および係数 C_{jn_α} を得る．

◆ **一般の場合** 縮退，非縮退の場合を，区別することなく，一般には永年方程式

$$|(E_k^{(0)} - E_n)\delta_{n_\alpha k_\beta} + \mathcal{H}'_{k_\beta n_\alpha}| = 0 \tag{12}$$

を解けばよい．α, β は各々 n および k 状態の縮退を区別する添字である．

例題 3

水素の基底状態（主量子数 $n=1$）および最初の励起状態（$n=2$:4 重に縮退）について，電場を z 方向にかけたとき（$\mathcal{H}' = e\mathcal{E}z$），エネルギーがどう変化するか，摂動の 1 次の範囲で論ぜよ．（シュタルク効果）

【解答】 水素の波動関数を $\psi_{nlm}(r,\theta,\phi)$ と書く．$n=1\,(l=m=0)$ の場合（$1s$ 状態）には

$$\langle \psi_{100}|z|\psi_{100}\rangle = \int_0^\infty r^2 dr \int_0^\pi \sin\theta d\theta \int_0^{2\pi} d\phi \psi_{100}^* r\cos\theta \psi_{100}$$

$$= \frac{1}{2}\int_0^\infty r^3 R_{10}(r)^2 dr \int_{-1}^1 du\, u = 0$$

であるから，1 次の摂動まででは何の変化も受けない．

$$E_1 = E_1^{(0)} = -e^2/4\pi\epsilon_0/(2a_0)$$

$n=2$（$2s$ および $2p$）については，$\langle\psi_{200}|z|\psi_{210}\rangle = \langle\psi_{210}|z|\psi_{200}\rangle^*$ 以外の要素は 0 であるから，要項 (4) の連立方程式は

$$\begin{bmatrix} -E_2^{(1)} & \langle\psi_{200}|\mathcal{H}'|\psi_{210}\rangle & 0 & 0 \\ \langle\psi_{210}|\mathcal{H}'|\psi_{200}\rangle & -E_2^{(1)} & 0 & 0 \\ 0 & 0 & -E_2^{(1)} & 0 \\ 0 & 0 & 0 & -E_2^{(1)} \end{bmatrix} \begin{bmatrix} C_{200} \\ C_{210} \\ C_{211} \\ C_{21-1} \end{bmatrix} = 0 \quad (1)$$

となる．$\langle\psi_{200}|\mathcal{H}'|\psi_{210}\rangle$ は具体的な波動関数の形を用いて（補遺参照）

$$\langle\psi_{200}|\mathcal{H}'|\psi_{210}\rangle \tag{2}$$

$$= e\mathcal{E}\left(\frac{1}{4\sqrt{2\pi}\,a_0^{3/2}}\right)^2 \frac{1}{a_0} \int_0^\infty r^2 dr \int_0^\pi \sin\theta d\theta \int_0^{2\pi} d\phi \left(2-\frac{r}{a_0}\right) re^{-r/a_0} r\cos^2\theta$$

$$= \frac{e\mathcal{E}}{16 a_0^4} \int_0^\infty dr \int_{-1}^1 du\, u^2 r^4 \left(2-\frac{r}{a_0}\right) e^{-r/a_0}$$

$$= -3e\mathcal{E} a_0 \tag{3}$$

となる．したがって，解くべき永年方程式は

$$\begin{vmatrix} -E_2^{(1)} & -3e\mathcal{E}a_0 & & \\ -3e\mathcal{E}a_0 & -E_2^{(1)} & & \\ & & -E_2^{(1)} & \\ & & & -E_2^{(1)} \end{vmatrix} = 0 \text{ であり}, E_2^{(1)} = \begin{cases} 0 \\ 0 \\ +3e\mathcal{E}a_0 \\ -3e\mathcal{E}a_0 \end{cases}$$

3.2 定常状態に対する摂動論 II（縮退のある場合）

となる．すなわち，固有エネルギーは

$$E_2^{(0)}, \quad E_2^{(0)}, \quad E_2^{(0)}+3e\mathcal{E}a_0, \quad E_2^{(0)}-3e\mathcal{E}a_0 \quad (E_2^{(0)}=-e^2/4\pi\epsilon_0/(8a_0))$$

である．対応する固有関数は各々の $E^{(1)}$ を (1) に代入して C_{2lm} を求め，規格化すれば，

$$\psi_{211}^{(0)}, \quad \psi_{21-1}^{(0)}, \quad (\psi_{200}^{(0)}-\psi_{210}^{(0)})/\sqrt{2}, \quad (\psi_{200}^{(0)}+\psi_{210}^{(0)})/\sqrt{2}$$

となる．例えば $E^{(1)}=3e\mathcal{E}a_0$ に対しては $C_{211}=C_{21-1}=0$, $C_{200}=-C_{210}$ となり規格化条件は

$$|C_{200}|^2+|C_{210}|^2+|C_{211}|^2+|C_{21-1}|^2=1$$

であるからである．

問題

3.1 3次元等方的調和振動子

$$\left(\text{ハミルトニアン } \mathcal{H}_0 = -\frac{\hbar^2}{2m}\left(\frac{\partial^2}{\partial x^2}+\frac{\partial^2}{\partial y^2}+\frac{\partial^2}{\partial z^2}\right)+\frac{1}{2}m\omega_0^2(x^2+y^2+z^2)\right)$$

の $n=n_x+n_y+n_z=2$, エネルギー $E_n=\hbar\omega_0(2+3/2)$ の状態に摂動

$$\mathcal{H}'=axy$$

がかかっている場合，1次摂動の範囲でエネルギーを求めよ．($E_n=(7/2)\hbar\omega_0$ の状態は6重に縮退している．)

3.2 主量子数 $n=2$ の状態の水素原子に摂動

(i) $\mathcal{H}'=axy$,

(ii) $\mathcal{H}'=b(2z^2-x^2-y^2)$

がそれぞれかかっている場合，摂動の1次の範囲でエネルギーのずれを求めよ．

3.3 主量子数 $n=3$ の状態にある水素原子に，電場を z 方向にかけたとき，エネルギーのずれを1次摂動で求めよ．($n=3$ の水素原子の1次シュタルク効果)

3.4 慣性能率が I, 電気双極子モーメントが μ の剛体がある．この剛体を重心を通る軸のまわりに回転できるように束縛したとき，シュレディンガー方程式は

$$-\frac{\hbar^2}{2I}\frac{d^2\psi}{d\phi^2}=E\psi$$

と書ける．ϕ は回転角 ($0\leq\phi<2\pi$) である．これを解き固有関数と固有エネルギーを求めよ．さらにこの回転子を一様な電場 $\mathcal{E}$ の下に置くと，摂動ハミルトニアンは，

$$\mathcal{H}'=-\mu\mathcal{E}\cos\phi$$

となる．1次および2次摂動により，エネルギーを求めよ．

（これは2原子分子の回転運動に関する簡単化されたモデルの1つである．）

64　3　近似解法（摂動論と変分法）

例題 4

1 次元の自由な空間に，周期 a の小さなポテンシャル $\mathcal{H}' = V_0 \cos(qx)$ が存在する．1 次摂動の範囲でエネルギーを求めよ．　$(q = 2\pi/a)$

【解答】 十分大きい正整数 N に対して $L = Na$ として，一辺 L の周期的境界条件を課す．無摂動の状態は，

$$\psi_k^{(0)}(x) = L^{-1/2} e^{ikx}, \quad k = 2\pi n/L \quad (n = 0, \pm 1, \pm 2, \cdots)$$

$$E_k^{(0)} = \hbar^2 k^2 / 2m$$

である．

$V(x)$ の行列要素で 0 にならないものは

$$H'_{k\pm q, k} = V_0/2$$

のみである．一般には $E_k^{(0)} \neq E_{k\pm q}^{(0)}$ であるから，そのような状態に対しては 1 次摂動ではエネルギーのずれは生じず，2 次摂動までの結果を書けば

$$E_k = E_k^{(0)} + \frac{(V_0/2)^2}{E_k^{(0)} - E_{k+q}^{(0)}} + \frac{(V_0/2)^2}{E_k^{(0)} - E_{k-q}^{(0)}} \tag{1}$$

となる．しかし，k が $\pm q/2$ に近い場合には，上式の分母で 0 に非常に近い項があるため，この摂動は好ましくない．したがって，それらの間の混りは正確に取り扱った方がよい．要項 (12) にならって，下の行列の固有値を求めればよい．$k \approx q/2$ として

$$\begin{bmatrix} E_k^{(0)} & V_0/2 \\ V_0/2 & E_{k-q}^{(0)} \end{bmatrix}.$$

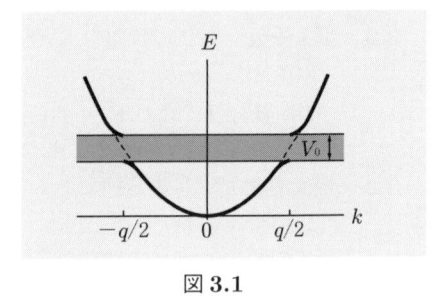

図 3.1

結果は

$$E_\pm = (E_k^{(0)} + E_{k-q}^{(0)})/2 \pm [\{(E_k^{(0)} - E_{k-q}^{(0)})/2\}^2 + (V_0/2)^2]^{1/2} \tag{2}$$

となる．周期ポテンシャルが存在するために $k = \pm q/2$ の近傍で $\pm |V_0/2|$ だけエネルギーがずれて，エネルギー・スペクトルに $|V_0|$ だけのとびができる（結晶中の電子のエネルギー帯構造）．その様子を図に示した．

問　題

4.1　例題 4 で $k = \pm q/2$ の状態について，1 次摂動の範囲で波動関数を求めよ．

3.3 時間に依存した摂動

◆ **時間に依存した摂動**　摂動ハミルトニアンが時間の関数 $\mathcal{H}'(t)$ の場合，時間に依存するシュレディンガー方程式は

$$i\hbar\frac{\partial \Psi}{\partial t} = (\mathcal{H}_0 + \mathcal{H}'(t))\Psi \tag{1}$$

となる．無摂動系の固有関数 $e^{-i(E_n(0))/\hbar t}\psi_n{}^{(0)}$ ($\mathcal{H}_0\psi_n{}^{(0)} = E_n{}^{(0)}\psi_n{}^{(0)}$) は完備系をなすから (1) の規格化された固有関数をこれで展開し

$$\Psi_n(t) = \sum_m U_{mn}(t)\exp\left[-i\frac{E_m{}^{(0)}}{\hbar}t\right]\psi_m{}^{(0)} \tag{2}$$

と書ける．$U_{mn}(t)$ はユニタリー行列であることが $\Psi_n(t)$ の規格化条件よりわかる．(2) を (1) に代入すれば $U_{mn}(t)$ の満たす微分方程式として

$$\frac{d}{dt}U_{mn}(t) = \frac{1}{i\hbar}\sum_k \mathcal{H}'_{mk}(t)U_{kn}(t) \tag{3}$$

を得る．ただし

$$\mathcal{H}'_{mk}(t) = \int \psi_m{}^{(0)*} e^{+i\omega_m{}^{(0)}t}\mathcal{H}'(t)\psi_k{}^{(0)}e^{-i\omega_k{}^{(0)}t}d\boldsymbol{r}$$

$$= e^{i(\omega_m{}^{(0)}-\omega_k{}^{(0)})t}\int \psi_m{}^{(0)*}\mathcal{H}'(t)\psi_k{}^{(0)}d\boldsymbol{r},$$

$$\omega_k{}^{(0)} \equiv E_k{}^{(0)}/\hbar. \tag{4}$$

◆ **逐次近似**　時刻 $t = -\infty$ で**純粋状態** $U_{mn}(-\infty) = \delta_{mn}$ にあったとして (3) を逐次近似で解こう．1次近似の結果 $U_{mn}^{(1)}$ は (3) の右辺に $U_{mn}^{(0)} = \delta_{mn}$ を代入して

$$U_{mn}^{(1)}(t) = \delta_{mn} - \frac{i}{\hbar}\int_{-\infty}^t \mathcal{H}'_{mn}(t_1)dt_1 \tag{5}$$

となる．同じように $U_{mn}^{(1)}$ を (3) の右辺に代入して積分すれば，2次近似の結果

$$U_{mn}^{(2)}(t) = \delta_{mn} - \frac{i}{\hbar}\int_{-\infty}^t \mathcal{H}'_{mn}(t_1)dt_1$$
$$+ \left(-\frac{i}{\hbar}\right)^2 \sum_k \int_{-\infty}^t \mathcal{H}'_{mk}(t_2)dt_2 \int_{-\infty}^{t_2}\mathcal{H}'_{kn}(t_1)dt_1 \tag{6}$$

を得る．逐次近似の次数に応じて $U_{mn}(t) = U_{mn}^{(l)}(t)$ である．

◆ **時間的に一定な摂動**　摂動 $\mathcal{H}'$ が $t = 0$ で加えられ，その後 $\mathcal{H}'$ は変化しない場合の結果は容易に求められる．$\omega_{mn}^{(0)} = \omega_m^{(0)} - \omega_n^{(0)}$ として，2次近似までの範囲で

$$U_{mn}^{(1)}(t) = \delta_{mn} + \frac{\mathcal{H}'_{mn}}{\hbar}\frac{1-\exp(i\omega_{mn}^{(0)}t)}{\omega_{mn}^{(0)}} \tag{7}$$

$$U_{mn}^{(2)}(t) = \delta_{mn} + \frac{\mathcal{H}'_{mn}}{\hbar} \frac{1 - \exp(i\omega_{mn}^{(0)}t)}{\omega_{mn}^{(0)}}$$
$$+ \frac{1}{\hbar^2} \sum_s \frac{\mathcal{H}'_{ms}\mathcal{H}'_{sn}}{\omega_{sn}^{(0)}} \left(\frac{1 - \exp(i\omega_{ms}^{(0)}t)}{\omega_{ms}^{(0)}} - \frac{1 - \exp(i\omega_{mn}^{(0)}t)}{\omega_{mn}^{(0)}} \right) \quad (8)$$

となる.ただし
$$\mathcal{H}'_{mn} = \int \psi_m^{(0)*} \mathcal{H}' \psi_n^{(0)} d\boldsymbol{r}$$

である.第1近似で,$t = -\infty$ で n 状態にあった粒子が時刻 t に $m(\neq n)$ に見出される確率は

$$|U_{mn}^{(1)}(t)|^2 = |\mathcal{H}'_{mn}|^2 \frac{4\sin^2(\omega_{mn}^{(0)}t/2)}{\hbar^2 \omega_{mn}^{(0)2}} \quad (m \neq n) \quad (9)$$

である.t が十分大きければ,(9) の後の因子はディラックの δ 関数となる.

$$\left\{ \frac{\sin(\omega_{mn}^{(0)}t/2)}{\omega_{mn}^{(0)}} \right\}^2 \longrightarrow \frac{\pi}{2} \delta(\omega_{mn}^{(0)}) \cdot t$$

終状態を m として,エネルギー $E_m^{(0)}$ と $E_m^{(0)} + \varDelta E$ の間に状態数 $\rho(E_m^{(0)})\varDelta E$ が分布しているものを考えると,単位時間当り n から m への**遷移が起こる確率** w_{nm} (**遷移確率**) は

$$w_{nm} = \frac{1}{t} \cdot \frac{|\mathcal{H}'_{mn}|^2}{\hbar^2} \int_{\varDelta E} \rho(E_m^{(0)}) 4 \left\{ \frac{\sin(\omega_{mn}^{(0)}t/2)}{\omega_{mn}^{(0)}} \right\}^2 \hbar d\omega_{mn}^{(0)}$$
$$= \frac{2\pi}{\hbar} |\mathcal{H}'_{mn}|^2 \rho(E_m^{(0)}) \quad (10)$$

となる(フェルミの黄金律).もちろん,m, n の間ではエネルギー保存則 $E_m^{(0)} = E_n^{(0)}$ が成立する.

◆ **調和運動による摂動**　　時刻 $t = 0$ で摂動が加わり,その時間変化が

$$\mathcal{H}' = F\exp(i\omega t) + G\exp(-i\omega t) \quad (11)$$

である場合を考える.$\mathcal{H}'$ のエルミート性より,F と G の間には

$$F_{mn}^* = G_{nm}$$

が成立していなくてはならない.このとき,第1近似の解は

$$U_{mn}^{(1)}(t) = \delta_{mn} + F_{mn} \frac{1 - \exp i(\omega_{mn}^{(0)} - \omega)t}{\hbar(\omega_{mn}^{(0)} - \omega)} + F_{nm} \frac{1 - \exp i(\omega_{mn}^{(0)} + \omega)t}{\hbar(\omega_{mn}^{(0)} + \omega)} \quad (12)$$

となる.$n \to m$ の単位時間当りの遷移確率は

$$w_{nm} = \frac{2\pi}{\hbar} |F_{mn}|^2 \rho(E_m^{(0)}). \quad \left(E_m^{(0)} - E_n^{(0)} = \pm\hbar\omega \left(\frac{\text{吸収}}{\text{放出}} \right) \right) \quad (13)$$

3.3 時間に依存した摂動

━━ 例題 5 ━━━━━━━━━━━━━━━━━━━━━━━━━━━━━━━━━━━━

基底状態にある水素原子が z 方向にかけられた一様電場
$$\mathcal{E} = \begin{cases} 0 & (t < 0) \\ \mathcal{E}_0 e^{-t/\tau} & (t > 0) \end{cases}$$
に置かれている．十分長い時間の後，原子が $2s$ 状態または $2p$ 状態に見出される確率を求めよ．

━━

【解答】 第 1 近似のもとで，水素原子の $(2,l,m)$ 状態にある確率振幅 $U^{(1)}_{2lm,100}(t)$ は
$$U^{(1)}_{2lm,100}(t) = \frac{-i}{\hbar} \int_0^t \mathcal{H}'_{2lm,100} e^{i(\omega_{2lm}-\omega_{100})t'} dt'$$
である．行列要素 $\mathcal{H}'_{2lm,100}$ は $P_l^m(\omega)$ の偶奇性を用いて
$$\mathcal{H}'_{2lm,100} = e\mathcal{E}_0 e^{-t/\tau}\langle 2lm|z|100\rangle = e\mathcal{E}_0 e^{-t/\tau}\langle 210|z|100\rangle \delta_{l1}\delta_{m0}$$
である．$\langle 210|z|100\rangle$ は水素原子での波動関数を用いて
$$\begin{aligned}\langle 210|z|100\rangle &= 3^{-1/2}\int_0^\infty R_{21} r^3 R_{10} dr \\ &= 3^{-1/2}\int_0^\infty \frac{1}{\sqrt{3}}\left(\frac{1}{2a_0}\right)^{3/2}\left(\frac{r}{a_0}\right)e^{-r/2a_0}\cdot r^3 \cdot 2\left(\frac{1}{a_0}\right)^{3/2}e^{-r/a_0}dr \\ &= \frac{1}{3\sqrt{2}}\frac{1}{a_0^4}\int_0^\infty r^4 e^{-(3/2a_0)r}dr = \frac{128\sqrt{2}}{243}a_0\end{aligned}$$
と計算される．したがって
$$\mathcal{H}'_{210,100} = e\mathcal{E}_0 e^{-t/\tau}(128\sqrt{2}a_0/243)$$
となる．また
$$\int_0^\infty e^{-t/\tau}e^{i\Delta\omega t}dt = \frac{\tau}{1-i\Delta\omega\tau}, \quad \Delta\omega \equiv \omega_{210}-\omega_{100} = \frac{3me^4}{8\hbar^3}$$
であるから，結局 $2s$, $2p$ 状態に見出される確率 $|U^{(1)}_{2lm,100}|^2$ は $2p(m=0)$ のみ 0 でなく，
$$|U^{(1)}_{2lm,100}(t=\infty)|^2 = \delta_{l1}\delta_{m0}\left(\frac{e\mathcal{E}_0}{\hbar}\frac{128\sqrt{2}}{243}a_0\right)^2 \frac{\tau^2}{1+(3me^4/8\hbar^3)^2\tau^2}.$$

～～ 問　題 ～～～～～～～～～～～～～～～～～～～～～～～～～～～

5.1 電荷 e である 1 次元調和振動子が，粒子の運動方向に働く一様電場，$\mathcal{E} = \mathcal{E}_0/(\sqrt{\pi}\tau)a^{-(t/\tau)^2}$ 中に置かれている．$t=-\infty$ で基底状態にあったとして，$t=+\infty$ で一番低い励起状態にある確率を求めよ．

例題 6

外部より入射した電子が，水素原子と衝突し，水素原子を $1s$ 状態から $2s$ 状態に励起する確率を求めよ．

【ヒント】 外部から入射する電子を 1，水素原子に束縛された電子を 2 とすると，始めの状態の波動関数と，終りの状態の波動関数はそれぞれ

$$
\begin{aligned}
&L^{-3/2} \exp(i\boldsymbol{k}_0 \cdot \boldsymbol{r}_1) \varphi_{100}(\boldsymbol{r}_2), \\
&L^{-3/2} \exp(i\boldsymbol{k} \cdot \boldsymbol{r}_1) \varphi_{200}(\boldsymbol{r}_2)
\end{aligned}
\tag{1}
$$

となる．ここで運動量 $\hbar \boldsymbol{k}_0$ をもった電子が入射，散乱されて $\hbar \boldsymbol{k}$ という運動量になったとした．また運動量の大きさが $\hbar k$ で立体角 $d\Omega$ の方向に散乱される電子の状態数 $\rho(E_k) \cdot dE_k d\Omega (E_k = \hbar^2 k^2 / 2m)$ は 2.1 節要項 (9) より

$$\rho(E_k) dE_k d\Omega = (L/2\pi)^3 k^2 dk d\Omega$$

である．したがって状態密度 $\rho(E_k)$ は，

$$\rho(E_k) = (mL^3 / 8\pi^3 \hbar^2) k \tag{2}$$

である．無摂動ハミルトニアン $\mathcal{H}_0$ と摂動ハミルトニアン $\mathcal{H}'$ は

$$
\begin{aligned}
\mathcal{H}_0 &= -\frac{\hbar^2}{2m}\Delta_1 + \left(-\frac{\hbar^2}{2m}\Delta_2 - \frac{e^2}{4\pi\epsilon_0 r_2}\right), \\
\mathcal{H}' &= \frac{e^2}{4\pi\epsilon_0 r_{12}} - \frac{e^2}{4\pi\epsilon_0 r_1}
\end{aligned}
\tag{3}
$$

ととる．ただし座標の原点は水素の原子核にとり，$\boldsymbol{r}_{12} = \boldsymbol{r}_1 - \boldsymbol{r}_2$ である．

【解答】 摂動ハミルトニアン $\mathcal{H}'$ の，始状態と終状態との間の行列要素 $\mathcal{H}'_{fi}$ は

$$
\begin{aligned}
\mathcal{H}'_{ft} &= L^{-3} \int d\boldsymbol{r}_1 d\boldsymbol{r}_2 e^{i\boldsymbol{K}\cdot\boldsymbol{r}_1} \varphi^*_{200}(\boldsymbol{r}_2) \left(\frac{e^2}{4\pi\epsilon_0 r_{12}} - \frac{e^2}{4\pi\epsilon_0 r_1}\right) \varphi_{100}(\boldsymbol{r}_2) \\
&= L^{-3} \int d\boldsymbol{r}_1 d\boldsymbol{r}_2 e^{i\boldsymbol{K}\cdot\boldsymbol{r}_1} \varphi^*_{200}(\boldsymbol{r}_2) \frac{e^2}{4\pi\epsilon_0 r_{12}} \varphi_{100}(\boldsymbol{r}_2)
\end{aligned}
\tag{4}
$$

となる．ただし $\boldsymbol{K} = \boldsymbol{k}_0 - \boldsymbol{k}$ で，最後の式は φ_{200} と φ_{100} の直交性により求められた．

$$
\begin{aligned}
\int d\boldsymbol{r}_1 e^{i\boldsymbol{K}\cdot\boldsymbol{r}_1} \frac{1}{r_{12}} &= \lim_{\alpha \to 0} \int \frac{e^{i\boldsymbol{K}\cdot\boldsymbol{r}_{12} - \alpha|r_{12}|}}{r_{12}} e^{i\boldsymbol{K}\cdot\boldsymbol{r}_2} d\boldsymbol{r}_{12} \\
&= e^{i\boldsymbol{K}\cdot\boldsymbol{r}_2} \frac{4\pi}{K} \lim_{\alpha \to 0} \int_0^\infty \sin K\rho \, e^{-\alpha\rho} d\rho \\
&= \frac{4\pi}{K} e^{i\boldsymbol{K}\cdot\boldsymbol{r}_2} \lim_{\alpha \to 0} \left(\frac{K}{\alpha^2 + K^2}\right) \\
&= \frac{4\pi}{K^2} e^{i\boldsymbol{K}\cdot\boldsymbol{r}_2}
\end{aligned}
$$

3.3 時間に依存した摂動

を (4) に代入し，$\boldsymbol{K}$ の方向を z 軸に選ぶと

$$\mathcal{H}'_{fi} = \frac{4\pi e^2}{4\pi\epsilon_0 L^3 K^2}\int d\boldsymbol{r}_2 e^{i\boldsymbol{K}\cdot\boldsymbol{r}_2}\varphi^*_{200}(\boldsymbol{r}_2)\varphi_{100}(\boldsymbol{r}_2)$$

$$= \frac{4\pi e^2}{4\pi\epsilon_0 L^3 K^2}\cdot 2\pi\int_0^\pi \sin\theta d\theta\int_0^\infty r^2 dr e^{iKr\cos\theta}$$

$$\cdot\frac{a_0^{-3/2}}{4\sqrt{2\pi}}\left(2-\frac{r}{a_0}\right)e^{-\frac{r}{2a_0}}\cdot\frac{a_0^{-3/2}}{\sqrt{\pi}}e^{-\frac{r}{a_0}}$$

$$= \frac{(4\pi)^2 e^2}{4\pi\epsilon_0 L^3 K^3}\cdot\frac{1}{4\sqrt{2\pi}a_0{}^3}\int_0^\infty dr\sin Kr\cdot r\left(2-\frac{r}{a_0}\right)e^{-\frac{3}{2a_0}r}. \tag{5}$$

積分公式

$$\int_0^\infty r\sin Kr\cdot e^{-ar}dr = \frac{2aK}{(a^2+K^2)^2},$$

$$\int_0^\infty r^2\sin Kr\cdot e^{-ar}dr = \frac{2K(3a^2-K^2)}{(a^2+K^2)^3}$$

を用いると，(5) の結果は次のようになる．

$$\mathcal{H}'_{fi} = \frac{16\sqrt{2}\pi a_0{}^2 e^2/(4\pi\epsilon_0)}{L^3(K^2 a_0{}^2 - 9/4)^3}. \tag{6}$$

また，エネルギー保存則は

$$\frac{\hbar^2}{2m}k^2 - \frac{e^2/(4\pi\epsilon_0)}{8a_0} = \frac{\hbar^2}{2m}k_0^2 - \frac{e^2/(4\pi\epsilon_0)}{2a_0} \quad \text{つまり} \quad \frac{\hbar^2}{2m}(k_0^2 - k^2) = \frac{3e^2/(4\pi\epsilon_0)}{8a_0} \tag{7}$$

である．(2), (6) より単位時間・立体角 $d\Omega$ 当りの遷移確率は

$$w_{fi} = \frac{\hbar}{mL^3}k\frac{128a_0{}^2}{\{(\boldsymbol{k}_0-\boldsymbol{k})^2 a_0^2 + 9/4\}^6} \tag{8}$$

となる．$\boldsymbol{k}_0$ と $\boldsymbol{k}$ のなす角を θ とすると

$$K^2 = k_0^2 + k^2 - 2k_0 k\cos\theta \tag{9}$$

である．(8) を立体角について積分すると

$$W_{fi} = \int w_{fi}d\Omega$$

$$= \frac{\hbar}{mL^3}k\int d\Omega\frac{128a_0{}^2}{\{(k_0{}^2+k^2-2k_0 k\cos\theta)a_0{}^2+9/4\}^6} \tag{10}$$

となる．ただし k は (7) で与えられる．立体角での積分を (9) を用いて K での積分に書き換えると

$$W_{fi} = \frac{\hbar k}{mL^3} 2\pi \int_{k_0-k}^{k_0+k} \frac{128 a_0{}^2}{(K^2 a_0{}^2 + 9/4)^6} \cdot \frac{K}{k_0 k} dK$$

$$= \frac{128\pi\hbar}{5 k_0 a_0^{10} mL^3} \left[\frac{1}{\{(k_0-k)^2 + 9/(4a_0{}^2)\}^5} - \frac{1}{\{(k_0+k)^2 + 9/(4a_0{}^2)\}^5} \right] \quad (11)$$

となる．(6章で定義する全散乱断面積 σ は $\sigma = (L^2 \cdot L \cdot m/\hbar k_0) W_{fi}$ である．)

以上の取り扱いは実は完全ではない．ここでは，外部から入射した電子1は衝突後再び外部にとび去り，また，束縛された電子2は依然として束縛されたままであるとした．しかし実際には，衝突後電子1が束縛されて電子2が外にとび去る過程も存在する（組換え衝突）．これを正しく取り扱うためには，2電子の波動関数を反対称化したスレーター行列式の形（5.2節参照）をとればよい．

問題

6.1 外部より入射した電子が，水素原子と衝突し，水素原子を $1s$ から $2p$ 状態へ励起する確率を求めよ．

断熱近似 $\mathcal{H}'(t)$ が時間的に十分ゆっくり変化する場合には，無限の長さの時間的経過を経たあとも，状態が乱れて他の状態に遷移することがない．すなわち全ハミルトニアンを $\mathcal{H}(t) = \mathcal{H}_0 + \mathcal{H}'(t)$ と書き，各時刻 t での固有関数を $\varphi_n(t)$ と書くと，

$$\mathcal{H}(t)\varphi_n(t) = E_n(t)\varphi_n(t)$$

である．さらに $E_n(t)$ には縮退がなく，また離散的であるとする．このとき $t=0$ で $\varphi_n(0)$ にあった状態は，十分時間を経たあとも $\varphi_n(t)$ にとどまる．これが成立するためには，正確には $\mathcal{H}'$ の変化 $\partial\mathcal{H}'/\partial t$ が

$$\left| \frac{\{\hbar/(E_k - E_n)\} \cdot (\partial\mathcal{H}'/\partial t)_{kn}}{E_k - E_n} \right| \ll 1$$

であれば十分である．

3.3 時間に依存した摂動

例題 7

運動量 $\hbar \boldsymbol{k}_0$ をもつ自由電子が入射して，ポテンシャル $V(\boldsymbol{r})$ により散乱される遷移確率を求めよ．

【ヒント】 入射電子の運動量 $\hbar\boldsymbol{k}_0$ が散乱後 $\hbar\boldsymbol{k}$ になったとすると，初めの状態と終りの状態の波動関数はそれぞれ $L^{-3/2}\exp(i\boldsymbol{k}_0\cdot\boldsymbol{r})$ と $L^{-3/2}\exp(i\boldsymbol{k}\cdot\boldsymbol{r})$ である．また運動量の大きさが $\hbar k$ で立体角 $d\Omega$ 方向に散乱される電子の状態密度 $\rho(E_k)$ は例題 6 と同様に

$$\rho(E_k) = (mL^3/8\pi^3\hbar^2)k \tag{1}$$

となる．

図 3.2

【解答】 エネルギー保存則より

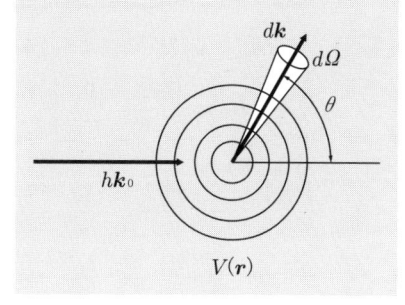

$$\hbar^2 k^2/2m = \hbar^2 k_0{}^2/2m \quad (k=k_0) \tag{2}$$

単位時間・単位立体角当りの遷移確率は

$$w_{\boldsymbol{k}_0\to\boldsymbol{k}} = (2\pi/\hbar)|\langle\boldsymbol{k}|V(\boldsymbol{r})|\boldsymbol{k}_0\rangle|^2 \rho(E_k) \quad (E_k = E_{k_0}) \tag{3}$$

である．行列要素 $\langle\boldsymbol{k}|V(\boldsymbol{r})|\boldsymbol{k}_0\rangle$ は $\boldsymbol{K} = \boldsymbol{k}_0 - \boldsymbol{k}$ として（したがって $K = 2k_0\sin(\theta/2)$）

$$\langle\boldsymbol{k}|V(\boldsymbol{r})|\boldsymbol{k}_0\rangle = L^{-3}\int e^{-i\boldsymbol{k}\cdot\boldsymbol{r}}V(\boldsymbol{r})e^{i\boldsymbol{k}_0\cdot\boldsymbol{r}}d\boldsymbol{r} = L^{-3}\int e^{i\boldsymbol{K}\cdot\boldsymbol{r}}V(\boldsymbol{r})d\boldsymbol{r} \tag{4}$$

となる．(1), (2) を (3) に代入して単位時間・($\boldsymbol{k}$ 方向の）単位立体角当りの遷移確率は，

$$w_{\boldsymbol{k}_0\to\boldsymbol{k}} = \frac{mk_0}{4\pi^2\hbar^3L^3}\left|\int e^{i\boldsymbol{K}\cdot\boldsymbol{r}}V(\boldsymbol{r})d\boldsymbol{r}\right|^2 \quad (\boldsymbol{K}=\boldsymbol{k}_0-\boldsymbol{k},\ k_0=k) \tag{5}$$

となる．(6 章で定義する微分散乱断面積 $\left(\dfrac{d\sigma}{d\Omega}\right)$ は $\left(\dfrac{d\sigma}{d\Omega}\right) = \dfrac{mL^3}{\hbar k_0}w_{\boldsymbol{k}_0\to\boldsymbol{k}}$ である．)

問 題

7.1 例題 7 でポテンシャル $V(\boldsymbol{r})$ が球対称ポテンシャル $V(r)$ であるときに，行列要素の積分をさらに実行せよ．また，$V(r) = A\exp(-\alpha r)/r$ のときはどうなるか．$\alpha\to 0$ のとき，ラザフォードの散乱公式が導かれる．

7.2 基底状態にある水素原子を，振動数 $\omega(\hbar\omega > e^2/4\pi\epsilon_0/(2a_0))$ で振動する電場 $\mathcal{E}\sin\omega t$ 中に置いたとき，電子が平面波で表される状態に励起され，原子がイオン化される単位時間当りの確率を求めよ．

【ヒント】 平面波の状態での電子の運動量を $\hbar\boldsymbol{k}$ とするとき，本来電場が一定方向で $\boldsymbol{k}$ がいろいろの方向をとるが，$\hbar\boldsymbol{k}$ の方向を極座標の軸方向にとり，電場をいろいろの方向にまわして計算してもよい．

― 例題 8 ―

固有状態のエネルギーが $E_1, E_2 (E_1 < E_2)$ である原子がある．この原子を z 方向に一様な電場 $\mathcal{E}$ 中においたとき，時間に依存した波動関数はどのように振舞うか．ただしエネルギー E_1, E_2 の 2 つの状態は，$\mathcal{H}' = e\mathcal{E}z$ の対角成分を持たないとせよ．

【解答】 無摂動および摂動ハミルトニアンの行列は

$$\mathcal{H}_0 = \begin{bmatrix} E_1 & 0 \\ 0 & E_2 \end{bmatrix}, \quad \mathcal{H}' = e\mathcal{E} \begin{bmatrix} 0 & \langle\varphi_1|z|\varphi_2\rangle \\ \langle\varphi_2|z|\varphi_1\rangle & 0 \end{bmatrix}$$

である．仮定により

$$\langle\varphi_1|z|\varphi_1\rangle = \langle\varphi_2|z|\varphi_2\rangle = 0$$

とした．φ_1, φ_2 は時間に依存しない波動関数である．$\mathcal{H} = \mathcal{H}_0 + \mathcal{H}'$ の時間に依存する波動関数を $\psi(t)$ と書くと，

$$\psi(t) = C_1(t)\varphi_1 + C_2(t)\varphi_2,$$

$C_1(t), C_2(t)$ のしたがう微分方程式は

$$i\hbar \frac{dC_1}{dt} = E_1 C_1 + e\mathcal{E}\langle\varphi_1|z|\varphi_2\rangle C_2,$$
$$i\hbar \frac{dC_2}{dt} = e\mathcal{E}\langle\varphi_2|z|\varphi_1\rangle C_1 + E_2 C_2$$

である．$C_j(t) = C_j{}^0 \exp(-iEt/\hbar)$ を代入してこれを解けば，

$$a = e\mathcal{E}\langle\varphi_1|z|\varphi_2\rangle, \quad \Delta = \frac{E_2 - E_1}{2}, \quad \delta = \sqrt{\Delta^2 + |a|^2}, \quad \exp i\theta = \frac{a^*}{|a|},$$

$$C = \frac{|a|}{\sqrt{(\Delta + \delta)^2 + |a|^2}}, \quad E_u = E_0 + \delta, \quad E_v = E_0 - \delta$$

として，$\mathcal{H} = \mathcal{H}_0 + \mathcal{H}'$ の固有状態は，

$$\psi_u = (\varphi_1 C + \varphi_2 \sqrt{1 - C^2}\, e^{i\theta}) e^{-iE_u t/\hbar},$$
$$\psi_v = (\varphi_1 \sqrt{1 - C^2} - \varphi_2 C e^{i\theta}) e^{-iE_v t/\hbar}.$$

一般の状態は，$\psi = u\psi_u + v\psi_v$ となって，係数 u, v は初期条件で決まる．

問題

8.1 例題 8 で，時刻 $t < 0$ では電場がかかっておらず，原子は E_1 の状態にあり，$t > 0$ 以降一定電場 $\mathcal{E}$ がかけられるとする．$t > 0$ で原子はどのように振舞うか．

8.2 問題 8.1 で，電気双極子モーメントの平均値 $\langle\psi|(-e)z|\psi\rangle$ を計算せよ．

3.4 変分法

◆ **変分原理** 任意の規格化された関数 ϕ に関する積分

$$E = \int \phi^* \mathcal{H} \phi d\boldsymbol{r} \tag{1}$$

は，$\mathcal{H}$ の基底状態のエネルギーを E_0 とすると

$$E \geq E_0 \tag{2}$$

を満たす．したがって基底状態のエネルギーを求める場合，**試行関数** ϕ をいくつかのパラメタを含み，簡単でかつ物理的にもっともらしい形に選び，エネルギー E が最小になるように，パラメタの値を決めればよい．

◆ **励起状態に対する応用** 基底状態の波動関数は厳密に求まっていて，励起状態のエネルギーを知りたい場合にも変分法を応用することができる．基底状態の波動関数を φ_0 とすると，ϕ を適当に選び，試行関数 $\phi - (\varphi_0, \phi)\varphi_0$ を考えればよい．これは φ_0 と直交している．したがって $\phi - (\varphi_0, \phi)\varphi_0$ はすべての状態のつくる空間から，基底状態を除いた空間の自由度だけもっているからである．こうして最も低いエネルギーをもつ励起状態（**第 1 励起状態**）のエネルギーの上限を (2) と同様にしておさえることができる．

変分原理の証明 上記 (2) は容易に示すことができる．試行関数 ϕ を $\mathcal{H}$ の固有関数 $\varphi_n (\mathcal{H}\varphi_n = E_n \varphi_n)$ で展開して

$$\phi = \sum_n a_n \varphi_n$$

と書く．これを用いて $\int \phi^* \mathcal{H} \phi d\boldsymbol{r}$ を計算すると

$$E = \int \phi^* \mathcal{H} \phi d\boldsymbol{r} = \sum_{n,m} a_n^* a_m \langle \varphi_n | \mathcal{H} | \varphi_m \rangle = \sum_n |a_n|^2 E_n$$

となる．右辺の E_n を最小の E_0 で置き換え，また ϕ に対する規格化の条件

$$\sum_n |a_n|^2 = 1$$

を用いると

$$E = \sum_n |a_n|^2 E_n \geq E_0 \sum_n |a_n|^2 = E_0$$

となる．もし ϕ が規格化されていなければ (1), (2) は

$$E = \int \phi^* \mathcal{H} \phi d\boldsymbol{r} \Big/ \int \phi^* \phi d\boldsymbol{r} \geq E_0$$

と置き換えればよい．

74   3 近似解法（摂動論と変分法）

例題 9

弱い電場 $\mathcal{E}$ を z 方向にかけた場合の，水素の基底状態のエネルギーを，試行関数を

$$\psi(\boldsymbol{r}) = Ne^{-r/a_0}(1+\alpha z)$$

として求めよ．α は変分パラメタ，N は規格化定数である．

【解答】 規格化定数は

$$\begin{aligned}\int \psi^*\psi d\boldsymbol{r} &= N^2 4\pi \int_0^\infty e^{-2r/a_0}\left(r^2 + \frac{\alpha^2}{3}r^4\right)dr \\ &= N^2 \cdot \pi a_0{}^3(1+\alpha^2 a_0{}^2) \\ &= 1\end{aligned}$$

より

$$N = [\pi a_0{}^3(1+\alpha^2 a_0{}^2)]^{-1/2} \tag{1}$$

となる．ここで，ψ_0 を水素の 1s 波動関数 $\pi^{-1/2}(a_0)^{-3/2}e^{-r/a_0}$ とすると

$$\begin{aligned}\psi &= \psi_0(N/N_0)(1+\alpha z), \\ N_0 &= (\pi a_0^3)^{-1/2}\end{aligned} \tag{2}$$

と書いておく方が便利である．全ハミルトニアンを $\mathcal{H} = \mathcal{H}_0 + e\mathcal{E}z$ と書くと，

$$\begin{aligned}\langle\psi|\mathcal{H}|\psi\rangle &= (N/N_0)^2\langle\psi_0(1+\alpha z)|\mathcal{H}_0 + e\mathcal{E}z|\psi_0(1+\alpha z)\rangle \\ &= (N/N_0)^2\{\langle\psi_0|\mathcal{H}_0|\psi_0\rangle + \alpha^2\langle\psi_0 z|\mathcal{H}_0|\psi_0 z\rangle + 2e\mathcal{E}\alpha\langle\psi_0|z|\psi_0 z\rangle\}\end{aligned} \tag{3}$$

となる．

$$\langle\psi_0|\mathcal{H}_0|\psi_0\rangle = E_0 \equiv -e^2/4\pi\mathcal{E}_0/(2a_0)$$

である．(3) の第 2 項は次のように計算できる．(もちろん正直に計算してもよい.) 交換関係

$$[\mathcal{H}_0, z] = -(\hbar^2/m)\partial/\partial z$$

を用いると，

$$\begin{aligned}\langle\psi_0 z|\mathcal{H}_0|\psi_0 z\rangle &= \langle\psi_0 z|(\mathcal{H}_0 z - z\mathcal{H}_0) + z\mathcal{H}_0|\psi_0\rangle \\ &= \langle\psi_0 z|z\mathcal{H}_0|\psi_0\rangle - (\hbar^2/m)\langle\psi_0 z|\partial\psi_0/\partial z\rangle\end{aligned} \tag{4}$$

となる．ここで第 1 項は $E_0\langle\psi_0|z^2|\psi_0\rangle$ に等しいし，第 2 項は z について部分積分を行ない

3.4 変分法

$$\left\langle \psi_0 z | \frac{\partial \psi_0}{\partial z} \right\rangle = \int dxdydz\, \psi_0^* z \frac{\partial \psi_0}{\partial z}$$

$$= \left[\int dxdy |\psi_0|^2 z \right]_{z=-\infty}^{z=+\infty} - \int dxdydz \frac{\partial \psi_0^* z}{\partial z} \psi_0$$

$$= -\int dxdydz \left(\frac{\partial \psi_0^*}{\partial z} z \psi_0 + \psi_0^* \psi_0 \right)$$

$$= -\left\langle \frac{\partial \psi_0}{\partial z} | \psi_0 z \right\rangle - \langle \psi_0 | \psi_0 \rangle \tag{5}$$

となる。基底状態 ψ_0 については (5) の左辺, 右辺第 1 項は実数で等しく, したがって

$$\left\langle \psi_0 z | \frac{\partial \psi_0}{\partial z} \right\rangle = -\frac{1}{2} \tag{6}$$

となる。(3) に (4), (6) を代入して

$$\langle \psi | \mathcal{H} | \psi \rangle = \left(\frac{N}{N_0} \right)^2 \left\{ E_0 + \left(\frac{\alpha^2}{2} \right) \left(\frac{\hbar^2}{m} \right) + (E_0 \alpha^2 + 2e\mathcal{E}\alpha) \langle \psi_0 | z^2 | \psi_0 \rangle \right\}$$

である。ここで

$$\langle \psi_0 | z^2 | \psi_0 \rangle = (\pi a_0^3)^{-1} 2\pi \int \sin\theta d\theta \int r^2 dr\, e^{-2r/a_0} r^2 \cos^2\theta = a_0{}^2$$

$$(N/N_0)^2 = (1 + \alpha^2 a_0{}^2)^{-1}$$

を用いると

$$\langle \psi | \mathcal{H} | \psi \rangle = (1 + \alpha^2 a_0{}^2)^{-1} \left\{ E_0 + \frac{\alpha^2 \hbar^2}{2m} + a_0{}^2 (E_0 \alpha^2 + 2e\mathcal{E}\alpha) \right\}$$

$$= E_0 + (1 + \alpha^2 a_0{}^2)^{-1} \left\{ \frac{\hbar^2}{2m} \alpha^2 + 2e\mathcal{E} a_0{}^2 \alpha \right\} \tag{7}$$

となる。$\mathcal{E}$ が小さければ α は小さいから, (7) で α^2 のオーダーの項まで残して

$$\frac{\partial}{\partial \alpha} \langle \psi | \mathcal{H} | \psi \rangle = \frac{\hbar^2}{m} \alpha + 2e\mathcal{E} a_0{}^2 = 0$$

より

$$\alpha = -\frac{2m a_0{}^2}{\hbar^2} e\mathcal{E} \tag{8}$$

となる。またこのとき

$$E = \langle \psi | \mathcal{H} | \psi \rangle = E_0 - 2a_0{}^3 \mathcal{E}^2 \tag{9}$$

となる。したがって分極率は $4a_0{}^3$ である。

問題

9.1 水素の基底状態の波動関数として $\psi = Ne^{-\alpha^2 r^2}$（$\alpha$ は変分パラメタ）を仮定して，エネルギーを求めよ．

9.2 ヘリウム原子の基底状態のエネルギーを，試行関数を $\psi(\boldsymbol{r}_1, \boldsymbol{r}_2) = Ne^{-\alpha(r_1+r_2)}$（$\alpha$ は変分パラメタ）として求めよ（問題 2.4 参照）．

9.3 基底状態にある 2 つの水素原子に対して，摂動ハミルトニアンは

$$\mathcal{H}' = \frac{(e^2/4\pi\epsilon_0)}{R^3}(x_1 x_2 + y_1 y_2 - 2z_1 z_2)$$

ととることができる（問題 2.6 参照）．ここで R は水素原子間の距離．(x_i, y_i, z_i) は i 電子の座標で，その原点はそれぞれの属する原子の原子核にとってある．また z 軸は 2 つの原子核をむすんだ直線上 A から B の方向にとる．φ_{100} を水素の 1s 状態の波動関数として，試行関数を

$$\psi(\boldsymbol{r}_1, \boldsymbol{r}_2) = \varphi_{100}(\boldsymbol{r}_1)\varphi_{100}(\boldsymbol{r}_2)(1 + \alpha \mathcal{H}')$$

と選び，相互作用エネルギーを計算せよ．α は変分パラメタである．

9.4 試行関数を（β をパラメタとして）

$$\psi(x) = N \exp(-\beta x^2)$$

として，1 次元調和振動子の基底エネルギーをみつもれ．また第 1 励起状態に対しても，試行関数を適当に定め変分法を適用せよ．

9.5 +1 価の水素分子イオンがある．2 つの原子核の位置を固定し，電子の位置を $\boldsymbol{r}$ とする．1 番目の水素原子核を中心とした水素 1s 波動関数を $\varphi_{100}^{(1)}(\boldsymbol{r})$，2 番目の水素原子核を中心とした波動関数を $\varphi_{100}^{(2)}(\boldsymbol{r})$ と書いて，試行関数を

$$\Psi = N(\varphi_{100}^{(1)}(\boldsymbol{r}) - \alpha \varphi_{100}^{(2)}(\boldsymbol{r}))$$

ととり，このイオンの基底状態のエネルギーをみつもれ．ただし，全ハミルトニアンを $\mathcal{H}$ とし

$$J = \langle \varphi_{100}^{(1)} | \mathcal{H} | \varphi_{100}^{(1)} \rangle,$$
$$K = \langle \varphi_{100}^{(1)} | \mathcal{H} | \varphi_{100}^{(2)} \rangle$$

および $S = \langle \varphi_{100}^{(1)} | \varphi_{100}^{(2)} \rangle$ は具体的に計算しないでよい．また $K < JS$ とせよ．

4 角運動量とスピン

4.1 軌道角運動量

◆ **軌道角運動量の定義** 量子力学で重要な，軌道角運動量を表わす演算子 $\boldsymbol{l}$ は

$$\boldsymbol{l} = -i\hbar \boldsymbol{r} \times \nabla \tag{1}$$

で定義されるベクトルである．これは古典力学の軌道角運動量 $\boldsymbol{l} = \boldsymbol{r} \times \boldsymbol{p}$ で

$$\boldsymbol{p} = -i\hbar \nabla$$

と置いたものである．(1) を成分ごとに表わすと

$$l_x = -i\hbar \left(y\frac{\partial}{\partial z} - z\frac{\partial}{\partial y} \right), \quad l_y = -i\hbar \left(z\frac{\partial}{\partial x} - x\frac{\partial}{\partial z} \right)$$

$$l_z = -i\hbar \left(x\frac{\partial}{\partial y} - y\frac{\partial}{\partial x} \right) \tag{2}$$

である．また $\boldsymbol{l}^2 = l_x^2 + l_y^2 + l_z^2$ を球座標で表わせば

$$\boldsymbol{l}^2 = -\hbar^2 \left[\frac{1}{\sin\theta} \frac{\partial}{\partial \theta} \left(\sin\theta \frac{\partial}{\partial \theta} \right) + \frac{1}{\sin^2\theta} \frac{\partial^2}{\partial \phi^2} \right] \tag{3}$$

であり，z 成分は

$$l_z = -i\hbar \frac{\partial}{\partial \phi} \tag{4}$$

となる．

◆ **軌道角運動量の固有値と固有関数** 演算子 $\boldsymbol{l}^2$ と l_z の固有関数は，球面調和関数 $Y_{lm}(\theta,\phi)$ であり，次式が成り立つ．

$$\boldsymbol{l}^2 Y_{lm}(\theta,\phi) = \hbar^2 l(l+1) Y_{lm}(\theta,\phi) \tag{5}$$

$$l_z Y_{lm}(\theta,\phi) = \hbar m Y_{lm}(\theta,\phi) \tag{6}$$

この 2 式は，$Y_{l,m}$ が $\boldsymbol{l}^2$ の固有値 $\hbar^2 l(l+1)$ をもつと同時に，l_z の固有関数でもあり，その固有値は $\hbar m$ であることを意味している．$\boldsymbol{l}$ の大きさは $\hbar\sqrt{l(l+1)}$ であるが，これを簡略化して，l であるというのが普通である．l と m が，それぞれ $\boldsymbol{l}^2$ と l_z の固有状態を指定する量子数となる．

l は $\quad 0, 1, 2, \cdots$

と，ゼロまたはすべての正の整数の値をとる．また，ある l に対して

m は $\quad l, l-1, \cdots, -l+1, -l$

の $2l+1$ 個の値をもつ．

$Y_{lm}(\theta,\phi)$ は，θ だけの関数 $\Theta_{lm}(\theta)$ と，ϕ だけの関数 $\Phi_m(\phi)$ の積により

$$Y_{lm}(\theta,\phi) = \Theta_{lm}(\theta)\Phi_m(\phi) \tag{7}$$

と書け，それぞれの具体的な形は

$$\Theta_{lm}(\theta) = (-1)^{\frac{m+|m|}{2}} \left[\frac{2l+1}{2}\frac{(l-|m|)!}{(l+|m|)!}\right]^{1/2} P_l^m(\cos\theta) \tag{8}$$

$$\Phi_m(\phi) = \frac{1}{\sqrt{2\pi}}e^{im\phi} \tag{9}$$

で与えられる．P_l^m はルジャンドル陪関数と呼ばれ

$$P_l(\omega) = \frac{1}{2^l l!}\frac{d^l}{d\omega^l}(\omega^2-1)^l \tag{10}$$

で定義されるルジャンドル関数から，次の関係で導かれる．

$$P_l^m(\omega) = (1-\omega^2)^{|m|/2}\frac{d^{|m|}}{d\omega^{|m|}}P_l(\omega) \tag{11}$$

例えば，$l=0$ のとき，(10) から $P_0=1$，次に (11) を使うと $P_0^0=1$ となる．一般に $P_l^m(\cos\theta)$ は，$\cos\theta, \sin\theta$ の l 次多項式である．Y_{lm} の具体的表式を，l,m の小さい値について補遺に示す．

Θ_{lm}，Φ_m は規格直交関数系を成しており，それぞれ

$$\int_0^\pi \Theta_{l'm}^*(\theta)\Theta_{lm}(\theta)\sin\theta d\theta = \delta_{ll'} \tag{12}$$

$$\int_0^{2\pi} \Phi_{m'}^*(\phi)\Phi_m(\phi)d\phi = \delta_{mm'} \tag{13}$$

が成り立つ．したがって Y_{lm} も規格直交関数系で，角度変数全体についての規格直交関係は

$$\int_0^{2\pi}\int_0^\pi Y_{l'm'}^*(\theta,\phi)Y_{lm}(\theta,\phi)\sin\theta d\theta d\phi = \delta_{ll'}\delta_{mm'} \tag{14}$$

となる．

◆ **球対称ポテンシャルの量子数とパリティ** 球対称ポテンシャルのシュレディンガー方程式の解の角度部分は，つねに $Y_{lm}(\theta,\phi)$ である．全体としての波動関数は，これと動径部分の解 $R_l(r)$ の積となる (2.4 節要項 (2))．したがって角運動量 $\boldsymbol{l}$ の大きさ l と z 成分 m は，つねに球対称ポテンシャルのシュレディンガー方程式の解の，量子数である．

任意の関数 $f(\boldsymbol{r})$ について

$$Pf(\boldsymbol{r}) = f(-\boldsymbol{r}) \tag{15}$$

で，パリティ演算子 P を定義する．これは原点に関して座標を反転させる演算子で

4.1 軌道角運動量

ある．パリティ演算 $\bm{r} \to -\bm{r}$ により，球座標 (r,θ,ϕ) は $(r,\pi-\theta,\phi+\pi)$ となる．1 を掛ける働きをする演算子を I とすると

$$P^2 = I \tag{16}$$

だから，P の固有値問題

$$P\psi_\alpha(\bm{r}) = \alpha\psi_\alpha(\bm{r}) \tag{17}$$

の解として，$\alpha = \pm 1$ が得られる．$\alpha = 1$ の状態をパリティが偶，-1 の状態をパリティが奇であるという．パリティが偶の関数 $\psi_+(\bm{r})$ は偶関数，奇の関数 $\psi_-(\bm{r})$ は奇関数である．任意の関数 $\psi(\bm{r})$ から，パリティが偶の

$$\psi_+(\bm{r}) = \frac{1}{2}[\psi(\bm{r}) + \psi(-\bm{r})] \tag{18}$$

と，奇の

$$\psi_-(\bm{r}) = \frac{1}{2}[\psi(\bm{r}) - \psi(-\bm{r})] \tag{19}$$

をつくることができる．

球対称ポテンシャルのハミルトニアンは，P と可換である．波動関数のパリティは，l の偶奇で決まる．

◆ **交換関係**　$\bm{l}^2$ と $\bm{l}$ の各成分とは可換である．

$$[\bm{l}^2, l_z] = [\bm{l}^2, l_x] = [\bm{l}^2, l_y] = 0 \tag{20}$$

つまり角運動量の2乗と各成分が，同時に確定した値をもつ．軌道角運動量の成分の間には，次の交換関係が成り立つ．

$$\begin{aligned}[l_x, l_y] &= i\hbar l_z, \\ [l_y, l_z] &= i\hbar l_x, \\ [l_z, l_x] &= i\hbar l_y \end{aligned} \tag{21}$$

つまり各成分は交換しないから，2つ以上の成分を同時に決めることはできない．(20) と (21) から，$\bm{l}^2$ と $\bm{l}$ の成分の中の1つだけが同時に決まり，両者に共通の固有関数がある．その成分として，l_z を選ぶのが普通である．そのことが (5), (6) に表現されている．

◆ **角運動量のベクトルモデル**　角運動量 $\bm{l}$ の z 成分が正確に知れると，x 成分と y 成分は確定した値をとらない．その時間的な平均値はゼロである．これは l_x, l_y が歳差運動をしているとして理解される (4.2節例題7参照)．この状況は $\hbar\sqrt{l(l+1)}$ の長さのベクトル $\bm{l}$ が，z 軸の周りを回転し，z 成分は $2l+1$ 個の値をとるというベクトルモデルで表わされる (図4.1)

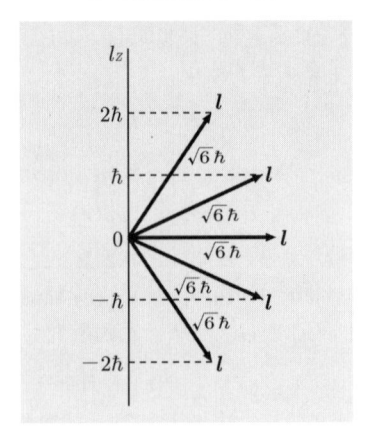

図 4.1

◆ **軌道角運動量の成分の球座標表示** l_x, l_y を球座標で表わすと

$$l_x = i\hbar \left(\sin\phi \frac{\partial}{\partial\theta} + \cot\theta \cos\phi \frac{\partial}{\partial\phi} \right) \tag{22}$$

$$l_y = i\hbar \left(-\cos\phi \frac{\partial}{\partial\theta} + \cot\theta \sin\phi \frac{\partial}{\partial\phi} \right) \tag{23}$$

である (問題 1.3). l_z はすでに (4) で与えた.

$$l_+ = l_x + il_y, \quad l_- = l_x - il_y \tag{24}$$

を定義すると，次式で表わされる.

$$l_+ = \hbar e^{i\phi} \left(\frac{\partial}{\partial\theta} + i\cot\theta \frac{\partial}{\partial\phi} \right) \tag{25}$$

$$l_- = \hbar e^{-i\phi} \left(-\frac{\partial}{\partial\theta} + i\cot\theta \frac{\partial}{\partial\phi} \right) \tag{26}$$

◆ **昇降演算子** l_+, l_- をそれぞれ Y_{lm} に作用させると

$$l_+ Y_{lm}(\theta,\phi) = \hbar\sqrt{(l-m)(l+m+1)}\, Y_{l\,m+1}(\theta,\phi) \tag{27}$$

$$l_- Y_{lm}(\theta,\phi) = \hbar\sqrt{(l+m)(l-m+1)}\, Y_{l\,m-1}(\theta,\phi) \tag{28}$$

が成り立つ．つまり l_+ と l_- は，それぞれ m を 1 つ増加，減少させた固有関数を生じる演算子で，それぞれを上昇演算子，下降演算子と呼ぶ．またまとめて昇降演算子という．このとき，l の値は変化せず，許される $2l+1$ 個の中で m を 1 つ増減させる．

4.1 軌道角運動量

━━ 例題 1 ━━

角運動量 l の 2 乗と, l_z の固有関数が, 球面調和関数 Y_{lm} であり, それぞれの固有値が $\hbar^2 l(l+1), \hbar m$ であること (要項 (5), (6)) を証明せよ.

【解答】 要項 (7), (8), (9) で与えられる Y_{lm} を
$$Y_{lm}(\theta, \phi) = C_{lm} P_l^m(\cos\theta) e^{im\phi}$$
と置く. 上式に要項 (4) で定義された l_z を作用すると
$$l_z Y_{lm} = -i\hbar C_{lm} P_l^m(\cos\theta) \frac{\partial}{\partial \phi} e^{im\phi} = \hbar m Y_{lm}$$
となり, 要項 (6) が示された. 次に l^2 の表式として要項 (3) を使う. $\omega = \cos\theta$ から $d\omega = -\sin\theta d\theta$ だから
$$\frac{1}{\sin\theta} \frac{d}{d\theta}\left(\sin\theta \frac{d}{d\theta}\right) = \frac{d}{d\omega}\left[(1-\omega^2)\frac{d}{d\omega}\right]$$
となるから
$$l^2 Y_{lm} = -\hbar^2 C_{lm} \left\{ \frac{d}{d\omega}\left[(1-\omega^2)\frac{d}{d\omega}\right] P_l^m(\omega) e^{im\phi} - \frac{m^2}{1-\omega^2} P_l^m(\omega) e^{im\phi} \right\}$$
一方ルジャンドル陪微分方程式 (2.4 節要項 (11)) から右辺は $\hbar^2 l(l+1) Y_{lm}$ となる.

問題

1.1 $P_l^m(\cos\theta)$ の $l \leq 2$ に対する表式を示せ.

1.2 Y_l^m の $l \leq 2$ に対する表式を示せ.

1.3 球座標に関する角運動量の表式, 要項 (4), (22), (23) を証明せよ.

【ヒント】 微分演算子を直角座標から球座標に変数変換する. l_x, l_y については, l_+, l_- の球座標表示 (25), (26) を示して, その結果を用いる.

1.4 角運動量 $l=1$ の系で, l_z の固有値 m が $1, 0, -1$ である固有関数を基底として
$$u = \frac{1}{\sqrt{26}} \begin{bmatrix} 1 \\ 4 \\ -3 \end{bmatrix}$$
で表わされる状態を考える. このとき l_x の観測値が 0 となる確率を求めよ.

1.5 プロトンがつくるクーロン・ポテンシャル中にある電子の状態が, 水素原子の波動関数 ψ_{nlm} の 1 次結合で
$$\frac{1}{6}(4\psi_{100} + 3\psi_{211} - \psi_{210} + \sqrt{10}\psi_{21-1})$$
で表わされるとする. このとき, (i) エネルギー, (ii) l^2, (iii) l_z の期待値を求めよ.

例題 2

球面調和関数の規格直交関係，要項 (14)
$$\int_0^{2\pi}\int_0^{\pi} Y_{l'm'}^*(\theta,\phi)Y_{lm}(\theta,\phi)\sin\theta d\theta d\phi = \delta_{ll'}\delta_{mm'}$$
を証明せよ．

【解答】 $Y_{lm}(\theta,\phi)$ のうち，ϕ に関する部分は $e^{im\phi}/\sqrt{2\pi}$ で規格直交性を満たすから，
$$Y_{lm} = NP_l^m(\cos\theta)e^{im\phi}/\sqrt{2\pi}$$
と置き，$P_l^m(\cos\theta)$ の規格直交性を調べる．l, l' に対するルジャンドルの陪微分方程式から（$\cos\theta = \omega$ として）
$$\int_{-1}^1 \left[P_{l'}^m(\omega)\frac{d}{d\omega}\left\{(1-\omega^2)\frac{dP_l^m(\omega)}{d\omega}\right\} - P_l^m(\omega)\frac{d}{d\omega}\left\{(1-\omega^2)\frac{dP_{l'}^m(\omega)}{d\omega}\right\}\right]d\omega$$
をつくり，部分積分すると
$$\left[(1-\omega^2)\left\{P_{l'}^m\frac{dP_l^m}{d\omega} - P_l^m\frac{dP_{l'}^m}{d\omega}\right\}\right]_{-1}^1$$
$$= \{l'(l'+1) - l(l+1)\}\int_{-1}^1 P_{l'}^m P_l^m d\omega$$
$$= (l'-l)(l+l'+1)\int_{-1}^1 P_{l'}^m P_l^m d\omega.$$
左辺は 0 となる．$l = -l'-1$ は考えられないから，$l \neq l'$ ならば
$$\int_{-1}^1 P_l^m P_{l'}^m d\omega = 0.$$

次に規格化定数を計算する．2.4 節要項 (13) の両方の式を用いると（$m \geq 0$ の場合を示す）
$$\int_{-1}^1 \{P_l^m(\omega)\}^2 d\omega = \frac{(-1)^l}{2^l l!}\int_{-1}^1 (1-\omega^2)^m \frac{d^m P_l(\omega)}{d\omega^m}\frac{d^{l+m}(1-\omega^2)^l}{d\omega^{l+m}}d\omega$$
$$\equiv \frac{(-1)^l}{2^l l!}I_l^m.$$
I_l^m の計算で，部分積分を m 回行ない，$(1-\omega^2)^m d^m P_l/d\omega^m$ の $m-1$ 階微分までは，$(1-\omega)(1+\omega)$ の因子を 1 個以上含むことを用いると
$$I_l^m = (-1)^m \int_{-1}^1 \frac{d^m}{d\omega^m}\left\{(1-\omega^2)^m\frac{d^m P_l}{d\omega^m}\right\}\cdot\frac{d^l(1-\omega^2)^l}{d\omega^l}d\omega.$$

4.1 軌道角運動量

さらに l 回部分積分を行ない, $(1-\omega^2)^l$ の $l-1$ 階微分までが $(1-\omega)(1+\omega)$ を含むことを用いて

$$I_l{}^m = (-1)^{l+m} \int_{-1}^1 \frac{d^{l+m}}{d\omega^{l+m}}\left\{(1-\omega^2)^m \frac{d^m P_l}{d\omega^m}\right\} \cdot (1-\omega^2)^l d\omega.$$

$(1-\omega^2)^m d^m P_l/d\omega^m$ は ω の $l-m+2m=l+m$ 次式で，その $l+m$ 階微分は $(l+m)! \times$ 定数となる．$P_l(\omega)$ の最高次は w^l で，その係数は $(2l)!/2^l(l!)^2$ である．これを m 回微分すると $l!/(l-m)!$ がかかって

$$I_l{}^m = (-1)^{l+m}(-1)^m \frac{(2l)!}{2^l(l!)^2} \cdot \frac{l!}{(l-m)!}(l+m)! \int_{-1}^1 (1-\omega^2)^l d\omega.$$

定積分

$$\int_{-1}^1 (1-\omega^2)^l d\omega = 2^{2l+1}\frac{(l!)^2}{(2l+1)!}$$

を用いると，結局

$$\int_{-1}^1 \{P_l{}^m(\omega)\}^2 d\omega = \frac{2}{(2l+1)}\frac{(l+m)!}{(l-m)!}.$$

これから

$$N = \sqrt{\frac{2l+1}{2}\frac{(l-m)!}{(l+m)!}}.$$

～ 問　題 ～

2.1 球対称ポテンシャル内の l で指定される状態の電子が，r に見出される確率は，方向によらず r だけの関数であることを示せ．

2.2 パリティ演算子 P の固有値が，±1 であることを示せ．

2.3 要項 (18), (19) のパリティが，それぞれ偶，奇であることを確かめよ．

2.4 球対称ポテンシャル内の電子の波動関数のパリティは，l の偶奇で決まることを示せ．

---- 例題 3 ----

交換関係 (20), (21) のうち, $[l^2, l_z]$, $[l_x, l_y]$ の式を確かめよ. またその結果の物理的意味を述べよ.

【解答】 要項 (2) の l_x, l_y の定義から

$$l_x l_y = -\hbar^2 \left(y\frac{\partial}{\partial z} - z\frac{\partial}{\partial y} \right) \left(z\frac{\partial}{\partial x} - x\frac{\partial}{\partial z} \right)$$

$$= -\hbar^2 \left(y\frac{\partial}{\partial x} + yz\frac{\partial^2}{\partial z \partial x} - xy\frac{\partial^2}{\partial z^2} - z^2\frac{\partial^2}{\partial y \partial x} + zx\frac{\partial^2}{\partial y \partial z} \right)$$

$$l_y l_x = -\hbar^2 \left(z\frac{\partial}{\partial x} - x\frac{\partial}{\partial z} \right) \left(y\frac{\partial}{\partial z} - z\frac{\partial}{\partial y} \right)$$

$$= -\hbar^2 \left(yz\frac{\partial^2}{\partial z \partial x} - z^2\frac{\partial^2}{\partial y \partial x} - xy\frac{\partial^2}{\partial z^2} + x\frac{\partial}{\partial y} + zx\frac{\partial^2}{\partial y \partial z} \right)$$

両者の差をとると

$$[l_x, l_y] = -\hbar^2 \left(y\frac{\partial}{\partial x} - x\frac{\partial}{\partial y} \right)$$

$$= i\hbar l_z$$

ここで演算子の積 $\frac{\partial}{\partial z} \times \left(z\frac{\partial}{\partial x} \right)$ は単に $z\frac{\partial^2}{\partial z \partial x}$ でなくて, $\frac{\partial}{\partial x} + z\frac{\partial^2}{\partial z \partial x}$ であることに注意. l^2 と l_z の交換関係は

$$[l^2, l_z] = [l_x^2 + l_y^2 + l_z^2, l_z]$$

$$= [l_x^2, l_z] + [l_y^2, l_z] + [l_z^2, l_z]$$

このとき

$$[l_x^2, l_z] = l_x^2 l_z - l_z l_x^2 = l_x(l_x l_z - l_z l_x) + (l_x l_z - l_z l_x)l_x$$

$$= -i\hbar(l_x l_y + l_y l_x)$$

$$[l_y^2, l_z] = l_y^2 l_z - l_z l_y^2 = l_y(l_y l_z - l_z l_y) + (l_y l_z - l_z l_y)l_y$$

$$= i\hbar(l_y l_x + l_x l_y)$$

$$[l_z^2, l_z] = l_z^3 - l_z^3 = 0$$

だから

$$[l^2, l_z] = 0$$

同様にして, l_x, l_y と可換であることもいえる. l^2 と l の各成分が交換可能であるから, l^2 と l_x, l_y, l_z のいずれをも同時に確定できる. ただし 3 つの成分は互いに交換可能でないから, 2 つの成分を同時に確定はできない. したがって同時に確定できるのは, l^2 と l の成分のうちの任意の 1 つである.

問題

3.1 次の交換関係を示せ. またその結果から, l^2, l_z の固有関数 ψ_{lm} を基底とする $l_\pm$ の行列表示を考察せよ.

  (i) $\quad [l_+, l_z] = -\hbar l_+$
  (ii) $\quad [l_-, l_z] = \hbar l_-$
  (iii) $\quad [l^2, l_\pm] = 0$

3.2 次の関係を示せ.
$$l^2 = l_+ l_- + l_z^2 - \hbar l_z$$
$$= l_- l_+ + l_z^2 + \hbar l_z$$

3.3 $l_\pm \psi_{lm}$ が $\psi_{l\,m\pm1}$ に比例することを示せ.
  〖ヒント〗 $l_\pm \psi_{lm\pm1}$ が, l^2 の固有値 $\hbar^2 l(l+1)$ を, また l_z の固有値 $\hbar(m\pm1)$ をもつことを示す.

--- 例題 4 ---

角運動量 $\bm{j}$ について，$\bm{j}^2$ の固有値は $\hbar^2 j(j+1)$ であり，$j = 0, 1/2, 1, 3/2, \cdots$ の値をとる．また j_z の固有値は $\hbar m_j$ で $m_j = j, j-1, \cdots, -j$ の値をとる．これらのことを交換関係だけから導け．これは一般的な角運動量 $\bm{j}$ に関する固有値の性質を与える．

【解答】 まず $\bm{j}^2$ の固有値を $\hbar^2 \lambda_j$，j_z の固有値を $\hbar m_j$ と置いて

$$\bm{j}^2 \psi_{jm_j} = \hbar^2 \lambda_j \psi_{jm_j} \tag{1}$$

$$j_z \psi_{jm_j} = \hbar m_j \psi_{jm_j} \tag{2}$$

と書く．ただし今のところ j は $\bm{j}^2$ の異なる固有状態を区別する記号に過ぎない．

$$\bm{j}^2 - j_z^2 = j_x^2 + j_y^2$$

の ψ_{jm_j} に関する期待値を計算すると

$$\hbar^2 \lambda_j - \hbar^2 m_j^2 = \langle \psi_{jm_j} | j_x^2 + j_y^2 | \psi_{jm_j} \rangle \tag{3}$$

j_x, j_y のエルミート性から，右辺は

$$\langle j_x \psi_{jm_j} | j_x \psi_{jm_j} \rangle + \langle j_y \psi_{jm_j} | j_y \psi_{jm_j} \rangle \geq 0 \tag{4}$$

等号は左辺の 2 項がともに 0 のときに成り立つ．これから (3) において $|m_j| \leq \sqrt{\lambda_j}$ となるので，m_j に上限と下限がある．

問題 3.1(i),(ii) で示した関係

$$[j_z, j_\pm] = \pm \hbar j_\pm$$

の両辺を ψ_{jm_j} に作用させると

$$j_z j_\pm \psi_{jm_j} = j_\pm j_z \psi_{jm_j} \pm \hbar j_\pm \psi_{jm_j} = \hbar(m_j \pm 1) j_\pm \psi_{jm_j} \tag{5}$$

だから，$(j_\pm \psi_{jm_j})$ を 1 つの関数とみなすと，これは j_z の固有関数で，その固有値は $\hbar(m_j \pm 1)$ である．また問題 3.1(iii) でみたように，$\bm{j}^2$ は j_+, j_- と可換であるから，$j_\pm \psi_{jm_j}$ は $\bm{j}^2$ の固有関数で固有値 $\hbar^2 j(j+1)$ をもつ．したがって

$$j_\pm \psi_{jm_j} = C_\pm \psi_{j\, m_j \pm 1} \tag{6}$$

が成り立つ．λ_j が与えられたときの m_j の上限を m_U，下限を m_L とすると，

$$j_+ \psi_{jm_U} = 0,$$

$$j_- \psi_{jm_L} = 0.$$

前者に j_- を，後者に j_+ を作用させると，問題 3.2 の公式 (これも交換関係から示された) から

$$j_-j_+\psi_{jm_U} = (\boldsymbol{j}^2 - j_z^2 - \hbar j_z)\psi_{jm_U} = \hbar^2\{\lambda_j - m_U(m_U+1)\}\psi_{jm_U} = 0 \tag{7}$$

$$j_+j_-\psi_{jm_L} = (\boldsymbol{j}^2 - j_z^2 + \hbar j_z)\psi_{jm_L} = \hbar^2\{\lambda_j - m_L(m_L-1)\}\psi_{jm_L} = 0 \tag{8}$$

上の 2 式の係数をゼロと置いて λ_j を消去すると

$$m_U(m_U+1) = m_L(m_L-1) \tag{9}$$

だから，$m_L = -m_U$．m_j が順次とり得る値の差は 1 だから，

$$m_U - m_L = 正整数または 0.$$

m_U は m_j のとり得る値の上限で，これを j と書くと (ここで初めて j が具体的に定義された)，

$$2j = 正整数または 0$$

となり，$j = 0, 1/2, 1, 3/2, \cdots$ がいえる．m_j は $j, j-1, \cdots, -j$ の値をとる．

$$\lambda_j = m_U(m_U+1)$$

から，$\boldsymbol{j}^2$ の固有値は $\hbar^2 j(j+1)$ となる．

問　題

4.1 $j_\pm \psi_{jm_j} = \hbar\sqrt{(j \mp m_j)(j \pm m_j + 1)}\,\psi_{j\,m_j\pm 1}$ を導け．

　【ヒント】 問題 3.3 の結果において，両辺の内積を計算する．

4.2 ある l について，l_z の固有値が異なる固有関数は直交すること，つまり

$$\langle \psi_{lm'} | \psi_{lm} \rangle = \delta_{mm'}$$

　を，問題 4.1 の結果から示せ．

4.2 スピン

◆ **スピン座標とスピン関数**　電子には空間座標 r のほかに，**スピン**と呼ばれる量子力学に特有の自由度がある．この自由度のために電子は，**スピン角運動量** s をもつ． s の大きさは $\hbar/2$ である．スピン角運動量でも，軌道角運動量と同様，成分に関して次の交換関係が成り立つ．

$$[s_x, s_y] = i\hbar s_z, \quad [s_y, s_z] = i\hbar s_x, \quad [s_z, s_x] = i\hbar s_y \tag{1}$$

また s^2 と s の成分は可換である．

$$[s^2, s_x] = [s^2, s_y] = [s^2, s_z] = 0 \tag{2}$$

s_z の大きさを m_s で表わすが，その値は $\hbar/2$ と $-\hbar/2$ である．これをスピンが上向き，下向きという． $m_s = \hbar/2$ の固有値をとる固有関数を α, $m_s = -\hbar/2$ に対する固有関数を β で表わす．4.1 節要項 (5), (6) に対応して，スピンの固有値，固有関数の関係は

$$s^2 \alpha = \frac{3}{4}\hbar^2 \alpha, \quad s^2 \beta = \frac{3}{4}\hbar^2 \beta \tag{3}$$

$$s_z \alpha = \frac{\hbar}{2}\alpha, \quad s_z \beta = -\frac{\hbar}{2}\beta \tag{4}$$

である． s_z の固有値をスピン空間の座標変数と考えることにする．**スピン座標** σ がとり得る値は $\pm\hbar/2$ の 2 つだけであるから，スピン空間は，2 つの点しかない空間である (図 4.2)．

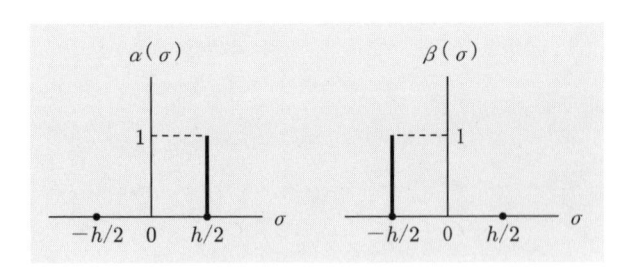

図 4.2

スピン座標と**スピン関数**の性質は

$$\begin{aligned}\alpha\left(\frac{\hbar}{2}\right) = 1, & \quad \alpha\left(-\frac{\hbar}{2}\right) = 0 \\ \beta\left(\frac{\hbar}{2}\right) = 0, & \quad \beta\left(-\frac{\hbar}{2}\right) = 1\end{aligned} \tag{5}$$

の 4 つの式が,すべてを表わしている.いい換えると,s_x, s_y に関するものを含め,すべてのスピン関数 $\chi(\sigma)$ は α と β の 1 次結合で

$$\chi(\sigma) = c_+ \alpha(\sigma) + c_- \beta(\sigma) \tag{6}$$

と表わされる.c_+, c_- は複素係数で,$|c_+|^2$ はその状態で電子が上向きスピンをもつ確率,$|c_-|^2$ は下向きスピンをもつ確率である.このとき規格化条件

$$|c_+|^2 + |c_-|^2 = 1 \tag{7}$$

が成り立つ.

$$s_\pm = s_x \pm i s_y \tag{8}$$

を導入すると,これはスピン角運動量の z 成分を 1 だけ増やしたり減らしたりするから

$$\begin{aligned} s_+ \alpha = 0, \quad & s_+ \beta = \hbar \alpha, \\ s_- \alpha = \hbar \beta, \quad & s_- \beta = 0 \end{aligned} \tag{9}$$

が成り立つ.α, β を,2 成分の行ベクトルで次のように表わせる (例題 5).

$$\alpha = \begin{bmatrix} 1 \\ 0 \end{bmatrix}, \quad \beta = \begin{bmatrix} 0 \\ 1 \end{bmatrix} \tag{10}$$

これを**スピノル**と呼ぶ.

◆ **スピン関数の規格直交関係** 空間座標の関数に対する規格化の関係は,1.3 節要項 (14) である.スピン座標は 2 つの値だけをもつから,(14) の空間座標での積分はスピン座標での和になる.したがってスピン関数の規格化の関係は

$$\sum_{\sigma = \pm \hbar/2} \alpha^*(\sigma) \alpha(\sigma) = \sum_{\sigma = \pm \hbar/2} \beta^*(\sigma) \beta(\sigma) = 1 \tag{11}$$

直交関係は

$$\sum_{\sigma = \pm \hbar/2} \alpha^*(\sigma) \beta(\sigma) = 0 \tag{12}$$

と表わされる.

◆ **パウリ行列** α, β 関数を基底とすると,スピン角運動量成分の行列表示は

$$s_x = \frac{\hbar}{2} \begin{bmatrix} 0 & 1 \\ 1 & 0 \end{bmatrix}, \quad s_y = \frac{\hbar}{2} \begin{bmatrix} 0 & -i \\ i & 0 \end{bmatrix}, \quad s_z = \frac{\hbar}{2} \begin{bmatrix} 1 & 0 \\ 0 & -1 \end{bmatrix} \tag{13}$$

となる (例題 6). $s = \dfrac{\hbar}{2}\boldsymbol{\sigma}$ で $\boldsymbol{\sigma}$ を導入すると

$$\sigma_x = \begin{bmatrix} 0 & 1 \\ 1 & 0 \end{bmatrix}, \quad \sigma_y = \begin{bmatrix} 0 & -i \\ i & 0 \end{bmatrix}, \quad \sigma_z = \begin{bmatrix} 1 & 0 \\ 0 & -1 \end{bmatrix} \tag{14}$$

これをパウリ (Pauli) 行列という.

◆ **一般の角運動量に共通する基本的性質**　演算子 $\boldsymbol{j}$ の成分 j_x, j_y, j_z が交換関係

$$[j_x, j_y] = i\hbar j_z, \quad [j_y, j_z] = i\hbar j_x, \quad [j_z, j_x] = i\hbar j_y \tag{15}$$

を満たすエルミート演算子とする. $\boldsymbol{j}^2$ と j_z を同時に対角化する固有関数 ψ_{jm_j} を用いて

$$\langle \psi_{jm_j} | \boldsymbol{j}^2 | \psi_{jm_j} \rangle = \hbar^2 j(j+1) \tag{16}$$

$$\langle \psi_{jm_j+1} | j_+ | \psi_{jm_j} \rangle = \hbar \sqrt{(j-m_j)(j+m_j+1)} \tag{17}$$

$$\langle \psi_{jm_j-1} | j_- | \psi_{jm_j} \rangle = \hbar \sqrt{(j+m_j)(j-m_j+1)} \tag{18}$$

$$\langle \psi_{jm_j} | j_z | \psi_{jm_j} \rangle = \hbar m_j \quad (m_j = j, j-1, \cdots, -j) \tag{19}$$

が成り立つ. ただし

$$j_\pm = j_x \pm i j_y$$

である. (16)〜(19) の関係は, 軌道角運動量, スピン角運動量で成り立っていたものである. このような性質をもつ $\boldsymbol{j}$ を, 一般化された角運動量という. 軌道角運動量, スピン角運動量もこれに含まれる. $\boldsymbol{j}$ が純粋に軌道角運動量の場合には, j は半整数値はとれない. スピン角運動量や, 軌道とスピン角運動量の和の場合には, j は整数・半整数両方の値をとる. 上の 4 式は角運動量のもつ基本的性質であるが, これがすべて, 交換関係とエルミート性だけから導かれることを注意しておきたい (例題 4 および問題 4.1 参照).

例題 5

α 関数, β 関数をスピノルで表わすと
$$\alpha = \begin{bmatrix} 1 \\ 0 \end{bmatrix}, \quad \beta = \begin{bmatrix} 0 \\ 1 \end{bmatrix}$$
であることを示せ.

【解答】 スピノルは 2 成分ベクトルだから,一般に定数 u, v を成分として
$$\begin{bmatrix} u \\ v \end{bmatrix}$$
で表わされる. α 関数は,s_z の固有関数で固有値 $\hbar/2$ をもつことをスピノルで表わすと
$$s_z \begin{bmatrix} u \\ v \end{bmatrix} = \frac{\hbar}{2} \begin{bmatrix} u \\ v \end{bmatrix}$$
すなわち
$$\begin{bmatrix} 1 & 0 \\ 0 & -1 \end{bmatrix} \begin{bmatrix} u \\ v \end{bmatrix} = \begin{bmatrix} u \\ v \end{bmatrix}$$
を満たす u, v の値を決めればよい.上式から
$$u = u, \quad -v = v$$
したがって規格性を考慮すると
$$u = 1, \quad v = 0$$
同様に,β 関数は s_z の固有値が $-\hbar/2$ だから
$$\begin{bmatrix} 1 & 0 \\ 0 & -1 \end{bmatrix} \begin{bmatrix} u \\ v \end{bmatrix} = -\begin{bmatrix} u \\ v \end{bmatrix}$$
を解いて
$$u = 0, \quad v = 1.$$

問 題

5.1 スピン関数 α, β の規格直交性 $\langle \alpha | \alpha \rangle = \langle \beta | \beta \rangle = 1, \langle \alpha | \beta \rangle = 0$ を証明せよ.

5.2 スピンのベクトルモデルを図示せよ.

5.3 スピンが純粋に上向きの状態で,s_x, s_y の期待値はゼロになること,下向きの状態でもゼロであることを示せ.また s_x^2, s_y^2 の期待値は,いずれの場合も s_z^2 の期待値に等しいことを示せ.

─── 例題 6 ───

α 関数,β 関数を基底として,s_x, s_y, s_z の行列表示を求めよ.

【解答】 行列表示を求めるには,基底に関する行列要素を計算すればよい.要項 (4) と α, β の直交関係から

$$\langle\alpha|s_z|\alpha\rangle = \frac{\hbar}{2}\langle\alpha|\alpha\rangle = \frac{\hbar}{2}, \quad \langle\alpha|s_z|\beta\rangle = -\frac{\hbar}{2}\langle\alpha|\beta\rangle = 0,$$
$$\langle\beta|s_z|\alpha\rangle = \frac{\hbar}{2}\langle\beta|\alpha\rangle = 0, \quad \langle\beta|s_z|\beta\rangle = -\frac{\hbar}{2}\langle\beta|\beta\rangle = -\frac{\hbar}{2}, \quad \longrightarrow \quad s_z = \frac{\hbar}{2}\begin{bmatrix} 1 & 0 \\ 0 & -1 \end{bmatrix}$$

次に s_+, s_- の行列表示を求める.要項 (9) を使うと

$$\langle\alpha|s_+|\alpha\rangle = 0, \quad \langle\alpha|s_+|\beta\rangle = \hbar\langle\alpha|\alpha\rangle = \hbar$$
$$\langle\beta|s_+|\alpha\rangle = 0, \quad \langle\beta|s_+|\beta\rangle = \hbar\langle\beta|\alpha\rangle = 0 \quad \longrightarrow \quad s_+ = \hbar\begin{bmatrix} 0 & 1 \\ 0 & 0 \end{bmatrix}$$

$$\langle\alpha|s_-|\alpha\rangle = \hbar\langle\alpha|\beta\rangle = 0, \quad \langle\alpha|s_-|\beta\rangle = 0$$
$$\langle\beta|s_-|\alpha\rangle = \hbar\langle\beta|\beta\rangle = \hbar, \quad \langle\beta|s_-|\beta\rangle = 0 \quad \longrightarrow \quad s_- = \hbar\begin{bmatrix} 0 & 0 \\ 1 & 0 \end{bmatrix}$$

$$s_x = \frac{1}{2}(s_+ + s_-) = \frac{\hbar}{2}\begin{bmatrix} 0 & 1 \\ 1 & 0 \end{bmatrix},$$

$$s_y = \frac{1}{2i}(s_+ - s_-) = \frac{\hbar}{2}\begin{bmatrix} 0 & -i \\ i & 0 \end{bmatrix}$$

問題

6.1 $j = 3/2$ について,j_x, j_y, j_z の行列表示を求めよ.

6.2 演算子 $s_x \cos\phi + s_y \sin\phi$ の固有値と固有関数を求めよ.

6.3 任意の方向 (θ, ϕ) を向いているスピンの状態を表わすスピン関数は,s_z の固有関数 α, β を基底として

$$\begin{bmatrix} \cos\dfrac{\theta}{2} \\ \sin\dfrac{\theta}{2}e^{i\phi} \end{bmatrix} = \cos\frac{\theta}{2}\alpha + \sin\frac{\theta}{2}e^{i\phi}\beta$$

で与えられることを示せ.

〖ヒント〗 (θ, ϕ) 方向の単位ベクトルを $\boldsymbol{e}$ とし,$\boldsymbol{e} \cdot \boldsymbol{\sigma}$ の固有値を求める.

4.2 スピン

例題 7

z 方向に静磁場 $\boldsymbol{B}$ をかけたときの電子スピンの運動を調べよ.特に $t=0$ で s_x の固有値が $\hbar/2$ である固有状態にあったとすると,そのスピンはどういう運動をするか.

【解答】 磁場によるポテンシャル・エネルギーは
$$\mathcal{H}' = (eg\hbar/4m)\boldsymbol{\sigma}\cdot\boldsymbol{B} \tag{1}$$
で与えられる.スピン状態を $\psi(t)$ で表わすと,シュレディンガー方程式は
$$i\hbar d\psi(t)/dt = (eg\hbar/4m)\boldsymbol{\sigma}\cdot\boldsymbol{B}\psi(t) \tag{2}$$
である.α,β を基底としてその1次結合の係数を c_+, c_- とし,時間変化を $e^{-i\omega t}$ にとると
$$\psi(t) = e^{-i\omega t}\begin{bmatrix} c_+ \\ c_- \end{bmatrix} \tag{3}$$
と置け,(2) に代入すると
$$\begin{bmatrix} \hbar\omega - \frac{eg\hbar}{4m}B & 0 \\ 0 & \hbar\omega + \frac{eg\hbar}{4m}B \end{bmatrix}\begin{bmatrix} c_+ \\ c_- \end{bmatrix} = 0 \tag{4}$$
これから固有値,固有関数は
$$\omega_+ = \frac{egB}{4m} \equiv \omega_0 \text{に対して} \psi_+ = \begin{bmatrix} 1 \\ 0 \end{bmatrix}e^{-i\omega_0 t},$$
$$\omega_- = -\frac{egB}{4m} = -\omega_0 \text{に対して} \psi_- = \begin{bmatrix} 0 \\ 1 \end{bmatrix}e^{i\omega_0 t}$$
初期状態を $\psi(0) = \begin{bmatrix} a \\ b \end{bmatrix}$ とすると,時刻 t での波動関数は
$$\psi(t) = \begin{bmatrix} ae^{-i\omega_0 t} \\ be^{i\omega_0 t} \end{bmatrix} \tag{5}$$
と書ける.問題の初期条件は $\frac{\hbar}{2}\begin{bmatrix} 0 & 1 \\ 1 & 0 \end{bmatrix}\begin{bmatrix} a \\ b \end{bmatrix} = \frac{\hbar}{2}\begin{bmatrix} a \\ b \end{bmatrix}$ となるから,これを解いて規格化すると $a=b=1/\sqrt{2}$.時刻 t での s_x の期待値は
$$\langle s_x \rangle = \frac{\hbar}{2}\frac{1}{2}\begin{bmatrix} e^{i\omega_0 t} & e^{-i\omega_0 t} \end{bmatrix}\begin{bmatrix} 0 & 1 \\ 1 & 0 \end{bmatrix}\begin{bmatrix} e^{-i\omega_0 t} \\ e^{i\omega_0 t} \end{bmatrix} = \frac{\hbar}{2}\cos 2\omega_0 t \tag{6}$$
同様にして
$$\langle s_y \rangle = (\hbar/2)\sin 2\omega_0 t \tag{7}$$
(6) と (7) からスピンは磁場の方向を軸として $2\omega_0 = egB/2m \cong eB/m$ で歳差運動をする.

4.3 角運動量の合成

◆ **角運動量の和** 2つの独立な角運動量 $\boldsymbol{j}_1$ と $\boldsymbol{j}_2$ の和

$$\boldsymbol{J} = \boldsymbol{j}_1 + \boldsymbol{j}_2 \tag{1}$$

を考える．ここで独立とは角運動量が定義される空間座標 (あるいはスピン座標) が独立という意味である．例えば2つの電子の空間座標を $\boldsymbol{r}_1$, $\boldsymbol{r}_2$ とすると，それぞれの電子の軌道角運動量 $\boldsymbol{l}_1$ と $\boldsymbol{l}_2$ は独立である．また同じ電子であっても，空間座標 $\boldsymbol{r}$ とスピン座標 σ は定義される空間が違うから，その $\boldsymbol{l}$ と $\boldsymbol{s}$ は独立である．独立な2つの角運動量は，可換である．ただし2つの間に相互作用があると可換でない．この節の議論は，軌道，スピン角運動量だけでなく一般化された角運動量についても成立する．$\boldsymbol{j}_1$, $\boldsymbol{j}_2$ の大きさをそれぞれ j_1, j_2 とし，z 成分を m_{j_1}, m_{j_2} で表わす．つまり

$$\boldsymbol{j}_i^2 \psi_{j_i m_{j_i}} = \hbar^2 j_i(j_i+1)\psi_{j_i m_{j_i}}, \quad j_{iz}\psi_{j_i m_{j_i}} = \hbar m_{j_i}\psi_{j_i m_{j_i}} \quad (i=1,2) \tag{2}$$

である．ここで $m_{j_i}=j_i, j_i-1,\cdots,-j_i$ である．このとき $\boldsymbol{J}$ のとり得る値 J と，それに対する $\boldsymbol{J}^2, J_z$ の固有関数を求めるのが，角運動量の合成問題である．$\boldsymbol{J}$ の大きさは

$$J = j_1+j_2,\ j_1+j_2-1,\ \cdots,\ |j_1-j_2| \tag{3}$$

の値をとる．それぞれの J の値に対して，J_z の固有値は

$$M_J = J,\ J-1,\ \cdots,\ -J \tag{4}$$

となる．$j_1 \geq j_2$ と考えても一般性は失われないのでそうすると，M_J のとり得る場合の数は

$$\sum_{j=j_1-j_2}^{j_1+j_2}(2j+1) = [2(j_1+j_2)+1] + [2(j_1+j_2-1)+1] + \cdots + [2(j_1-j_2)+1]$$

$$= \sum_{n=0}^{2j_2}[2(j_1-j_2+n)+1] = 2(j_1-j_2)(2j_2+1) + 2j_2(2j_2+1) + 2j_2 + 1$$

$$= (2j_1+1)(2j_2+1)$$

となって，合成する前の j_1 のとり得る場合の数 $(2j_1+1)$ と，j_2 の場合の数 $(2j_2+1)$ の積に一致する．

合成問題とは，$\boldsymbol{J}$ の固有値問題である．具体的には

$$\boldsymbol{J}^2 \Psi_{JM_J} = \hbar^2 J(J+1)\Psi_{JM_J} \tag{5}$$

$$J_z \Psi_{JM_J} = \hbar M_J \Psi_{JM_J} \tag{6}$$

を満たす J と M_J の組を決め，それぞれの J, M_J に対する Ψ_{JM_J} を求めることである．J と M_J の値は (3), (4) で与えられるから，残る問題は Ψ_{JM_J} を知ることである．

4.3 角運動量の合成

Ψ_{JM_J} は，要項 (2) を満たす $\psi_{j_1 m_{j_1}}$ と $\psi_{j_2 m_{j_2}}$ の積の 1 次結合で

$$\Psi_{JM_J} = \sum_{m_{j_1} m_{j_2}} C_{j_1 m_{j_1} j_2 m_{j_2}; JM_J} \psi_{j_1 m_{j_1}} \psi_{j_2 m_{j_2}} \tag{7}$$

と表わされる．展開係数 C をクレブシュ・ゴーダン係数という．

◆ **和の固有関数** 角運動量の和の固有関数を求めるときには，次の基本的性質が有用である．

(i) 合成された角運動量の成分 M_J は 2 つの角運動量成分の和 $m_{j_1} + m_{j_2}$ に等しい．

(ii) 合成された角運動量 J に対し，M_J は $J, J-1, \cdots, -J$ の $2J+1$ 通りの値をもつ．

(iii) 異なる M_J に対する固有関数は直交する．

固有関数 (7) の具体的な求め方を示す．J の最大値は $j_1 + j_2$，そのとき M_J の最大値も $j_1 + j_2$ である．これは m_{j_1} がその最大値 j_1 で，m_{j_2} もその最大値 j_2 のときだけに可能だから

$$\Psi_{j_1+j_2,\, j_1+j_2} = \psi_{j_1 j_1} \psi_{j_2 j_2} \tag{8}$$

となる．両辺に $J_- = j_{1-} + j_{2-}$ を作用させて，4.1 節の要項 (28) を使う．このとき J_- は Ψ_{JM_J} に，j_{1-}, j_{2-} はそれぞれ $\psi_{j_1 m_{j_1}}, \psi_{j_2, m_{j_2}}$ だけに作用するから

$$\Psi_{j_1+j_2,\, j_1+j_2-1} = \sqrt{\frac{j_1}{j_1+j_2}} \psi_{j_1 j_1-1} \psi_{j_2 j_2} + \sqrt{\frac{j_2}{j_1+j_2}} \psi_{j_1 j_1} \psi_{j_2 j_2-1} \tag{9}$$

が得られる．同じ $M_J = j_1 + j_2 - 1$ をもつ $J = j_1 + j_2 - 1$ の場合の固有関数は，(9) に直交するように右辺の係数を選んだ

$$\Psi_{j_1+j_2-1,\, j_1+j_2-1} = -\sqrt{\frac{j_2}{j_1+j_2}} \psi_{j_1 j_1-1} \psi_{j_2 j_2} + \sqrt{\frac{j_1}{j_1+j_2}} \psi_{j_1 j_1} \psi_{j_2 j_2-1} \tag{10}$$

である．以下このプロセスを繰り返して，1 つずつ M_J が小さい固有関数をつくっていき，M_J の最小値 $-J$ の固有関数までをつくることができる．

◆ **合成のいろいろ** 1 電子を考えた場合でも，軌道角運動量 l とスピン角運動量 s の和としての**全角運動量** $j = l + s$ は，合成の 1 つである．2 個以上の電子を考えるときは，軌道角運動量の和 $L = \sum_i l_i$，スピン角運動量の和 $S = \sum_i s_i$，さらに全角運動量 $J = L + S$，あるいは $J = \sum_i j_i$ などの合成を知る必要が生じる．3 個以上の角運動量を合成するには，まず 2 つの角運動量を合成して，その結果得られたものと第 3 の角運動量を合成し，以下これを繰り返せばよい．

◆ **合成に関連する公式** 合成問題でよく使われる公式を与えておく．

$$(\boldsymbol{j}_1 + \boldsymbol{j}_2)^2 = \boldsymbol{j}_1^2 + \boldsymbol{j}_2^2 + 2\boldsymbol{j}_1 \cdot \boldsymbol{j}_2 = \boldsymbol{j}_1^2 + \boldsymbol{j}_2^2 + 2j_{1z}j_{2z} + j_{1+}j_{2-} + j_{1-}j_{2+} \tag{11}$$

$$\boldsymbol{j}_1 \cdot \boldsymbol{j}_2 = j_{1z}j_{2z} + (1/2)(j_{1+}j_{2-} + j_{1-}j_{2+}) \tag{12}$$

角運動量の固有関数に関しては，j_x, j_y よりも，j_+, j_- を使うほうが便利である．

例題 8

スピン角運動量 $s = 1/2$ をもち,軌道角運動量が 0 である電子 2 個から成る系の,合成されたスピン角運動量とその固有関数を求めよ.

【解答】 合成する前のスピン角運動量の固有関数は,電子 1 について $\alpha(1), \beta(1)$ であり,電子 2 について $\alpha(2), \beta(2)$ である.ここで電子 1 のスピン座標 σ_1 を 1 と,電子 2 のスピン座標 σ_2 を 2 と略記した.合成された角運動量の大きさは ($\hbar$ を単位として),次の 4 つの場合となる.

$$S = 1 \quad (M_S = 1, 0, -1),$$
$$S = 0 \quad (M_S = 0)$$

それぞれの場合の固有関数を $\Psi_{11}, \Psi_{10}, \Psi_{1-1}, \Psi_{00}$ と書き,これを $\alpha(1)\alpha(2)$, $\alpha(1)\beta(2)$, $\beta(1)\alpha(2)$, $\beta(1)\beta(2)$ の 1 次結合の形に求める.まず S_z の固有関数を求める.

$$\begin{aligned}
S_z \alpha(1)\alpha(2) &= (s_{1z} + s_{2z})\alpha(1)\alpha(2) \\
&= (s_{1z}\alpha(1))\alpha(2) + \alpha(1)(s_{2z}\alpha(2)) \\
&= \frac{\hbar}{2}\alpha(1)\alpha(2) \times 2 \\
&= \hbar \alpha(1)\alpha(2)
\end{aligned}$$

すなわち $\alpha(1)\alpha(2)$ は $M_S = 1$ の固有値をもつ固有関数である.$M_S = 1$ は $S = 1$ の場合に許され,$S = 0$ の場合にはないから,$\alpha(1)\alpha(2)$ が Ψ_{11} である.同様の計算により

$$S_z \beta(1)\beta(2) = -\hbar \beta(1)\beta(2)$$

となるから,$\beta(1)\beta(2)$ は $M_S = -1$ の固有値をもつ Ψ_{1-1} である.一方

$$S_z \alpha(1)\beta(2) = (s_{1z}\alpha(1))\beta(2) + \alpha(1)(s_{2z}\beta(2)) = \frac{\hbar}{2}\alpha(1)\beta(2) - \frac{\hbar}{2}\alpha(1)\beta(2) = 0$$

$$S_z \beta(1)\alpha(2) = 0$$

であるから,$\alpha(1)\beta(2)$ と $\beta(1)\alpha(2)$ はいずれも $M_S = 0$ をもつが,両者がそのまま Ψ_{10}, Ψ_{00} になっているのではなく,2 つの 1 次結合で Ψ_{10} と Ψ_{00} がつくられる.ある S_z の固有関数に S_- を作用すると,M_S が 1 だけ小さい関数を生じることから

$$\begin{aligned}
S_- \Psi_{11} &= (s_{1-} + s_{2-})\alpha(1)\alpha(2) = (s_{1-}\alpha(1))\alpha(2) + \alpha(1)(s_{2-}\alpha(2)) \\
&= \hbar\{\beta(1)\alpha(2) + \alpha(1)\beta(2)\}
\end{aligned}$$

規格化因子を考えると

4.3 角運動量の合成

$$\Psi_{10} = \frac{1}{\sqrt{2}}\{\alpha(1)\beta(2) + \beta(1)\alpha(2)\}$$

同じスピン関数の積でこれに直交する関数

$$\chi = \frac{1}{\sqrt{2}}\{\alpha(1)\beta(2) - \beta(1)\alpha(2)\}$$

が Ψ_{00} と考えられる．これを確かめるには，次式を計算して，χ が $S=0$ の固有関数であることをみる．

$$\boldsymbol{S}^2\chi = (\boldsymbol{s}_1^2 + \boldsymbol{s}_2^2 + 2s_{1z}s_{2z} + s_{1+}s_{2-} + s_{1-}s_{2+})\chi \tag{1}$$

に，4.2 節要項 (3)，(4) を用いて

$$\boldsymbol{s}_1^2\chi = \frac{3}{4}\hbar^2\chi, \quad \boldsymbol{s}_2^2\chi = \frac{3}{4}\hbar^2\chi \tag{2}$$

$$2s_{1z}s_{2z}\chi = 2\cdot\frac{1}{\sqrt{2}}\left(-\frac{\hbar^2}{4}\right)\{\alpha(1)\beta(2) - \beta(1)\alpha(2)\} = -\frac{\hbar^2}{2}\chi \tag{3}$$

を得る．また要項 (9) を使うと

$$(s_{1+}s_{2-} + s_{1-}s_{2+})\chi = \frac{\hbar^2}{\sqrt{2}}\{-\alpha(1)\beta(2) + \beta(1)\alpha(2)\} = -\hbar^2\chi \tag{4}$$

(1) に (2)，(3)，(4) を使うと

$$\boldsymbol{S}^2\chi = \hbar^2 S(S+1)\chi = 0$$

だから，$S=0$．結局合成された角運動量の固有関数は

$$\Psi_{11} = \alpha(1)\alpha(2)$$

$$\Psi_{10} = \frac{1}{\sqrt{2}}\{\alpha(1)\beta(2) + \beta(1)\alpha(2)\}$$

$$\Psi_{1-1} = \beta(1)\beta(2)$$

$$\Psi_{00} = \frac{1}{\sqrt{2}}\{\alpha(1)\beta(2) - \beta(1)\alpha(2)\}$$

問題

8.1 例題 8 の答を，$\alpha(1)\alpha(2)$ に S_- を作用して導け．

例題 9

スピン角運動量 $s_1 = 1/2$, $s_2 = 1/2$ をもつ 2 電子系において，$\alpha(1)\alpha(2)$, $\alpha(1)\beta(2)$, $\beta(1)\alpha(2)$, $\beta(1)\beta(2)$ を基底として，$\boldsymbol{S} = \boldsymbol{s}_1 + \boldsymbol{s}_2$ として，S_x, S_y, S_z, $\boldsymbol{S}^2$ の行列表示を求めよ．

【解答】 まず $S_x = s_{1x} + s_{2x}$ を考える．

$$\langle \alpha(1)\alpha(2) | S_x | \alpha(1)\alpha(2) \rangle$$
$$= \langle \alpha(1) | s_{1x} | \alpha(1) \rangle \langle \alpha(2) | \alpha(2) \rangle + \langle \alpha(1) | \alpha(1) \rangle \langle \alpha(2) | s_{2x} | \alpha(2) \rangle$$
$$= 0 + 0$$

ここで，s_{1x}, s_{2x} の行列要素が，スピン行列の形から 0 であることを用いた．ほかの行列要素も同様に計算すると，基底を $\alpha\alpha, \alpha\beta, \beta\alpha, \beta\beta$ の順にとって

$$S_x = \frac{\hbar}{2} \begin{bmatrix} 0+0 & 0+1 & 1+0 & 0+0 \\ 0+1 & 0+0 & 0+0 & 1+0 \\ 1+0 & 0+0 & 0+0 & 0+1 \\ 0+0 & 1+0 & 0+1 & 0+0 \end{bmatrix}$$

$$= \frac{\hbar}{2} \begin{bmatrix} 0 & 1 & 1 & 0 \\ 1 & 0 & 0 & 1 \\ 1 & 0 & 0 & 1 \\ 0 & 1 & 1 & 0 \end{bmatrix}.$$

同様に S_y, S_z も計算できて

$$S_y = \frac{\hbar}{2} \begin{bmatrix} 0+0 & 0-i & -i+0 & 0+0 \\ 0+i & 0+0 & 0+0 & -i+0 \\ i+0 & 0+0 & 0+0 & 0-i \\ 0+0 & i+0 & 0+i & 0+0 \end{bmatrix} = \frac{\hbar}{2} \begin{bmatrix} 0 & -i & -i & 0 \\ i & 0 & 0 & -i \\ i & 0 & 0 & -i \\ 0 & i & i & 0 \end{bmatrix},$$

$$S_z = \frac{\hbar}{2} \begin{bmatrix} 1+1 & 0+0 & 0+0 & 0+0 \\ 0+0 & 1-1 & 0+0 & 0+0 \\ 0+0 & 0+0 & -1+1 & 0+0 \\ 0+0 & 0+0 & 0+0 & -1-1 \end{bmatrix} = \frac{\hbar}{2} \begin{bmatrix} 2 & 0 & 0 & 0 \\ 0 & 0 & 0 & 0 \\ 0 & 0 & 0 & 0 \\ 0 & 0 & 0 & -2 \end{bmatrix}.$$

上の結果から

$$\boldsymbol{S}^2 = S_x{}^2 + S_y{}^2 + S_z{}^2$$

$$= \frac{\hbar^2}{4} \begin{bmatrix} 2+2+4 & 0 & 0 & 2-2+0 \\ 0 & 2+2+0 & 2+2+0 & 0 \\ 0 & 2+2+0 & 2+2+0 & 0 \\ 2-2+0 & 0 & 0 & 2+2+4 \end{bmatrix}$$

$$= \hbar^2 \begin{bmatrix} 2 & 0 & 0 & 0 \\ 0 & 1 & 1 & 0 \\ 0 & 1 & 1 & 0 \\ 0 & 0 & 0 & 2 \end{bmatrix}.$$

問題

9.1 例題9で導いた $\boldsymbol{S}^2$ と S_z を対角化して，$\boldsymbol{S}^2$ と S_z の固有値と固有関数を求めよ．

9.2 例題9で用いた基底関数系を，問題9.1で得た固有関数系に変換するユニタリー変換を求めよ．またこの変換により $\boldsymbol{S}^2$, S_z の行列が対角化されることを確かめよ．

9.3 $l_1 = 4$, $l_2 = 3$, $l_3 = 2$ をもつ3個の粒子系がとり得る全角運動量の値と，それぞれの場合が現われる度数を求めよ．また縮退度を考慮した全状態数が，3粒子間の相互作用を考えないときの全状態数と一致することを確かめよ．

4.4 ゼーマン効果とスピン・軌道相互作用

◆ **磁場中の電子**　電磁場内にある，質量 m，電荷 $-e$ の粒子のハミルトニアンは

$$\mathcal{H} = \frac{1}{2m}(\boldsymbol{p} + e\boldsymbol{A})^2 - e\phi \tag{1}$$

で与えられる (1章例題 9 参照)．ベクトル・ポテンシャル $\boldsymbol{A}(\boldsymbol{r}, t)$，スカラー・ポテンシャル $\phi(\boldsymbol{r}, t)$ から，電場 $\boldsymbol{E}(\boldsymbol{r}, t)$ と磁束密度 $\boldsymbol{B}(\boldsymbol{r}, t)$ は

$$\boldsymbol{E} = -\frac{\partial \boldsymbol{A}}{\partial t} - \nabla\phi,$$

$$\boldsymbol{B} = \nabla \times \boldsymbol{A}$$

で与えられる．空間的に一定の磁束密度 $\boldsymbol{B}$ を与えるベクトル・ポテンシャル

$$\boldsymbol{A} = \frac{1}{2}\boldsymbol{B} \times \boldsymbol{r}$$

を考えると，ハミルトニアン (1) において，$\boldsymbol{B}$ の 1 次の項，$\mathcal{H}_1$ は

$$\mathcal{H}_1 = -\frac{ie\hbar}{2m}\boldsymbol{B} \times \boldsymbol{r} \cdot \nabla = \frac{e}{2m}\boldsymbol{B} \cdot \boldsymbol{l} \tag{2}$$

となる．これは電子の軌道運動と磁場の相互作用を表わすハミルトニアンである．

◆ **ゼーマン効果**　球対称ポテンシャル内の電子に対する定磁場の効果は，(2) を摂動とする考えでとり入れることができる．磁場の方向を z 軸にとると，(2) は

$$\mathcal{H}_z^l = \frac{e}{2m}Bl_z = \omega_L l_z \tag{3}$$

と，磁束密度と角運動量の z 成分に比例する形に書ける．ここで $\hbar\omega_L = \beta_B B$ であり，

$$\beta_B = \frac{e\hbar}{2m}$$

を**ボーア磁子**と呼ぶ．

球対称ポテンシャルの固有関数 ψ_{nlm} に対し

$$\int \psi_{n'l'm'}^* \mathcal{H}_z^l \psi_{nlm} d\boldsymbol{r} = \hbar\omega_L m \delta_{nn'}\delta_{ll'}\delta_{mm'} \quad (m = l, l-1, \cdots, -l) \tag{4}$$

が成り立つ．この結果磁場中では，角運動量の z 成分ごとに異なるエネルギーをもつことになり，m による $2l+1$ 重の縮退は完全に解ける (図 4.3)．準位の分裂の大きさ $\hbar\omega_L$ を**ゼーマン・エネルギー**，この効果を**ゼーマン効果**と呼ぶ．

スピン角運動量についてもゼーマン効果が存在する．そのハミルトニアンは

4.4 ゼーマン効果とスピン・軌道相互作用

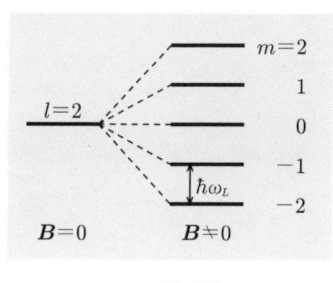

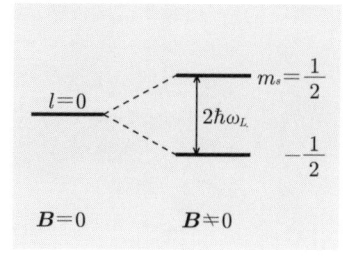

図 4.3

図 4.4

$$\mathcal{H}_z^s = \frac{e}{m} B s_z \tag{5}$$

で与えられる．$l = 0$ の状態の電子は，スピンによるゼーマン分裂により，$m_s = \pm\hbar/2$ の 2 重縮退が解ける (図 4.4)．$l \neq 0$ の場合には，(3) と (5) の両方の効果によるゼーマン分裂が生じる．原子内電子のゼーマン効果は，物質の磁気的性質の原因となっている．

◆ **スピン・軌道相互作用**　電子の軌道角運動量とスピン角運動量の間には，次の形のハミルトニアンで表わされる相互作用が働く．

$$\mathcal{H}_{\mathrm{SO}} = \frac{1}{2m^2 c^2} \frac{1}{r} \frac{dV}{dr} \boldsymbol{l} \cdot \boldsymbol{s} \equiv \lambda(r) \boldsymbol{l} \cdot \boldsymbol{s} \tag{6}$$

V は原子内電子が，核と他の電子から受けるクーロンポテンシャルで，$dV/dr > 0$ である．原子核の周りの電子の運動を，電子に固定した座標系で見ると，逆に原子核が運動していて，これが生じる電流が作る磁場と電子のスピン磁気モーメントの相互作用が，**スピン・軌道相互作用**である．これにより，$\boldsymbol{l}$ と $\boldsymbol{s}$ は互いに逆向きになって，低いエネルギーになろうとする．

$\boldsymbol{j} = \boldsymbol{l} + \boldsymbol{s}$ に対して

$$2\boldsymbol{l} \cdot \boldsymbol{s} = \boldsymbol{j}^2 - \boldsymbol{l}^2 - \boldsymbol{s}^2 \tag{7}$$

が成り立つ (4.3 節要項 (11) の前半の関係)．$\boldsymbol{j}$ の大きさはもとの $\boldsymbol{l}$ と $\boldsymbol{s}$ の大きさで決まるから，1 つの状態は (j, l, s) で指定される．この状態での $\mathcal{H}_{\mathrm{SO}}$ の期待値は

$$\langle jls|\mathcal{H}_{\mathrm{SO}}|jls\rangle = \frac{\zeta_{nl}}{2}\hbar^2 \{j(j+1) - l(l+1) - s(s+1)\} \tag{8}$$

$$\zeta_{nl} = \int_0^\infty |R_{nl}(r)|^2 \lambda(r) r^2 dr \tag{9}$$

である．$R_{nl}(r)$ は原子内電子状態 (n, l) の規格化された動径波動関数である．たとえば $l = 1, s = 1/2$ の場合には，$j = 3/2, 1/2$ となり，(8) は

4 角運動量とスピン

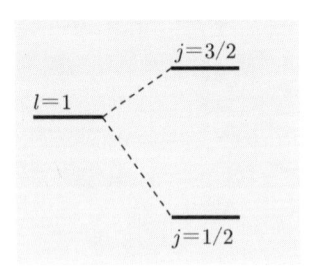

図 4.5

$$\left\langle \frac{3}{2},1,\frac{1}{2}\middle|\mathcal{H}_{\mathrm{SO}}\middle|\frac{3}{2},1,\frac{1}{2}\right\rangle = \frac{\zeta_{nl}\hbar^2}{2}$$
$$\left\langle \frac{1}{2},1,\frac{1}{2}\middle|\mathcal{H}_{\mathrm{SO}}\middle|\frac{1}{2},1,\frac{1}{2}\right\rangle = -\zeta_{nl}\hbar^2 \quad (10)$$

となり, $j=3/2$ と $j=1/2$ の状態が分裂する (図 4.5).

◆ **(m, m_s) 表示と (j, m_j) 表示**　ゼーマン効果とスピン・軌道相互作用の両方を考えると, 全ハミルトニアンは

$$\mathcal{H}_0 + \mathcal{H}_z + \mathcal{H}_{\mathrm{SO}}$$

である. この問題を解くときの基底関数のとり方に 2 通りある. まずスピン・軌道相互作用を無視して $\mathcal{H}_0 + \mathcal{H}_z$ を考える. これは $\boldsymbol{l}^2, \boldsymbol{s}^2, l_z, s_z$ と可換であるから, 軌道およびスピン角運動量の z 成分 m, m_s の固有関数を基底関数にとる. 具体的には軌道関数とスピン関数 α または β との積, $(Y_{lm}\alpha$ または $Y_{lm}\beta)$ の単項が基底である. この表示を (m, m_s) 表示といい, l, s, m, m_s の 4 つが量子数になる. (m, m_s) 表示ではゼーマン・エネルギーが対角行列になる (例題 12).

一方, ゼーマン効果を無視したハミルトニアン $\mathcal{H}_0 + \mathcal{H}_{\mathrm{SO}}$ を考えると, これは $\boldsymbol{l}^2$, $\boldsymbol{s}^2$ と可換であることは前と同じである (例題 10). しかし $\mathcal{H}_{\mathrm{SO}}$ が l_z, s_z と可換でなくて (問題 10.1), $\boldsymbol{j}^2, j_z$ とは可換である (問題 10.2). そのとき $\boldsymbol{j}^2$ と j_z の固有関数を基底とする表示を (j, m_j) 表示という. その基底関数系は, $Y_{lm}\alpha, Y_{lm}\beta$ のうち $m + m_s = m_j$ を満たすものの 1 次結合の形である. この場合の量子数は, l, s, j, m_j である. (j, m_j) 表示ではスピン・軌道相互作用が対角行列になる (問題 12.1).

4.4 ゼーマン効果とスピン・軌道相互作用

例題 10

原子のポテンシャルを球対称として，原子内 1 電子のハミルトニアンと l^2, s^2 の交換関係を求めよ．

【解答】 ハミルトニアンは

$$\mathcal{H} = -\frac{\hbar^2}{2m}\Delta + V(r) + \mathcal{H}_{\mathrm{SO}}$$

である．第 1 項と第 2 項の和は球対称だから l^2 と可換，またスピン座標を含まないから s^2 と可換である．次にスピン・軌道相互作用と l^2, s^2 が可換なことを示す．

$$\mathcal{H}_{\mathrm{SO}} = \lambda \boldsymbol{l} \cdot \boldsymbol{s}$$
$$= \lambda(l_x s_x + l_y s_y + l_z s_z)$$

において例えば

$$[l_x s_x, l^2] = [l_x, l^2]s_x = 0,$$

したがって $[\boldsymbol{l}\cdot\boldsymbol{s}, l^2] = 0$，同様にして $[\boldsymbol{l}\cdot\boldsymbol{s}, s^2] = 0$．よって

$$[\mathcal{H}_{\mathrm{SO}}, l^2] = 0, \quad [\mathcal{H}_{\mathrm{SO}}, s^2] = 0.$$

以上をまとめると

$$[\mathcal{H}, l^2] = 0, \quad [\mathcal{H}, s^2] = 0$$

である．

問題

10.1 $\mathcal{H}_{\mathrm{SO}}$ と l_z, s_z との交換関係を計算せよ．

10.2 スピン・軌道相互作用ハミルトニアンと j^2, j_z が交換することを示せ．

―― 例題 11 ――――――――――――――――――――――――――――

スピン・軌道相互作用ハミルトニアンは，$j(=l+s)$ の大きさを指定した状態に関して対角的であることを示せ．とくに $l=1, s=1/2$ の場合について，スピン・軌道相互作用によるエネルギー分裂の大きさと，j, m_j で指定される各状態の固有関数を求めよ．

【解答】　ある主量子数 n をもつ電子について，スピン・軌道相互作用を考えないときの電子の状態は (l, s) で指定される．電子では $s=1/2$ だから，一般の l について，$j=l+s$ の大きさは，$l+1/2, l-1/2$ の 2 通りが現われる．このとき，2 つの状態を基底とするスピン・軌道相互作用の行列対角要素は，要項 (8) から，

$$\left\langle l+\frac{1}{2}, l, \frac{1}{2} \middle| \lambda \boldsymbol{l} \cdot \boldsymbol{s} \middle| l+\frac{1}{2}, l, \frac{1}{2} \right\rangle$$

$$= \frac{\zeta}{2}\hbar^2 \left\{ \left(l+\frac{1}{2}\right)\left(l+\frac{3}{2}\right) - l(l+1) - \frac{3}{4} \right\}$$

$$= \frac{\zeta}{2}\hbar^2 l, \tag{1}$$

$$\left\langle l-\frac{1}{2}, l, \frac{1}{2} \middle| \lambda \boldsymbol{l} \cdot \boldsymbol{s} \middle| l-\frac{1}{2}, l, \frac{1}{2} \right\rangle$$

$$= \frac{\zeta}{2}\hbar^2 \left\{ \left(l-\frac{1}{2}\right)\left(l+\frac{1}{2}\right) - l(l+1) - \frac{3}{4} \right\}$$

$$= -\frac{\zeta}{2}\hbar^2(l+1), \tag{2}$$

である．一方，非対角要素は

$$\left\langle l-\frac{1}{2}, l, \frac{1}{2} \middle| \lambda \boldsymbol{l} \cdot \boldsymbol{s} \middle| l+\frac{1}{2}, l, \frac{1}{2} \right\rangle$$

$$= \frac{\zeta}{2}\hbar^2 l \left\langle l-\frac{1}{2}, l, \frac{1}{2} \middle| l+\frac{1}{2}, l, \frac{1}{2} \right\rangle$$

$$= 0.$$

となる．$l=1, s=1/2$ のときには $j=3/2$ と $j=1/2$ の状態が生じる．スピン・軌道相互作用のエネルギーは (1), (2) により，それぞれ $\dfrac{\zeta\hbar^2}{2}, -\zeta\hbar^2$ となる．したがって，エネルギー分裂の大きさは $\dfrac{3}{2}\zeta\hbar^2$ となる．

次に固有関数を

4.4 ゼーマン効果とスピン・軌道相互作用

$$j = \frac{3}{2} \quad (m_j = 3/2, 1/2, -1/2, -3/2),$$
$$j = \frac{1}{2} \quad (m_j = 1/2, -1/2)$$

について，求める．$(j=3/2, m_j = 3/2)$ の固有状態は，$m=1, m_s = 1/2$ のときに現われるから，軌道角運動量 $l=1$ の固有関数である球面調和関数 $Y_{1m}(m=1,0,-1)$ を u_m と記すことにすると

$$\psi_{\frac{3}{2}\frac{3}{2}} = u_1 \alpha.$$

これに $j_- = l_- + s_-$ を作用させると 4.1 節要項 (28)，4.2 節要項 (9) から

$$\sqrt{3}\hbar\psi_{\frac{3}{2}\frac{1}{2}} = (l_- u_1)\alpha + u_1(s_-\alpha) = \sqrt{2}\hbar u_0 \alpha + \hbar u_1 \beta$$
$$\longrightarrow \psi_{\frac{3}{2}\frac{1}{2}} = \frac{1}{\sqrt{3}}(\sqrt{2}u_0\alpha + u_1\beta).$$

最後の変形は規格化を行なったためである．この結果の両辺に j_- を作用すると

$$\psi_{\frac{3}{2}-\frac{1}{2}} = \frac{1}{\sqrt{3}}(u_{-1}\alpha + \sqrt{2}u_0\beta).$$

さらにこの結果に j_- を作用すると

$$\psi_{\frac{3}{2}-\frac{3}{2}} = u_{-1}\beta.$$

$\psi_{\frac{1}{2}\frac{1}{2}}$ は，m_j が同じ $1/2$ である $\psi_{\frac{3}{2}\frac{1}{2}}$ と直交する形として

$$\psi_{\frac{1}{2}\frac{1}{2}} = \frac{1}{\sqrt{3}}(-u_0\alpha + \sqrt{2}u_1\beta).$$

$\psi_{\frac{1}{2}-\frac{1}{2}}$ は，$\psi_{\frac{3}{2}-\frac{1}{2}}$ に直交する形として

$$\psi_{\frac{1}{2}-\frac{1}{2}} = \frac{1}{\sqrt{3}}(-\sqrt{2}u_{-1}\alpha + u_0\beta).$$

ここで決まった 6 つの固有関数は，問題 12.1 で基底として用いられる．

例題 12

球対称ポテンシャル内にある，$l=1, s=1/2$ の電子について，スピン・軌道相互作用とゼーマン・エネルギーの行列表示を，(m, m_s) を基底として求めよ．

【解答】 基底関数は

$$\left(1, \frac{1}{2}\right) = u_1\alpha, \quad \left(0, \frac{1}{2}\right) = u_0\alpha, \quad \left(-1, \frac{1}{2}\right) = u_{-1}\alpha, \quad \left(1, -\frac{1}{2}\right) = u_1\beta,$$

$$\left(0, -\frac{1}{2}\right) = u_0\beta, \quad \left(-1, -\frac{1}{2}\right) = u_{-1}\beta$$

$\mathcal{H}_{\mathrm{SO}} = \lambda \boldsymbol{l}\cdot\boldsymbol{s}$ において，$\boldsymbol{l}$ は空間座標の関数である u のみに，また $\boldsymbol{s}$ はスピン関数 α, β のみに作用する．また

$$\boldsymbol{l}\cdot\boldsymbol{s} = l_z s_z + \frac{1}{2}(l_+ s_- + l_- s_+),$$

$$l_+ u_1 = 0, \quad l_- u_{-1} = 0, \quad s_+\alpha = 0, \quad s_-\beta = 0$$

を考慮し，4.1節要項 (27), (28) と 4.2節要項 (3), (4) を用いると

$$(\boldsymbol{l}\cdot\boldsymbol{s})u_1\alpha = l_z u_1 s_z \alpha = \frac{\hbar^2}{2}u_1\alpha, \quad (\boldsymbol{l}\cdot\boldsymbol{s})u_0\alpha = \frac{1}{2}l_+ u_0 s_- \alpha = \frac{\hbar^2}{\sqrt{2}}u_1\beta,$$

$$(\boldsymbol{l}\cdot\boldsymbol{s})u_{-1}\alpha = l_z u_{-1} s_z \alpha + \frac{1}{2}l_+ u_{-1} s_- \alpha = -\frac{\hbar^2}{2}u_{-1}\alpha + \frac{\hbar^2}{\sqrt{2}}u_0\beta,$$

$$(\boldsymbol{l}\cdot\boldsymbol{s})u_1\beta = l_z u_1 s_z \beta + \frac{1}{2}l_- u_1 s_+ \beta = -\frac{\hbar^2}{2}u_1\beta + \frac{\hbar^2}{\sqrt{2}}u_0\alpha,$$

$$(\boldsymbol{l}\cdot\boldsymbol{s})u_0\beta = \frac{1}{2}l_- u_0 s_+ \beta = \frac{\hbar^2}{\sqrt{2}}u_{-1}\alpha, \quad (\boldsymbol{l}\cdot\boldsymbol{s})u_{-1}\beta = l_z u_{-1} s_z \beta = \frac{\hbar^2}{2}u_{-1}\beta.$$

ここで直交関係 $\langle u_i\alpha | u_j\alpha'\rangle = \delta_{ij}\delta_{\alpha\alpha'}$ を用いると

$$\mathcal{H}_{\mathrm{SO}} = \zeta\hbar^2 \begin{bmatrix} \frac{1}{2} & 0 & 0 & 0 & 0 & 0 \\ 0 & 0 & 0 & \frac{1}{\sqrt{2}} & 0 & 0 \\ 0 & 0 & -\frac{1}{2} & 0 & \frac{1}{\sqrt{2}} & 0 \\ 0 & \frac{1}{\sqrt{2}} & 0 & -\frac{1}{2} & 0 & 0 \\ 0 & 0 & \frac{1}{\sqrt{2}} & 0 & 0 & 0 \\ 0 & 0 & 0 & 0 & 0 & \frac{1}{2} \end{bmatrix}.$$

4.4 ゼーマン効果とスピン・軌道相互作用

ゼーマン・エネルギー $eB/2m(l_z + 2s_z)$ は，(m, m_s) 表示で対角的で

$$\mathcal{H}_z = \frac{\hbar eB}{2m} \begin{bmatrix} 2 & 0 & 0 & 0 & 0 & 0 \\ 0 & 1 & 0 & 0 & 0 & 0 \\ 0 & 0 & 0 & 0 & 0 & 0 \\ 0 & 0 & 0 & 0 & 0 & 0 \\ 0 & 0 & 0 & 0 & -1 & 0 \\ 0 & 0 & 0 & 0 & 0 & -2 \end{bmatrix}.$$

~~~ 問　題 ~~~

12.1 球対称ポテンシャル内にある，$l = 1$，$s = 1/2$ の電子について，スピン・軌道相互作用とゼーマン・エネルギーの行列表示を，(j, m_j) 表示で求めよ．

12.2 前問の電子について，磁場の大きさを変化させたときのエネルギー変化を調べよ．

5 原子

5.1 原子構造

◆ **多電子系のエネルギー** 量子力学の重要な対象である原子は，Ze の電荷をもつ原子核と N 個の電子から成る，多電子系である．系のハミルトニアンは

$$\mathcal{H} = \sum_{i=1}^{N}\left(-\frac{\hbar^2}{2m}\Delta_i - \frac{Ze^2}{4\pi\epsilon_0 r_i}\right) + \sum_{i>j}^{N}\frac{e^2}{4\pi\epsilon_0 r_{ij}} \tag{1}$$

である．ただし $r_{ij} = |\bm{r}_i - \bm{r}_j|$ である．ハミルトニアンの第 1 項は電子の運動エネルギー，第 2 項は電子と原子核のクーロン引力ポテンシャル，第 3 項は電子と電子のクーロン斥力ポテンシャルである．原子核は静止しているとして，その位置を座標系の原点に選んでいる．N 電子系の波動関数を N 個の電子座標の関数 $\Phi(\bm{r}_1, \bm{r}_2, \cdots, \bm{r}_N)$ とすると，シュレディンガー方程式は

$$\mathcal{H}\Phi(\bm{r}_1, \bm{r}_2, \cdots, \bm{r}_N) = E\Phi(\bm{r}_1, \bm{r}_2, \cdots, \bm{r}_N) \tag{2}$$

である．E は N 電子系の全エネルギーで，(10) で与えられる．

◆ **ハートリー近似** (2) を解いて原子内の電子のエネルギーと波動関数を決めることは，非常に難しい問題である．その理由は，電子間のクーロン相互作用があるからである．そこで各電子は，原子核によるポテンシャルに加えて，自分以外の電子がつくる平均のポテンシャルを感じて運動すると考える．これを，**ハートリー近似**または**平均場近似**という．この近似では，各電子が平均場内を互いに独立に運動していると考え，N 電子系の波動関数 $\Phi(\bm{r}_1, \bm{r}_2, \cdots, \bm{r}_N)$ を 1 電子波動関数 $\psi_\lambda(\bm{r}_i)$ の積

$$\Phi(\bm{r}_1, \bm{r}_2, \cdots, \bm{r}_N) = \psi_\alpha(\bm{r}_1)\psi_\beta(\bm{r}_2)\cdots\psi_\nu(\bm{r}_N) \tag{3}$$

の形にとる．λ は，電子 i が占める軌道を表わす量子数である．(1) の第 3 項で，注目する電子 i と，電子 j とのクーロン相互作用を，

$$\int d\bm{r}_j e^2 |\psi_\mu(\bm{r}_j)|^2 / 4\pi\epsilon_0 r_{ij}$$

とする (この考えはハートリー方程式で正当化される)．したがって軌道 λ にある電子 i に働くポテンシャルは

$$V_\lambda(\bm{r}_i) = -\frac{Ze^2}{4\pi\epsilon_0 r_i} + \sum_{\mu\neq\lambda}^{\nu}\int\frac{e^2|\psi_\mu(\bm{r}_j)|^2}{4\pi\epsilon_0 r_{ij}}d\bm{r}_j \tag{4}$$

5.1 原子構造

となり，1つの電子座標 r_i だけを含む形になる．軌道状態が λ の波動関数 $\psi_\lambda(r_i)$ とそのエネルギー ϵ_λ は，ハートリー方程式

$$\left(-\frac{\hbar^2}{2m}\Delta_i - \frac{Ze^2}{4\pi\epsilon_0 r_i} + \sum_{\mu\neq\lambda}^{\nu}\int\frac{e^2|\psi_\mu(r_j)|^2}{4\pi\epsilon_0 r_{ij}}dr_j\right)\psi_\lambda(r_i) = \epsilon_\lambda\psi_\lambda(r_i)$$
$$(\lambda = \alpha, \beta, \cdots, \nu) \quad (5)$$

を解いて決められる．(4) をすべての電子について和をとった全ポテンシャルは

$$\sum_{\lambda=\alpha}^{\nu}V_\lambda(r_i)$$

の形に書ける．ハートリー方程式を導くには，ハミルトニアンの Φ に関する期待値に，変分原理を適用すればよい．その導出は例題 1 に示すことにして，ここには結果だけを与える．まずハミルトニアンの期待値は

$$E[\Phi] = \langle\Phi|\mathcal{H}|\Phi\rangle$$
$$= \sum_{\lambda=\alpha}^{\nu}\int\psi_\lambda^*(r_i)\left(-\frac{\hbar^2}{2m}\Delta_i - \frac{Ze^2}{4\pi\epsilon_0 r_i}\right)\psi_\lambda(r_i)dr_i$$
$$+ \frac{1}{2}\sum_{\lambda=\alpha}^{\nu}\sum_{\mu\neq\lambda}^{\nu}\int\frac{e^2|\psi_\lambda(r_i)|^2|\psi_\mu(r_j)|^2}{4\pi\epsilon_0 r_{ij}}dr_i dr_j \quad (6)$$

となる (問題 1.1)．

1 電子軌道 λ に関する期待値

$$I_\lambda = \int\psi_\lambda^*(r_i)\left(-\frac{\hbar^2}{2m}\Delta_i - \frac{Ze^2}{4\pi\epsilon_0 r_i}\right)\psi_\lambda(r_i)dr_i \quad (7)$$

と，2 つの軌道 λ, μ 間のクーロン・ポテンシャルの期待値

$$J_{\lambda\mu} = \int\frac{e^2|\psi_\lambda(r_i)|^2|\psi_\mu(r_j)|^2}{4\pi\epsilon_0 r_{ij}}dr_i dr_j \quad (8)$$

を定義すると

$$E[\Phi] = \sum_{\lambda=\alpha}^{\nu}I_\lambda + \frac{1}{2}\sum_{\lambda=\alpha}^{\nu}\sum_{\mu\neq\lambda}^{\nu}J_{\lambda\mu} \quad (9)$$

と書ける．J をクーロン積分と呼ぶ．

N 電子系の全エネルギー E は

$$E = \sum_{\lambda=\alpha}^{\nu}\epsilon_\lambda - \frac{1}{2}\sum_{\lambda=\alpha}^{\nu}\sum_{\mu\neq\lambda}^{\nu}\int\frac{e^2|\psi_\lambda(r_i)|^2|\psi_\mu(r_j)|^2}{4\pi\epsilon_0 r_{ij}}dr_i dr_j \quad (10)$$

で与えられる．(10) で各軌道のエネルギー ϵ_λ の和 (第 1 項) から第 2 項を差し引いて

いるのは，前者に i,j 電子間の相互作用の寄与が，$i-j, j-i$ と二重に含まれているからである (証明は問題 1.1).

◆ **自己無撞着場** ハートリー方程式 (5) の解 $\psi_\lambda(\boldsymbol{r}_i)$ は，自分以外のすべての電子がつくる電荷密度 $e|\psi_\mu(\boldsymbol{r}_j)|^2$ に依存している．その $\psi_\mu(\boldsymbol{r}_j)$ も同様に (5) を解いて決められる．すなわち $\psi_\lambda(\lambda = \alpha, \beta, \cdots, \nu)$ の組は，N 個の連立方程式 (5) において，左辺第 3 項を生じる ψ_λ と，そのポテンシャルの中で解いて得た ψ_λ が同一でなければならない．このようにつじつまの合った ψ_λ を自己無撞着な波動関数，このときのポテンシャルを**自己無撞着場**という．全ポテンシャルを角度方向について平均した

$$V_\lambda(r_i) = \frac{1}{4\pi}\int V_\lambda(\boldsymbol{r}_i) d\Omega \qquad (11)$$

を考えると，これは角度依存性をもたない**球対称ポテンシャル**である．こうしてハートリー方程式の解 $\psi_\lambda(\boldsymbol{r}_i)$ は，量子数 $(n_i, l_i, m_i, m_s^\lambda)$ で指定される (m_s^λ は軌道 λ にある電子のスピン z 成分である).

中性原子では，ポテンシャルの原子核近くと無限遠での漸近形は

$$V_\lambda(r) = \begin{cases} -\dfrac{Ze^2}{4\pi\epsilon_0 r} & (r \to 0) \\ -\dfrac{e^2}{4\pi\epsilon_0 r} & (r \to \infty) \end{cases} \qquad (12)$$

となる．

5.1 原子構造

例題 1

多電子系のハミルトニアン
$$\mathcal{H} = \sum_{i=1}^{N}\left(-\frac{\hbar^2}{2m}\Delta_i - \frac{Ze^2}{4\pi\epsilon_0 r_i}\right) + \sum_{i>j}^{N}\frac{e^2}{4\pi\epsilon_0 r_{ij}}$$

に対し，
$$\int \psi_\lambda^*(\boldsymbol{r}_i)\psi_\lambda(\boldsymbol{r}_i)d\boldsymbol{r}_i = 1 \quad (\lambda = \alpha, \beta, \cdots, \nu)$$

を付加条件として変分原理を適用することにより，ハートリー方程式を導け．

【解答】 波動関数に $\Phi = \psi_\alpha(\boldsymbol{r}_1)\psi_\beta(\boldsymbol{r}_2)\cdots\psi_\nu(\boldsymbol{r}_N)$ を用い，$\epsilon_\lambda (\lambda = \alpha, \cdots, \nu)$ をラグランジュの未定乗数として，積分

$$I = \int \Phi^*\mathcal{H}\Phi d\boldsymbol{r}_1 d\boldsymbol{r}_2 \cdots d\boldsymbol{r}_N - \sum_{\lambda=\alpha}^{\nu}\epsilon_\lambda \int \psi_\lambda^*(\boldsymbol{r}_i)\psi_\lambda(\boldsymbol{r}_i)d\boldsymbol{r}_i$$

に極値を与えるような $\psi_\lambda(\boldsymbol{r}_i)$ を求めればよい．要項 (6) の $E[\Phi]$ を用い，ψ_λ に微小変化を加えて $\psi_\lambda + \delta\psi_\lambda$ としたとき（同時に ψ_λ^* を $\psi_\lambda^* + \delta\psi_\lambda^*$ として），その変分が極値をもつという条件，$\delta I = 0$ は，Δ_i のエルミート性を考慮して

$$\delta I = \int \delta\psi_\lambda^*(\boldsymbol{r}_i)\left\{-\frac{\hbar^2}{2m}\Delta_i - \frac{Ze^2}{4\pi\epsilon_0 r_i} + \sum_{\mu\neq\lambda}^{\nu}\frac{e^2|\psi_\mu(\boldsymbol{r}_j)|^2}{4\pi\epsilon_0 r_{ij}}d\boldsymbol{r}_j - \epsilon_\lambda\right\}\psi_\lambda(\boldsymbol{r}_i)d\boldsymbol{r}_i$$

$$+ \int \delta\psi_\lambda(\boldsymbol{r}_i)\left\{-\frac{\hbar^2}{2m}\Delta_i - \frac{Ze^2}{4\pi\epsilon_0 r_i} + \sum_{\mu\neq\lambda}^{\nu}\frac{e^2|\psi_\mu(\boldsymbol{r}_j)|^2}{4\pi\epsilon_0 r_{ij}}d\boldsymbol{r}_j - \epsilon_\lambda\right\}\psi_\lambda^*(\boldsymbol{r}_i)d\boldsymbol{r}_i = 0$$

となる．ψ_λ には実部と虚部があり，$\delta\psi_\lambda$ と $\delta\psi_\lambda^*$ は独立な変分と考えられるから，上式の $\delta\psi_\lambda^*$ と $\delta\psi_\lambda$ の係数がともに 0 でなければならない．よって

$$\left\{-\frac{\hbar^2}{2m}\Delta_i - \frac{Ze^2}{4\pi\epsilon_0 r_i} + \sum_{\mu\neq\lambda}^{\nu}\int\frac{e^2|\psi_\mu(\boldsymbol{r}_j)|^2}{4\pi\epsilon_0 r_{ij}}d\boldsymbol{r}_j\right\}\psi_\lambda(\boldsymbol{r}_i) = \epsilon_\lambda\psi_\lambda(\boldsymbol{r}_i) \quad (\lambda = \alpha, \cdots, \nu)$$

こうしてハートリー方程式が導かれた．ψ_λ^* についても同じ式が得られて，$\epsilon_\lambda = \epsilon_\lambda^*$ がいえるから，固有値は実数である．

問 題

1.1 ハートリー近似で，N 電子系の全エネルギーと，各軌道のエネルギーの和の関係，要項 (10) を示せ．

1.2 ヘリウム原子から電子を 1 個取り除くのに必要なエネルギー（**イオン化エネルギー**）は，ハートリー近似で計算した 1 電子のエネルギーに近似的に等しいことを示せ．

5.2 同種粒子

◆ **同種粒子の系** 古典力学では，全く違いがない2つの粒子が衝突したとしても，衝突前にどこにいた粒子がどっちへ行ったかを見分けられる．ところが量子力学では，粒子を表わす波と波が重なると，衝突後に分離したときどっちの粒子がどっちに行ったか，原理的に判別できない．つまり**同種粒子**は，1つ1つ違うものとして識別できない．

同種粒子系のハミルトニアンは，2つの粒子の座標 (空間座標 r およびスピン座標 σ) を交換したときに不変である．この座標の交換を行なうと，2電子の波動関数 $\Phi(r_1, \sigma_1; r_2, \sigma_2)$ は

$$\Phi(r_1, \sigma_1; r_2, \sigma_2) = -\Phi(r_2, \sigma_2; r_1, \sigma_1) \tag{1}$$

と符号だけが変わる．このような性質を，**反対称**という．一般に半奇数 $(1/2, 3/2, \ldots)$ のスピンをもつ粒子の波動関数は反対称であり，これらの粒子は**フェルミオン**と呼ばれる．電子以外にも，陽子や中性子はフェルミオンである．一方，スピンがゼロまたは整数の粒子の波動関数は，交換に対して

$$\Phi(r_1, \sigma_1; r_2, \sigma_2) = \Phi(r_2, \sigma_2; r_1, \sigma_1) \tag{2}$$

と不変である．これを**対称**であるという．このような性質をもつ粒子を**ボソン**と呼ぶ．

以下では空間座標 r とスピン座標 σ をまとめて，ξ で表わすことにする．N 個の粒子系の波動関数を $\Phi_N(\xi_1, \xi_2, \cdots, \xi_N)$ とすると，$|\Phi_N|^2$ は N 個の粒子について位置とスピンの組がそれぞれ $\xi_1, \xi_2, \cdots, \xi_N$ の値をとる確率を与える．またこれは

$$\langle \Phi_N | \Phi_N \rangle = \int d\xi_1 d\xi_2 \cdots d\xi_N |\Phi_N(\xi_1, \xi_2, \cdots, \xi_N)|^2 = 1 \tag{3}$$

の規格化条件を満たす．ここで $\int d\xi$ は $\sum_\sigma \int dr$ の意味である．

フェルミ粒子である電子の波動関数は，任意の2電子の交換に対して反対称だから座標の組 $(\xi_1, \xi_2, \cdots, \xi_N)$ に粒子の交換を p 回行って，$(\xi'_1, \xi'_2, \cdots, \xi'_N)$ を得るとき

$$\Phi_N(\xi'_1, \xi'_2, \cdots, \xi'_N) = (-1)^p \Phi_N(\xi_1, \xi_2, \cdots, \xi_N) \tag{4}$$

である．

◆ **パウリの原理** 電子は，1つの状態を1個しか占めることができない．これが**パウリの原理** (または**排他律**) である．同じスピンをもつ2つの電子は，異なるスピンをもつ2つの電子と比べて互いに近くに存在する確率が小さい．これも同じ状態を2つの電子が占められないとするパウリの原理の1つの現われである (問題3.1参照)．

パウリの原理は，電子，中性子などフェルミオンに適用される．光子などボソンにはこの原理はあてはまらず，1つの状態を粒子が何個でも占めることができる．

5.2 同種粒子

◆ **ハートリー・フォック近似**　1粒子の波動関数を,スピンを含めて表わすのに $\chi_\lambda(\xi)$ を用い,**スピン軌道関数**と呼ぶ.その形は $\psi_\lambda(\boldsymbol{r})\alpha(\sigma)$ または $\psi_\lambda(\boldsymbol{r})\beta(\sigma)$ である.これを用いた**スレーター行列式**の形

$$\Phi(\xi_1,\xi_2,\cdots,\xi_N) = \frac{1}{\sqrt{N!}} \begin{vmatrix} \chi_\alpha(\xi_1) & \chi_\beta(\xi_1) & \cdots & \chi_\nu(\xi_1) \\ \chi_\alpha(\xi_2) & \chi_\beta(\xi_2) & \cdots & \chi_\nu(\xi_2) \\ \vdots & \vdots & & \vdots \\ \chi_\alpha(\xi_N) & \cdot & \cdots & \chi_\nu(\xi_N) \end{vmatrix} \tag{5}$$

の波動関数は,粒子の交換について反対称で,パウリ原理を満たす.(ハートリー近似の波動関数 5.1 節要項 (3) は,反対称性を満たしていない).(5) を用いて N 電子系のハミルトニアン 5.1 節要項 (1) の期待値を計算し,ハートリー方程式の場合と同様に変分原理を適用すると,$\psi_\lambda(\boldsymbol{r}_i)$ は

$$\left(-\frac{\hbar^2}{2m}\Delta_i - \frac{Ze^2}{4\pi\epsilon_0 r_i}\right)\psi_\lambda(\boldsymbol{r}_i) + \left[\sum_{\mu\neq\lambda}^{\nu}\int \frac{e^2|\psi_\mu(\boldsymbol{r}_j)|^2}{4\pi\epsilon_0 r_{ij}}d\boldsymbol{r}_j\right]\psi_\lambda(\boldsymbol{r}_i)$$

$$-\sum_{\mu\neq\lambda}^{\nu}\delta_{m_s^\lambda m_s^\mu}\left[\int \psi_\mu^*(\boldsymbol{r}_j)\frac{e^2}{4\pi\epsilon_0 r_{ij}}\psi_\lambda(\boldsymbol{r}_j)d\boldsymbol{r}_j\right]\psi_\mu(\boldsymbol{r}_i) \tag{6}$$

$$= \epsilon_\lambda \psi_\lambda(\boldsymbol{r}_i)$$

を満たすことが導かれる (問題 4.2).これを**ハートリー・フォック方程式**という.左辺第3項を交換相互作用と呼ぶ.この近似では,ハートリー近似でとり入れてなかった,2個の電子が近くに存在しにくいという**相関**の効果を,同じ向きのスピンをもつ電子間についてのみ,とり入れている (問題 3.2 参照).

ハートリー・フォック近似で,N 電子系の全エネルギーは

$$E[\Phi] = \sum_{\lambda=\alpha}^{\nu} I_\lambda + \frac{1}{2}\sum_{\lambda=\alpha}^{\nu}\sum_{\mu\neq\lambda}^{\nu}(J_{\lambda\mu} - K_{\lambda\mu}) \tag{7}$$

である (問題 4.1).ただし

$$I_\lambda = \int \chi_\lambda^*(\xi)\left(-\frac{\hbar^2}{2m}\Delta - \frac{Ze^2}{4\pi\epsilon_0 r}\right)\chi_\lambda(\xi)d\xi \tag{8}$$

$$J_{\lambda\mu} = \int \frac{e^2|\chi_\lambda(\xi)|^2|\chi_\mu(\xi')|^2}{4\pi\epsilon_0 r_{ij}}d\xi d\xi' \tag{9}$$

$$K_{\lambda\mu} = \begin{cases} \displaystyle\iint \frac{e^2\chi_\lambda^*(\xi)\chi_\mu^*(\xi')\chi_\lambda(\xi')\chi_\mu(\xi)}{4\pi\epsilon_0 r_{ij}}d\xi d\xi' & (\alpha\alpha \text{ または } \beta\beta) \\ 0 & (\text{その他}) \end{cases} \tag{10}$$

である．$J_{\lambda\mu}$ は，ハートリー近似のときと同じ**クーロン積分**，$K_{\lambda\mu}$ はハートリー・フォック近似で新たに定義される**交換積分**である．

スレーター行列式 (5) は，次の形にも書ける．

$$\Phi = \frac{1}{\sqrt{N!}} \sum_P (-1)^p P \chi_\alpha(\xi_1) \chi_\beta(\xi_2) \cdots \chi_\nu(\xi_N) \tag{11}$$

和は，座標の置換 P のすべての場合について行なう．p は各々の場合の置換の回数．スレーター行列式は規格直交関係

$$\int \Phi_a^* \Phi_b d\xi_1 d\xi_2 \cdots d\xi_N = \delta_{ab} \tag{12}$$

を満たす．この関係は

$$\Phi_a = \frac{1}{\sqrt{N!}} \sum_P (-1)^p P \chi_\alpha(\xi_1) \chi_\beta(\xi_2) \cdots \chi_\nu(\xi_N) \tag{13}$$

$$\Phi_b = \frac{1}{\sqrt{N!}} \sum_P (-1)^p P \eta_\alpha(\xi_1) \eta_\beta(\xi_2) \cdots \eta_\nu(\xi_N) \tag{14}$$

において

$$\chi_\lambda(\xi) = \eta_\lambda(\xi) \quad (\lambda = \alpha, \beta, \cdots, \nu) \tag{15}$$

のとき以外は積分が 0 という意味である．

5.2 同種粒子

例題 2

2個の同種粒子から成る系の状態は，粒子の交換に関して対称か，反対称のどちらかであることを示せ．この性質が粒子をフェルミ粒子とボース粒子に分類する．

【解答】 2粒子系のハミルトニアンを $\mathcal{H}(1,2)$，その固有値 E に対する固有関数を $\Phi_E(1,2)$ で表わすと，シュレディンガー方程式は

$$\mathcal{H}(1,2)\Phi_E(1,2) = E\Phi_E(1,2) \tag{1}$$

と書ける．同種粒子については，1, 2 の番号づけを入れ替えても同じだから

$$\mathcal{H}(2,1)\Phi_E(2,1) = E\Phi_E(2,1) \tag{2}$$

が成り立つ．一方，粒子間の相互作用ポテンシャルを $V(\boldsymbol{r}_1,\boldsymbol{r}_2)$ と書くと

$$\mathcal{H}(1,2) = -\frac{\hbar^2}{2m}\Delta_1 - \frac{\hbar^2}{2m}\Delta_2 + V(\boldsymbol{r}_1,\boldsymbol{r}_2) = \mathcal{H}(2,1)$$

と，ハミルトニアンが粒子の交換について，対称であることがいえる．したがって (2) の $\mathcal{H}(2,1)$ を $\mathcal{H}(1,2)$ で置き換えると

$$\mathcal{H}(1,2)\Phi_E(2,1) = E\Phi_E(2,1) \tag{3}$$

次に粒子1と2の座標 (空間およびスピン) を交換する演算子 P_{12} を導入する．すなわち $P_{12}\Phi(1,2) = \Phi(2,1)$．これを (3) と組み合わせ，最後に (1) を用いると，

$$\mathcal{H}(1,2)P_{12}\Phi_E(1,2) = E\Phi_E(2,1) = EP_{12}\Phi_E(1,2)$$
$$= P_{12}E\Phi_E(1,2) = P_{12}\mathcal{H}(1,2)\Phi_E(1,2).$$

結局，$[\mathcal{H}(1,2), P_{12}] = 0$ となるから，ハミルトニアンの固有関数は，同時に演算子 P_{12} の固有関数でもあることがわかった．$(P_{12})^2\Phi(1,2) = \Phi(1,2)$ だから，P_{12} の固有値は ± 1 である．$+1$ に対する固有関数は $\psi^{(s)}(1,2) = (1/\sqrt{2})\{\Phi(1,2) + \Phi(2,1)\}$ という形の対称和，-1 に対する固有関数は，反対称和 $\psi^{(a)}(1,2) = (1/\sqrt{2})\{\Phi(1,2) - \Phi(2,1)\}$ となる．

問 題

2.1 波動関数 $\Phi(\xi_1,\xi_2) = \chi_\alpha(\xi_1)\chi_\beta(\xi_2)$ は，座標の交換演算子 P_{12} の固有関数になっていないことを示せ．

2.2 反対称化された2粒子の波動関数の規格性を確かめよ．

2.3 3個の同種粒子の波動関数を，ボソンとフェルミオンの場合について示せ．

2.4 波数ベクトル $\boldsymbol{k}_1, \boldsymbol{k}_2$ をもつ自由電子2個の系を考える．
  (i) 両方のスピンが平行の場合と反平行の場合に，系の波動関数を書け．
  (ii) 上の2つに場合について，2電子の位置に関する相関 $\sum_{\sigma_1\sigma_2}|\Phi|^2$ を計算し，$\boldsymbol{r}_1$ と $\boldsymbol{r}_2$ が近い場合に比較せよ．

例題 3

スレーター行列式の規格直交性，要項 (12) を証明せよ．

【解答】 要項 (11) を使うと

$$\int \Phi^* \Phi d\xi_1 d\xi_2 \cdots d\xi_N = (N!)^{-1/2} \int \Phi^* \sum_P (-1)^p P \chi_\alpha(\xi_1) \chi_\beta(\xi_2) \cdots \chi_\nu(\xi_N) d\tau$$

$$(d\tau = d\xi_1 d\xi_2 \cdots d\xi_N) \quad (1)$$

と書ける．証明の方針は，N 重積分をそれぞれの座標の軌道ごとの積分の積に変形し，軌道の直交性を用いることである．まず演算子 $(-1)^p P$ を積分記号の左に移す．その結果 P は Φ^* にも演算することになるから，その効果をキャンセルするために $\Phi^* \to P^{-1}\Phi^*$ と置く．このとき

$$P^{-1}\Phi^* = P^{-1}(N!)^{-1/2} \sum_Q (-1)^q Q \chi_\alpha^*(\xi_1) \chi_\beta^*(\xi_2) \cdots \chi_\nu^*(\xi_N)$$

$$= (N!)^{-1/2} \sum_Q (-1)^q P^{-1} Q \chi_\alpha^*(\xi_1) \chi_\beta^*(\xi_2) \cdots \chi_\nu^*(\xi_N)$$

となり，$P^{-1}Q$ も置換の 1 つだからこれを R と書くと

$$= (-1)^p (N!)^{-1/2} \sum_R (-1)^r R \chi_\alpha^*(\xi_1) \chi_\beta^*(\xi_2) \cdots \chi_\nu^*(\xi_N)$$

$$= (-1)^p \Phi^* \qquad (2)$$

となる．これから

$$(1) \text{式} = (N!)^{-1/2} \sum_P (-1)^p P \int (P^{-1}\Phi^*) \chi_\alpha(\xi_1) \chi_\beta(\xi_2) \cdots \chi_\nu(\xi_N) d\tau$$

と変形して (2) を使うと

$$= (N!)^{-1/2} \sum_P P \int \Phi^* \chi_\alpha(\xi_1) \chi_\beta(\xi_2) \cdots \chi_\nu(\xi_N) d\tau$$

積分の値は，変数の置換によっては変わらず，同じ値が置換の回数 $N!$ 回現われるから

$$= (N!)^{1/2} \int \Phi^* \chi_\alpha(\xi_1) \chi_\beta(\xi_2) \cdots \chi_\nu(\xi_N) d\tau$$

$$= \int \left\{ \sum_P (-1)^p P \chi_\alpha^*(\xi_1) \chi_\beta^*(\xi_2) \cdots \chi_\nu^*(\xi_N) \right\} \chi_\alpha(\xi_1) \chi_\beta(\xi_2) \cdots \chi_\nu(\xi_N) d\tau \qquad (3)$$

ここまで変形したことによって，各座標ごとの積分を考えればよくなった．

$$\int \chi_\lambda^*(\xi) \chi_\mu(\xi) d\xi = \delta_{\lambda\mu}$$

だから，P を作用させたときの積分は 0 となり，$P = I$ の項だけが残って

$$(3) \text{式} = \int |\chi_\alpha(\xi_1)|^2 |\chi_\beta(\xi_2)|^2 \cdots |\chi_\nu(\xi_N)|^2 d\tau = 1$$

となる．異なる状態 a, b のスレーター行列式の積の場合は，χ_λ と η_λ の少なくとも 1 つは違うということだから，$\chi_\lambda = \eta_\lambda (\lambda \neq \mu), \chi_\mu \neq \eta_\mu$ とすれば

$$\int \Phi_a^* \Phi_b d\tau = \int |\chi_\alpha(\xi_1)|^2 d\xi_1 \cdots \int \chi_\mu^*(\xi_j) \eta_\mu(\xi_j) d\xi_j \cdots \int |\chi_\nu(\xi_N)|^2 d\xi_N = 0$$

したがって状態 a, b が異なるときは 0 となる．

問　題

3.1 2 個の電子を考える．1 つが空間座標 $\boldsymbol{r}_1$，スピン座標 σ_1 に（まとめて ξ_1 と記す），もう 1 つが $\boldsymbol{r}_2, \sigma_2$（$\xi_2$ と記す）に見出される確率を求めよ．またスピン座標について和をとった 2 電子密度を，2 つの状態のスピンが同じ場合と違う場合について計算し，その差を論ぜよ．

3.2 2 電子系において，2 つのスピンが同じときと違うときに，1 電子密度 $P_1(\xi)$ を計算せよ．またスピン座標で和をとった $P_1(\boldsymbol{r}) \equiv \sum_\sigma P_1(\xi)$ を計算し，2 つの場合を比較せよ．

3.3 N 電子系のスレーター行列式について，次の関係式を証明せよ．

$$\int \Phi^* \Phi d\xi_3 d\xi_4 \cdots d\xi_N = \frac{2}{N(N-2)} \sum_{\lambda > \mu} \frac{1}{2} |\chi_\lambda(1)\chi_\mu(2) - \chi_\mu(1)\chi_\lambda(2)|^2$$

$$\int \Phi^* \Phi d\xi_2 d\xi_3 \cdots d\xi_N = \frac{1}{N} \left\{ |\chi_\alpha(1)|^2 + |\chi_\beta(2)|^2 + \cdots + |\chi_\nu(N)|^2 \right\}$$

3.4 中性 Li 原子の基底状態の波動関数を書き下せ．

例題 4

原子核と 2 つの電子から成る系の全エネルギー

$$E = \sum_{\sigma_1 \sigma_2} \int d\boldsymbol{r}_1 d\boldsymbol{r}_2 \Phi^* \mathcal{H} \Phi$$

を求めよ．ただし

$$\mathcal{H} = \sum_{i=1,2} h(i) + g(1,2) \tag{1}$$

$$h(i) = -\frac{\hbar^2}{2m}\Delta_i + V(\boldsymbol{r}_i) \tag{2}$$

$$g(1,2) = \frac{e^2}{4\pi\epsilon_0 |\boldsymbol{r}_1 - \boldsymbol{r}_2|} \tag{3}$$

である．

【解答】 波動関数は 2 電子のスレーター行列式

$$\Phi(\xi_1, \xi_2) = \frac{1}{\sqrt{2}} \begin{vmatrix} \chi_1(\xi_1) & \chi_1(\xi_2) \\ \chi_2(\xi_1) & \chi_2(\xi_2) \end{vmatrix}$$

を使う．1 電子エネルギーの項は問題 3.2 解答の (1)，2 電子相互作用の項は問題 3.1 解答の (1) を用いて計算する．

$$E = \sum_\sigma \int d\boldsymbol{r} \left\{ \chi_1^*(\xi) h(\xi) \chi_1(\xi) + \chi_2^*(\xi) h(\xi) \chi_2(\xi) \right\}$$

$$+ \sum_{\sigma_1 \sigma_2} \int d\boldsymbol{r}_1 d\boldsymbol{r}_2 \left\{ |\chi_1(\xi_1)|^2 g(1,2) |\chi_2(\xi_2)|^2 - \chi_1^*(\xi_1) \chi_2^*(\xi_2) g(1,2) \chi_2(\xi_1) \chi_1(\xi_2) \right\}$$

右辺 2 行目の第 1 項が電子密度間のクーロン相互作用，第 2 項が量子力学で初めて現われる交換相互作用である．これは ξ_1 粒子は状態 2 に，ξ_2 粒子が状態 1 にあったのが，相互作用の結果，ξ_1 粒子が状態 1 に，ξ_2 粒子が状態 2 に遷移したと考えてよい．粒子が状態を入れ替えた相互作用を，交換相互作用，そのエネルギーを交換エネルギーという．

問　題

4.1 スレーター行列式による N 電子系ハミルトニアンの期待値が，要項 (7) で与えられることを示せ．

4.2 前問の結果を用いて，変分原理によりハートリー・フォック方程式，要項 (6) を導け．

5.3 電子配置と周期律

◆ **電子配置**　原子内の電子状態は，主量子数 n，方位量子数 l，磁気量子数 m，スピン量子数 m_s の4つの量子数で指定される．スピン・軌道相互作用を考えに入れるときには，このほかに全角運動量 $\boldsymbol{j} = \boldsymbol{l} + \boldsymbol{s}$ の大きさ j と z 成分 m_j を用いる．

(n, l) を指定した状態は，軌道およびスピン角運動量の z 成分 m と m_s について $(2l+1) \times 2$ 重の縮退がある．1つの (n, l) に対する状態の組を**殻**という．s 殻 ($l=0$) には2個，p 殻 ($l=1$) には6個，d 殻 ($l=2$) には10個，f 殻 ($l=3$) には14個まで電子が占めることができる．ある殻のすべての軌道に電子が満ちているものを，**閉殻**という．原子内電子は，これらの軌道をエネルギーの低いものから順に占める．電子がどの軌道に何個入っているかを，**電子配置** (electron configuration) という．例えば原子番号 Z が19で，電子数が19のカリウム原子 (K) の電子配置は，$(1s)^2(2s)^2(2p)^6(3s)^2(3p)^6(4s)$ である．

◆ **周期律**　元素を原子番号の順に並べたとき，元素の性質が周期的に変化することを，**周期律**という．エネルギーの低い方から電子を詰めていくと電子配置が決まり，電子の束縛エネルギーが周期的に変化することが，周期律の原因である．

原子内電子のポテンシャル5.1節要項 (4) は，球対称近似をしても厳密に $1/r$ の形ではない．そのため水素原子にある l に関する縮退がない．例えば $\epsilon_{2s} \neq \epsilon_{2p}$ である．しかし，少なくとも Z が小さい範囲では，ある n で異なる l に対するエネルギー差は，異なる n に関するエネルギー差より小さい．例えば

$$|\epsilon_{2s} - \epsilon_{2p}| < |\epsilon_{2s} - \epsilon_{3s}|$$

である．

s 電子は原点近くで存在確率が大きいので，核の引力ポテンシャルを強く感じる．一方，遠心力ポテンシャルと呼ばれる $\hbar^2 l(l+1)/2mr^2$ の斥力項のために，p, d, f 電子の分布は遠方へ広がっている．このためエネルギー準位は，

$$\epsilon_{ns} < \epsilon_{np} < \epsilon_{nd}$$

の順になる．この効果のために，$n \geq 3$ の原子では

$$\epsilon_{n+1\,s} < \epsilon_{nd}$$

となっている．実際，各軌道状態のエネルギーを低い順に並べると，ほとんどの原子で

$$1s,\ 2s,\ 2p,\ 3s,\ 3p,\ 4s,\ 3d,\ 4p,\ 5s,\ 4d,\ 5p,\ 6s,\ 4f,\ 5d,\ 7s,\ \cdots$$

となることが，実験的にも理論からもわかっている．

原子番号が Z から $Z+1$ に増えると，電子も1個増える．この電子は核近くで

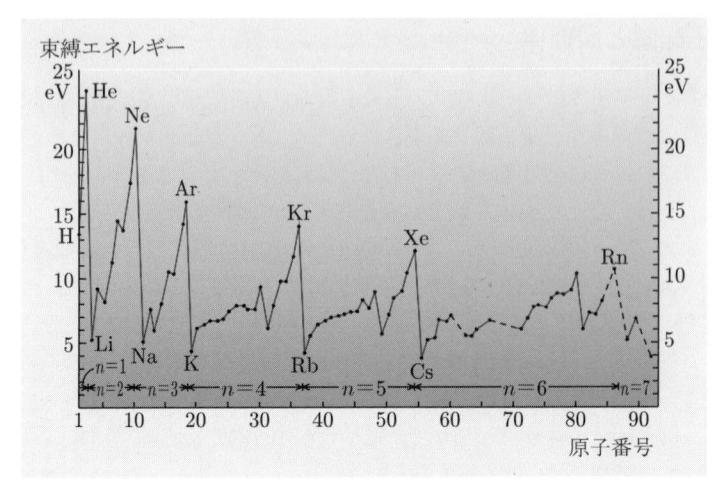

図5.1

$-(Z+1)e^2/(4\pi\epsilon_0 r)$ のポテンシャルを感じ，Z の原子の最外殻電子が $-Ze^2/(4\pi\epsilon_0 r)$ を感じるのに比べ，より強く束縛される．こうして (n,l) 軌道が閉殻になるまでは，束縛エネルギーが Z とともに増える (図5.1)．

閉殻構造となって，次に $(n+1)$ 軌道に電子が1つ入ると，n 軌道までの電子が核の電荷を遮蔽する効果によって，この電子が感じるポテンシャルは，n 軌道に最初に入る電子が感じるものに近い．さらに電子を増やすと，束縛エネルギーが増えるので，周期的変化をする．

5.4 多重項構造

◆ **LS 結合近似と多重項** ハートリー・フォック方程式を解いて決まる1電子状態は，量子数 n, l, m, m_s で指定された．n と l がともに等しい軌道 (いい換えると同じ殻の軌道) を，**同値な軌道**と呼ぶ．同値な軌道には m, m_s による縮退がある．しかし殻に電子が何個詰まっているかによって，いくつかのエネルギー準位に分裂をする．

例えば $2p$ 軌道に2個の電子を詰める場合には，6つの軌道から2つを選ぶ場合の数 $_6C_2 = 15$ 通りの詰め方があって，これらのエネルギーはハートリー・フォック近似では縮退している．現実には電子間相互作用があるために，電子をどの2つの軌道に詰めるかによって，エネルギーが違う．その結果いくつかのエネルギーが異なる**多重項**が生じる．これに対して Ne の電子配置 $(1s)^2(2s)^2(2p)^6$ のような閉殻の場合には，すべての軌道に電子を詰めるという一通りの詰め方しかない．このときはただ1つの多重項が存在する．

5.4 多重項構造

多重項は全軌道角運動量

$$L = \sum_i l_i$$

と，全スピン角運動量

$$S = \sum_i s_i$$

で指定される．さらにスピン・軌道相互作用の効果をとり入れると，多重項を指定するのに J が加わる．非常に重い原子を除くと，スピン・軌道相互作用のエネルギーは，1電子の準位間隔より十分小さい．したがって，まずこれを無視して，全軌道角運動量 L と，全スピン角運動量 S を考え，そのあとで

$$L + S = J$$

を考慮する．この近似を **LS 結合近似**と呼ぶ．L^2 も S^2 もハミルトニアンと可換であるから，$L^2, S^2, (L_z, S_z)$ の固有値に対応して，$L, S, (M_L, M_S)$ が量子数となり，各状態ごとにエネルギーが違う．L の値に応じて

$$\begin{array}{cccccccc} L = & 0, & 1, & 2, & 3, & 4, & 5, & \cdots \\ & S, & P, & D, & F, & G, & H, & \cdots \end{array}$$

の記号を用いる．1組の L と S で指定される多重項は $(2L+1)(2S+1)$ 重に縮退している．$2S+1$ を**多重度**と呼んで L の左肩につけ，右下に J をつけて ${}^{2S+1}P_J$ のように表わす．例題6で示すように，$(np)^2$ の電子配置では，${}^1D, {}^3P, {}^1S$ の3つの多重項が現われる．この例では，それぞれの多重項の縮退度 $(2L+1)(2S+1)$ は，5×1，3×3，1×1 で，その和は15となる．これは6つの軌道に2つを詰める場合の数に一致する．多重項間のエネルギー分裂は，0.1 eV 程度である．多重項の縮退は，スピン・軌道相互作用によって J ごとに分裂する．**全角運動量 $J = L + S$ の大きさ J のとり得る値は**

$$J = L+S, \, L+S-1, \, \cdots, \, |L-S| \tag{1}$$

である．分裂の項数は $L > S$ のとき $2S+1$，$L < S$ のとき $2L+1$ である．例えば $(2p)^2$ のときに生じる ${}^3P$ 項の場合には，$J = 2, 1, 0$ の3項である．分裂エネルギーの値は，4.4 節 (8) の

$$\langle JLS|\mathcal{H}_{\text{SO}}|JLS\rangle = \frac{\zeta_{nl}}{2}\hbar^2 \{J(J+1) - L(L+1) - S(S+1)\} \tag{2}$$

から決まる．

◆ **フントの規則**　電子配置が与えられると，どんな L, S で指定される多重項が現われるかはいえるが，そのエネルギーの値を知るには，対角和の方法による計算が使われる．ここでは説明しないが，概略を知りたい方は，『物質の量子力学』(岡崎誠著, 岩

波書店) 3.7 節を参照されたい.

最低エネルギーがどの多重項であるかということだけなら, 次の**フントの規則**から知ることができる.

> (1) 最低エネルギーは, S が最大値のものである.
> (2) 最大の S をもつ多重項が複数あるときは, 最大の L のものが最低エネルギーである.
>
> スピン軌道相互作用を考えにいれると, さらに次の規則が加わる.
>
> (3) 電子数が殻内の半分以下のときは J の最小値の項, 半分以上のときは J の最大値の項が最低エネルギーである.

原子を議論するときには, 原子全体の剛体としての運動エネルギーと電子のエネルギー (原子核を固定したときの) を別々に考えればよいことは, すでに見てきた (2章例題 10). それでは分子の場合はどうであろうか. 考えられるのは, (i) 分子全体の剛体としての運動エネルギー, (ii) 分子の剛体としての回転エネルギー (分子を構成する原子の相対位置は固定して), (iii) 分子の振動エネルギー (分子の重心は固定して分子がゆがむ), (iv) 電子のエネルギー (分子を構成する原子核をすべて固定して) である. これらをみつもるには次のようにすればよい. M を分子を構成する原子核の平均的質量とし, a を分子の大きさ程度 (電子の広がりともいえる) の長さとする. 1 個の電子のエネルギー (iv) E_e は, したがって

$$E_e \sim \hbar^2/ma^2$$

とみつもられる. 分子の回転の慣性能率は Ma^2 程度だから, 回転のエネルギー (ii) E_r は

$$E_r \sim \frac{\hbar^2}{Ma^2} \sim \left(\frac{m}{M}\right) E_e,$$

とみつもられる.

また, 原子核を a 程度ずらしたとき, そのためのエネルギーは電子のエネルギー E_e 程度であることを考えれば, 分子の振動のバネ定数 k は $a^2 k \sim E_e$ と考えられる. したがって調和振動子のエネルギーと同様に, 分子の振動エネルギー E_v は

$$E_v \sim \hbar \left(\frac{k}{M}\right)^{1/2} \sim \left(\frac{m}{M}\right)^{1/2} E_e$$

とみつもられる. 一般に $m/M \lesssim 10^{-3}$ であるから E_v, E_r は E_e に対して $10^{-2}, 10^{-4}$ 程度の大きさである.

5.4 多重項構造

例題 5

水素原子，ヘリウム原子の基底状態の電子配置とその L, S の値を求めよ．

【解答】 この種の問題を解くには，電子配置に起こり得るすべての場合の M, M_S を求め，これを L, S の組に分解する．水素原子の電子配置は $(1s)$ だから和をとる必要がなくて，$M = 0, M_S = 1/2$ だから，$L = 0, S = 1/2$ となる．ヘリウム原子は $Z = 2$ で電子配置は $(1s)^2$ である．このとき

$$M = m_1 + m_2 = 0 + 0 = 0,$$

したがって $L = 0$ である．また

$$M_S = m_{s1} + m_{s2}$$
$$= \frac{1}{2} + \left(-\frac{1}{2}\right)$$
$$= 0$$

だから，$S = 0$ である．

問題

5.1 Li 原子と Ne 原子の基底状態の電子配置と，L, S の値を求めよ．

5.2 閉殻構造での多重項は，つねに $^1S_0$ となることを説明せよ．

5.3 次に示すそれぞれの場合に現われる状態を，$^{2S+1}L_J$ の記号により示せ．
  (i) $S = 1/2, L = 3$
  (ii) $S = 2, L = 1$
  (iii) $S_1 = 1/2, S_2 = 1, L = 3$

5.4 次の状態のそれぞれについて，許される J の値をいえ．

$$^2D, \quad ^4F, \quad ^3G$$

5.5 次の各中性原子の最低エネルギーの多重項をいえ．

N,   K,   Sc

例題 6

$(np)(n'p)$ の電子配置において,LS 結合近似で現われる多重項を,(i) $n \neq n'$ と (ii) $n = n'$ の場合に求めよ.

【解答】 (i) $n \neq n'$ のとき,2つの電子が入る軌道が同じになることはないので,相互に制限を与えることはない.それぞれが $m = 1, 0, -1$ および $m_s = 1/2, -1/2$ の状態に入ることができるので,$\bm{l}$ の合成と $\bm{s}$ の合成を独立に考えてよい.したがって $L = 2, 1, 0$ と $S = 1, 0$ が許されるので次の表に示す多重項が現われる.

		J			
$L = 2$	$S = 1$	3, 2, 1	${}^3D_3$	${}^3D_2$	${}^3D_1$
	$S = 0$	2	${}^1D_2$		
$L = 1$	$S = 1$	2, 1, 0	${}^3P_2$	${}^3P_1$	${}^3P_0$
	$S = 0$	1	${}^1P_1$		
$L = 0$	$S = 1$	1	${}^3S_1$		
	$S = 0$	0	${}^1S_0$		

もともと,電子配置 $(np)(n'p)$ での状態の数は

$$2(2l+1) \times 2(2l+1) = 36$$

である.一方で,ある (L, S) をもつ状態は $(2S+1)(2L+1)$ 個であるから,上の表の ${}^3D, {}^1D, {}^3P, {}^1P, {}^3S, {}^1S$ について合計すると $3 \times 5 + 1 \times 5 + 3 \times 3 + 1 \times 3 + 3 \times 1 + 1 \times 1 = 36$ となり,一致する.別の数え方として,J を指定した状態のすべてについて $2J + 1$ を合計した,$7 + 5 + 3 + 5 + 5 + 3 + 1 + 3 + 3 + 1 = 36$ とも一致する.

(ii) $n = n'$ の場合には,パウリの排他律から,2個の電子は (m, m_s) の異なる状態に入らねばならない.いま可能な軌道を

(a) $(1, 1/2)$, (b) $(0, 1/2)$, (c) $(-1, 1/2)$,
(d) $(1, -1/2)$, (e) $(0, -1/2)$, (f) $(-1, -1/2)$

と置く.(a)〜(f) のうち 2 つを用いて起こり得る $M = \sum m$, $M_S = \sum m_s$ の値が,正または 0 の場合を数えあげると,次頁の表のようになる.その結果を,M の値を縦軸,M_S の値を横軸にとり,○の中に場合の数を示す.M, M_S の負の領域は省略して考えてもよい.これは図の右辺のように分解することができる.ここで M, M_S は最大値から 1 つずつ小さい値を含めた全体で 1 つの多重項をなすことを用いた.右辺はそれぞれ ${}^1D, {}^3P, {}^1S$ の多重項に対応している.さらに J を指定すると ${}^1D_2, {}^3P_2, {}^3P_1, {}^3P_0, {}^1S_0$ となる.

5.4 多重項構造

	M	M_s
(a)+(b)	1	1
(a)+(c)	0	1
(a)+(d)	2	0
(a)+(e)	1	0
(a)+(f)	0	0
(b)+(d)	1	0
(b)+(e)	0	0
(c)+(d)	0	0

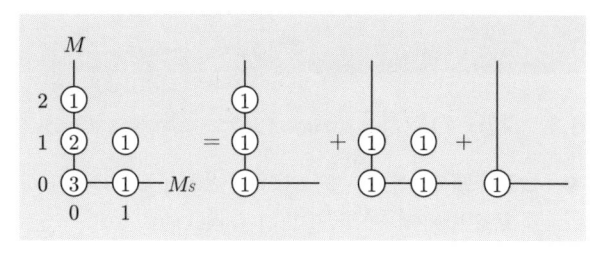

図 5.2

問題

6.1 例題 6 で考えた電子配置 $(np)(n'p)$ のエネルギー準位が多重項分裂でどういう準位構造になるかを図示せよ．次にスピン・軌道相互作用を考えるとどう変わるか．

6.2 $(2p)^2$ 電子配置の多重項の中で，最低エネルギーの項をいえ．

6.3 $(2p)^3$ 電子配置に現われる多重項を求めよ．

6.4 $(3d)^2$ 電子配置の多重項を求めよ．

6.5 電子配置が $(3s)(3p)^4$ の原子に現われる多重項を求めよ．

6 散乱問題

6.1 粒子の散乱

◆ **散乱問題の設定** 例えば電子と原子などの粒子が，衝突する問題を考える．典型的な衝突実験の様子を，図 6.1 に模式的に示す．一定エネルギーをもつ粒子 A の，狭い空間に束ねたビームを，散乱体 B に向けて飛ばす．ビームが散乱体に近づいて相互作用をし，その結果運動の速度や方向が変わるのが衝突である．散乱ともいう．衝突ののちに，相互作用領域から飛んでくる粒子を検知器で数える．これを散乱方向をいろいろに変えて行なう．衝突に際して，A と B で，電子が励起されるなどの内部状態の変化がない過程を，弾性散乱という．以下では弾性散乱を考える．

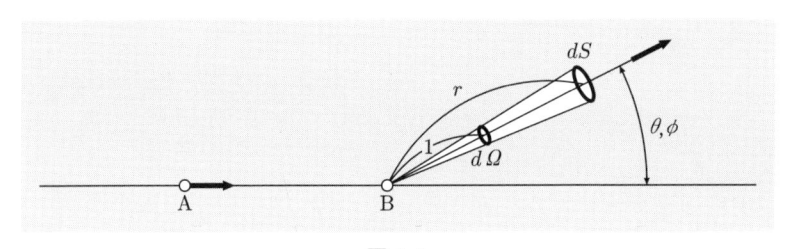

図 6.1

1 個の粒子 A が入射して，1 個の粒子 B により散乱される問題を考える．粒子 i (= A,B) の質量を m_i，座標を $\bm{r}_i$，運動量を $\bm{p}_i$ とすると，2 粒子系のハミルトニアンは

$$\mathcal{H} = \frac{1}{2m_\mathrm{A}}\bm{p}_\mathrm{A}^2 + \frac{1}{2m_\mathrm{B}}\bm{p}_\mathrm{B}^2 + V(\bm{r}_\mathrm{A}, \bm{r}_\mathrm{B}) \tag{1}$$

である．ここで $V(\bm{r}_\mathrm{A}, \bm{r}_\mathrm{B})$ は粒子 A,B 間の相互作用ポテンシャルである．

$V(\bm{r}_\mathrm{A}, \bm{r}_\mathrm{B})$ が粒子 A，B の相対座標 $\bm{r} = \bm{r}_\mathrm{A} - \bm{r}_\mathrm{B}$ だけに依存する形，$V(\bm{r})$ で与えられると仮定すると，2 粒子系の問題は，2 つの 1 粒子問題に帰着される．第 1 は粒子の相対運動，第 2 は重心の自由運動である．例題 1 に示すように相対運動のシュレディンガー方程式は

$$\left\{-\frac{\hbar^2}{2m}\Delta_r + V(\bm{r})\right\}\psi(\bm{r}) = E\psi(\bm{r}) \tag{2}$$

となる．m は m_A と m_B の換算質量である．入射粒子に比べて散乱体が十分重いと，重心は静止していると考えてよい．散乱問題では (2) を適当な境界条件の下で解

6.1 粒子の散乱

くことになる．また $V(\boldsymbol{r})$ は $1/r$ より早く 0 になるとするが，これは通常満たされている．そのとき十分大きな r で波動関数は，自由粒子のシュレディンガー方程式

$$(\Delta + k^2)\psi(\boldsymbol{r}) = 0 \tag{3}$$

を満たす．このとき

$$\psi(\boldsymbol{r}) \xrightarrow[r \to \infty]{} \psi_{\text{inc}}(\boldsymbol{r}) + \psi_{\text{sc}}(\boldsymbol{r}) \tag{4}$$

と書ける．ψ_{inc} は入射粒子，ψ_{sc} は散乱粒子を表わす．

粒子が z 方向にエネルギー

$$E = \hbar^2 k^2 / 2m$$

で入射するとき

$$\psi_{\text{inc}}(\boldsymbol{r}) = A \exp(i\boldsymbol{k} \cdot \boldsymbol{r}) = A \exp(ikz) \tag{5}$$

である (A は規格化定数)．単位体積中の粒子数は $|A|^2$ となる．散乱波を

$$\psi_{\text{sc}}(\boldsymbol{r}) = A \frac{e^{ikr}}{r} f(\theta, \phi) \tag{6}$$

と書く．これは散乱体を中心とする**外向き球面波**である．(θ, ϕ) は入射方向 z 軸に対する極角である (図 6.1 ではポテンシャルが球対称なので，散乱は z 軸の周りの方位角 ϕ に対称に起こる)．$f(\theta, \phi)$ は**散乱振幅**と呼ばれ，散乱角 (θ, ϕ) 方向へ散乱される粒子の数を与える量になる．(5) と (6) から，遠方での解の漸近形が

$$\psi(\boldsymbol{r}) \to A \left\{ e^{ikz} + \frac{e^{ikr}}{r} f(\theta, \phi) \right\} \tag{7}$$

になる，というのが散乱問題の境界条件である．

◆ **実験室系と重心系** 散乱問題を 2 通りの座標系で考えることができる．散乱が起こるまで，散乱体が静止しているとする座標系を，**実験室系**という．いろいろな測定で得られる散乱のデータは，多くの場合実験室系での量である．衝突する 2 粒子の重心が，散乱の前後を通じて静止している座標系が，**重心系**である．理論計算には重心系が便利である．それは重心の自由度に関する運動を無視できるからである．したがって以下では (2) を出発点とする．実験室系と重心系の散乱断面積を結びつける関係は，例題 2 に示す．

◆ **散乱の断面積** 散乱実験の結果は，断面積と呼ばれる量で表わされる．入射ビームの方向に垂直に置かれた単位面積を，単位時間に通過する粒子数を，入射フラックスと呼ぶ．これを N とする (次元は $L^{-2}T^{-1}$ である)．入射粒子の速度を v とすると

$$N = v|A|^2 \tag{8}$$

である．散乱体の位置を中心とする半径 r の球面上で (θ,ϕ) 方向の面積要素 dS を考え，衝突によって単位時間に dS を通過する粒子数を dN とする (次元は T^{-1}). q を，方向に依存する比例定数として

$$dN = Nq(\theta,\phi)\frac{dS}{r^2} = Nq(\theta,\phi)d\Omega \tag{9}$$

と書ける．$d\Omega$ は立体角である．

$$\sigma(\theta,\phi) = q(\theta,\phi)d\Omega \tag{10}$$

は L^2 の次元となる．$\sigma(\theta,\phi)$ を，散乱の (θ,ϕ) 方向の**微分断面積**という．微分断面積は，散乱の強さを与える量である．1.2 節例題 4 で定義した，確率の流れの密度

$$\boldsymbol{j}(\boldsymbol{r}) = \mathrm{Re}\left[\psi^*\frac{\hbar}{im}\nabla\psi\right] \tag{11}$$

を用いると，入射平面波 Ae^{ikz} に対しては，z 方向の単位ベクトルを $\boldsymbol{e}_z$ として

$$\boldsymbol{j}_{\mathrm{inc}}(\boldsymbol{r}) = \frac{\hbar k}{m}|A|^2\boldsymbol{e}_z = N\boldsymbol{e}_z \tag{12}$$

となる．散乱波 $Ae^{ikr}f(\theta,\phi)/r$ に対しては

$$\boldsymbol{j}_{\mathrm{sc}}(\boldsymbol{r}) = |A|^2\frac{|f(\theta,\phi)|^2}{r^2}\frac{\hbar k}{m}\boldsymbol{e}_r + O\left(\frac{1}{r^3}\right) \cong N\frac{|f(\theta,\phi)|^2}{r^2}\boldsymbol{e}_r \tag{13}$$

である．ここで勾配ベクトルの球座標表示

$$\nabla = \boldsymbol{e}_r\frac{\partial}{\partial r} + \boldsymbol{e}_\theta\frac{1}{r}\frac{\partial}{\partial \theta} + \boldsymbol{e}_\phi\frac{1}{r\sin\theta}\frac{\partial}{\partial \phi}$$

を用いた．

$$dN = |\boldsymbol{j}_{\mathrm{sc}}(\boldsymbol{r})|dS = |\boldsymbol{j}_{\mathrm{inc}}(\boldsymbol{r})|\frac{dS}{r^2}|f(\theta,\phi)|^2$$

の右辺に (12) と (13) を使うと

$$dN = N\frac{dS}{r^2}|f(\theta,\phi)|^2 \tag{14}$$

となり

$$\sigma(\theta,\phi) = |f(\theta,\phi)|^2 d\Omega \tag{15}$$

を得る．これが散乱の理論から得られる散乱振幅と，実験で測定される微分断面積を結びつける関係である．散乱の**全断面積** σ は，$\sigma(\theta,\phi)$ をすべての方向について積分して

$$\sigma = \int |f(\theta,\phi)|^2 d\Omega \tag{16}$$

で得られる．

6.1 粒子の散乱

例題 1

$$\mathcal{H} = \frac{1}{2m_A}\boldsymbol{p}_A{}^2 + \frac{1}{2m_B}\boldsymbol{p}_B{}^2 + V(\boldsymbol{r}_A - \boldsymbol{r}_B)$$

に対するシュレディンガー方程式を，相対座標 $\boldsymbol{r}$ と重心座標 $\boldsymbol{R}$ について分離し，散乱問題の基本方程式が

$$\left\{-\frac{\hbar^2}{2m}\Delta_r + V(\boldsymbol{r})\right\}\psi(\boldsymbol{r}) = E\psi(\boldsymbol{r})$$

であることを示せ．ただし V は相対座標のみの関数，$m = \dfrac{m_A m_B}{m_A + m_B}$ とする．

【解答】

$$\boldsymbol{r} = \boldsymbol{r}_A - \boldsymbol{r}_B, \quad \boldsymbol{R} = \frac{m_A \boldsymbol{r}_A + m_B \boldsymbol{r}_B}{m_A + m_B}$$

から

$$\boldsymbol{r}_A = \boldsymbol{R} + \frac{m_B}{M}\boldsymbol{r}, \quad \boldsymbol{r}_B = \boldsymbol{R} - \frac{m_A}{M}\boldsymbol{r}$$

ここで $M = m_A + m_B$.

$$\frac{d}{d\boldsymbol{r}_A} = \frac{m_A}{M}\frac{d}{d\boldsymbol{R}} + \frac{d}{d\boldsymbol{r}}, \quad \frac{d}{d\boldsymbol{r}_B} = \frac{m_B}{M}\frac{d}{d\boldsymbol{R}} - \frac{d}{d\boldsymbol{r}},$$

$$\frac{d^2}{d\boldsymbol{r}_A^2} = \left(\frac{m_A}{M}\right)^2 \frac{d^2}{d\boldsymbol{R}^2} + 2\frac{m_A}{M}\frac{d^2}{d\boldsymbol{R}d\boldsymbol{r}} + \frac{d^2}{d\boldsymbol{r}^2},$$

$$\frac{d^2}{d\boldsymbol{r}_B^2} = \left(\frac{m_B}{M}\right)^2 \frac{d^2}{d\boldsymbol{R}^2} - 2\frac{m_B}{M}\frac{d^2}{d\boldsymbol{R}d\boldsymbol{r}} + \frac{d^2}{d\boldsymbol{r}^2}$$

を用いると，$\mathcal{H}\Phi(\boldsymbol{r}_A, \boldsymbol{r}_B) = E\Phi(\boldsymbol{r}_A, \boldsymbol{r}_B)$ は $\Phi(\boldsymbol{r}_A, \boldsymbol{r}_B) = \varphi(\boldsymbol{R})\psi(\boldsymbol{r})$ と変数分離でき，

$$-\frac{\hbar^2}{2M}\Delta_R \varphi(\boldsymbol{R}) = E_{cm}\varphi(\boldsymbol{R}),$$

$$\left\{-\frac{\hbar^2}{2m}\Delta_r + V(\boldsymbol{r})\right\}\psi(\boldsymbol{r}) = E_{rel}\psi(\boldsymbol{r})$$

ただし，E_{cm}, E_{rel} は重心運動，相対運動のエネルギーで，

$$E_{cm} + E_{rel} = E.$$

E_{rel} を例題 1 では E と記している．

問題

1.1 入射波と散乱波の確率の流れの密度，要項 (12)，(13) を示せ．

---例題 2---

実験室系で散乱角 (θ_0, ϕ_0) に関する微分断面積 σ_0 と，重心系での散乱角 (θ, ϕ) に関する微分断面積 σ の関係を求めよ．ただし衝突する 2 粒子の質量を m_A, m_B とし，衝突による質量の変化，エネルギーのロスはないとする．

【解答】 系の重心の速度を $\boldsymbol{V}$ とすると，実験室系での速度 $(\boldsymbol{v})_L$ と，重心系での速度 $\boldsymbol{v}$ には，衝突の前後を問わず，

$$\boldsymbol{v} = (\boldsymbol{v})_L - \boldsymbol{V}$$

の関係がある．入射粒子 (質量 m_A) の実験室系での衝突前の速度を $(\boldsymbol{v}_A)_L$ とする (散乱体は静止している)．運動量保存則から，実験室系で重心の速度は，衝突の前後ともに

$$\boldsymbol{V} = m_A (\boldsymbol{v}_A)_L / (m_A + m_B)$$

である (図 6.2(a))．衝突前は，重心系での粒子 A の速度は

$$\boldsymbol{v}_A = (\boldsymbol{v}_A)_L - \boldsymbol{V} = m_B (\boldsymbol{v}_A)_L / (m_A + m_B),$$

粒子 B の速度は $-\boldsymbol{V}$ となる (図 6.2(b))．この問題で問われているのは，衝突後の粒子 A の実験室系での速度 $(\boldsymbol{v}_A')_L$ と，重心系での速度 $\boldsymbol{v}_A' = (\boldsymbol{v}_A')_L - \boldsymbol{V}$ の散乱角の関係である．図 6.2(c) から

$$v_A' \cos\theta + V = (v_A')_L \cos\theta_0 \tag{1}$$

$$v_A' \sin\theta = (v_A')_L \sin\theta_0 \tag{2}$$

$$\phi = \phi_0 \tag{3}$$

である．(1)，(2) から

$$\tan\theta_0 = \frac{\sin\theta}{\gamma + \cos\theta}, \quad \left(\gamma = \frac{V}{v_A'} = \frac{m_A}{m_B}\right) \tag{4}$$

の関係がある．散乱角 (θ_0, ϕ_0) 方向の微小立体角 $d\Omega_0$ に散乱される粒子数と，散乱角 (θ, ϕ) 方向の微小立体角 $d\Omega$ に散乱される粒子数は，微分断面積の定義から，座標系のとり方によらず同じであるから

$$\sigma_0(\theta_0, \phi_0) \sin\theta_0 d\theta_0 d\phi_0 = \sigma(\theta, \phi) \sin\theta d\theta d\phi \tag{5}$$

である．一方 (4) から

$$d\theta_0 = \frac{1 + \gamma \cos\theta}{1 + \gamma^2 + 2\gamma \cos\theta} d\theta \tag{6}$$

6.1 粒子の散乱   131

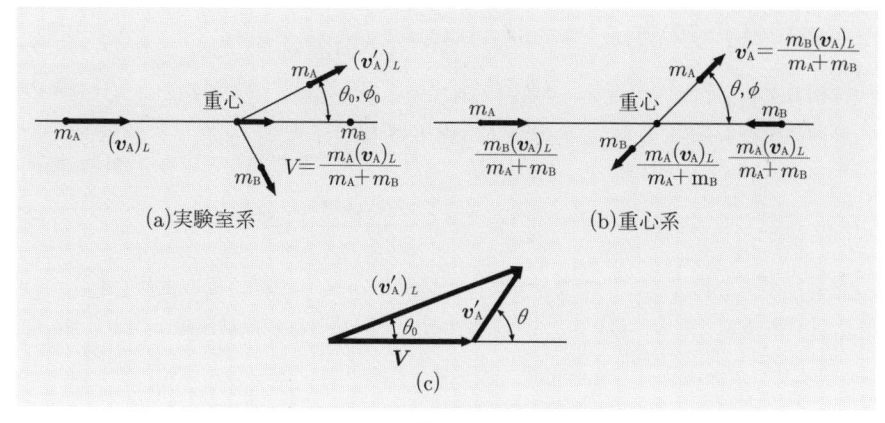

図 6.2

また
$$\frac{1}{\cos\theta_0} = \sec\theta_0 = \sqrt{1+\tan^2\theta_0}$$
$$= \frac{(1+2\gamma\cos\theta+\gamma^2)^{1/2}}{|\gamma+\cos\theta|}$$

と (6) を，(5) に用いると
$$\sigma_0(\theta_0,\phi_0) = \frac{(1+\gamma^2+2\gamma\cos\theta)^{3/2}}{1+\gamma\cos\theta}\sigma(\theta,\phi)$$

問題

2.1 質量 m_A の粒子 A が，質量 m_B の粒子 B と弾性衝突する場合を考える．重心系でのそれぞれの速度を v_A, v_B とする．

(i) 重心系で $p_A + p_B = 0$ であることを説明せよ．

(ii) 入射方向を実験室系，重心系ともに z 軸にとる．実験室系での重心の速度を V としたとき，粒子の実験室系での速度 $(v)_L$ と重心系での速度 v の関係を示せ．

(iii) 衝突後に，v' が重心系で方向 (θ,ϕ) を，$(v')_L$ が実験室系で方向 (θ_0,ϕ_0) を向いているとして，例題 2 の (1)〜(3) を示せ．

2.2 前問において，粒子 A が実験室系での速度 $(v_A)_L$ で入射するとき

(i) 実験室系で，衝突前の運動量 $(p_A)_L$ と $(p_B)_L$，衝突後の運動量 $(p_A')_L$ と $(p_B')_L$ の様子を図示せよ．

(ii) 重心系で衝突前の運動量 p_A, p_B と，衝突後の運動量 p_A', p_B' の関係を図示せよ．

6.2 位相のずれの方法

◆ **位相のずれ** 散乱ポテンシャルが球対称である場合には、波動関数を、角運動量の固有関数であるルジャンドル多項式 $P_l(\cos\theta)$ で展開できる。$E = \hbar^2 k^2/2m$ のエネルギーで入射した自由粒子の、散乱ポテンシャルから十分離れたところでの波動関数は

$$\psi = \sum_{l=0}^{\infty} i^l (2l+1) e^{i\delta_l} P_l(\cos\theta) \frac{\sin(kr - l\pi/2 + \delta_l)}{kr} \tag{1}$$

と書ける．これを l ごとの部分波による展開という．δ_l は**位相のずれ** (phase shift) と呼ばれる量である．(1)は、$V(r)$ が十分小さい遠方での波動関数を、$V(r) = 0$ の波動関数

$$\psi = e^{ikz} = \sum_{l=0}^{\infty} i^l (2l+1) P_l(\cos\theta) \frac{\sin(kr - l\pi/2)}{kr} \tag{2}$$

と比べたとき、違いは位相が δ_l ずれているだけであることを示している．つまりポテンシャルから遠いところで波動関数を見ると、散乱の効果は δ_l に集約される．引力ポテンシャルのときは波動関数が引き寄せられるので $\delta_l > 0$ (図6.3(a))，逆に斥力ポテンシャルでは、$\delta_l < 0$ (図6.3(b)) となる．

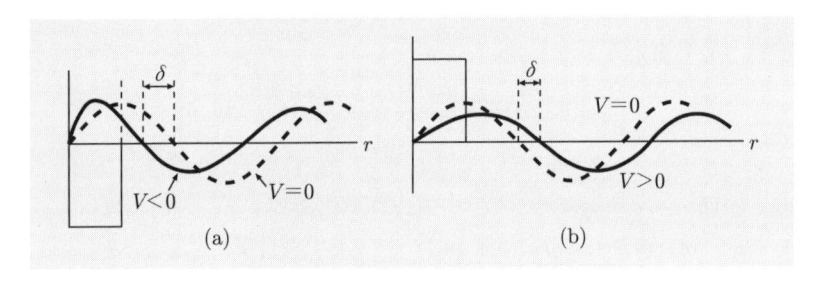

図 6.3

位相のずれから、散乱に関する情報が得られる．散乱振幅は、位相のずれを用いて

$$f(\theta) = \frac{1}{2ik} \sum_{l=0}^{\infty} (2l+1)(e^{2i\delta_l} - 1) P_l(\cos\theta) \tag{3}$$

で与えられる(導出は例題3)．これにより散乱の全断面積 σ は次のようになる(問題 3.1)．

$$\sigma = \frac{4\pi}{k^2} \sum_{l=0}^{\infty} (2l+1) \sin^2 \delta_l \tag{4}$$

位相のずれの方法は、ポテンシャルが球対称であればどんなに強くても使える，一般的な方法である．ポテンシャルが強いときには、展開に必要な部分波の数が多くなり、大きい l の波まで散乱に寄与する．

◆ **箱型ポテンシャルによる位相のずれ**   3次元箱型ポテンシャル

6.2 位相のずれの方法

を考える. 位相のずれを求めるには，遠方での波動関数を知る必要がある. 動径方向のシュレディンガー方程式は 2.4 節例題 12 の

$$V = \begin{cases} -V_0 & (r < a) \\ 0 & (r > a) \end{cases} \tag{5}$$

$$\frac{d^2 R}{dr^2} + \frac{2}{r}\frac{dR}{dr} + \frac{2m}{\hbar^2}(V_0 + E)R = 0 \quad (r < a) \tag{6a}$$

$$\frac{d^2 R}{dr^2} + \frac{2}{r}\frac{dR}{dr} + \frac{2m}{\hbar^2}ER = 0 \quad (r > a) \tag{6b}$$

である. この問題で，$E > 0$（連続状態）の場合は解答の (11) が解を決める式であり，(12) で l 部分波の位相のずれ

$$\tan \delta_l = -C_l/B_l \tag{7}$$

を定義した. このとき位相のずれは

$$\tan \delta_l(k) = \frac{k j_l'(ka) j_l(\kappa a) - \kappa j_l(ka) j_l'(\kappa a)}{k n_l'(ka) j_l(\kappa a) - \kappa n_l(ka) j_l'(\kappa a)} \tag{8}$$

となる（導出は例題 4）. ここで $j_l'(ka) = \left.\frac{dj_l(x)}{dx}\right|_{x=ka}, k^2 = \frac{2m}{\hbar^2}E, \kappa^2 = \frac{2m}{\hbar^2}(E+V_0)$ である. 例えば $l = 0$ の場合には次のようになる（問題 4.1 参照）.

$$\tan \delta_0 = \frac{k \tan(\kappa a) - \kappa \tan(ka)}{\kappa + k \tan(ka)\tan(\kappa a)} \tag{9}$$

$$\delta_0 = -ka + \tan^{-1}\left[(k/\kappa)\tan(\kappa a)\right] \tag{10}$$

◆ **剛体球による散乱** 3 次元のポテンシャル

$$V(r) = \begin{cases} +\infty & (r < a) \\ 0 & (r > a) \end{cases} \tag{11}$$

は，$r < a$ の領域に粒子が入れないので**剛体球ポテンシャル**と呼ばれる. 外側の波動関数が $r = a$ で 0 になるという条件から

$$\tan \delta_l = j_l(ka)/n_l(ka) \tag{12}$$

とくに低エネルギー ($ka \ll 1$) では

$$\tan \delta_l(k) \sim \frac{(ka)^{2l+1}}{(2l+1)!!\,(2l-1)!!} \tag{13}$$

となり，l とともに急激に減少する. 低エネルギー散乱では $l = 0$ が主な寄与をする. $\delta_0 = -ka$ だから散乱の全断面積は

$$\sigma_{\text{tot}} \to 4\pi a^2 \tag{14}$$

と，古典的な剛体球による散乱断面積の 4 倍になる.

---- 例題 3 ----

球対称ポテンシャルによる散乱振幅を,位相のずれで表わした要項(3)を証明せよ.

$$f(\theta) = \frac{1}{2ik}\sum_{l=0}^{\infty}(2l+1)(e^{2i\delta_l}-1)P_l(\cos\theta)$$

【解答】 $U(r) = \dfrac{2m}{\hbar^2}V(r)$ と置くと,シュレディンガー方程式は

$$\left\{\Delta + k^2 - U(r)\right\}\psi(r) = 0 \tag{1}$$

となる.入射粒子の k の方向を z 軸にとる.ポテンシャルが球対称だから,散乱は方位角 ϕ について対称に起こる.このとき角運動量 l が状態を指定する量子数であるから,異なる l に対する状態は散乱に独立に関与する.したがって ψ を,各 l ごとの部分波で展開する.まず入射波 e^{ikz} の遠方での漸近形を求める.公式

$$e^{ikr\cos\theta} = \sum_{l=0}^{\infty}(2l+1)i^l j_l(kr)P_l(\cos\theta) \tag{2}$$

と,j_l の漸近形 (2 章例題 12) から

$$e^{ikz} \cong \sum_{l=0}^{\infty}(2l+1)i^l\frac{\sin(kr-l\pi/2)}{kr}P_l(\cos\theta) \tag{3}$$

散乱波の漸近形を,$\chi_l(r) = rR_l(r)$ に対する動径方向のシュレデインガー方程式

$$d^2\chi_l/dr^2 + \left\{k^2 - U(r) - l(l+1)/r^2\right\}\chi_l = 0 \tag{4}$$

によって考える.r が十分大きいときには $U(r)$ と遠心力ポテンシャルが無視できることから,$\chi_l(r)$ を $\sin(kr-l\pi/2+\delta_l)$ にとれる ($U \to 0$ で $\delta_l \to 0$ のとき,(3) の形になるように $-l\pi/2$ の因子を入れてある).したがって,散乱波の漸近形は

$$\psi \cong \sum_{l=0}^{\infty}A_l\frac{\sin(kr-l\pi/2+\delta_l)}{kr}P_l(\cos\theta) \tag{5}$$

と展開できる.A_l を決めるために,(3),(4) を 6.1 節要項 (3) に用いると

$$\psi - e^{ikz} \cong \sum_{l=0}^{\infty}\frac{P_l(\cos\theta)}{2ikr}\left[e^{i\left(kr-\frac{l\pi}{2}\right)}\left\{A_l e^{i\delta_l} - (2l+1)i^l\right\}\right.$$
$$\left. - e^{-i\left(kr-\frac{l\pi}{2}\right)}\left\{A_l e^{-i\delta_l} - (2l+1)i^l\right\}\right] \tag{6}$$

である.無限遠で e^{-ikr} の係数が 0 (内向き球面波がない) という境界条件を課すと

$$A_l = (2l+1)i^l e^{i\delta_l} \tag{7}$$

(6) に (7) を代入すれば,$f(\theta)$ の表式を得る.

～ 問　題 ～

3.1 散乱の全断面積が要項 (4) で与えられることを示せ.

3.2 光学定理 $\mathrm{Im}\, f(0) = (k/4\pi)\sigma$ を証明せよ.

3.3 例題 3 解答の (2) で与えた公式を証明せよ.

例題 4

3次元箱型ポテンシャルの場合に，一般の l に対する位相のずれが，要項 (8) で与えられることを導け．

【解答】 2.4 節例題 12 の解答 (10) に境界条件 (11) を課すと (k_I, k_O をそれぞれ κ, k と表わして)

$$\kappa \frac{j_l{}'(\kappa a)}{j_l(\kappa a)} = \frac{k[j_l{}'(ka) - \tan\delta_l\, n_l{}'(ka)]}{j_l(ka) - \tan\delta_l\, n_l(ka)} \tag{1}$$

これから $\tan\delta_l$ を求めると

$$\tan\delta_l(k) = \frac{k j_l{}'(ka) j_l(\kappa a) - \kappa j_l(ka) j_l{}'(\kappa a)}{k n_l{}'(ka) j_l(\kappa a) - \kappa n_l(ka) j_l{}'(\kappa a)} \tag{2}$$

となり，要項 (8) である．

問 題

4.1 3次元箱型ポテンシャルによる散乱の位相のずれは，$l=0$ の場合に要項 (11) となることを示せ．

4.2 3次元箱型ポテンシャルによる s 波 ($l=0$) の散乱を考える．V_0 を 0 から大きくしていったとき，位相のずれ δ_0 が $\pi/2$ を超えることと束縛状態が現われる条件が，同じであることを示せ．

4.3 例題 4 の (2) の右辺分母は，あるエネルギーでゼロとなる．このとき δ_l は $(n+1/2)\pi$ を通過する．その近くのエネルギーで部分波の散乱断面積は最大値をとり，共鳴散乱が見られる．ポテンシャルが非常に弱く l が大きいとして

$$\kappa a \gg l \gg ka$$

が成り立つとき，共鳴条件を求めよ．

4.4 引力ポテンシャル

$$U(r) = -U_0 \exp\left(-\frac{r}{a}\right)$$

による s 波散乱の位相のずれを求めよ．またこれと離散的束縛状態のエネルギーとの関係を調べよ．

6.3 ボルン近似

◆ **ボルン近似**　散乱ポテンシャル $V(\boldsymbol{r})$ が弱い場合に有力な方法として，ボルン近似によるものがある．位相のずれの方法では，多くの場合シュレディンガー方程式の数値解を求める必要があるのに対して，ボルン近似は，散乱問題をある程度解析的に扱える利点がある．シュレディンガー方程式

$$(\Delta + k^2)\psi(\boldsymbol{r}) = U(\boldsymbol{r})\psi(\boldsymbol{r}) \tag{1}$$

を考える．ただし

$$U(\boldsymbol{r}) = \frac{2m}{\hbar^2} V(\boldsymbol{r})$$

である．以下には結果だけを与えるが，その導出は例題5に示す．微分方程式の一般論から，(1) のように右辺がゼロでない (非同次項をもつ) 方程式の一般解は，(1) の右辺を 0 とした同次方程式の一般解と，(1) の特解の和で与えられる．すなわち (1) の一般解を

$$\psi(\boldsymbol{r}) = \varphi(\boldsymbol{r}) - \frac{1}{4\pi} \int \frac{\exp(ik|\boldsymbol{r}-\boldsymbol{r}'|)}{|\boldsymbol{r}-\boldsymbol{r}'|} U(\boldsymbol{r}')\psi(\boldsymbol{r}')d\boldsymbol{r}' \tag{2}$$

と書いたとき，第1項は同次方程式の一般解である．第2項は (1) の特解を，同次方程式のグリーン関数 $G_0(\boldsymbol{r}-\boldsymbol{r}')$ を使って表わしたものである．グリーン関数は，(1) の右辺を δ 関数とする微分方程式

$$(\Delta + k^2)G_0(\boldsymbol{r}-\boldsymbol{r}') = \delta(\boldsymbol{r}-\boldsymbol{r}') \tag{3}$$

の解として定義されるが，これは

$$G_0(\boldsymbol{r}-\boldsymbol{r}') = -\frac{1}{4\pi} \frac{\exp(ik|\boldsymbol{r}-\boldsymbol{r}'|)}{|\boldsymbol{r}-\boldsymbol{r}'|} \tag{4}$$

となる．こうして (2) が (1) の一般解であることがいえた．(2) は，右辺に求めるべき関数 ψ を含んでいるから，まだ解の具体形を与えてはいない．ψ の満たすべき式を与えているに過ぎない．(2) の φ に入射波 (平面波 e^{ikz}) をとり，散乱ポテンシャルの効果が小さいとして第2項の $\psi(\boldsymbol{r}')$ を入射波と同じ形の $e^{ikz'}$ で近似する．これがボルン近似である．このとき散乱振幅は

$$f(\theta) = -\frac{2m}{\hbar^2} \int_0^\infty \frac{\sin Kr}{K} V(r) r dr \tag{5}$$

となる．これを**ボルンの公式**と呼ぶ．

$$\boldsymbol{K} \equiv \boldsymbol{k} - \boldsymbol{k}' = k(\boldsymbol{e}_0 - \boldsymbol{e}_r) \tag{6}$$

は，散乱における $\boldsymbol{k}$ の変化で，$\boldsymbol{e}_0$ は入射方向の単位ベクトル，$\boldsymbol{e}_r$ は $\boldsymbol{r}$ 方向の単位ベクトルである (図6.4)．$\boldsymbol{K}$ と $\boldsymbol{k}$ の大きさには，散乱角 θ を通じて

$$K = 2k \sin \frac{\theta}{2} \tag{7}$$

の関係がある．

6.3 ボルン近似

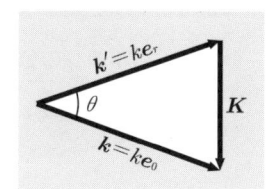

図 6.4

外向きと内向き，複素積分，$\pm i\epsilon$ グリーン関数の積分表示を，適当な複素積分路を選んで積分することにより，$G_0(r)$ が外向き（あるいは内向き）球面波を意味していることを導こう．

例題 5 解答の (7) は，r 方向を z 軸に選び，k' を球座標 (k', θ, ϕ) で表わすと

$$G_0(r) = \frac{1}{(2\pi)^3} \int \frac{\exp(i\boldsymbol{k}' \cdot \boldsymbol{r})}{k^2 - k'^2} d\boldsymbol{k}' = \frac{1}{2\pi^2 r} \int_0^\infty \frac{k' \sin k'r}{k^2 - k'^2} dk'$$
$$= -\frac{1}{8\pi^2 ir}(I_1 - I_2) \qquad (A)$$

と書ける．ここで

$$I_1 = \int_{-\infty}^\infty \left(\frac{1}{k'+k} + \frac{1}{k'-k}\right) \exp(ik'r) dk',$$

$$I_2 = \int_{-\infty}^\infty \left(\frac{1}{k'+k} + \frac{1}{k'-k}\right) \exp(-ik'r) dk'$$

を導入した．

k' の複素平面において，I_1 の積分路を図 (a) の C_+, C_-（実線）の 2 通りにとる．同様に I_2 の積分路を C_+, C_- の点線にとる．このとき C_+, C_- の 2 通りの積分路に対して

$$G_0^{(\pm)}(r) = -\frac{1}{4\pi} \frac{\exp(\pm ikr)}{r}.$$

極の位置を図 (b) のようにずらし，C_+ に対して $k' = \pm(k + i\epsilon')$ として $\epsilon' \to 0$ とすれば同じ結果が得られる．C_- に対しては $k' = \pm(k - i\epsilon')$ とすればよい．このとき $k'^2 = (k \pm i\epsilon')^2 \simeq k^2 \pm 2i\epsilon' k = k^2 \pm i\epsilon$ となるから

$$G_0^{(\pm)}(r) = \lim_{\epsilon \to 0} \frac{1}{(2\pi)^3} \int \frac{\exp(i\boldsymbol{k}' \cdot \boldsymbol{r})}{k^2 - k'^2 \pm i\epsilon} d\boldsymbol{k}$$
$$= -\frac{1}{4\pi} \frac{\exp(\pm ikr)}{r}.$$

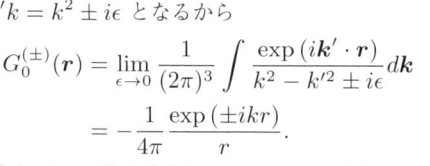

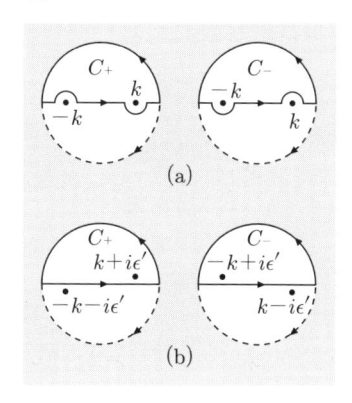

つまり C_+ の積分路をとることにより外向き球面波，C_- の積分路をとることにより内向き球面波を得る．

例題 5

球対称ポテンシャルに対する散乱振幅のボルンの公式,要項 (5) を次の手順で導け.

(i) $$\psi(\boldsymbol{r}) = \varphi(\boldsymbol{r}) - \frac{1}{4\pi}\int \frac{\exp(ik|\boldsymbol{r}-\boldsymbol{r}'|)}{|\boldsymbol{r}-\boldsymbol{r}'|}U(\boldsymbol{r}')\psi(\boldsymbol{r}')d\boldsymbol{r}' \tag{A}$$

が

$$\Delta\psi + k^2\psi = U\psi \tag{B}$$

の一般解であることを示せ. ただし $\varphi(\boldsymbol{r})$ は $\Delta\varphi + k^2\varphi = 0$ の一般解である.

(ii) (A) が散乱波の漸近形を満たし,かつポテンシャルが弱くて散乱波が入射波に比べて小さいとして,散乱振幅の表式,要項 (5) を求めよ.

【解答】(i) (B) の一般解は,同次方程式の一般解 φ と

$$(\Delta + k^2)\psi(\boldsymbol{r}) = U(\boldsymbol{r})\psi(\boldsymbol{r}) \tag{1}$$

の特解 χ の和で与えられる. (1) の特解が

$$(\Delta + k^2)G_0(\boldsymbol{r}) = \delta(\boldsymbol{r}) \tag{2}$$

の解であるグリーン関数 $G_0(\boldsymbol{r})$ を用いて

$$\chi(\boldsymbol{r}) = \int G_0(\boldsymbol{r} - \boldsymbol{r}')U(\boldsymbol{r}')\psi(\boldsymbol{r}')d\boldsymbol{r}' \tag{3}$$

で与えられることは, (3) を (1) に代入して (2) を用いればすぐにわかる. (2) の両辺をフーリエ積分

$$G_0(\boldsymbol{r}) = \int G_0(\boldsymbol{k}')\exp(i\boldsymbol{k}'\cdot\boldsymbol{r})d\boldsymbol{k}' \tag{4}$$

$$\delta(\boldsymbol{r}) = (2\pi)^{-3}\int \exp(i\boldsymbol{k}'\cdot\boldsymbol{r})d\boldsymbol{k}' \tag{5}$$

で表わすと

$$(k^2 - k'^2)G_0(\boldsymbol{k}') = (2\pi)^{-3} \tag{6}$$

これを (4) に代入すると

$$G_0(\boldsymbol{r}) = \frac{1}{(2\pi)^3}\int \frac{\exp(i\boldsymbol{k}'\cdot\boldsymbol{r})}{k^2 - k'^2}d\boldsymbol{k}' = \lim_{\epsilon\to 0}\frac{1}{(2\pi)^3}\int \frac{\exp(i\boldsymbol{k}'\cdot\boldsymbol{r})}{k^2 + k'^2 + i\epsilon}d\boldsymbol{k}' \tag{7}$$

最後に分母に $i\epsilon$ を加えたのは,積分路が $k = k'$ の極を避け,外向き球面波に対応させるためである. (6) の積分を複素積分により実行すれば (137 頁のかこみ欄参照)

$$G_0(\boldsymbol{r}) = -\frac{1}{4\pi}\frac{\exp(ikr)}{r} \tag{8}$$

結局, (1) の一般解は (A) となる.

(ii) (A) の漸近形が 6.1 節要項 (3) の形になるためには, $\varphi = e^{ikz}$ と置く. ポテンシャ

ルが弱いときは，右辺の積分の中の ψ は，入射波と同じ e^{ikz} で近似できる．これを**ボルン近似** (正確には第1ボルン近似) と呼ぶ．すなわち

$$\psi(\boldsymbol{r}) = e^{ikz} - \frac{1}{4\pi} \int \frac{\exp(ik|\boldsymbol{r}-\boldsymbol{r}'|)}{|\boldsymbol{r}-\boldsymbol{r}'|} U(\boldsymbol{r}') e^{ikz'} d\boldsymbol{r}' \tag{9}$$

ここで，$|\boldsymbol{r}-\boldsymbol{r}'| = (r^2 + r'^2 - 2\boldsymbol{r}\cdot\boldsymbol{r}')^{1/2} = r - \boldsymbol{e}_r\cdot\boldsymbol{r}' + O(1/r)$ を用いると，r が大きいところでの ψ の漸近形は

$$\psi(\boldsymbol{r}) \sim e^{ikz} - \frac{e^{ikr}}{4\pi r} \int e^{-ik\boldsymbol{e}_r\cdot\boldsymbol{r}'} U(\boldsymbol{r}') e^{ikz'} d\boldsymbol{r}' \tag{10}$$

となる．入射波数ベクトル $\boldsymbol{k}=k\boldsymbol{e}_0$ を用いると $kz'=k\boldsymbol{e}_0\cdot\boldsymbol{r}'$ と書けるから

$$f(\theta) = -\frac{1}{4\pi} \int \exp\{ik(\boldsymbol{e}_0-\boldsymbol{e}_r)\cdot\boldsymbol{r}'\} U(\boldsymbol{r}') d\boldsymbol{r}' \tag{11}$$

となる．

$$k(\boldsymbol{e}_0-\boldsymbol{e}_r) = \boldsymbol{k}-\boldsymbol{k}' = \boldsymbol{K} \tag{12}$$

と置けば，$\boldsymbol{K}$ は散乱による $\boldsymbol{k}$ の変化であり，$K = 2k\sin(\theta/2)$．$\boldsymbol{K}$ の方向を z' 軸にとり (11) で $\boldsymbol{r}' = (r', \theta', \phi')$ の中の角度積分を行なうと (図 6.5)

$$\int_0^{2\pi}\int_0^{\pi} \exp(iKr'\cos\theta')\sin\theta' d\theta' d\phi' = \frac{4\pi\sin Kr'}{Kr'}$$

から，要項 (5) を得る．

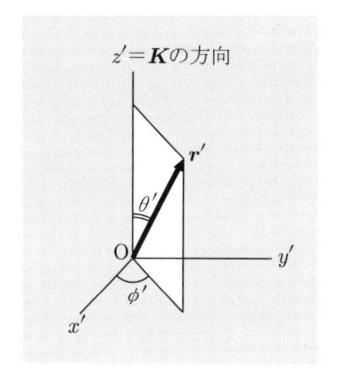

図 6.5 z' 軸を $\boldsymbol{K}$ の方向にとる座標系

問題

5.1 ポテンシャル $V(r) = V_0 e^{-\mu r}/\mu r$ による散乱全断面積をボルン近似で求めよ．

5.2 ボルン近似が使えるくらいに散乱ポテンシャル $U(r)$ が弱いとき次式が成り立つ．

$$\delta_l = -k\int_0^\infty U(r)[j_l(kr)]^2 r^2 dr$$

この δ_l から散乱振幅を求め，ボルン近似の結果に一致することを確かめよ．

5.3 散乱ポテンシャル $U(\boldsymbol{r})$ が半径 R の領域内で U 程度の値をもつとき，ボルン近似が成り立つ条件は，

$$UR^2 \ll 1$$

であることをいえ．

5.4 グリーン関数とは要項 (3) の解である．積分表示である例題 5 の解答 (4)，(5) を用いて，(7) を導け．

例題 6

ポテンシャル $V(r)$ による散乱の T 行列は
$$T(\boldsymbol{k}, \boldsymbol{k}') = \int \varphi_k^*(\boldsymbol{r}) V(\boldsymbol{r}) \psi_{k'}(\boldsymbol{r}) d\boldsymbol{r}$$
で定義される. φ_k は入射波 (要項 (2) 右辺第 1 項) の波動関数を $\boldsymbol{k}$ で指定したもの, $\psi_{k'}$ は散乱波 (同じく第 2 項) を $\boldsymbol{k}'$ で指定したものである.
(i) 散乱振幅を T 行列で表わせ.
(ii) $V(\boldsymbol{k}, \boldsymbol{k}') = \int \varphi_k^*(\boldsymbol{r}) V(\boldsymbol{r}) \varphi_{k'}(\boldsymbol{r}) d\boldsymbol{r}$ で V 行列を定義すると
$$T = V + V \frac{1}{E_k - \mathcal{H}_0 + i\epsilon} T$$
を満たすこと, $T \cong V$ と置くことが第 1 ボルン近似に相当することを示せ.

【解答】 (i) 要項 (2) において, φ_k を $(2\pi)^{-3/2} e^{i\boldsymbol{k}\cdot\boldsymbol{r}}$ にとり, r が大きいとして
$$|\boldsymbol{r} - \boldsymbol{r}'| \to r - \boldsymbol{e}_r \cdot \boldsymbol{r}' + O(1/r)$$
を用いると
$$\psi(\boldsymbol{r}) \xrightarrow[r \to \infty]{} (2\pi)^{-3/2} e^{i\boldsymbol{k}\cdot\boldsymbol{r}} + \frac{e^{ikr}}{r} \left(-\frac{1}{4\pi}\right) \int e^{-i\boldsymbol{k}'\cdot\boldsymbol{r}'} U(\boldsymbol{r}') \psi(\boldsymbol{r}') d\boldsymbol{r}' \tag{1}$$
ただし $\boldsymbol{k}' = k\boldsymbol{e}_r$ とした. これと 6.1 節要項 (7) から
$$f(\theta) = -\frac{(2\pi)^{3/2}}{4\pi} \int e^{-i\boldsymbol{k}'\cdot\boldsymbol{r}'} U(\boldsymbol{r}') \psi(\boldsymbol{r}') d\boldsymbol{r}' \tag{2}$$
これは T 行列の定義から
$$f(\theta) = -2\pi^2 \left(\frac{2m}{\hbar^2}\right) T(\boldsymbol{k}, \boldsymbol{k}') \tag{3}$$
となる.

(ii) T 行列の表式の ψ_k に入射波 φ_k を代入したものが V 行列の定義だから, V 行列は T 行列の第 1 ボルン近似になっている. これを別の見方で示す. 要項 (2) を
$$\psi_k(\boldsymbol{r}) = \varphi_k(\boldsymbol{r}) + \int G_0(\boldsymbol{r} - \boldsymbol{r}') U(\boldsymbol{r}') \psi_k(\boldsymbol{r}') d\boldsymbol{r}'$$
と表わし, その両辺に左から $\varphi_{k'}^*(\boldsymbol{r}) V(\boldsymbol{r})$ をかけて全空間で積分すると
$$T(\boldsymbol{k}', \boldsymbol{k}) = V(\boldsymbol{k}', \boldsymbol{k}) + \int \varphi_{k'}^*(\boldsymbol{r}) V(\boldsymbol{r}) G_0(\boldsymbol{r} - \boldsymbol{r}') U(\boldsymbol{r}') \psi_k(\boldsymbol{r}') d\boldsymbol{r}' d\boldsymbol{r}$$
G_0 に例題 5 解答の (5) を代入すれば, $E_k = \hbar^2 k^2 / 2m$ だから

$$T(\bm{k}', \bm{k}) = V(\bm{k}', \bm{k}) + \frac{1}{(2\pi)^3} \int \frac{V(\bm{k}', \bm{k}'')T(\bm{k}'', \bm{k})}{E_{\bm{k}} - E_{\bm{k}''} + i\epsilon} d\bm{k}''$$

これを記号的に

$$T = V + V \frac{1}{E_k - \mathcal{H}_0 + i\epsilon} T \tag{4}$$

$$= V + V G_0 T \tag{5}$$

と書く．ここで

$$G_0(E_k + i\epsilon) \equiv \frac{1}{E_k - \mathcal{H}_0 + i\epsilon} \tag{6}$$

である．(4) は，T の満たす方程式で，$T \cong V$ はその第 0 近似の解である．以下逐次近似で

$$T = V + V G_0 V + V G_0 V G_0 V + \cdots \tag{7}$$

のように解くことができる．$T = V$ と置くことは，(3) で第 1 ボルン近似の散乱振幅を与える．

問　題

6.1 要項 (2) から，リップマン・シュウィンガーの方程式

$$\psi = \varphi + G_0 V \psi$$

を導け．また $\psi = \varphi + G V \varphi$ を示し，これから

$$T = V + V G V$$

を示せ．ただし

$$G(E_k + i\epsilon) \equiv \frac{1}{E_k - \mathcal{H} + i\epsilon}.$$

例題 7

荷電粒子の原子による散乱断面積を，ボルン近似により求めよ．ただし，入射粒子の質量を m，電荷を e_1 とし，原子番号 Z の原子核のまわりの電荷密度分布を $-e\rho(\boldsymbol{r})$ とする．

【解答】 入射粒子が点 $\boldsymbol{r}$ で感じる原子のポテンシャル（原子核＋電子雲）は，
$$V(\boldsymbol{r}) = -\frac{Zee_1}{4\pi\epsilon_0 r} + \frac{ee_1}{4\pi\epsilon_0}\int\frac{\rho(\boldsymbol{r}'')}{|\boldsymbol{r}''-\boldsymbol{r}|}d\boldsymbol{r}''.$$

散乱振幅は，例題 5, (11) から
$$f(\theta) = \frac{m}{2\pi\hbar^2}\frac{Zee_1}{4\pi\epsilon_0}\int\frac{e^{i\boldsymbol{K}\cdot\boldsymbol{r}}}{r}d\boldsymbol{r} - \frac{m}{2\pi\hbar^2}\frac{ee_1}{4\pi\epsilon_0}\int e^{i\boldsymbol{K}\cdot\boldsymbol{r}}d\boldsymbol{r}\int\frac{\rho(\boldsymbol{r}'')}{|\boldsymbol{r}''-\boldsymbol{r}|}d\boldsymbol{r}''. \tag{1}$$

一方，電荷密度分布 $-e\rho(\boldsymbol{r}'') = e^{i\boldsymbol{K}\cdot\boldsymbol{r}''}$ が存在するとき，点 $\boldsymbol{r}$ でのポテンシャルは
$$-e\varphi(\boldsymbol{r}) = \int\frac{e^{i\boldsymbol{K}\cdot\boldsymbol{r}''}}{|\boldsymbol{r}-\boldsymbol{r}''|}d\boldsymbol{r}'' \tag{2}$$

であり，これはポアソンの方程式
$$\Delta\varphi(\boldsymbol{r}) = -4\pi\rho(\boldsymbol{r}) = -4\pi e^{i\boldsymbol{K}\cdot\boldsymbol{r}}$$

を満たす．この式を積分すると，$\varphi(\boldsymbol{r}) = 4\pi|\boldsymbol{K}|^{-2}e^{i\boldsymbol{K}\cdot\boldsymbol{r}}$．これと (2) から
$$\int\frac{e^{i\boldsymbol{K}\cdot\boldsymbol{r}}}{r}d\boldsymbol{r} = \varphi(0) = \frac{4\pi}{|\boldsymbol{K}|^2}. \tag{3}$$

また，(1) の第 2 項の積分は
$$\int e^{i\boldsymbol{K}\cdot\boldsymbol{r}}d\boldsymbol{r}\int\frac{\rho(\boldsymbol{r}'')}{|\boldsymbol{r}''-\boldsymbol{r}|}d\boldsymbol{r}'' = \int\rho(\boldsymbol{r}'')d\boldsymbol{r}''\int\frac{e^{i\boldsymbol{K}\cdot\boldsymbol{r}}}{|\boldsymbol{r}''-\boldsymbol{r}|}d\boldsymbol{r} = \frac{4\pi}{|\boldsymbol{K}|^2}\int\rho(\boldsymbol{r}'')e^{i\boldsymbol{K}\cdot\boldsymbol{r}''}d\boldsymbol{r}''.$$

$\rho(\boldsymbol{r}'')$ が球対称とし，球座標の極軸を $\boldsymbol{K}$ と平行の方向に選べば
$$上式 = \frac{(4\pi)^2}{|\boldsymbol{K}|^2}\int_0^\infty\frac{\sin Kr}{Kr}\rho(r)r^2 dr.$$

結局 (1) は，$K = (2mv/\hbar)\sin(\theta/2)$（$v$ は入射電子の速度）を用いて
$$f(\theta) = \frac{ee_1}{4\pi\epsilon_0}\frac{1}{2mv^2}\{Z - F(\theta)\}\operatorname{cosec}^2\frac{\theta}{2}. \tag{4}$$

ここで，$F(\theta) = 4\pi\int_0^\infty\frac{\sin Kr}{Kr}\rho(r)r^2 dr$ は **原子形状因子** と呼ばれ，電子散乱の角度依存性から知ることができる．(4) から散乱角 θ による弾性散乱の微分断面積は
$$\sigma(\theta) = \left(\frac{ee_1}{4\pi\epsilon_0}\right)^2\frac{1}{4m^2v^4}\{Z - F(\theta)\}^2\operatorname{cosec}^4\frac{\theta}{2}.$$

{ } の第 2 項を無視すると，ラザフォードの散乱公式に一致する．

6.4 トンネル現象

◆ **トンネル効果**　量子力学に特有なトンネル効果は、固体物理にも多くの例がみられる．その原理を説明する．例として，図 6.6 のようなポテンシャルの 1 次元問題を考える．粒子の全エネルギーを E，ポテンシャルを $V(x)$ とすると，古典力学では粒子の運動は，$E > V(x)$ を満たす x の範囲に限られる．すなわち図 6.6 で粒子が入射して右方向に進むと，$E = E_0$ のとき，$x_0 < x < x_1$ (領域 II) では粒子の運動が許されないので，粒子はポテンシャル障壁で跳ね返される．ところが量子力学では，波動関数が領域 II，さらに領域 III でも値をもつ．その結果，障壁より低いエネルギーの粒子も，ある確率で障壁を通り抜ける．これがトンネル効果である．

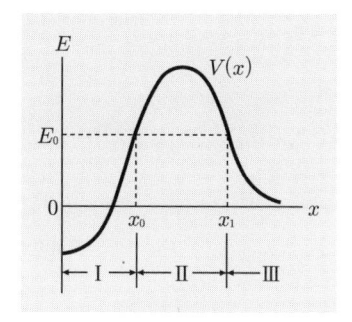

図 6.6

◆ **反射率と透過率**　図 6.6 において，x の負の方向から入射してくる自由粒子の波動関数を，Ae^{ikx} とすると，その一部はポテンシャル障壁により反射される．これを Be^{-ikx} と表わす．また一部分は透過する．これを Ce^{ikx} と表わす．領域 I,II,III でそれぞれシュレディンガー方程式を解き，境界で波動関数とその微分が連続という条件を課すと，A, B, C の比が決まる．領域 I と III での確率の流れの密度は，それぞれ

$$j(x) = \begin{cases} v_{\mathrm{I}}(|A|^2 - |B|^2) & (x < x_0) \\ v_{\mathrm{III}}|C|^2 & (x > x_1) \end{cases} \tag{1}$$

となる (例題 8)．ここで $v_{\mathrm{I}} = \hbar k/m, v_{\mathrm{III}} = \hbar k'/m$ は，領域 I,III での粒子の速度である．

反射率 R，透過率 T は

$$R = \left|\frac{B}{A}\right|^2, \quad T = \frac{v_{\mathrm{III}}}{v_{\mathrm{I}}}\left|\frac{C}{A}\right|^2. \tag{2}$$

で与えられる．

例題 8

ポテンシャルステップ
$$V(x) = \begin{cases} 0 & (x < 0) \\ V_0 & (x > 0) \end{cases}$$
による，x の負方向から入射した波の反射率と透過率を，全エネルギー E が，ポテンシャルの高さより大きい場合と小さい場合に計算せよ．

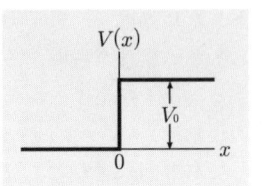

図 **6.7**

【解答】 $-\dfrac{\hbar^2}{2m}\dfrac{d^2\psi}{dx^2} + V(x)\psi = E\psi$ を解く．$x < 0$ での解は，$k^2 = 2mE/\hbar^2$ と置いて

$$\psi(x) = Ae^{ikx} + Be^{-ikx} \tag{1}$$

である．確率の流れの密度は

$$j = \dfrac{i\hbar}{2m}[(-ikA^*e^{-ikx} + ikB^*e^{ikx})(Ae^{ikx} + Be^{-ikx}) - \text{c.c.}]$$
$$= \dfrac{\hbar k}{m}(|A|^2 - |B|^2) = v(|A|^2 - |B|^2) = j_{\text{inc}} - j_{\text{ref}} \tag{2}$$

となるから，Ae^{ikx} が速度 v の入射波，Be^{-ikx} が同じ速度の反射波と考えてよい．

$x > 0$ での解は，$E > V_0$ ならば，$\kappa^2 = 2m(E - V_0)/\hbar^2$ と置いて

$$\psi = Ce^{i\kappa x} \tag{3}$$

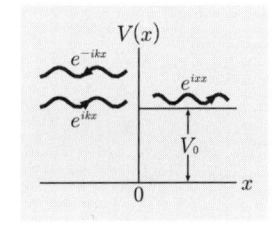

図 **6.8**

ここで $e^{-i\kappa x}$ の項を無視したのは，問題の設定では x が正の方からくる波がないからである．透過の確率の流れの密度は $j_{\text{trans}} = \hbar\kappa|C|^2/m$ ．

$E < V_0$ ならば κ は純虚数 $\kappa = i\kappa'$ ($\kappa' = \sqrt{2m(V_0 - E)}/\hbar$) となり

$$\psi = Ce^{-\kappa' x} \tag{4}$$

である．これから $j_{\text{trans}} = 0$ となる．以上求めた (1), (3), (4) の $\psi, d\psi/dx$ に，$x = 0$ で連続条件を課すと

$$E > V_0 \quad \left.\begin{array}{l} A + B = C \\ k(A - B) = \kappa C \end{array}\right\} \to \dfrac{B}{A} = \dfrac{k - \kappa}{k + \kappa}, \quad \dfrac{C}{A} = \dfrac{2k}{k + \kappa}$$

$$E < V_0 \quad \left.\begin{array}{l} A + B = C \\ ik(A - B) = -\kappa' C \end{array}\right\} \to \dfrac{B}{A} = -\dfrac{\kappa' + ik}{\kappa' - ik}, \quad \dfrac{C}{A} = \dfrac{2ik}{ik - \kappa'}$$

となる．$E > V_0$ では反射率と透過率は

$$R = \left|\dfrac{B}{A}\right|^2 = \left(\dfrac{k - \kappa}{k + \kappa}\right)^2, \quad T = \dfrac{\kappa}{k}\left|\dfrac{C}{A}\right|^2 = \dfrac{4k\kappa}{(k + \kappa)^2} \tag{5}$$

となり，このとき $R+T=1$ が満たされている．

$E<V_0$ では，$R=\left|\dfrac{\kappa'+ik}{\kappa'-ik}\right|^2=1$, $T=0$. このとき $x>0$ での波動関数は

$$\psi=\frac{2ik}{ik-\kappa'}Ae^{-\kappa'x} \tag{6}$$

で，粒子の存在確率はゼロでないが，正味の流れはないという事情にある．実際に波動関数 (6) で確率の流れの密度を計算すると，ゼロになる．

問 題

8.1 箱型ポテンシャル

$$V(x)=\begin{cases}0 & (x<-a)\\ -V_0 & (-a<x<a)\\ 0 & (a<x)\end{cases}$$

におけるシュレディンガー方程式の解を，(i) $E>0$, (ii) $E<0$ の2つの場合に求めよ．ただし $V_0>0$ とする．

図 6.9

8.2 次のポテンシャル壁によるトンネル効果の透過率を求めよ $(V_0>0)$.

$$V(x)=\begin{cases}0 & (x<-a)\\ V_0 & (-a<x<a)\\ 0 & (a<x)\end{cases}$$

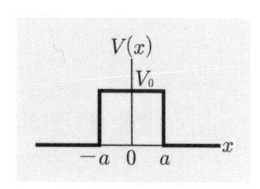

図 6.10

8.3 空間的にゆっくり変化するポテンシャル $V(x)$ の障壁によるトンネル透過率は

$$T\cong e^{-2\int\sqrt{\frac{2m}{\hbar^2}(V(x)-E)}dx}$$

で与えられることを導け．

8.4 金属中の電子の仕事関数を W とするとき，電子が電場からエネルギーを貰って表面から真空中に飛び出るには，図 6.11 に示すポテンシャル

$$V(x)=W-eEx$$

の障壁をトンネルする必要がある．透過率を求めよ．

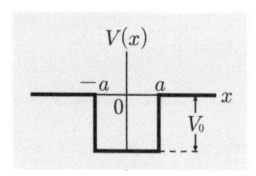

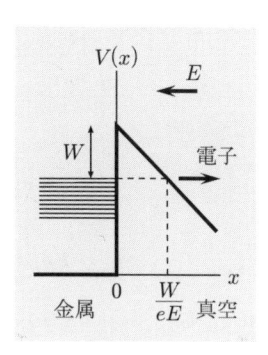

図 6.11

例題 9

結晶は原子が3次元的に，周期的に並んでできている．これを簡単化した1次元モデルとして図 6.12 に示す周期ポテンシャルを考える．このモデルをクローニッヒ・ペニーモデルという．このとき電子のエネルギーに許される領域と禁止される領域が現われることを示せ．

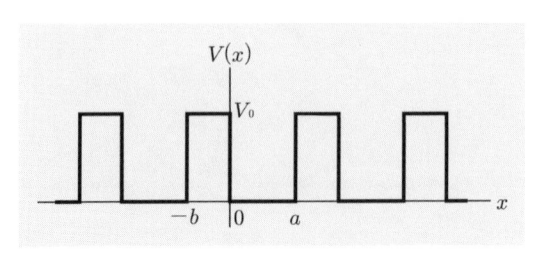

図 6.12 周期ポテンシャル

【解答】 電子のエネルギーに $E \ll V_0$ を仮定する．シュレディンガー方程式は

$$\frac{\hbar^2}{2m}\frac{d^2\psi_1}{dx^2} + E\psi_1 = 0 \qquad (0 < x < a) \tag{1a}$$

$$\frac{\hbar^2}{2m}\frac{d^2\psi_2}{dx^2} + (E - V_0)\psi_2 = 0 \quad (-b < x < 0) \tag{1b}$$

と表わされる．x 座標を $d(= a+b)$ だけシフトさせても，同等な場所に移り (1) が成り立つから，波動関数もポテンシャルと同じ周期 d をもつ．関数 $u_i(x)$ が周期 d をもつとして

$$\psi_i(x) = e^{iKx}u_i(x) \quad (i = 1, 2) \tag{2}$$

と表わす．(2) を (1) に代入すると

$$\frac{d^2u_1}{dx^2} + 2iK\frac{du_1}{dx} + (k^2 - K^2)u_1 = 0 \qquad (0 < x < a) \tag{3a}$$

$$\frac{d^2u_2}{dx^2} + 2iK\frac{du_2}{dx} - (\gamma^2 + K^2)u_2 = 0 \qquad (-b < x < 0) \tag{3b}$$

となる．ここで

$$k = \sqrt{\frac{2m}{\hbar^2}E}, \quad \gamma = \sqrt{\frac{2m}{\hbar^2}(V_0 - E)} \tag{4}$$

である．(3) の解を求めるのに

$$u_1 = Ae^{-i(K-k)x} + Be^{-i(K+k)x} \qquad (0 < x < a) \tag{5a}$$

$$u_2 = Ce^{-(iK-\gamma)x} + De^{-(iK+\gamma)x} \qquad (-b < x < 0) \tag{5b}$$

6.4 トンネル現象

と置く．ここでは境界での波動関数とその微分が連続という通常の境界条件を使う代わりに，周期性を考えて次の境界条件を使う．

$$u_1(0) = u_2(0) \tag{6}$$

$$u_1(a) = u_2(-b) \tag{7}$$

$$\frac{du_1(0)}{dx} = \frac{du_2(0)}{dx} \tag{8}$$

$$\frac{du_1(a)}{dx} = \frac{du_2(-b)}{dx} \tag{9}$$

この4式から，係数 A, B, C, D に関する連立方程式が得られ，それがすべて0ではない解をもつ条件は

$$\begin{vmatrix} 1 & 1 & 1 & 1 \\ e^{-i(K-k)a} & e^{-i(K+k)a} & -e^{(iK-\gamma)b} & -e^{(iK+\gamma)b} \\ -i(K-k) & -i(K+k) & iK-\gamma & iK+\gamma \\ -i(K-k)e^{-i(K-k)a} & -i(K+k)e^{-i(K+k)a} & (iK-\gamma)e^{(iK-\gamma)b} & (iK+\gamma)e^{(iK+\gamma)b} \end{vmatrix} = 0 \tag{10}$$

である．行列式を計算すると

$$\frac{\gamma^2 - k^2}{2k\gamma}\sinh(\gamma b)\sin(ka) + \cosh(\gamma b)\cos(ka) = \cos K(b+a) \tag{11}$$

を得る．トンネル障壁の振舞いを決めるのは，障壁の高さと幅の積 γb である．いま $V_0 b$ を有限に保ちながら $V_0 \to \infty$ とすると同時に $b \to 0$ とする極限を考えると，γb はポテンシャルの平方根にほぼ逆比例して0に近づく．このとき (11) は

$$\frac{\gamma^2 b}{2k}\sin(ka) + \cos(ka) = \cos(Ka) \tag{12}$$

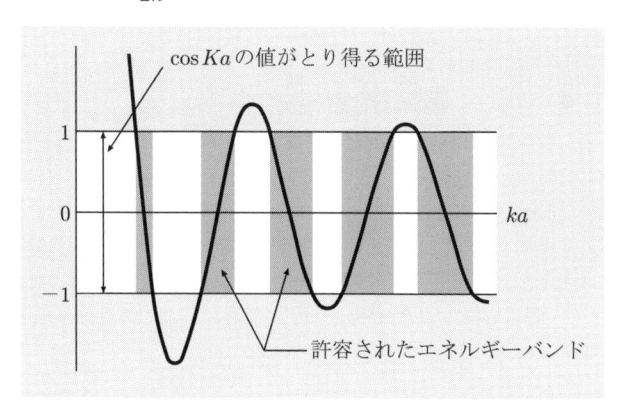

図 6.13 許容状態および禁止状態にする ka の値．許容状態は影をつけた領域である．

となる．(12) の右辺が取る値は $[-1, 1]$ だから，左辺もそうなるように k と a のとり得る値は制限を受ける．これは k および a が，(12) を満たすときだけ波動関数がゼロでないことを意味している．(12) の左辺の値がとり得る範囲は，図 6.13 のようにグラフにより求めることができる．(12) を満たす ka の領域は **許容状態**，それ以外の領域は **禁止状態** と呼ばれる．これは半導体など固体内電子のエネルギーバンドの考えの基本である．

問題

9.1 クローニッヒ・ペニーモデルにおいて，自由電子と束縛されている電子の場合を考察せよ．

単電子トンネル 厚さ 3nm 程度 (1nm は 10^{-9} m) の絶縁体を金属ではさんで作ったコンデンサーで，静電容量が小さいときには，帯電エネルギーが熱エネルギーより大きくなるために，電子のトンネル効果が妨げられる．例えば障壁の高さを 3eV にすると，電子のトンネル確率は非常に小さく 10^{-6} くらいと見積もられる．1 電子に対するトンネル確率は小さくても，電子が非常に多いので，1cm^2 当り数ピコ (10^{-12}) アンペアの電流を流すことができる．

ここでコンデンサーの面積を小さくして，静電容量を小さくした場合を考える．電子が 1 個トンネルすると，コンデンサーに蓄えられているエネルギーは

$$\delta E = \frac{e^2}{2C} \tag{1}$$

だけ減少し，電圧は

$$\delta V = \frac{e}{C} \tag{2}$$

だけ変化する．この事実は，接合の電圧が (2) の値まで達しないと，単電子トンネルを起こすのに必要なエネルギー (1) が蓄えられなくてトンネルできないことを意味する．この現象を，電子間のクーロン・エネルギーの不足がトンネル効果を妨げるという意味で，**クーロン・ブロッケード** と呼んでいる．例えば C が 10^{-12}F より大きいとき，この電圧は熱エネルギー ($k_B T/e$) に比べて測定できないくらい小さいので，クーロン・ブロッケードは起きない．一方 50nm 程度のコンデンサーを考えると，面積は 2.5×10^{-15}m^2 となり，静電容量は 2.8×10^{-17}F となる．したがって，単電子トンネルを起こすに必要な電圧は，5.7mV となる．

7 輻射の理論

7.1 輻射場の量子化

◆ **電磁場の方程式** 電子と電磁場の相互作用を考えるとき，電磁場をあくまで古典的場として考えてもよいが，元来，量子力学は光量子の考えから出発したのであるから，電磁場を量子化し，光の粒子 (光子，フォトン) を導入しよう．マックスウェルの方程式は，電場を $\boldsymbol{E}(\boldsymbol{r},t)$，電束密度を $\boldsymbol{D} = \epsilon_0 \boldsymbol{E}$，磁束密度を $\boldsymbol{B}(\boldsymbol{r},t)$，磁場を $\boldsymbol{H} = \dfrac{1}{\mu_0}\boldsymbol{B}$ とすると

$$\operatorname{rot}\boldsymbol{E} + \frac{\partial \boldsymbol{B}}{\partial t} = 0, \qquad \operatorname{div}\boldsymbol{B} = 0, \tag{1}$$

$$\operatorname{rot}\boldsymbol{H} - \frac{\partial \boldsymbol{D}}{\partial t} = \boldsymbol{j}, \qquad \operatorname{div}\boldsymbol{D} = \rho \tag{2}$$

である．$\rho(\boldsymbol{r},t)$, $\boldsymbol{j}(\boldsymbol{r},t)$ はそれぞれ点 $\boldsymbol{r}$ における時刻 t での電荷密度，電流密度である．また，ρ と $\boldsymbol{j}$ の間には**連続の方程式**

$$\frac{\partial \rho}{\partial t} + \operatorname{div}\boldsymbol{j} = 0 \tag{3}$$

が成立している．$\boldsymbol{E}$ と $\boldsymbol{B}$ は，ベクトル・ポテンシャル $\boldsymbol{A}(\boldsymbol{r},t)$，スカラー・ポテンシャル $\phi(\boldsymbol{r},t)$ を用いて

$$\boldsymbol{E} = -\frac{\partial \boldsymbol{A}}{\partial t} - \operatorname{grad}\phi, \tag{4}$$

$$\boldsymbol{B} = \operatorname{rot}\boldsymbol{A} \tag{5}$$

と書きなおすことができる．$\boldsymbol{A}, \phi$ を用いるとマックスウェルの方程式 (1), (2) は次のようになる．$\left(c = 1/\sqrt{\epsilon_0\mu_0}\right)$

$$\Delta\phi + \frac{\partial}{\partial t}\operatorname{div}\boldsymbol{A} = -\frac{1}{\epsilon_0}\rho, \tag{6}$$

$$\Delta\boldsymbol{A} - \epsilon_0\mu_0\frac{\partial^2}{\partial t^2}\boldsymbol{A} - \operatorname{grad}\left(\operatorname{div}\boldsymbol{A} + \epsilon_0\mu_0\frac{\partial \phi}{\partial t}\right) = -\mu_0\boldsymbol{j}. \tag{7}$$

◆ **クーロン・ゲージ** $\boldsymbol{E}$ と $\boldsymbol{B}$ が与えられたとき，$\boldsymbol{A}$ と ϕ は一意的には定まらない．任意のスカラー関数 $\chi(\boldsymbol{r},t)$ を用いて

$$\boldsymbol{A}' = \boldsymbol{A} - \operatorname{grad}\chi, \quad \phi' = \phi + \frac{\partial \chi}{\partial t} \tag{8}$$

と新しくベクトル・ポテンシャル $\boldsymbol{A}'$，スカラー・ポテンシャル ϕ' を定義して (4), (5) の $\boldsymbol{A}, \phi$ に代入しても，同じ $\boldsymbol{E}, \boldsymbol{B}$ を与えるからである (**ゲージ不変性**)．この

ような変換 (8) を**ゲージ変換**と呼ぶ．以下では，我々は**クーロン・ゲージ**

$$\mathrm{div}\boldsymbol{A} = 0 \tag{9}$$

を選ぶことにする．この場合，(6), (7) は

$$\Delta\phi = -(1/\epsilon_0)\rho, \tag{10}$$

$$\Delta\boldsymbol{A} - \frac{1}{c^2}\frac{\partial^2}{\partial t^2}\boldsymbol{A} - \frac{1}{c^2}\mathrm{grad}\,\frac{\partial\phi}{\partial t} = -\mu_0\boldsymbol{j} \tag{10'}$$

となる．(10) は直ちに積分できて，電荷分布が $\rho(\boldsymbol{r},t) = \sum_i e_i\delta(\boldsymbol{r} - \boldsymbol{r}_i(t))$ のときには

$$\phi(\boldsymbol{r},t) = \frac{1}{4\pi\epsilon_0}\int\frac{\rho(\boldsymbol{r}',t)}{|\boldsymbol{r}-\boldsymbol{r}'|}d\boldsymbol{r}' = \sum_i\frac{e_i/4\pi\epsilon_0}{|\boldsymbol{r}-\boldsymbol{r}_i(t)|}$$

となる．この他に，**ローレンツ・ゲージ**

$$\mathrm{div}\,\boldsymbol{A} + \frac{1}{c^2}\frac{\partial\phi}{\partial t} = 0 \tag{11}$$

が存在する．(11) は相対論的に不変な形をしているという利点がある．

◆ **自由な輻射場の展開**　　空間に電荷がない ($\rho = 0$, $\boldsymbol{j} = 0$) 自由な輻射場については (10) の解および (10′) は

$$\phi = 0, \quad \Delta\boldsymbol{A} - \frac{1}{c^2}\frac{\partial^2\boldsymbol{A}}{\partial t^2} = 0 \tag{12}$$

となる．便宜上，空間を一辺 L の立方体に分け，それを周期的に配置したものとみなす．したがって $\boldsymbol{A}$ は x, y, z について L を周期とした周期関数であるから以下のように互いに直交する固有関数に展開できる．

$$\boldsymbol{A}(\boldsymbol{r},t) = \sum_\lambda (q_\lambda(t)\boldsymbol{A}_\lambda(\boldsymbol{r}) + q_\lambda^*(t)\boldsymbol{A}_\lambda^*(\boldsymbol{r})). \tag{13}$$

ここで q_λ, $\boldsymbol{A}_\lambda$ は

$$\Delta\boldsymbol{A}_\lambda + (\omega_\lambda/c)^2\boldsymbol{A}_\lambda = 0, \tag{14}$$

$$\mathrm{div}\boldsymbol{A}_\lambda = 0, \tag{15}$$

$$\frac{d^2}{dt^2}q_\lambda + \omega_\lambda^2 q_\lambda = 0 \tag{16}$$

を満たす．周期的境界条件を用いて (14), (15) から $\boldsymbol{A}_\lambda$ は容易に解けて

$$\boldsymbol{A}_\lambda(\boldsymbol{r}) = (1/\sqrt{\epsilon_0 L^3})\boldsymbol{e}_\lambda e^{i\boldsymbol{k}_\lambda\cdot\boldsymbol{r}}, \tag{17}$$

$$\boldsymbol{k}_\lambda = (2\pi/L)\boldsymbol{n}_\lambda, \quad \omega_\lambda = c|\boldsymbol{k}_\lambda|, \quad (n_{\lambda x}, n_{\lambda y}, n_{\lambda z} = 0, \pm 1, \pm 2, \cdots) \tag{18}$$

$$\boldsymbol{e}_\lambda\cdot\boldsymbol{k}_\lambda = 0. \tag{19}$$

を得る．$\boldsymbol{e}_\lambda$ は電磁場 $\boldsymbol{A}_\lambda q_\lambda$ の偏りの方向を表わす単位ベクトルで，$\boldsymbol{k}_\lambda$ に垂直な 2 つの独立な方向を選ぶ．したがって指数 λ で，波動ベクトル $\boldsymbol{k}_\lambda$ と偏りの異なった独立

7.1 輻射場の量子化

な波を区別する.

$$A_\lambda{}^* = A_{-\lambda}, \quad k_{-\lambda} = -k_\lambda, \quad e_{-\lambda} = e_\lambda \tag{20}$$

と定義して，(13) の λ については，(k_λ, e_λ) について一通りの和をとればよい．(17) および，異なる λ, λ' について $k_\lambda = k_{\lambda'}$ なら $e_\lambda \perp e_{\lambda'}$ であるから，A_λ の直交性

$$\int (A_\lambda \cdot A_\mu{}^*) dr = \int (A_\lambda \cdot A_{-\mu}) dr = \frac{1}{\epsilon_0} \delta_{\lambda\mu} \tag{21}$$

が成立する．(16) の解 q_λ については

$$\frac{dq_\lambda}{dt} = \dot{q}_\lambda = -i\omega_\lambda q_\lambda, \quad \frac{dq_\lambda{}^*}{dt} = \dot{q}_\lambda{}^* = i\omega_\lambda q_\lambda{}^* \tag{22}$$

として一般性を失わない．以上により，E, B および電磁場の全エネルギー U として

$$E = -\frac{\partial A}{\partial t} = -\sum_\lambda \{\dot{q}_\lambda A_\lambda + \dot{q}_\lambda{}^* A_\lambda{}^*\} = i\sum_\lambda \omega_\lambda \{q_\lambda A_\lambda - q_\lambda{}^* A_\lambda{}^*\}, \tag{23}$$

$$B = \text{rot}\, A = \sum_\lambda i\{q_\lambda(k_\lambda \times A_\lambda) - q_\lambda{}^*(k_\lambda \times A_\lambda{}^*)\}, \tag{24}$$

$$U = \frac{1}{2}\int \left(\epsilon_0 E^2 + \frac{1}{\mu_0} B^2\right) dr = \sum_\lambda \omega_\lambda{}^2 (q_\lambda q_\lambda{}^* + q_\lambda{}^* q_\lambda) \tag{25}$$

を得る．

◆ **自由な輻射場の量子化** (16) あるいは，(25) は古典的調和振動子のそれと同等である．ここで正準座標 Q_λ とそれに共役な運動量 P_λ を

$$Q_\lambda = q_\lambda + q_\lambda{}^*, \tag{26}$$

$$P_\lambda = \dot{Q}_\lambda = -i\omega_\lambda(q_\lambda - q_\lambda{}^*) \tag{27}$$

と導入すると，U は

$$U = \sum_\lambda \mathcal{H}_\lambda, \tag{28}$$

$$\mathcal{H}_\lambda = (1/2)(P_\lambda{}^2 + \omega_\lambda{}^2 Q_\lambda{}^2) \tag{29}$$

と書き換えられる．これまでは輻射場については古典論であったが，量子論にもっていくには，1.3 節要項 (7) にあるように，P_λ を演算子に置き換えて次のようにすればよい．

$$P_\lambda = -i\hbar \frac{\partial}{\partial Q_\lambda}. \tag{30}$$

◆ **粒子数表示** (29), (30) より電磁場の波動関数は，調和振動子の集合になっていて，

$$\Phi(n_1, n_2, \cdots, n_\lambda, \cdots; t) = \prod_\lambda \phi_{n_\lambda}(Q_\lambda) \exp\left(-i\left(n_\lambda + \frac{1}{2}\right)\omega_\lambda t\right), \tag{31}$$

$$\phi_{n_\lambda}(Q_\lambda) = N_{n_\lambda} H_{n_\lambda}(\sqrt{\omega_\lambda/\hbar}\, Q_\lambda) \exp(-\omega_\lambda Q_\lambda{}^2/(2\hbar)) \tag{32}$$

と表わされる．N_{n_λ} は調和振動子の波動関数に対する規格化定数で

$$N_{n_\lambda} = \{(\omega_\lambda/\hbar)/(\sqrt{\pi}2^{n_\lambda}n_\lambda!)\}^{1/2} \tag{33}$$

である．また電磁場の全エネルギー U は，

$$U = \sum_\lambda \left(n_\lambda + \frac{1}{2}\right)\hbar\omega_\lambda \tag{34}$$

である．Q_λ，P_λ の行列要素は (2 章例題 8，問題 8.1 参照) 次のようになる．

$$Q_{n_\lambda-1,n_\lambda} = \int \phi^*_{n_\lambda-1} Q_\lambda \phi_{n_\lambda} dQ_\lambda = Q_{n_\lambda,n_\lambda-1} = \int \phi_{n_\lambda}{}^* Q_\lambda \phi_{n_\lambda-1} dQ_\lambda = \sqrt{\frac{\hbar}{2\omega_\lambda} \cdot n_\lambda},$$

$$Q_{n_\lambda,n_{\lambda'}} = \int \phi_{n_\lambda}{}^* Q_\lambda \phi_{n_{\lambda'}} dQ_\lambda = 0 \quad (n_\lambda' \neq n_\lambda \pm 1), \tag{35}$$

$$P_{n_\lambda-1,n_\lambda} = \int \phi^*_{n_\lambda-1} P_\lambda \phi_{n_\lambda} dQ_\lambda$$

$$= -P_{n_\lambda,n_\lambda-1} = -\int \phi_{n_\lambda}{}^* P_\lambda \phi_{n_\lambda-1} dQ_\lambda = -i\sqrt{\frac{\hbar\omega_\lambda}{2} \cdot n_\lambda},$$

$$P_{n_\lambda,n_{\lambda'}} = \int \phi_{n_\lambda}{}^* P_\lambda \phi_{n_{\lambda'}} dQ_\lambda = 0 \quad (n_\lambda' \neq n_\lambda \pm 1). \tag{36}$$

エルミートでない演算子 q_λ, $q_\lambda^\dagger (Q_\lambda = q_\lambda + q_\lambda^\dagger, P_\lambda = -i\omega_\lambda(q_\lambda - q_\lambda^\dagger))$ については，

$$q_{n_\lambda-1,n_\lambda} = q^\dagger_{n_\lambda,n_\lambda-1} = \sqrt{\frac{\hbar}{2\omega_\lambda} \cdot n_\lambda}, \tag{37}$$

$$q_{n_\lambda,n_{\lambda'}} = \int \phi_{n_\lambda}{}^* q_\lambda \phi_{n_{\lambda'}} dQ_\lambda = 0, \quad (n_\lambda' \neq n_\lambda + 1), \tag{38}$$

$$q^\dagger_{n_\lambda,n_{\lambda'}} = \int \phi_{n_\lambda}{}^* q_\lambda^\dagger \phi_{n_{\lambda'}} dQ_\lambda = 0 \quad (n_\lambda' \neq n_\lambda - 1) \tag{39}$$

となる．演算子 a_λ と $a_\lambda^\dagger$ を次のように定義する．

$$a_\lambda = \sqrt{2\omega_\lambda/\hbar}\, q_\lambda = (2\hbar\omega_\lambda)^{-1/2}(\omega_\lambda Q_\lambda + iP_\lambda), \tag{40}$$

$$a_\lambda{}^\dagger = \sqrt{2\omega_\lambda/\hbar}\, q_\lambda^\dagger = (2\hbar\omega_\lambda)^{-1/2}(\omega_\lambda Q_\lambda - iP_\lambda). \tag{41}$$

a_λ と $a_\lambda^\dagger$ は，ϕ_{n_λ} に演算するとそれぞれを $\sqrt{n_\lambda}\,\phi_{n_\lambda-1}$，$\sqrt{n_\lambda+1}\,\phi_{n_\lambda+1}$ に変える演算子であることがわかる．

n_λ を波動ベクトル $\boldsymbol{k}_\lambda$，偏り $\boldsymbol{e}_\lambda$ の光子の数と考えることができる (粒子数表示)．したがって a_λ，$a_\lambda^\dagger$ は $(\boldsymbol{k}_\lambda, \boldsymbol{e}_\lambda)$ 光子の数を 1 つ減少または増加させる演算子で，**消滅演算子**，**生成演算子**という．a_λ と $a_\lambda^\dagger$ には交換関係

$$[a_\lambda, a_{\lambda'}{}^\dagger] = \delta_{\lambda\lambda'}, \quad [a_\lambda, a_{\lambda'}] = 0, \quad [a_\lambda{}^\dagger, a_{\lambda'}{}^\dagger] = 0 \tag{42}$$

が成立する．また $a_\lambda^\dagger a_\lambda$ は，粒子数に対応する演算子 (**粒子数演算子**) である．

7.1 輻射場の量子化

例題 1

ベクトル・ポテンシャル $\boldsymbol{A}$ とスカラー・ポテンシャル ϕ を用いるとマックスウェル方程式が

$$\Delta\phi + \frac{\partial}{\partial t}\operatorname{div}\boldsymbol{A} = -\frac{1}{\epsilon_0}\rho$$

$$\Delta\boldsymbol{A} - \epsilon_0\mu_0\frac{\partial^2}{\partial t^2}\boldsymbol{A} - \operatorname{grad}\left(\operatorname{div}\boldsymbol{A} + \epsilon_0\mu_0\frac{\partial\phi}{\partial t}\right) = -\mu_0\boldsymbol{j}$$

と書けることを示せ．ρ および $\boldsymbol{j}$ は電荷密度，電流密度である．(古典論)

【解答】 電場 $\boldsymbol{E}$，磁束密度 $\boldsymbol{B}$ が

$$\boldsymbol{E} = -\frac{\partial\boldsymbol{A}}{\partial t} - \operatorname{grad}\phi, \qquad \boldsymbol{B} = \operatorname{rot}\boldsymbol{A}$$

と書ける．マックスウェル方程式のうち $\operatorname{div}\boldsymbol{B} = 0$, $\operatorname{rot}\boldsymbol{E} + \frac{\partial\boldsymbol{B}}{\partial t} = 0$ の 2 つは自動的に満たされている．なぜなら，ベクトル解析の公式により

$$\operatorname{div}\boldsymbol{B} = \operatorname{div}(\operatorname{rot}\boldsymbol{A}) = 0,$$

$$\operatorname{rot}\boldsymbol{E} + \frac{\partial\boldsymbol{B}}{\partial t} = -\frac{\partial}{\partial t}\operatorname{rot}\boldsymbol{A} - \operatorname{rot}(\operatorname{grad}\phi) + \frac{\partial}{\partial t}\operatorname{rot}\boldsymbol{A} = -\operatorname{rot}(\operatorname{grad}\phi) = 0.$$

残りの 2 式に対しては電束密度 $\boldsymbol{D} = \epsilon_0\boldsymbol{E}$

$$\operatorname{div}\boldsymbol{D} = \rho \longrightarrow -\frac{\partial}{\partial t}\operatorname{div}\boldsymbol{A} - \operatorname{div}(\operatorname{grad}\phi) = \frac{1}{\epsilon_0}\rho,$$

$$\operatorname{rot}\boldsymbol{H} - \frac{\partial\boldsymbol{D}}{\partial t} = \boldsymbol{j} \longrightarrow \operatorname{rot}(\operatorname{rot}\boldsymbol{A}) + \epsilon_0\mu_0\left(\frac{\partial^2\boldsymbol{A}}{\partial t^2} + \frac{\partial}{\partial t}\operatorname{grad}\phi\right) = \mu_0\boldsymbol{j}$$

となり，ベクトル解析の公式 $\operatorname{div}(\operatorname{grad}\phi) = \Delta\phi$, $\operatorname{rot}(\operatorname{rot}\boldsymbol{A}) = -\Delta\boldsymbol{A} + \operatorname{grad}(\operatorname{div}\boldsymbol{A})$ を用いれば，目的の 2 つの式を得る．

問 題

1.1 任意のスカラー関数 χ を用いてベクトル・ポテンシャル $\boldsymbol{A}$ とスカラー・ポテンシャル ϕ を $\boldsymbol{A}' = \boldsymbol{A} - \operatorname{grad}\chi, \phi' = \phi + \frac{\partial\chi}{\partial t}$ と変換しても，$\boldsymbol{A}', \phi'$ は例題 1 で求めた方程式を満足し，かつ $\boldsymbol{E}, \boldsymbol{B}$ の $\boldsymbol{A}', \phi'$ による形は $\boldsymbol{A}, \phi$ によって書かれた形と同じであることを示せ．

1.2 電磁場の強さが時間的・空間的に一様なとき，その場の強さ (電場 $\boldsymbol{E}$，磁束密度 $\boldsymbol{B}$) に対して，ベクトル・ポテンシャル $\boldsymbol{A}$ とスカラー・ポテンシャル ϕ は

$$\boldsymbol{A} = \frac{1}{2}(\boldsymbol{B}\times\boldsymbol{r}), \quad \phi = -\boldsymbol{E}\cdot\boldsymbol{r}$$

ととり得ることを示せ．電磁場が時間的に十分ゆっくり変動する場合にも，近似的にこの式が成立することに注意せよ．

例題 2

自由な輻射場のエネルギーは $U = \sum_\lambda \omega_\lambda^2 (q_\lambda q_\lambda^* + q_\lambda^* q_\lambda)$ と書けることを示せ.
(古典論)

【解答】 E^2 については

$$\int E^2 d\bm{r} = -\sum_{\lambda\lambda'}\omega_\lambda\omega_{\lambda'}\int (q_\lambda q_{\lambda'}\bm{A}_\lambda\bm{A}_{\lambda'} + q_\lambda^* q_{\lambda'}^*\bm{A}_\lambda^*\bm{A}_{\lambda'}^* - q_\lambda q_{\lambda'}^*\bm{A}_\lambda\bm{A}_{\lambda'}^* \\ - q_\lambda^* q_{\lambda'}\bm{A}_\lambda^*\bm{A}_{\lambda'})d\bm{r} \quad (1)$$

となる. ここで要項 (21) の $\bm{A}_\lambda$ に関する直交性に注意すると

$$\frac{\epsilon_0}{2}\int \bm{E}^2 d\bm{r} = \frac{1}{2}\sum_\lambda \omega_\lambda^2(-q_\lambda q_{-\lambda} - q_\lambda^* q_{-\lambda}^* + q_\lambda q_\lambda^* + q_\lambda^* q_\lambda) \quad (2)$$

である. $\bm{B}^2$ については次のようになる.

$$\int \bm{B}^2 d\bm{r} = -\sum_{\lambda\lambda'}\int \{q_\lambda q_{\lambda'}(\bm{k}_\lambda\times\bm{A}_\lambda)\cdot(\bm{k}_{\lambda'}\times\bm{A}_{\lambda'}) + q_\lambda^* q_{\lambda'}^*(\bm{k}_\lambda\times\bm{A}_\lambda^*)\cdot(\bm{k}_{\lambda'}\times\bm{A}_{\lambda'}^*) \\ - q_\lambda q_{\lambda'}^*(\bm{k}_\lambda\times\bm{A}_\lambda)\cdot(\bm{k}_{\lambda'}\times\bm{A}_{\lambda'}^*) - q_\lambda^* q_{\lambda'}(\bm{k}_\lambda\times\bm{A}_\lambda^*)\cdot(\bm{k}_{\lambda'}\times\bm{A}_{\lambda'})\}d\bm{r} \quad (3)$$

$\bm{A}_\lambda$ の $\bm{r}$ 依存性 $e^{i\bm{k}_\lambda\cdot\bm{r}}$ に注目すると (3) の第 1 項から第 4 項まではそれぞれ $\lambda' = -\lambda, \lambda' = -\lambda, \lambda' = \lambda, \lambda' = \lambda$ の場合のみ考えればよい. さらに $\bm{A}_{-\lambda} = \bm{A}_\lambda^*$ であるから

$$\int \bm{B}^2 d\bm{r} = \sum_\lambda (q_\lambda q_{-\lambda} + q_\lambda^* q_{-\lambda}^* + q_\lambda q_\lambda^* + q_\lambda^* q_\lambda)\int (\bm{k}_\lambda\times\bm{A}_\lambda)\cdot(\bm{k}_\lambda\times\bm{A}_\lambda^*)d\bm{r}.$$

$(\bm{k}_\lambda\times\bm{A}_\lambda)\cdot(\bm{k}_\lambda\times\bm{A}_\lambda^*) = |\bm{k}_\lambda|^2(\bm{A}_\lambda\cdot\bm{A}_\lambda^*) - (\bm{k}_\lambda\cdot\bm{A}_\lambda^*)(\bm{k}_\lambda\cdot\bm{A}_\lambda) = k_\lambda^2(\bm{A}_\lambda\cdot\bm{A}_\lambda^*)$

および $c^2\cdot\epsilon_0\mu_0 = 1$ を用いると,

$$\frac{1}{2\mu_0}\int \bm{B}^2 d\bm{r} = \frac{1}{2}\sum_\lambda \omega_\lambda^2(q_\lambda q_{-\lambda} + q_\lambda^* q_{-\lambda}^* + q_\lambda q_\lambda^* + q_\lambda^* q_\lambda) \quad (4)$$

となる. したがって, (2), (4) より輻射場のエネルギーとして

$$U = \frac{1}{2}\int \left(\epsilon_0 \bm{E}^2 + \frac{1}{\mu_0}\bm{B}^2\right)d\bm{r} = \sum_\lambda \int \omega_\lambda^2(q_\lambda q_\lambda^* + q_\lambda^* q_\lambda) \quad (5)$$

を得る.

問 題

2.1 輻射場の運動量 $\bm{G} = \epsilon_0\int(\bm{E}\times\bm{B})d\bm{r}$ が $\bm{G} = \sum_\lambda \omega_\lambda \bm{k}_\lambda(q_\lambda q_\lambda^* + q_\lambda^* q_\lambda)$ となることを示せ.

2.2 問題 2.1 の結果から $c\bm{G}$ は場のエネルギーの流れを表わすことを説明せよ. このことから, 小さな角振動数領域 $\Delta\omega$ での電磁場の強度を $I(\omega)\Delta\omega$ と書けば $c^2|\bm{G}| = \sum_\lambda \omega_\lambda c^2 k_\lambda (q_\lambda q_\lambda^* + q_\lambda^* q_\lambda) = \sum_\omega I(\omega)\Delta\omega$ と書くことができる.

7.1 輻射場の量子化

例題 3

演算子 q_λ, $q_\lambda^\dagger$ の行列要素 (要項 (38), (39)) を求めよ.

【解答】 q_λ, $q_\lambda^\dagger$ は

$$q_\lambda = \frac{1}{2}\left(Q_\lambda + \frac{i}{\omega_\lambda}P_\lambda\right), \quad q_\lambda^\dagger = \frac{1}{2}\left(Q_\lambda - \frac{i}{\omega_\lambda}P_\lambda\right) \tag{1}$$

である. 調和振動子の波動関数 $\phi_{n_\lambda}(Q_\lambda)$ についての Q_λ, P_λ の行列要素は要項 (35), (36) にある. これから

$$\frac{1}{2}\left(Q_\lambda \pm \frac{i}{\omega_\lambda}P_\lambda\right)_{n_\lambda-1,n_\lambda} = \frac{1}{2}\sqrt{\frac{\hbar}{2\omega_\lambda}\cdot n_\lambda}(1\pm 1) = \begin{cases} \sqrt{\dfrac{\hbar}{2\omega_\lambda}\cdot n_\lambda} \\ 0 \end{cases}$$

$$\frac{1}{2}\left(Q_\lambda \pm \frac{i}{\omega_\lambda}P_\lambda\right)_{n_\lambda,n_\lambda-1} = \frac{1}{2}\sqrt{\frac{\hbar}{2\omega_\lambda}\cdot n_\lambda}(1\mp 1) = \begin{cases} 0 \\ \sqrt{\dfrac{\hbar}{2\omega_\lambda}\cdot n_\lambda} \end{cases}$$

となる. したがって

$$q_{n_\lambda-1,n_\lambda} = q^\dagger_{n_\lambda\cdot n_\lambda-1} = \sqrt{\frac{\hbar}{2\omega_\lambda}\cdot n_\lambda},$$

$$q_{n_\lambda,n_\lambda'} = 0 \quad (n_\lambda' \neq n_\lambda + 1), \qquad q^\dagger_{n_\lambda\cdot n_\lambda'} = 0 \quad (n_\lambda' \neq n_\lambda - 1)$$

となる.

問題

3.1 消滅・生成演算子 a_λ, $a_\lambda^\dagger$ について次の式を示せ.

$$a_\lambda \phi_{n_\lambda}(Q_\lambda) = \sqrt{n_\lambda}\,\phi_{n_\lambda-1}(Q_\lambda), \quad a_\lambda^\dagger \phi_{n_\lambda}(Q_\lambda) = \sqrt{n_\lambda+1}\,\phi_{n_\lambda+1}(Q_\lambda)$$

3.2 交換関係 $[a_\lambda, a_{\lambda'}^\dagger] = \delta_{\lambda\lambda'}$, $[a_\lambda, a_{\lambda'}] = 0$, $[a_\lambda^\dagger, a_{\lambda'}^\dagger] = 0$ を示せ.

3.3 輻射場のハミルトニアン $\mathcal{H}_0$, 運動量 $\boldsymbol{G} = \boldsymbol{P}$ が, 量子論では

$$\mathcal{H}_0 = \sum_\lambda \hbar\omega_\lambda\left(a_\lambda^\dagger a_\lambda + \frac{1}{2}\right), \quad \boldsymbol{P} = \sum_\lambda \hbar\boldsymbol{k}_\lambda\left(a_\lambda^\dagger a_\lambda + \frac{1}{2}\right)$$

と書けることを示せ.

〖注意〗 $\mathcal{H}_0$ および $\boldsymbol{P}$ は, λ の和をとると発散する因子 $1/2$ を含んでいるが, これは単なる定数なので, ひきさっておいてよい.

3.4 輻射場の振動子の密度が, 光の偏りの自由度もふくめて, 単位エネルギー当り, $\rho(\hbar\omega) = (L^3/(\pi^2 c^3))\cdot(\omega^2/\hbar)$ であることを示せ. これから, 問題 2.2 で定義した輻射場の強度は $I(\omega) = (L^3\hbar\omega^3/(\pi^2 c^2))\cdot(n(\omega)+1/2)$ であることを示せ. $n(\omega)$ は角振動数 ω の光子数である.

7.2 輻射場と荷電粒子の相互作用

◆ **全系のハミルトニアン**　輻射場と相互作用する荷電粒子のハミルトニアンは 1 章例題 9 で求められた．したがって，荷電粒子間の相互作用を含め，全ハミルトニアンは

$$\mathcal{H} = \sum_i \frac{1}{2m_i}\{\boldsymbol{p}_i - e_i\boldsymbol{A}(\boldsymbol{r}_i,t)\}^2 + \frac{1}{2}\sum_{i,j}\frac{e_ie_j/4\pi\epsilon_0}{|\boldsymbol{r}_i - \boldsymbol{r}_j|} + \frac{1}{2}\sum_\lambda(P_\lambda{}^2 + \omega_\lambda{}^2 Q_\lambda{}^2) \quad (1)$$

と考えられる．$m_i, e_i, \boldsymbol{r}_i, \boldsymbol{p}_i$ は i 粒子の質量，電荷，位置ベクトル，運動量ベクトルで

$$\boldsymbol{p}_i = -i\hbar\nabla_i \quad (2)$$

である．実際，(1) を古典力学的ハミルトニアンと考えて，正準方程式

$$\frac{dx_i}{dt} = \frac{\partial \mathcal{H}}{\partial p_{ix}}, \quad \frac{dp_{ix}}{dt} = -\frac{\partial \mathcal{H}}{\partial x_i}, \quad \frac{dQ_\lambda}{dt} = \frac{\partial \mathcal{H}}{\partial P_\lambda}, \quad \frac{dP_\lambda}{dt} = -\frac{\partial \mathcal{H}}{\partial Q_\lambda}$$

より，

$$m_i\frac{d^2\boldsymbol{r}_i}{dt^2} = e_i\boldsymbol{E}(\boldsymbol{r}_i,t) + e_i\boldsymbol{v}_i \times \boldsymbol{B}(\boldsymbol{r}_i,t), \quad (3)$$

$$\left(\frac{1}{c^2}\frac{\partial^2}{\partial t^2} - \Delta\right)\boldsymbol{A}(\boldsymbol{r},t) = \mu_0\sum_i e_i\boldsymbol{v}_i\delta(\boldsymbol{r}-\boldsymbol{r}_i) - \frac{1}{c^2}\operatorname{grad}\frac{\partial}{\partial t}\sum_i \frac{e_i/4\pi\epsilon_0}{|\boldsymbol{r}-\boldsymbol{r}_i|} \quad (4)$$

を得ることができる．(3) はよく知られた荷電粒子に対する運動方程式であり (4) は 7.1 節要項 (10′) と同じである．

(1) の $\{\boldsymbol{p}_i - e_i\boldsymbol{A}(\boldsymbol{r}_i,t)\}^2$ を展開すると，$\boldsymbol{A}$ の 1 次の項として $\boldsymbol{p}_i \cdot \boldsymbol{A}(\boldsymbol{r}_i,t)$ と $\boldsymbol{A}(\boldsymbol{r}_i,t) \cdot \boldsymbol{p}_i$ が得られる．この 2 つの項は $\boldsymbol{p}_i$ が演算子 (2) であるため一般には等しくないがこの章では，クーロン・ゲージをとっているので等しくなり，結局全ハミルトニアンは

$$\begin{aligned}\mathcal{H} = & -\sum_j\frac{\hbar^2}{2m_j}\Delta_j + \frac{1}{2}\sum_{jl}\frac{e_je_l/4\pi\epsilon_0}{|\boldsymbol{r}_j-\boldsymbol{r}_l|} + \frac{1}{2}\sum_\lambda(P_\lambda{}^2 + \omega_\lambda{}^2 Q_\lambda{}^2) \\ & + \sum_j\frac{ie_j\hbar}{m_j}\boldsymbol{A}(\boldsymbol{r}_j,t)\cdot\nabla_j + \sum_j\frac{e_j{}^2}{2m_j}\boldsymbol{A}(\boldsymbol{r}_j,t)^2 \end{aligned} \quad (5)$$

となる．一般に (5) を扱う場合，摂動ハミルトニアンを

$$\mathcal{H}' = \sum_j\frac{ie_j\hbar}{m_j}\boldsymbol{A}(\boldsymbol{r}_j,t)\cdot\nabla_j + \sum_j\frac{e_j{}^2}{2m_j}\boldsymbol{A}(\boldsymbol{r}_j,t)^2 \quad (6)$$

ととり，$\mathcal{H} - \mathcal{H}' = \mathcal{H}_0$ を無摂動ハミルトニアンとしてやればよい．$\boldsymbol{A}$ は量子力学的に 7.1 節で扱われた．

◆ **ゲージ変換と波動関数の変換**　ゲージ変換 (7.1 節要項 (8)) を行なったとき，$\boldsymbol{E}$ や $\boldsymbol{B}$ は変わらない．一方 $\boldsymbol{A}', \phi'$ と組の電子の波動関数 $\psi'(\boldsymbol{r},t)$ は次のように変換さ

7.2 輻射場と荷電粒子の相互作用

れる.

$$\psi'(\boldsymbol{r},t) = \exp\left(i\frac{e}{\hbar}\chi(\boldsymbol{r},t)\right)\psi(\boldsymbol{r},t). \tag{7}$$

◆ **1 光子過程**　ベクトル・ポテンシャル $\boldsymbol{A}(\boldsymbol{r},t)$ を光子の生成・消滅演算子で書き下すと,

$$\begin{aligned}\boldsymbol{A} &= \sum (q_\lambda \boldsymbol{A}_\lambda + q_\lambda{}^\dagger \boldsymbol{A}_\lambda{}^*) \\ &= \frac{1}{\sqrt{\epsilon_0 L^3}}\sum_\lambda \sqrt{\frac{\hbar}{2\omega_\lambda}}(\boldsymbol{e}_\lambda e^{i\boldsymbol{k}_\lambda \cdot \boldsymbol{r}}a_\lambda + \boldsymbol{e}_\lambda e^{-i\boldsymbol{k}_\lambda \cdot \boldsymbol{r}}a_\lambda{}^\dagger)\end{aligned} \tag{8}$$

となる. つまり, $\boldsymbol{A}$ は光子の数が 1 個だけ異なる輻射場の状態の間の行列要素のみ 0 でない. 今, 輻射場の波動関数 $\Phi(n_1,n_2,\cdots,n_\lambda,\cdots;t)$ だけを考えて (8) の行列要素を計算すると, 実際

$\langle \Phi(n_1{}',n_2{}',\cdots,n_\lambda{}',\cdots;t)|\boldsymbol{A}|\Phi(n_1,n_2,\cdots,n_\lambda,\cdots;t)\rangle$

$$= \begin{cases} \frac{1}{\sqrt{\epsilon_0 L^3}}\sqrt{\frac{\hbar n_\lambda}{2\omega_\lambda}}\boldsymbol{e}_\lambda e^{i\boldsymbol{k}_\lambda\cdot\boldsymbol{r}}e^{-i\omega_\lambda t} & n_\lambda{}'=n_\lambda-1,\quad n_i{}'=n_i(i\neq\lambda) \\ \frac{1}{\sqrt{\epsilon_0 L^3}}\sqrt{\frac{\hbar(n_\lambda+1)}{2\omega_\lambda}}\boldsymbol{e}_\lambda e^{-i\boldsymbol{k}_\lambda\cdot\boldsymbol{r}}e^{-i\omega_\lambda t} & n_\lambda{}'=n_\lambda+1,\quad n_i{}'=n_i(i\neq\lambda) \\ 0 & \text{(上記の場合以外)} \end{cases} \tag{9}$$

となる. 電子 1 個と輻射場の系を考え (電子の電荷 $-e$), 始状態 Ψ_i と終状態 Ψ_f として $\sum_\lambda n_\lambda = (\sum_\lambda n_\lambda{}') \pm 1$ である状態

$$\begin{aligned}\Psi_i &= \psi_a(\boldsymbol{r},t)\Phi(n_1,n_2,\cdots,n_\lambda,\cdots;t) \\ \Psi_f &= \psi_b(\boldsymbol{r},t)\Phi(n_1{}',n_2{}',\cdots,n_\lambda{}',\cdots;t)\end{aligned} \tag{10}$$

を考えると (ψ_a,ψ_b は電子の波動関数) $\mathcal{H}'$ の行列要素は

$$\mathcal{H}'_{fi} = \begin{cases} -\dfrac{ie\hbar}{m}\sqrt{\dfrac{\hbar}{2\epsilon_0 L^3 \omega_\lambda}}\sqrt{n_\lambda}e^{-i\omega_\lambda t}\int\psi_b{}^*(\boldsymbol{r},t)e^{i\boldsymbol{k}_\lambda\cdot\boldsymbol{r}}\boldsymbol{e}_\lambda\cdot\nabla\psi_a(\boldsymbol{r},t)d\boldsymbol{r} & \text{(11-1)} \\ \qquad\qquad\qquad\qquad\qquad (n_\lambda{}'=n_\lambda-1,n_i{}'=n_i(i\neq\lambda)) \\ -\dfrac{ie\hbar}{m}\sqrt{\dfrac{\hbar}{2\epsilon_0 L^3 \omega_\lambda}}\sqrt{n_\lambda+1}e^{i\omega_\lambda t}\int\psi_b{}^*(\boldsymbol{r},t)e^{-i\boldsymbol{k}_\lambda\cdot\boldsymbol{r}}\boldsymbol{e}_\lambda\cdot\nabla\psi_a(\boldsymbol{r},t)d\boldsymbol{r} & \text{(11-2)} \\ \qquad\qquad\qquad\qquad\qquad (n_\lambda{}'=n_\lambda+1,n_i{}'=n_i(i\neq\lambda)) \end{cases}$$

となる. これから, 時間に依存する摂動論の結果を用いて光子の吸収・放出に対する遷移確率を求めることもできる. (11-1) および (11-2) は始状態の光子数に比べ, 終状態の光子数が, 1 個だけ少ない (11-1) か, 多い (11-2) になっている. それにより (11-1) を 1 光子の**吸収**, (11-2) を**放出**と呼ぶ. 遷移確率は $|\mathcal{H}'_{fi}|^2$ に比例するから, 吸収では n_λ (入射光の強さ) に比例する. 一方, 放出では $(n_\lambda+1)$ に比例し n_λ は入射光の強さに比例する部分で, **誘導放出**と呼び, $n_\lambda=0$ でも存在する部分を**自然放出**という.

◆ **光電効果とコンプトン効果**　原子に束縛された電子が，光子を 1 個吸収し，正のエネルギーをもった状態に遷移し，原子の外に飛び出す現象を**光電効果**と呼ぶ．(11-1) で ψ_a, ψ_b がともに自由電子の状態なら，エネルギー保存則と運動量保存則が両立しないから，光電効果は生じない．

自由電子が光を散乱する現象を**コンプトン効果**と呼ぶ．この場合を，$\mathcal{H}'$ のうち $\boldsymbol{A}$ に比例する部分の 2 次摂動の過程としてとり扱うことができる．中間状態に対してはエネルギー保存則を要求しなくてもよいからである．ただし，この場合には，電子を相対論的に取り扱うことが重要になる．

◆ **電気双極子遷移と選択則**　1 光子の吸収・放出では，(11-1)，(11-2) のように，電子の始状態 ψ_a と終状態 ψ_b に関する行列要素

$$M_{ba} = \langle \psi_b | e^{\pm i \boldsymbol{k}_\lambda \cdot \boldsymbol{r}} \boldsymbol{e}_\lambda \cdot \boldsymbol{p} | \psi_a \rangle = \int \psi_b^* e^{\pm i \boldsymbol{k}_\lambda \cdot \boldsymbol{r}} \boldsymbol{e}_\lambda \cdot \boldsymbol{p} \psi_a d\boldsymbol{r} \tag{12}$$

が 0 であるか有限の値であるかが本質的である．ψ_a 状態が光子を吸収して ψ_b 状態に遷移するのだから，エネルギー保存則は

$$E_b - E_a = \hbar \omega_\lambda = \hbar c k_\lambda \tag{13}$$

である．$E_b - E_a$ として水素様原子の基底状態のエネルギーを目安に考えると

$$k_\lambda = (E_b - E_a)/\hbar c \cong (Z^2 m e^4 / 2\hbar^2)/\hbar c$$

となる．(12) で $|\boldsymbol{r}|$ をやはり水素様原子の基底状態の広がり a_0/Z にとると

$$k_\lambda r \approx (Z/2)(e^2/\hbar c) = (Z/2)/137$$

である．したがって (12) の $\exp(\pm i \boldsymbol{k}_\lambda \cdot \boldsymbol{r})$ は

$$\exp(\pm i \boldsymbol{k}_\lambda \cdot \boldsymbol{r}) = \sum_{n=0}^\infty (\pm i)^n / n! \cdot (\boldsymbol{k}_\lambda \cdot \boldsymbol{r})^n \tag{14}$$

と展開できる．(14) の展開第 1 項をとり (双極子近似)，

$$M_{ba} = \boldsymbol{e}_\lambda \cdot \langle \psi_b | \boldsymbol{p} | \psi_a \rangle = i m (E_b - E_a)/\hbar \boldsymbol{e}_\lambda \cdot \langle \psi_b | \boldsymbol{r} | \psi_a \rangle \tag{15}$$

となる．(15) が 0 でないために生じる遷移を**電気双極子遷移**という．(15) が 0 でないというのは，ψ_a と ψ_b の性質で決まる．このような規則を**選択則**という．また，ここで許される遷移を**許容遷移**といい，この範囲で許されず，(14) の高次の展開項により許される遷移を**禁止遷移**という．

電磁場を量子力学的に取り扱わなくても，行列要素 (12) によって遷移が決められることに変わりはない．$n(\omega)$ が 1 に比べて十分大きいとして，すべての結果を，

$$(L^3 \hbar \omega^3 / \pi^2 c^2) n(\omega) = I(\omega)$$

を用いて，輻射場の強度 $I(\omega)$ によって表現すれば，古典的輻射場と相互作用している電子の問題と考えてもよい．

7.2 輻射場と荷電粒子の相互作用

例題 4

要項に与えられた輻射場と荷電粒子を含めた全ハミルトニアンを用い，正準方程式により，荷電粒子の運動方程式

$$m_i \frac{d^2 \boldsymbol{r}_i}{dt^2} = e_i \boldsymbol{E}(\boldsymbol{r}_i, t) + e_i \boldsymbol{v}_i \times \boldsymbol{B}(\boldsymbol{r}_i, t)$$

を導け．(古典論)

【解答】 $\dfrac{dx_i}{dt} = \dfrac{\partial \mathcal{H}}{\partial p_{ix}}, \dfrac{dp_{ix}}{dt} = -\dfrac{\partial \mathcal{H}}{\partial x_i}$ より

$$\frac{d\boldsymbol{r}_i}{dt} = \boldsymbol{v}_i = \frac{1}{m_i}\{\boldsymbol{p}_i - e_i \boldsymbol{A}(\boldsymbol{r}_i, t)\}, \tag{1}$$

$$\frac{d\boldsymbol{p}_i}{dt} = -\frac{1}{2m_i}\nabla_i\{\boldsymbol{p}_i - e_i \boldsymbol{A}(\boldsymbol{r}_i, t)\}^2 - \nabla_i e_i \phi(\boldsymbol{r}_i, t) \tag{2}$$

を得る．∇_i は $\boldsymbol{r}_i$ に関する微分で，また $\phi(\boldsymbol{r}_i, t)$ はスカラー・ポテンシャルで，

$$\phi(\boldsymbol{r}_i, t) = \sum_{j(\neq i)} \frac{e_j/4\pi\epsilon_0}{|\boldsymbol{r}_i - \boldsymbol{r}_j|}.$$

(2) の $\boldsymbol{p}_i$ に (1) を代入して，(今，x 成分のみ書くと)

$$m_i \frac{d^2 x_i}{dt^2} + e_i \frac{d}{dt} A_x(\boldsymbol{r}_i, t) = e_i \frac{d\boldsymbol{r}_i}{dt} \cdot \frac{\partial}{\partial x_i} \boldsymbol{A}(\boldsymbol{r}_i, t) - e_i \frac{\partial}{\partial x_i} \phi(\boldsymbol{r}_i, t). \tag{3}$$

左辺第 2 項は書きなおすと

$$\frac{d}{dt} A_x(\boldsymbol{r}_i, t) = \frac{d\boldsymbol{r}_i}{dt} \cdot \nabla_i A_x(\boldsymbol{r}_i, t) + \frac{\partial}{\partial t} A_x(\boldsymbol{r}_i, t)$$

であるから，(3) は書きなおすと

$$\begin{aligned} m_i \frac{d^2 x_i}{dt^2} =& -e_i \frac{\partial}{\partial x_i}\phi(\boldsymbol{r}_i, t) - e_i \frac{\partial}{\partial t} A_x(\boldsymbol{r}_i, t) + e_i \frac{dy_i}{dt} \cdot \frac{\partial}{\partial x_i} A_y(\boldsymbol{r}_i, t) \\ &+ e_i \frac{dz_i}{dt} \cdot \frac{\partial}{\partial x_i} A_z(\boldsymbol{r}_i, t) - e_i \frac{dy_i}{dt} \cdot \frac{\partial}{\partial y_i} A_x(\boldsymbol{r}_i, t) - e_i \frac{dz_i}{dt} \cdot \frac{\partial}{\partial z_i} A_x(\boldsymbol{r}_i, t) \\ =& e_i\left(-\frac{\partial}{\partial x_i}\phi - \frac{\partial}{\partial t}A_x\right) + e_i\{v_{iy}(\text{rot}_i \boldsymbol{A})_z - v_{iz}(\text{rot}_i \boldsymbol{A})_y\}. \end{aligned} \tag{4}$$

(4) の第 1 項は $e_i(\boldsymbol{E})_x$，第 2 項は $e_i(\boldsymbol{v}_i \times \text{rot}\boldsymbol{A})_x = e_i(\boldsymbol{v}_i \times \boldsymbol{B})_x$ であるから，問題の運動方程式が導かれる．

問題

4.1 例題 4 と同様に，正準方程式を用いて

$$\left(\frac{1}{c^2}\frac{\partial^2}{\partial t^2} - \Delta\right)\boldsymbol{A}(\boldsymbol{r}, t) = \mu_0 \sum_i e_i \boldsymbol{v}_i \delta(\boldsymbol{r} - \boldsymbol{r}_i) - \frac{1}{c^2}\text{grad}\frac{\partial}{\partial t}\sum_i \frac{e_i/4\pi\epsilon_0}{|\boldsymbol{r} - \boldsymbol{r}_i|}$$

を導け．(光の偏りの和で，$\sum_{\boldsymbol{e}_\lambda}(\boldsymbol{v}\cdot\boldsymbol{e}_\lambda)\boldsymbol{e}_\lambda = \boldsymbol{v} - (\boldsymbol{v}\cdot\boldsymbol{k}_\lambda/k_\lambda)\boldsymbol{k}_\lambda/k_\lambda$ が成立する．)

4.2 ゲージ変換による波動関数の変化 (要項 7.2 (7)) を導け．

例題 5

1 電子と輻射場の相互作用のうち,$\boldsymbol{A}^2$ に比例する部分
$$\mathcal{H}_2' = \frac{e^2}{2m}\boldsymbol{A}^2$$
の行列要素を計算せよ.

【解答】 $\boldsymbol{A}^2$ には $a_\lambda a_\mu, a_\lambda^\dagger a_\mu^\dagger, a_\lambda a_\mu^\dagger, a_\lambda^\dagger a_\mu = (a_\mu a_\lambda^\dagger + \delta_{\lambda\mu})$ の 4 つの部分がある.始状態 Ψ_i,終状態 Ψ_f として

$$\Psi_i = \psi_a(\boldsymbol{r},t)\Phi(n_1, n_2, \cdots, n_\lambda, \cdots ; t), \quad \Psi_f = \psi_b(\boldsymbol{r},t)\Phi(n_1{}', n_2{}', \cdots, n_\lambda{}', \cdots ; t)$$

を考えると

$$\sum_\lambda n_\lambda = \sum_\lambda n_\lambda{}' \pm 2, \quad \text{または} \quad \sum_\lambda n_\lambda = \sum_\lambda n_\lambda{}'$$

のように合計の光子数が 2 つ異なるか同じ場合のみ 0 でない寄与がある.したがって要項 (7) より

$$(\mathcal{H}_2')_{fi} = \begin{cases} \dfrac{e^2}{m}\dfrac{\hbar}{2\epsilon_0 L^3}\sqrt{\dfrac{n_\lambda n_\mu}{\omega_\lambda \omega_\mu}}\boldsymbol{e}_\lambda\cdot\boldsymbol{e}_\mu e^{-i(\omega_\lambda+\omega_\mu)t}\int \psi_b{}^*(\boldsymbol{r},t)e^{i(\boldsymbol{k}_\lambda+\boldsymbol{k}_\mu)\cdot\boldsymbol{r}}\psi_a(\boldsymbol{r},t)d\boldsymbol{r} \\ \qquad\qquad ; n_\lambda{}' = n_\lambda - 1, n_\mu{}' = n_\mu - 1, n_i{}' = n_i \quad (i \neq \lambda, \mu) \\[4pt] \dfrac{e^2}{m}\dfrac{\hbar}{2\epsilon_0 L^3}\sqrt{\dfrac{n_\lambda(n_\mu+1)}{\omega_\lambda \omega_\mu}}\boldsymbol{e}_\lambda\cdot\boldsymbol{e}_\mu e^{-i(\omega_\lambda-\omega_\mu)t}\int \psi_b{}^*(\boldsymbol{r},t)e^{i(\boldsymbol{k}_\lambda-\boldsymbol{k}_\mu)\cdot\boldsymbol{r}}\psi_a(\boldsymbol{r},t)d\boldsymbol{r} \\ \qquad\qquad ; n_\lambda{}' = n_\lambda - 1, n_\mu{}' = n_\mu + 1, n_i{}' = n_i \quad (i \neq \lambda, \mu) \\[4pt] \dfrac{e^2}{m}\dfrac{\hbar}{2\epsilon_0 L^3}\sqrt{\dfrac{(n_\lambda+1)(n_\mu+1)}{\omega_\lambda \omega_\mu}}\boldsymbol{e}_\lambda\cdot\boldsymbol{e}_\mu e^{i(\omega_\lambda+\omega_\mu)t}\int \psi_b{}^*(\boldsymbol{r},t)e^{-i(\boldsymbol{k}_\lambda+\boldsymbol{k}_\mu)\cdot\boldsymbol{r}}\psi_a(\boldsymbol{r},t)d\boldsymbol{r} \\ \qquad\qquad ; n_\lambda{}' = n_\lambda + 1, n_\mu{}' = n_\mu + 1, n_i{}' = n_i \quad (i \neq \lambda, \mu) \\[4pt] \dfrac{e^2}{m}\dfrac{\hbar}{4\epsilon_0 L^3}\dfrac{\sqrt{n_\lambda(n_\lambda-1)}}{\omega_\lambda}e^{-2i\omega_\lambda t}\int \psi_b{}^*(\boldsymbol{r},t)e^{2i\boldsymbol{k}_\lambda\cdot\boldsymbol{r}}\psi_a(\boldsymbol{r},t)d\boldsymbol{r} \\ \qquad\qquad ; n_\lambda{}' = n_\lambda - 2, n_i{}' = n_i \quad (i \neq \lambda) \\[4pt] \dfrac{e^2}{m}\dfrac{\hbar}{4\epsilon_0 L^3}\dfrac{\sqrt{(n_\lambda+1)(n_\lambda+2)}}{\omega_\lambda}e^{2i\omega_\lambda t}\int \psi_b{}^*(\boldsymbol{r},t)e^{-2i\boldsymbol{k}_\lambda\cdot\boldsymbol{r}}\psi_a(\boldsymbol{r},t)d\boldsymbol{r} \\ \qquad\qquad ; n_\lambda' = n_\lambda + 2, n_i' = n_i \quad (i \neq \lambda) \\[4pt] \dfrac{e^2}{m}\dfrac{\hbar}{4\epsilon_0 L^3}\sum_\lambda \dfrac{2n_\lambda+1}{\omega_\lambda}\int \psi_b{}^*(\boldsymbol{r},t)\psi_a(\boldsymbol{r},t)d\boldsymbol{r} \quad ; n_\lambda{}' = n_\lambda \end{cases}$$

となる.$\mathcal{H}'$ で 0 にならないのは,要項 (11-1),(11-2) と上記の場合だけである.

問題

5.1 クーロン・ゲージの場合,
$$A(r,t) \cdot p = p \cdot A(r,t)$$
であることを示せ.

5.2 (i) 1電子ハミルトニアン $\mathcal{H}_e = p^2/2m + V(r)$ に対して
$$[\mathcal{H}_e, r] = (\hbar/im)p$$
証明せよ.

(ii) 上の結果を用いて
$$\langle \psi_b | p | \psi_a \rangle = (im/\hbar)(E_b - E_a)\langle \psi_b | r | \psi_a \rangle$$
を示せ. ただし $\mathcal{H}_e \psi_i = E_i \psi_i \ (i = a, b)$ である.

5.3 (i) 問題 5.2(i) を用いて
$$p_i x_j + x_i p_j = (im/\hbar)(\mathcal{H}_e x_i x_j - x_i x_j \mathcal{H}_e)$$
を示せ. ただし, ここの i, j はベクトルの 3 成分 x, y, z を表わす.

(ii) $-\langle \psi_b | (p \cdot e)(k \cdot r) | \psi_a \rangle = -m(E_b - E_a)/(2\hbar) \cdot \langle \psi_b | (e \cdot r)(r \cdot k) | \psi_a \rangle + (i/2)(e \times k) \cdot \langle \psi_b | r \times p | \psi_a \rangle$ を上の結果を用いて示せ. 右辺第 1 項を, **電気 4 重極子遷移**, 第 2 項を**磁気双極子遷移**と呼ぶ.

---

2 光子過程 光の散乱は, コンプトン効果のように, 入射光子の吸収と 2 次光子の放出が同時に起って生じる. 原子に束縛された電子による散乱を考えると, 原子の終状態が, 始状態と同じ場合 (コヒーレント散乱) および, 始状態と異なる場合 (ラマン散乱) がある.

例題 6

電子の始状態, 終状態を 1 電子ハミルトニアンの固有状態にとって, 双極子近似を用いて, 1 光子 $(\boldsymbol{k}_\lambda, \boldsymbol{e}_\lambda)$ の吸収に対する遷移確率を求めよ.

【ヒント】 時間に依存する摂動論の黄金律を用いよ. また輻射場の振動子密度 $\rho(\hbar\omega)$ は問題 3.4 を参考にせよ.

【解答】 $\mathcal{H}'$ の行列要素は $M_{ba} = \langle \psi_b | \boldsymbol{r} | \psi_a \rangle$ を用いて, 要項 (11-1) により

$$\mathcal{H}'_{fi} = \frac{e}{m}\sqrt{\frac{\hbar}{2\epsilon_0 L^3 \omega_\lambda}}\sqrt{n_\lambda}e^{-i\omega_\lambda t}M_{ba} \tag{1}$$

である. (電子の電荷 $-e$) また a, b は電子の始状態, 終状態を示し, λ 光子が 1 個吸収されたとする. M_{ba} は $\psi_b(\boldsymbol{r}, t) = \psi_b(\boldsymbol{r})e^{-i(E_b/\hbar)t}$ などより,

$$M_{ba} = e^{i(E_b - E_a)t/\hbar}\boldsymbol{e}_\lambda \cdot \int \psi_b^*(\boldsymbol{r})\boldsymbol{p}\psi_a(\boldsymbol{r})d\boldsymbol{r}$$

である. 問題 5.2 の結果を用いて

$$M_{ba} = e^{i\omega_{ba}t}(im\omega_{ba})\boldsymbol{e}_\lambda \cdot (\boldsymbol{r})_{ba},$$

$$\omega_{ba} = (E_b - E_a)/\hbar, \quad (\boldsymbol{r})_{ba} = \int \psi_b^*(\boldsymbol{r})\boldsymbol{r}\psi_a(\boldsymbol{r})d\boldsymbol{r} \tag{2}$$

となるから

$$\mathcal{H}'_{fi} = ie\sqrt{\frac{\hbar}{2\epsilon_0 L^3 \omega_\lambda}}\sqrt{n_\lambda}\omega_{ba}\boldsymbol{e}_\lambda \cdot (\boldsymbol{r})_{ba}. \tag{3}$$

一方, 光子のエネルギーが $\hbar\omega \sim \hbar\omega + d(\hbar\omega)$ にあり, $\boldsymbol{k}$ の方向が立体角 $d\Omega$ の中にあるような振動子数 $\rho_\omega d(\hbar\omega)d\Omega$ は (光子の偏りを区別して)

$$\rho_\omega d(\hbar\omega)d\Omega = (L/2\pi)^3 \omega^2/(c^3\hbar)d(\hbar\omega)d\Omega \tag{4}$$

であるから, 単位時間当り, エネルギー $\hbar\omega$, 偏り $\boldsymbol{e}_\lambda$ の光子が, 立体角 $d\Omega$ 内で 1 個減少する確率は 3.3 節要項 (13) より

$$w = \frac{2\pi}{\hbar} \cdot e^2 \frac{\hbar}{2\epsilon_0 L^3 \omega_\lambda} n_\lambda (\omega_{ba})^2 |\boldsymbol{e}_\lambda \cdot (\boldsymbol{r})_{ba}|^2 \cdot \left(\frac{L}{2\pi}\right)^3 \frac{\omega^2}{c^3\hbar}$$

$$= \frac{e^2\omega^3}{8\pi^2\epsilon_0 \hbar c^3} n_\lambda |\boldsymbol{e}_\lambda \cdot (\boldsymbol{r})_{ba}|^2, \quad (\hbar\omega_{ba} = \hbar\omega) \tag{5}$$

となる. ((4) の ρ_ω と問題 3.4 の $\rho(\hbar\omega)$ は $\rho(\hbar\omega) = 2 \cdot 4\pi \cdot \rho_\omega$ で結びついている.)

問題

6.1 例題 6 で, 光子の偏りについて和をとり (問題 4.1 参照)

$$\sum_{\boldsymbol{e}_\lambda} w = \frac{e^2\omega^3}{8\pi^2\epsilon_0\hbar c^3}\overline{n_\lambda}|(\boldsymbol{r})_{ba}|^2 \sin^2\theta$$

7.2 輻射場と荷電粒子の相互作用

を示せ．$(\boldsymbol{r})_{ba} \cdot \boldsymbol{k}_\lambda/k_\lambda = |(\boldsymbol{r})_{ba}|\cos\theta$ とする．また $\overline{n_\lambda}$ は光子の 2 つの偏りについての，平均光子数である．

6.2 問題 6.1 の結果を原子の向きについての平均を行ない，運動量が $\hbar\boldsymbol{k}_\lambda$ である光子が微小立体角内で 1 個吸収される，単位時間当りの遷移確率が

$$W_A = \frac{1}{8\pi}\sum_{e_\lambda}\int w d\Omega = \frac{e^2\omega^3}{24\pi^2\epsilon_0\hbar c^3}\overline{n_\lambda}|(\boldsymbol{r})_{ba}|^2$$

であることを示せ．これは，単位体積当り，光の偏りと単位立体角当りの輻射場の強度 $I_0(\omega) = I(\omega)/(8\pi L^3)$ ($I(\omega)$ は問題 2.2, 3.4 参照) を用いて

$$W_A = \frac{4\pi^2}{3} \cdot \frac{e^2}{4\pi\epsilon_0\hbar^2 c}|(\boldsymbol{r})_{ba}|^2 I_0(\omega)$$

と書ける．単位時間当りに吸収される光のエネルギーは $\hbar\omega W_A$ である．

6.3 運動量 $\hbar\boldsymbol{k}_\lambda$ の光子が，微小立体角内に 1 個，放出される単位時間当りの遷移確率は，(光子の偏りについては，平均をとって)

$$W_E = \frac{e^2\omega^3}{24\pi^2\epsilon_0\hbar c^3}(\overline{n_\lambda}+1)|(\boldsymbol{r})_{ba}|^2$$

$$= \frac{4\pi^2}{3}\frac{e^2}{4\pi\epsilon_0\hbar^2 c}|(\boldsymbol{r})_{ba}|^2 I_0(\omega) + \frac{e^2\omega^3}{24\pi^2\epsilon_0\hbar c^3}|(\boldsymbol{r})_{ba}|^2$$

であることを示せ．

6.4 自然放出の全遷移確率は，単位時間当り

$$\frac{4}{3} \cdot \frac{e^2\omega^3}{4\pi\epsilon_0\hbar c^3}|(\boldsymbol{r})_{ba}|^2 = \frac{4}{3}\left(\frac{e^2}{4\pi\epsilon_0\hbar c}\right)\left(\frac{|(\boldsymbol{r})_{ba}|}{c}\right)^2\omega^3$$

であることを示せ．

6.5 束縛状態にある多数の電子と，輻射場との系を考える．電子はそれぞれ a, b 2 つの状態が可能で，全体系は相互作用を通じて，温度 T の熱平衡状態にある．全系のエネルギー保存則から，光子の熱平衡分布

$$n(\omega) = \frac{1}{e^{\hbar\omega/kT} - 1}$$

を導け．

【ヒント】 多数の電子が，光子を吸収・放出する遷移確率は，光子の終状態に対する和 (光子の偏りと $\boldsymbol{k}_\lambda/k_\lambda$ の方向について) をとって，1 電子当り，$8\pi W_A$, $8\pi W_E$ である．電子は，a, b 2 つの状態に対する**カノニカル分布**と考えて，a 状態，b 状態に存在する確率は $e^{-E_a/kT}$, $e^{-E_b/kT}$ に比例する．したがって，エネルギー保存則は ($\omega_{ba} > 0$ として)

$$|\hbar\omega_{ba}|8\pi W_A e^{-E_a/kT} = |\hbar\omega_{ba}|8\pi W_E e^{-E_b/kT}$$

である．

例題 7

中心力場に束縛された電子について，電気双極子遷移の選択則を明らかにせよ．

【解答】 中心力場にある電子の波動関数は $\varphi = R(r)Y_{lm}(\theta,\phi)$ の形に書ける．したがって始状態 φ_i，終状態 φ_f として

$$\varphi_i = R_i(r)Y_{lm}(\theta,\phi), \quad \varphi_f = R_f(r)Y_{l'm'}(\theta,\phi) \tag{1}$$

と書ける．一方，吸収・放出される光子の偏りのベクトルを $\boldsymbol{e} = (e_x, e_y, e_z)$ と書くと，

$$\boldsymbol{e}\cdot\boldsymbol{r} = r(e_x\sin\theta\cos\phi + e_y\sin\theta\sin\phi + e_z\cos\theta)$$
$$= r\left(\frac{e_x - ie_y}{2}\sin\theta e^{i\phi} + \frac{e_x + ie_y}{2}\sin\theta e^{-i\phi} + e_z\cos\theta\right) \tag{2}$$

となる．$Y_{lm} = N_{lm}P_l^m(\cos\theta)e^{im\phi}$ であり，またルジャンドルの陪多項式の漸化式

$$(2l+1)\sin\theta P_l^m = P_{l+1}^{m+1} - P_{l-1}^{m+1} = -(l-m+1)(l-m+2)P_{l+1}^{m-1}$$
$$+ (l+m)(l+m-1)P_{l-1}^{m-1}, \tag{3}$$

$$(2l+1)\cos\theta P_l^m = (l-m+1)P_{l+1}^m + (l+m)P_{l-1}^m \tag{4}$$

を用いれば

$$\cos\theta\, Y_{lm} = AY_{l+1,m} + BY_{l-1,m} \tag{5}$$

$$e^{i\phi}\sin\theta\, Y_{lm} = CY_{l+1,m+1} + DY_{l-1,m+1} \tag{6}$$

$$e^{-i\phi}\sin\theta\, Y_{lm} = EY_{l+1,m-1} + FY_{l-1,m-1} \tag{7}$$

となる．ただし $A \sim F$ は l, m に依存する定数である．したがって，

$$\boldsymbol{e}\cdot\langle\psi_f|\boldsymbol{r}|\psi_i\rangle = \int_0^\infty R_f r^3 R_i dr \cdot \left[\frac{e_x - ie_y}{2}(C\delta_{l',l+1} + D\delta_{l',l-1})\delta_{m'm+1}\right.$$
$$+ \frac{e_x + ie_y}{2}(E\delta_{l',l+1} + F\delta_{l',l-1})\delta_{m',m-1}$$
$$\left.+ e_z(A\delta_{l',l+1} + B\delta_{l',l-1})\delta_{m',m}\right] \tag{8}$$

となる．(8) より選択則として

$$\Delta l = l' - l = \pm 1, \quad \Delta m = m' - m = \begin{cases} 0 & (e_z \neq 0) \\ \pm 1 & (e_x \neq 0, \text{ または } e_y \neq 0) \end{cases} \tag{9}$$

を得る．(スピン角運動量はもちろん同じでなくてはならない．)

【注意】 (2) より $\boldsymbol{e}\cdot\boldsymbol{r} = r\sqrt{4\pi/3}\{(-e_x + ie_y)/\sqrt{2}\cdot Y_{11} + (e_x + ie_y)/\sqrt{2}\cdot Y_{1-1} + e_z\cdot Y_{10}\}$ とも書ける．選択則は，したがって $\int d\Omega Y^*_{l'm'}Y_{1m''}Y_{lm} = \delta_{m',m+m''}(2\pi)^{-1}\int\Theta_{l'm'}\cdot\Theta_{1m'-m}\Theta_{lm}d(\cos\theta)$ によって決まる．一般的に

$$c^\lambda(l'm'; lm) = \sqrt{4\pi/(2\lambda+1)} \int d\Omega\, Y_{\lambda\mu} Y^*_{l'm'} Y_{lm}$$

はガウント (Gaunt) 係数と呼ばれる (Condon & Schortley; *The Theory of Atomic Spectra*, Cambridge University Press, 1964). スピン軌道相互作用があれば，選択則は異なる.

問 題

7.1 (i) ルジャンドルの多項式 $P_l(x)$ について，次の漸化式を示せ.
$$\frac{d}{dx}P_{l+1} - x\frac{d}{dx}P_l = (l+1)P_l, \quad (l+1)P_{l+1} - (2l+1)xP_l + lP_{l-1} = 0$$
(ii) 上の漸化式を m 回微分して，次の式を示せ.
$$(2l+1)(1-x^2)^{1/2}P_l^m = P_{l+1}^{m+1} - P_{l-1}^{m+1}, \tag{a}$$
$$(l+1)P_{l+1}^m + lP_{l-1}^m = (2l+1)xP_l^m + (2l+1)m(1-x^2)^{1/2}P_l^{m+1}$$
さらに，この 2 つの式より次式を示せ.
$$(2l+1)xP_l^m = (l-m+1)P_{l+1}^m + (l+m)P_{l-1}^m, \tag{b}$$
(iii) $P_l^{m+1} - 2mx(1-x^2)^{-1/2}P_l^m + (l+m)(l-m+1)P_l^{m-1} = 0$ を示せ.
(iv) (ii)，(iii) の結果を用いて
$$(2l+1)(1-x^2)^{1/2}P_l^{m+1} + (l-m)(l-m+1)P_{l+1}^m$$
$$-(l+m)(l+m+1)P_{l-1}^m = 0 \tag{c}$$
を示せ. (a)，(c)，(b) の式を書きなおし
$$(2l+1)\sin\theta P_l^m(\cos\theta) = P_{l+1}^{m+1}(\cos\theta) - P_{l-1}^{m+1}(\cos\theta),$$
$$(2l+1)\sin\theta P_l^m(\cos\theta) = -(l-m+1)(l-m+2)P_{l+1}^{m-1}(\cos\theta)$$
$$+ (l+m-1)(l+m)P_{l-1}^{m-1}(\cos\theta),$$
$$(2l+1)\sin\theta P_l^m(\cos\theta) = (l-m+1)P_{l+1}^m(\cos\theta) + (l+m)P_{l-1}^m(\cos\theta)$$
と変形して例題 7 で用いた.

7.2 電気 4 重極遷移の選択則が，次のようになることを示せ.
$$\Delta l = 0, \pm 2, \quad \Delta m = 0, \pm 1, \pm 2$$
「スピン角運動量は変化しない.」

7.3 磁気双極子遷移のうち，軌道角運動量にのみ依存した部分の選択則が，$\Delta l = 0, \Delta m = 0, \pm 1$,「スピン角運動量は変化しない.」であることを示せ.

7.4 磁気双極子遷移のうち，スピンに依存した部分 $\mathcal{H}' = (e/m)\boldsymbol{B}\cdot\boldsymbol{s}$ の選択則が $\Delta s = 0, \Delta m_s = 0, \pm 1$,「軌道角運動量は変化しない.」であることを示せ.

7.5 自由電子は，光子の吸収・放出を起こさぬことを示せ.

例題 8

原子に束縛された電子を輻射場の中に置く．電子が光子を 1 個吸収し，外に飛び出す確率を求めよ．外に飛び出した電子の状態は平面波で近似してよい．(光電効果)

【解答】 電子の始状態の波動関数を $\varphi_0(\boldsymbol{r})$，終状態のそれを $L^{-3/2}e^{i\boldsymbol{k}'\cdot\boldsymbol{r}}$ と書き，吸収される光子の波動ベクトル，偏りを各々 $\boldsymbol{k}$, $\boldsymbol{e}$ とする．遷移の行列要素は

$$\mathcal{H}'_{fi} = \frac{e}{m}\sqrt{\frac{\hbar}{2\epsilon_0 L^3 \omega}}\sqrt{n}\, e^{-i\omega t} e^{i\frac{\hbar k'^2}{2m}t - i\frac{E_0}{\hbar}t} L^{-3/2} \int e^{-i\boldsymbol{k}'\cdot\boldsymbol{r}} e^{i\boldsymbol{k}\cdot\boldsymbol{r}} \boldsymbol{e}\cdot\boldsymbol{p}\,\varphi_0(\boldsymbol{r})d\boldsymbol{r}$$

$$= \frac{e}{m}\sqrt{\frac{\hbar}{2\epsilon_0 L^6 \omega}}\sqrt{n}\, \exp\left(i\left[-\omega + \frac{\hbar k'^2}{2m} - \frac{E_0}{\hbar}\right]t\right) \int \{\boldsymbol{e}\cdot\boldsymbol{p}\, e^{+i(\boldsymbol{k}'-\boldsymbol{k})\cdot\boldsymbol{r}}\}^* \varphi_0(\boldsymbol{r})d\boldsymbol{r} \tag{1}$$

となる．ただし，ω, n は光子の角振動数と個数，E_0 は $\varphi_0(\boldsymbol{r})$ に対応する固有エネルギーで，(1) の最後で $\boldsymbol{p}$ のエルミート性を用い，したがって $\boldsymbol{p}$ は $e^{+i(\boldsymbol{k}'-\boldsymbol{k})\cdot\boldsymbol{r}}$ にのみ演算される．また $E_0 = -e^2/4\pi\epsilon_0/(2a_0) = -\hbar^2/(2ma_0^2)$．

$$\boldsymbol{e}\cdot\boldsymbol{p}\, e^{+i(\boldsymbol{k}'-\boldsymbol{k})\cdot\boldsymbol{r}} = (-i\hbar)(+i)(\boldsymbol{k}'-\boldsymbol{k})\cdot\boldsymbol{e}\, e^{+i(\boldsymbol{k}'-\boldsymbol{k})\cdot\boldsymbol{r}} = +\boldsymbol{k}'\cdot\boldsymbol{e}\hbar\, e^{+i(\boldsymbol{k}'-\boldsymbol{k})\cdot\boldsymbol{r}}$$

を用い，$\hbar\boldsymbol{K} = \hbar(\boldsymbol{k} = \boldsymbol{k}')$ とすると

$$\mathcal{H}'_{fi} = \frac{e}{m}\sqrt{\frac{\hbar}{2\epsilon_0 L^6 \omega}}\sqrt{n}\, \exp\left(i\left[-\omega + \frac{\hbar k'^2}{2m} - \frac{E_0}{\hbar}\right]t\right) \hbar(\boldsymbol{e}\cdot\boldsymbol{k}') \int e^{i\boldsymbol{K}\cdot\boldsymbol{r}} \varphi_0(\boldsymbol{r})d\boldsymbol{r} \tag{2}$$

となる．電子の終状態の状態密度は $\rho(E_{k'}) = (L/2\pi)^3 mk'/\hbar^2$ (3 章例題 6) である．電子が 1 個，単位時間・単位エネルギー当り，立体角 $d\Omega$ 内へ飛び出す確率は，3.3 節要項 (13) より

$$w = \frac{2\pi}{\hbar}\cdot\frac{e^2}{m^2}\cdot\frac{\hbar^3}{2\epsilon_0 L^6 \omega} n(\boldsymbol{e}\cdot\boldsymbol{k}')^2 \left|\int e^{i\boldsymbol{K}\cdot\boldsymbol{r}}\varphi_0(\boldsymbol{r})d\boldsymbol{r}\right|^2 \cdot \left(\frac{L}{2\pi}\right)^3 \frac{mk'}{\hbar^2}$$

$$= \frac{nk'(\boldsymbol{e}\cdot\boldsymbol{k}')^2}{2\pi L^3 \omega}\cdot\frac{e^2}{4\pi\epsilon_0 m}\left|\int e^{i\boldsymbol{K}\cdot\boldsymbol{r}}\varphi_0(\boldsymbol{r})d\boldsymbol{r}\right|^2, \quad \left(\frac{\hbar^2 k'^2}{2m} = E_0 + \hbar\omega\right) \tag{3}$$

となる．

---- 問 題 ----

8.1 電子の始状態を水素の $1s$ 状態にとり，光電効果の遷移確率 w を求めよ．

8.2 入射光子の個数が，単位面積・単位時間当り $(nc/L)/L^2 = nc/L^3$ であることを用いて，水素 $1s$ 状態に対する微分断面積 $d\sigma/d\Omega$ が

$$\frac{d\sigma}{d\Omega} = \frac{32}{\omega}k'(\boldsymbol{e}\cdot\boldsymbol{k}')^2 \frac{e^2}{4\pi\epsilon_0 mc}\frac{a_0^3}{(1+a_0^2 K^2)^4}$$

であることを示せ．$\boldsymbol{k}\cdot\boldsymbol{k}' = kk'\cos\theta$, $-E_0 = \hbar^2/(2ma_0^2) \ll \hbar\omega \ll mc^2$, $\hbar k' = mv \approx \sqrt{2m\hbar\omega}$ として $d\sigma/d\Omega$ を計算し $v/c \ll 1$ の場合の σ を求めよ．

補　遺

- **エルミート多項式**　　$H_n(\xi)$

　　$H_0(\xi) = 1$　　　　　　　　　　$H_1(\xi) = 2\xi$
　　$H_2(\xi) = 4\xi^2 - 2$　　　　　　　$H_3(\xi) = 8\xi^3 - 12\xi$
　　$H_4(\xi) = 16\xi^4 - 48\xi^2 + 12$　　　$H_5(\xi) = 32\xi^5 - 160\xi^3 + 120\xi$
　　$H_6(\xi) = 64\xi^6 - 480\xi^4 + 720\xi^2 - 120$
　　$H_7(\xi) = 128\xi^7 - 1344\xi^5 + 3360\xi^3 - 1680\xi$
　　$H_8(\xi) = 256\xi^8 - 3584\xi^6 + 13440\xi^4 - 13440\xi^2 + 1680$

- **球面調和関数**　　$Y_{lm}(\theta,\phi) = \Theta_{lm}(\theta)\Phi_m(\phi)$

　　$\Phi_m(\phi) = \sqrt{1/2\pi}\, e^{im\phi}$
　　$\Theta_{00}(\theta) = 1/\sqrt{2}$
　　$\Theta_{10}(\theta) = \sqrt{3/2}\cos\theta$　　　　　　　$\Theta_{1\pm 1}(\theta) = \mp\sqrt{3}/2 \cdot \sin\theta$
　　$\Theta_{20}(\theta) = \sqrt{5}/(2\sqrt{2}) \cdot (3\cos^2\theta - 1)$　　$\Theta_{2\pm 1}(\theta) = \mp\sqrt{15}/2 \cdot \sin\theta\cos\theta$
　　$\Theta_{2\pm 2}(\theta) = \sqrt{15}/4 \cdot \sin^2\theta$
　　$\Theta_{30}(\theta) = \sqrt{7}/(2\sqrt{2}) \cdot (2\cos^3\theta - 3\sin^2\theta\cos\theta)$
　　$\Theta_{3\pm 1}(\theta) = \mp\sqrt{21}/(4\sqrt{2}) \cdot \sin\theta(5\cos^2\theta - 1)$
　　$\Theta_{3\pm 2}(\theta) = \sqrt{105}/4 \cdot \sin^2\theta\cos\theta$
　　$\Theta_{3\pm 3}(\theta) = \mp\sqrt{35}/(4\sqrt{2}) \cdot \sin^3\theta$

- **水素様原子の動径波動関数**　　$R_{nl}(r)$

　　$a = a_0/Z, \quad \rho = (2Z/na_0)r$
　　$R_{10}(r) = a^{-3/2} 2e^{-\rho/2}$
　　$R_{20}(r) = (2\sqrt{2})^{-1} a^{-3/2}(2-\rho)e^{-\rho/2}$
　　$R_{21}(r) = (2\sqrt{6})^{-1} a^{-3/2}\rho e^{-\rho/2}$
　　$R_{30}(r) = (9\sqrt{3})^{-1} a^{-3/2}(6 - 6\rho + \rho^2)e^{-\rho/2}$
　　$R_{31}(r) = (9\sqrt{6})^{-1} a^{-3/2}(4-\rho)\rho e^{-\rho/2}$
　　$R_{32}(r) = (9\sqrt{30})^{-1} a^{-3/2}\rho^2 e^{-\rho/2}$
　　$R_{40}(r) = (96)^{-1} a^{-3/2}(24 - 36\rho + 12\rho^2 - \rho^3)e^{-\rho/2}$
　　$R_{41}(r) = (32\sqrt{15})^{-1} a^{-3/2}(20 - 10\rho + \rho^2)\rho e^{-\rho/2}$
　　$R_{42}(r) = (96\sqrt{5})^{-1} a^{-3/2}(6-\rho)\rho^2 e^{-\rho/2}$
　　$R_{43}(r) = (96\sqrt{35})^{-1} a^{-3/2}\rho^3 e^{-\rho/2}$

- **クレブシュ・ゴーダン係数（ウィグナー係数）**　　$\langle J_1 M_1 J_2 M_2 | JM \rangle$

　　一般式

$$\langle J_1 M_1 J_2 M_2 | JM \rangle = \delta(M, M_1+M_2)\sqrt{2J+1}\Delta(J_1 J_2 J)$$
$$\times \sqrt{(J_1+M_1)!(J_1-M_1)!(J_2+M_2)!(J_2-M_2)!(J+M)!(J-M)!}$$
$$\times \sum_z (-1)^z [z!(J_1+J_2-J-z)!(J_1-M_1-z)!(J_2+M_2-z)!$$
$$\times (J-J_2+M_1+z)!(J-J_1-M_2+z)!]^{-1}$$

ただし
$$\Delta(J_1 J_2 J) = \sqrt{(J_1+J_2-J)!(J+J_1-J_2)!(J+J_2-J_1)!/(J_1+J_2+J+1)!}$$

また，z の和は $0! = 1$ として上の表式が意味をもつ範囲で行なう．

$J_2 = \dfrac{1}{2}$　$\langle J_1 M - M_2 \dfrac{1}{2} M_2 | JM \rangle$

	$M_2 = 1/2$	$M_2 = -1/2$
$J = J_1 + 1/2$	$\sqrt{(J_1+M+1/2)/(2J_1+1)}$	$\sqrt{J_1 - M + 1/2)/(2J_1+1)}$
$J = J_1 - 1/2$	$-\sqrt{(J_1-M+1/2)/(2J_1+1)}$	$\sqrt{(J_1+M+1/2)/(2J_1+1)}$

$J_2 = 1$　$\langle J_1 M - M_2 1 M_2 | JM \rangle$

	$M_2 = 1$	$M_2 = 0$	$M_2 = -1$
$J = J_1 + 1$	$\sqrt{\dfrac{(J_1+M)(J_1+M+1)}{(2J_1+1)(2J_1+2)}}$	$\sqrt{\dfrac{(J_1-M+1)(J_1+M+1)}{(2J_1+1)(J_1+1)}}$	$\sqrt{\dfrac{(J_1-M)(J_1-M+1)}{(2J_1+1)(2J_1+2)}}$
$J = J_1$	$-\sqrt{\dfrac{(J_1+M)(J_1-M+1)}{2J_1(J_1+1)}}$	$\dfrac{M}{\sqrt{J_1(J_1'+1)}}$	$\sqrt{\dfrac{(J_1-M)(J_1+M+1)}{2J_1(J_1+1)}}$
$J = J_1 - 1$	$\sqrt{\dfrac{(J_1-M)(J_1-M+1)}{2J_1(2J_1+1)}}$	$-\sqrt{\dfrac{(J_1-M)(J_1+M)}{J_1(2J_1+1)}}$	$\sqrt{\dfrac{(J_1+M+1)(J_1+M)}{2J_1(2J_1+1)}}$

◆ 物理基礎定数

光速度　　　　　　　$c = 2.99792458 \times 10^8 \mathrm{m \cdot s^{-1}}$
素電荷　　　　　　　$e = 1.60219 \times 10^{-19} \mathrm{C}$
(プランク定数 h)/$2\pi =$ $\hbar = 1.0545887 \times 10^{-34} \mathrm{J \cdot s}$
アボガドロ数　　　　$N_A = 6.022045 \times 10^{23} \mathrm{mol^{-1}}$
電子の質量　　　　　$m_e = 9.109534 \times 10^{-31} \mathrm{kg}$
陽子の質量　　　　　$m_p = 1.6726485 \times 10^{-27} \mathrm{kg}$
中性子の質量　　　　$m_n = 1.6749543 \times 10^{-27} \mathrm{kg}$
ボーア半径　　　　　$a_0 = 0.52917706 \times 10^{-10} \mathrm{m}$

補　遺

◆ **ディラックのブラ・ベクトル，ケット・ベクトル**　P. A. M. ディラックはより直接的に，個々の力学状態に，ある型のベクトルを結びつけ，これをケット・ベクトルと名付け $|R\rangle$ と書いた．ケット・ベクトル全体は無限次元線形空間を形成する．このベクトル空間におけるある1組の基底を $|a_1\rangle, |a_2\rangle, \cdots, |a_n\rangle, \cdots$ と書くと，任意の状態は，これら基底の線形結合で一意的に表わすことができる．

$$|R\rangle = \sum_r C_r |a_r\rangle. \quad (1.3\text{節要項 (13) 参照}) \qquad (1)$$

線形代数でよく知られているように（縦ベクトルには，対応する横ベクトルが存在するように），ケット・ベクトルの空間に対応して，1つの双対空間が存在する．これをブラ・ベクトルと呼び，(1) に対応して

$$\langle R| = \sum_r C_r^* \langle a_r| \qquad (2)$$

と書く．これらを用いれば (1), (2) の係数 C_r, C_r^* は

$$C_r = \langle a_r|R\rangle, \quad C_r^* = \langle R|a_r\rangle, \quad (1.3\text{節要項 (16) 参照}) \qquad (3)$$

である．

ケット・ベクトルとブラ・ベクトルの内積 $\langle Q|R\rangle$ も，通常のベクトルの内積と同様に定義できる．また，基底ベクトル $|a_r\rangle$ の規格直交化の条件は次のように書かれる．

$$\langle a_r|a_s\rangle = \delta_{rs}. \qquad (4)$$

演算子 P を $P = |R\rangle\langle Q|$ としよう．この演算子を，任意のケット・ベクトル $|F\rangle$ に左から作用させると，ケット・ベクトル $|R\rangle$ の $\langle Q|F\rangle$ 倍が得られる．この演算子は線形である．また，この記法を用いると恒等演算子として次式が得られる．

$$\sum_r |a_r\rangle\langle a_r| = 1.$$

◆ **座標による表示と波動関数**　運動量同士あるいは座標同士は互いに交換するから（1章問題 8.1 参照），それらを対角にする表示があり得る（1章例題 6 参照）．座標 q に対する固有値 q_0 をもつ固有ケット・ベクトルを $|q_0\rangle$ と書こう．

$$q|q_0\rangle = q_0|q_0\rangle. \qquad (5)$$

また $|q_0\rangle$ の規格化は次のように δ 関数を用いて行なわれる．

$$\langle q'|q''\rangle = \delta(q' - q''). \qquad (6)$$

これは，固有値 q', q'' 等が，連続の値をとるからである．この表現を用いると，波動関数が $\psi_a(q')$ と表わされるケット・ベクトル $|a\rangle$ は $|q'\rangle$ で展開して

$$|a\rangle = \int dq' \psi_a(q') \cdot |q'\rangle \qquad (7)$$

と書かれる. すなわち波動関数は, ケット・ベクトルの展開係数で

$$\psi_a(q') = \langle q'|a\rangle \tag{8}$$

である.

◆ **ずれの演算子**　運動量演算子 p を 1.3 節要項 (7) のように書く代わりに, p と q の間に交換関係

$$[q, p] = qp - pq = i\hbar \tag{9}$$

を要求しよう. $[q, p^n] = ni\hbar p^{n-1}, [p, q^n] = -ni\hbar q^{n-1}$ であるから一般に, p, q を含む関数 A については次のようになる.

$$[p, A] = \frac{\hbar}{i}\frac{\partial A}{\partial q} \quad (10a), \qquad [q, A] = i\hbar\frac{\partial A}{\partial p} \tag{10b}$$

演算子

$$S(\xi) = \exp(-ip\xi/\hbar) = 1 - ip\xi/\hbar + (ip\xi/\hbar)^2 + (ip\xi/\hbar)^3 + \cdots \tag{11}$$

を考えよう. (10b) を用いると $qS - Sq = S\xi$ であることが示せるから, ケット・ベクトル $|q_0\rangle$ に演算した $S|q_0\rangle$ を調べてみると $qS|q_0\rangle = S(q+\xi)|q_0\rangle = S(q_0+\xi)|q_0\rangle = (q_0+\xi)S|q_0\rangle$. すなわち,

$$S|q_0\rangle = |q_0 + \xi\rangle \tag{12}$$

である. この演算子 S を「ずれの演算子」と呼ぶ. (11) を用いると, $\epsilon \approx 0$ について,

$$\delta(q' - q'' - \epsilon) = \langle q'|S(\epsilon)|q''\rangle \sim \delta(q' - q'') - (i\epsilon/\hbar)\langle q'|p|q''\rangle$$

つまり

$$\langle q'|p|q''\rangle = \frac{\hbar}{i}\lim_{\epsilon\to 0}\frac{\delta(q'-q'') - \delta(q'-q''-\epsilon)}{\epsilon} = \frac{\hbar}{i}\delta'(q'-q'') \tag{13}$$

であることがわかる. δ' は δ 関数の 1 階導関数で

$$\int_{-\infty}^{\infty} \delta'(x)f(x)dx = -f'(0)$$

である. したがって (9) を出発として, 座標 q を対角にする表示では (13) より

$$p = -i\hbar\frac{\partial}{\partial q}$$

となる. 逆に, p を対角とする表示 $|p_0\rangle$ では

$$q = i\hbar\frac{\partial}{\partial p}$$

と書ける. $|p_0\rangle$ と $|q_0\rangle$ の間の変換は $\langle q_0|p_0\rangle = (2\pi\hbar)^{-1/2}e^{ip_0q_0/\hbar}$ と定められる. これはフーリエ変換である.

問題解答

1章の解答

1.1 $E = \hbar\omega$, $\bm{p} = \hbar\bm{k}$ を用いて，自由粒子のエネルギーと運動量の関係 $E = p^2/(2m)$ を変形すると $\hbar\omega = (\hbar k)^2/(2m)$ となる．3次元空間では $\bm{p} = (p_x, p_y, p_z)$, $p = |\bm{p}|$ および $\bm{k} = (k_x, k_y, k_z)$, $k = |\bm{k}|$ である．一方，波数ベクトル $\bm{k}$ で与えられる方向 $\bm{k}/|\bm{k}|$ に，角振動数 ω で進む波は

$$\psi = \exp[i(\bm{k}\cdot\bm{r} - \omega t)]$$

と表わされ，1次元の場合と同様に

$$-\frac{\hbar}{i}\frac{\partial\psi}{\partial t} = \hbar\omega\psi, \quad \frac{\hbar}{i}\frac{\partial\psi}{\partial x} = \hbar k_x\psi,$$

$$\frac{\hbar}{i}\frac{\partial\psi}{\partial y} = \hbar k_y\psi, \quad \cdots, \quad -\hbar^2\frac{\partial^2\psi}{\partial x^2} = (\hbar k_x)^2\psi, \cdots$$

などが成立する．したがって線形方程式で運動に関する量を含まない最も簡単なものは

$$\hbar\omega = \frac{1}{2m}\left\{(\hbar k_x)^2 + (\hbar k_y)^2 + (\hbar k_z)^2\right\}$$

に対応して

$$i\hbar\frac{\partial\psi}{\partial t} = -\frac{\hbar^2}{2m}\left(\frac{\partial^2}{\partial x^2} + \frac{\partial^2}{\partial y^2} + \frac{\partial^2}{\partial z^2}\right)\psi$$

となる．

2.1 スリットを通りそれに垂直に y 軸，スリットを含む面内に x 軸をとる（図）．

$$\sin\theta \simeq \frac{z}{a}.$$

またフラウンホーファー回折の2番目の強度をもつ方向は

$$z = \lambda \quad (\text{波長})$$

の方向に対応するから，その方向は

$$\sin\theta \approx \lambda/a$$

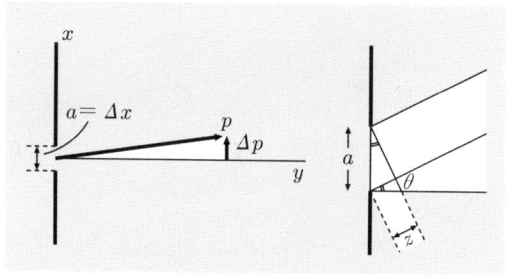

で与えられる．光はスリットを通ることにより，x 軸方向はスリットの幅 $a = \Delta x$ まで存在範囲が絞られ，その代わり，運動量の方向に広がりが生じ，それは λ/a 程度でおさえられる．すなわち，

$$\Delta x \sim a, \quad \Delta p \sim p\cdot\sin\theta \sim p\cdot\lambda/a = h/a.$$

ゆえに，$\Delta x\cdot\Delta p = a\cdot h/a = h.$

3.1 $E = \dfrac{p^2}{2m} + \dfrac{K}{2}x^2$ に対して，(最小の) 不確定性関係 $\Delta p \cdot \Delta x = \hbar/2$ および $p \approx \Delta p$, $x \approx \Delta x$ を要求する．したがって

$$E = \frac{\hbar^2}{8m} \cdot \frac{1}{(\Delta x)^2} + \frac{K}{2}(\Delta x)^2 \geq \frac{\hbar}{2}\sqrt{\frac{K}{m}} = \frac{\hbar}{2}\omega_0$$

となる．ただし最小値を与える粒子の広がり Δx は，

$$\Delta x = \left(\frac{\hbar^2}{4mK}\right)^{1/4} = \frac{1}{\sqrt{2}} \cdot \sqrt{\frac{\hbar}{m\omega_0}}$$

である．

これは基底状態（最低エネルギー固有値をとる状態）での，固有エネルギーおよび期待値 $\langle (x - \langle x \rangle)^2 \rangle^{1/2}$ と一致している（2.3節）．

4.1 $\boldsymbol{S}(\boldsymbol{r},t) = \dfrac{\hbar}{2im}[\psi^* \operatorname{grad} \psi - (\operatorname{grad} \psi^*)\psi]$ および，与えられた波動関数 ψ に関して，

$$\operatorname{grad} \psi = i\boldsymbol{k}\psi, \qquad \operatorname{grad} \psi^* = -i\boldsymbol{k}\psi^*$$

であることを用いて，

$$\boldsymbol{S}(\boldsymbol{r},t) = \frac{\hbar \boldsymbol{k}}{m}|\psi(\boldsymbol{r},t)|^2 = \frac{\hbar \boldsymbol{k}}{m}P(\boldsymbol{r},t)$$

であることがわかる．また，速度 $\boldsymbol{v}$ は

$$\boldsymbol{v} = \frac{1}{m}\langle \boldsymbol{p} \rangle = -\frac{i\hbar}{m}\int \psi^* \left(\frac{\partial}{\partial x}, \frac{\partial}{\partial y}, \frac{\partial}{\partial z}\right)\psi d\boldsymbol{r} = \frac{\hbar}{m}(k_x, k_y, k_z)\int |\psi|^2 d\boldsymbol{r} = \frac{\hbar \boldsymbol{k}}{m}$$

である．したがって

$$\boldsymbol{S}(\boldsymbol{r},t) = \frac{\hbar \boldsymbol{k}}{m}P(\boldsymbol{r},t) = \boldsymbol{v}P(\boldsymbol{r},t).$$

4.2 波動関数 ψ を実数部 ψ_R と虚数部 ψ_I にわけて

$$\psi = \psi_R + i\psi_I$$

と書く．ψ_R, ψ_I を用いて書くと，$\psi^* \operatorname{grad} \psi$, $(\operatorname{grad} \psi^*)\psi$ は

$$\psi^* \operatorname{grad} \psi = (\psi_R \operatorname{grad} \psi_R + \psi_I \operatorname{grad} \psi_I) + i(\psi_R \operatorname{grad} \psi_I - \psi_I \operatorname{grad} \psi_R),$$

$$(\operatorname{grad} \psi^*)\psi = (\psi_R \operatorname{grad} \psi_R + \psi_I \operatorname{grad} \psi_I) + i(-\psi_R \operatorname{grad} \psi_I + \psi_I \operatorname{grad} \psi_R)$$

となる．したがって $\boldsymbol{S}(\boldsymbol{r},t)$ は

$$\boldsymbol{S}(\boldsymbol{r},t) = \frac{\hbar}{2im}[\psi^* \operatorname{grad} \psi - (\operatorname{grad} \psi^*)\psi] = \frac{\hbar}{m}(\psi_R \operatorname{grad} \psi_I - \psi_I \operatorname{grad} \psi_R)$$

である．一方，

$$\left(\psi^* \frac{\hbar}{im} \operatorname{grad} \psi\right) \text{の実数部} = \frac{\hbar}{m}(\psi_R \operatorname{grad} \psi_I - \psi_I \operatorname{grad} \psi_R)$$

であるから，$\boldsymbol{S}(\boldsymbol{r},t) = \left\{ \left(\psi^* \dfrac{\hbar}{im} \operatorname{grad} \psi\right) \text{の実数部} \right\}$.

5.1 $\dfrac{d}{dt}\langle xp_x\rangle = \dfrac{d}{dt}\displaystyle\int \psi^* x\left(-i\hbar\dfrac{\partial}{\partial x}\psi\right)d\boldsymbol{r}$

$\qquad\qquad\quad = \displaystyle\int \left(\dfrac{\partial \psi}{\partial t}\right)^* x\left(-i\hbar\dfrac{\partial \psi}{\partial x}\right)d\boldsymbol{r} + \int \psi^* x\left(-i\hbar\dfrac{\partial}{\partial x}\right)\dfrac{\partial \psi}{\partial t}d\boldsymbol{r}$

$\qquad\qquad\quad = \displaystyle\int \left(-\dfrac{\hbar^2}{2m}\nabla^2\psi^* + V\psi^*\right)x\dfrac{\partial \psi}{\partial x}d\boldsymbol{r}$

$\qquad\qquad\qquad\qquad + \displaystyle\int \psi^* x\left(-\dfrac{\partial}{\partial x}\right)\left(-\dfrac{\hbar^2}{2m}\nabla^2\psi + V\psi\right)d\boldsymbol{r}$

$\qquad\qquad\quad = -\displaystyle\int \psi^*\left(x\dfrac{\partial V}{\partial x}\right)\psi d\boldsymbol{r} + \dfrac{\hbar^2}{2m}\int\left[-(\nabla^2\psi^*)x\dfrac{\partial \psi}{\partial x} + \psi^* x\dfrac{\partial}{\partial x}\nabla^2\psi\right]d\boldsymbol{r}.$

第2項は，グリーンの公式を用いて書きなおすと，

$\displaystyle\int\left[-(\nabla^2\psi^*)x\dfrac{\partial \psi}{\partial x} + \psi^* x\nabla^2\dfrac{\partial \psi}{\partial x}\right]d\boldsymbol{r}$

$= \displaystyle\int\left[(\nabla\psi^*)\cdot\nabla\left(x\dfrac{\partial \psi}{\partial x}\right) - \left(\nabla\dfrac{\partial \psi}{\partial x}\right)\cdot\nabla(x\psi^*)\right]d\boldsymbol{r}$

$\qquad\qquad\qquad + \displaystyle\int\left[-x\dfrac{\partial \psi}{\partial x}\nabla\psi^* + x\psi^*\nabla\dfrac{\partial \psi}{\partial x}\right]_n dS$

$= \displaystyle\int\left[(\nabla\psi^*)\cdot x\dfrac{\partial}{\partial x}\nabla\psi + \dfrac{\partial \psi^*}{\partial x}\dfrac{\partial \psi}{\partial x} - \left(\nabla\dfrac{\partial \psi}{\partial x}\right)\cdot x(\nabla\psi^*) - \dfrac{\partial^2\psi}{\partial x^2}\cdot\psi^*\right]d\boldsymbol{r}$

$= -2\displaystyle\int \psi^*\dfrac{\partial^2\psi}{\partial x^2}d\boldsymbol{r}$

となる．ただし，表面積分は，境界条件からすべて0となる．

以上によって

$$\dfrac{d}{dt}\langle xp_x\rangle = -\int\psi^*\left(x\dfrac{\partial V}{\partial x}\right)\psi d\boldsymbol{r} - \dfrac{\hbar^2}{m}\int\psi^*\dfrac{\partial^2\psi}{\partial x^2}d\boldsymbol{r}$$

$$= -\left\langle x\dfrac{\partial V}{\partial x}\right\rangle + \dfrac{1}{m}\langle p_x{}^2\rangle$$

となる．つまり

$$\dfrac{d}{dt}\langle \boldsymbol{r}\cdot\boldsymbol{p}\rangle = \left\{\dfrac{1}{m}\langle p^2\rangle - \langle \boldsymbol{r}\cdot\nabla V(\boldsymbol{r})\rangle\right\}$$

である．$\langle \boldsymbol{r}\cdot\boldsymbol{p}\rangle$ が周期関数であれば，ヒントにあるとおり

$$\overline{\dfrac{d}{dt}\langle \boldsymbol{r}\cdot\boldsymbol{p}\rangle} = \lim_{T\to\infty}\dfrac{1}{T}\int_0^T\dfrac{d}{dt}\langle \boldsymbol{r}\cdot\boldsymbol{p}\rangle dt = \lim_{T\to\infty}\dfrac{1}{T}[\langle \boldsymbol{r}\cdot\boldsymbol{p}\rangle]_0^T = 0$$

である．したがって，上式の時間平均をとれば，左辺は0であるから

$$\dfrac{1}{2m}\overline{\langle \boldsymbol{p}^2\rangle} = \dfrac{1}{2}\overline{\langle \boldsymbol{r}\cdot\nabla V(\boldsymbol{r},t)\rangle}$$

であることが証明された．

6.1 シュワルツの不等式：$x,\ y$ を任意の複素数とすると

174　問題解答

$$0 \leq ||xu+yv||^2 = |x|^2||u||^2 + xy^*(v,u) + x^*y(u,v) + |y|^2||v||^2$$

が成立する．ここで，x, y を

$$x = ||v||^2, \quad y = -(v,u)$$

とすると上式は

$$0 \leq ||u||^2||v||^4 - |(u,v)|^2||v||^2 - |(u,v)|^2||v||^2 + |(u,v)|^2||v||^2$$
$$= ||v||^2(||u||^2||v||^2 - |(u,v)|^2)$$

したがって

$$|(u,v)| \leq ||u|| \cdot ||v||.$$

三角不等式：$(u+v, u+v) = (u,u) + (v,v) + 2\,\mathrm{Re}\,(u,v)$
$$\leq ||u||^2 + ||v||^2 + 2||u|| \cdot ||v|| = (||u|| + ||v||)^2.$$

ただし，1行目から2行目への変形では，シュワルツの不等式

$$\mathrm{Re}\,(u,v) \leq |\mathrm{Re}\,(u,v)| \leq |(u,v)| \leq ||u|| \cdot ||v||$$

を用いた．

6.2　エルミート演算子の定義により $p_x = (\hbar/i)\partial/\partial x$ について

$$\int_{-\infty}^{\infty} (p_x\psi(x))^* \varphi(x)dx = \int_{-\infty}^{\infty} \psi^*(x) p_x \varphi(x) dx$$

を示せばよい．左辺を部分積分して

$$\int_{-\infty}^{\infty} (p_x\psi(x))^* \varphi(x)dx = -\frac{\hbar}{i}\int_{-\infty}^{\infty} \frac{\partial \psi^*}{\partial x}\varphi dx$$
$$= -\frac{\hbar}{i}[\psi^*(x)\varphi(x)]_{-\infty}^{\infty} + \frac{\hbar}{i}\int_{-\infty}^{\infty} \psi^* \frac{\partial \varphi}{\partial x} dx = \int_{-\infty}^{\infty} \psi^*(x) p_x \varphi(x) dx$$

となる．ただし境界条件 $\lim_{x\to\pm\infty}\psi(x) = 0$, $\lim_{x\to\pm\infty}\varphi(x) = 0$ （2.2節参照）を用いた．

6.3　エルミート演算子 $A = A^\dagger$ については $(A^n)^\dagger = (A^\dagger)^n = A^n$．また

$$(\psi, A^2\psi) = (A^\dagger\psi, A\psi) = (A\psi, A\psi) = ||A\psi||^2 \geq 0$$

である．

7.1　$\det(A - x\mathbf{1}) = -(x-1)(x+1)(x-2)$ より固有値は（$\mathbf{1}$ は単位行列）

$$x_1 = 1, \quad x_2 = -1, \quad x_3 = 2$$

固有値 x に対応する基底を求めるには

$$(A - x\mathbf{1})\begin{bmatrix} a \\ b \\ c \end{bmatrix} = 0$$

を解けばよい．実際 x_1, x_2, x_3 に対応する基底はそれぞれ，

$$x_1 = 1: \begin{bmatrix} 1/\sqrt{2} \\ 0 \\ -1/\sqrt{2} \end{bmatrix}, \quad x_2 = -1: \begin{bmatrix} 1/\sqrt{6} \\ 2i/\sqrt{6} \\ 1/\sqrt{6} \end{bmatrix}, \quad x_3 = 2: \begin{bmatrix} 1/\sqrt{3} \\ -i/\sqrt{3} \\ 1/\sqrt{3} \end{bmatrix}$$

となる．この基底は規格化してあるし，もちろん自動的に直交している．したがって，ユニタリー行列 U は

$$U = \begin{bmatrix} 1/\sqrt{2} & 1/\sqrt{6} & 1/\sqrt{3} \\ 0 & 2i/\sqrt{6} & -i/\sqrt{3} \\ -1/\sqrt{2} & 1/\sqrt{6} & 1/\sqrt{3} \end{bmatrix}$$

となり，$U^{-1}AU = \begin{bmatrix} 1 & 0 & 0 \\ 0 & -1 & 0 \\ 0 & 0 & 2 \end{bmatrix} = \begin{bmatrix} x_1 & 0 & 0 \\ 0 & x_2 & 0 \\ 0 & 0 & x_3 \end{bmatrix}$ である．

7.2 A はすでに対角になっているから，B を対角にするだけでよい．B を対角にするには，問題 7.1 と同様に行なえばよいが，実際には，第 2, 3 行，列からなる．

$$\begin{bmatrix} 1 & 1 \\ 1 & 1 \end{bmatrix}$$

の部分のみ考慮すればよい．この部分は，

$$u = \begin{bmatrix} 1/\sqrt{2} & 1/\sqrt{2} \\ 1/\sqrt{2} & -1/\sqrt{2} \end{bmatrix}$$

によって対角化されることは，すぐにわかる．実際

$$u^{-1} \begin{bmatrix} 1 & 1 \\ 1 & 1 \end{bmatrix} u = \begin{bmatrix} 1/\sqrt{2} & 1/\sqrt{2} \\ 1/\sqrt{2} & -1/\sqrt{2} \end{bmatrix} \begin{bmatrix} 1 & 1 \\ 1 & 1 \end{bmatrix} \begin{bmatrix} 1/\sqrt{2} & 1/\sqrt{2} \\ 1/\sqrt{2} & -1/\sqrt{2} \end{bmatrix}$$
$$= \begin{bmatrix} 2 & 0 \\ 0 & 0 \end{bmatrix}$$

となる．以上より，ユニタリー行列としては

$$U = \begin{bmatrix} 1 & 0 & 0 & 0 \\ 0 & 1/\sqrt{2} & 1/\sqrt{2} & 0 \\ 0 & 1/\sqrt{2} & -1/\sqrt{2} & 0 \\ 0 & 0 & 0 & 1 \end{bmatrix}$$

をとれば，$U^{-1}AU = A$, $U^{-1}BU = \begin{bmatrix} 2 & 0 & 0 & 0 \\ 0 & 2 & 0 & 0 \\ 0 & 0 & 0 & 0 \\ 0 & 0 & 0 & 2 \end{bmatrix}$.

7.3 左から $\varphi_k{}^*$ をかけて積分すると，左辺は $(\varphi_k, A\varphi_i)$ となる．一方右辺は

$$\sum_j (\varphi_k, \varphi_j)(\varphi_j, A\varphi_i) = (\varphi_k, A\varphi_i)$$ となり両者一致する．

8.1 x と y は独立な座標であるから $[x,y] = xy - yx = 0$．

$$[p_x, p_y] = p_x p_y - p_y p_x = (-i\hbar)^2 \left(\frac{\partial}{\partial x}\frac{\partial}{\partial y} - \frac{\partial}{\partial y}\frac{\partial}{\partial x} \right) = 0,$$

$$[x, p_x] = xp_x - p_x x = -i\hbar \left(x\frac{\partial}{\partial x} - \frac{\partial}{\partial x}x \right)$$

$$= -i\hbar \left\{ x\frac{\partial}{\partial x} - \left(1 + x\frac{\partial}{\partial x}\right) \right\} = i\hbar.$$

ただし $\frac{\partial}{\partial x} x = 1 + x\frac{\partial}{\partial x}$ であることは，$\left(\frac{\partial}{\partial x} x\right) f = f + x\frac{\partial}{\partial x} f = \left(1 + x\frac{\partial}{\partial x}\right) f$ と変形すれば理解できるであろう．

$$[y, p_x] = yp_x - p_x y = -i\hbar \left(y\frac{\partial}{\partial x} - \frac{\partial}{\partial x}y \right)$$

$$= -i\hbar \left(y\frac{\partial}{\partial x} - y\frac{\partial}{\partial x} \right) = 0.$$

第2の交換関係 $[x, p_x] = i\hbar$ に例題8の関係を適用し，

$$A = x, \qquad B = p_x$$

と置くと，$C = \hbar$ とすればよい．もちろん $\langle C \rangle = \hbar$ であるから，

$$\sqrt{\langle (\Delta x)^2 \rangle \langle (\Delta p_x)^2 \rangle} \geq \hbar/2$$

となる．ただし，$\Delta x = x - \langle x \rangle$，$\Delta p_x = p_x - \langle p_x \rangle$ である．

9.1 例題4で与えた連続の方程式は

$$\frac{\partial P}{\partial t} + \mathrm{div}\,\boldsymbol{S} = 0.$$

確率密度 P は $P = \psi^* \psi$ である．

$$\frac{\partial P}{\partial t} = \frac{\partial \psi^*}{\partial t}\psi + \psi^*\frac{\partial \psi}{\partial t}$$

に対して，シュレディンガー方程式

$$i\hbar\frac{\partial \psi}{\partial t} = \left\{ \frac{1}{2m}(-i\hbar\nabla + e\boldsymbol{A})^2 - e\phi \right\}\psi$$

$$= \left\{ -\frac{\hbar^2}{2m}\nabla^2 - \frac{ie\hbar}{2m}(\nabla\cdot\boldsymbol{A} + \boldsymbol{A}\cdot\nabla) + \frac{e^2}{2m}\boldsymbol{A}^2 - e\phi \right\}\psi$$

を用いると

$$\frac{\partial P}{\partial t} = \frac{1}{(-i\hbar)}\left\{ -\frac{\hbar^2}{2m}\nabla^2\psi^* + \frac{ie\hbar}{2m}(\nabla\cdot\boldsymbol{A} + \boldsymbol{A}\cdot\nabla)\psi^* + \frac{e^2}{2m}\boldsymbol{A}^2\psi^* - e\phi\psi^* \right\}\psi$$

$$+ \psi^*\frac{1}{i\hbar}\left\{ -\frac{\hbar^2}{2m}\nabla^2\psi - \frac{ie\hbar}{2m}(\nabla\cdot\boldsymbol{A} + \boldsymbol{A}\cdot\nabla)\psi + \frac{e^2}{2m}\boldsymbol{A}^2\psi - e\phi\psi \right\}$$

$$= -\frac{\hbar}{2im}\left\{-(\nabla^2\psi^*)\psi + \psi^*(\nabla^2\psi)\right\}$$
$$-\frac{e}{2m}\left\{(\nabla\cdot\boldsymbol{A}\psi^* + \boldsymbol{A}\cdot\nabla\psi^*)\psi + \psi^*(\nabla\cdot\boldsymbol{A}\psi + \boldsymbol{A}\cdot\nabla\psi)\right\}$$
$$= -\frac{\hbar}{2im}\left\{\psi^*(\nabla^2\psi) - (\nabla^2\psi^*)\psi\right\} - \frac{e}{m}\nabla\cdot(\boldsymbol{A}\psi^*\psi)$$

となる．これは，問題にあたえられた

$$\boldsymbol{S} = \frac{\hbar}{2im}\left\{\psi^*(\nabla\psi) - (\nabla\psi^*)\psi\right\} + \frac{e}{m}\boldsymbol{A}\psi^*\psi$$

を用いると $-\mathrm{div}\,\boldsymbol{S}$ に等しく，

$$\frac{\partial P}{\partial t} = -\mathrm{div}\,\boldsymbol{S}$$

が示された．

10.1 演算子 A として，x をとると，これは時間 t に陽に依存しないから

$$\frac{\partial x}{\partial t} = 0.$$

したがって運動方程式は

$$\frac{d}{dt}x = \frac{1}{i\hbar}[x,\mathcal{H}] = \frac{1}{i\hbar}\left[x,\frac{\boldsymbol{p}^2}{2m}\right] = \frac{1}{2im\hbar}[x,p_x{}^2]$$
$$= -\frac{\hbar}{2im}\left[x,\frac{\partial^2}{\partial x^2}\right] = \frac{1}{m}\left(\frac{\hbar}{i}\frac{\partial}{\partial x}\right) = \frac{1}{m}p_x.$$

また，同様に

$$\frac{\partial}{\partial t}p_x = 0$$

であるから

$$m\frac{d^2}{dt^2}x = \frac{d}{dt}p_x = \frac{1}{i\hbar}[p_x,\mathcal{H}] = \frac{1}{i\hbar}[p_x,U(\boldsymbol{r})] = \left[\frac{\partial}{\partial x},U(\boldsymbol{r})\right]$$
$$= \frac{\partial}{\partial x}U - U\frac{\partial}{\partial x} = \left(\frac{\partial U}{\partial x} + U\frac{\partial}{\partial x}\right) - U\frac{\partial}{\partial x} = \frac{\partial U}{\partial x}$$

が示される．

10.2 電磁場のある場合のハミルトニアン

$$\mathcal{H} = \frac{1}{2m}(\boldsymbol{p} + e\boldsymbol{A})^2 - e\phi$$

を用いると，$[A,B^2] = [A,B]B + B[A,B]$ および，$[x,p_x + eA_x] = [x,p_x] = i\hbar, [x,p_y + eA_y] = 0, [x,p_z + eA_z] = 0$ により，

$$\frac{dx}{dt} = \frac{1}{i\hbar}[x,\mathcal{H}] = \frac{1}{m}(p_x + eA_x).$$

さらに

$$\frac{d^2x}{dt^2} = \frac{1}{m}\frac{dp_x}{dt} + \frac{e}{m}\frac{dA_x}{dt} = \frac{1}{i\hbar m}[p_x,\mathcal{H}] + \frac{e}{m}\frac{\partial A_x}{\partial t} + \frac{e}{i\hbar m}[A_x,\mathcal{H}]$$

である.

$$[p_x, \mathcal{H}] = [p_x, -e\phi] + \frac{1}{2m}[p_x, \boldsymbol{p}+e\boldsymbol{A}]\cdot(\boldsymbol{p}+e\boldsymbol{A})$$

$$+ \frac{1}{2m}(\boldsymbol{p}+e\boldsymbol{A})\cdot[p_x, \boldsymbol{p}+e\boldsymbol{A}]$$

$$= i\hbar e\frac{\partial \phi}{\partial x} - \frac{i\hbar e}{2m}\frac{\partial \boldsymbol{A}}{\partial x}\cdot(\boldsymbol{p}+e\boldsymbol{A}) - \frac{i\hbar e}{2m}(\boldsymbol{p}+e\boldsymbol{A})\cdot\frac{\partial \boldsymbol{A}}{\partial x},$$

$$e[A_x, \mathcal{H}] = \frac{e}{2m}[A_x, \boldsymbol{p}+e\boldsymbol{A}]\cdot(\boldsymbol{p}+e\boldsymbol{A})$$

$$+ \frac{e}{2m}(\boldsymbol{p}+e\boldsymbol{A})\cdot[A_x, \boldsymbol{p}+e\boldsymbol{A}]$$

$$= \frac{i\hbar e}{2m}(\nabla A_x)\cdot(\boldsymbol{p}+e\boldsymbol{A}) + \frac{i\hbar e}{2m}(\boldsymbol{p}+e\boldsymbol{A})\cdot(\nabla A_x)$$

$$\therefore \quad \frac{d^2 x}{dt^2} = \frac{e}{m}\left(\frac{\partial A_x}{\partial t} + \frac{\partial \phi}{\partial x}\right)$$

$$- \frac{e}{2m^2}\left[(p_y + eA_y)\left(\frac{\partial A_y}{\partial x} - \frac{\partial A_x}{\partial y}\right) + \left(\frac{\partial A_y}{\partial x} - \frac{\partial A_x}{\partial y}\right)(p_y + eA_y)\right]$$

$$+ \frac{e}{2m^2}\left[(p_z + eA_z)\left(\frac{\partial A_x}{\partial z} - \frac{\partial A_z}{\partial x}\right) + \left(\frac{\partial A_x}{\partial z} - \frac{\partial A_z}{\partial x}\right)(p_z + eA_z)\right].$$

この式の右辺第 2, 3 項は, $\boldsymbol{p}+e\boldsymbol{A}$ と rot $\boldsymbol{A}$ のベクトル積を形成している. したがって

$$\frac{d^2 \boldsymbol{r}}{dt^2} = -\frac{e}{m}\left(-\frac{\partial \boldsymbol{A}}{\partial t} - \operatorname{grad}\phi\right)$$

$$- \frac{e}{2m}\left\{\frac{1}{m}(\boldsymbol{p}+e\boldsymbol{A})\times\operatorname{rot}\boldsymbol{A} - \operatorname{rot}\boldsymbol{A}\times\frac{1}{m}(\boldsymbol{p}+e\boldsymbol{A})\right\}.$$

すなわち

$$m\frac{d^2 \boldsymbol{r}}{dt^2} = -e\boldsymbol{E} - \frac{e}{2}\left(\frac{d\boldsymbol{r}}{dt}\times\boldsymbol{B} - \boldsymbol{B}\times\frac{d\boldsymbol{r}}{dt}\right).$$

2章の解答

1.1 状態を量子数の組 (n_x, n_y, n_z) で表わすと

基底状態　　$(1,1,1)$　　$E = \dfrac{\hbar^2}{2m}\dfrac{\pi^2}{L^2} \times 3$　　$\psi_{111} = \left(\dfrac{2}{L}\right)^{3/2} \sin\dfrac{\pi}{L}x \sin\dfrac{\pi}{L}y \sin\dfrac{\pi}{L}z$

2番目の状態　　$\left.\begin{array}{l}(2,1,1)\\(1,2,1)\\(1,1,2)\end{array}\right\}$　$E = \dfrac{\hbar^2}{2m}\dfrac{\pi^2}{L^2} \times 6$　　$\psi_{211} = \left(\dfrac{2}{L}\right)^{3/2} \sin\dfrac{2\pi}{L}x \sin\dfrac{\pi}{L}y \sin\dfrac{\pi}{L}z$

$\qquad\qquad\qquad$（3重縮退）$\qquad\psi_{121} = \left(\dfrac{2}{L}\right)^{3/2} \sin\dfrac{\pi}{L}x \sin\dfrac{2\pi}{L}y \sin\dfrac{\pi}{L}z$

$\qquad\qquad\qquad\qquad\qquad\qquad\psi_{112} = \left(\dfrac{2}{L}\right)^{3/2} \sin\dfrac{\pi}{L}x \sin\dfrac{\pi}{L}y \sin\dfrac{2\pi}{L}z$

1.2 $\displaystyle\int \psi^*_{n_x' n_y' n_z'} \psi_{n_x n_y n_z} \, dxdydz$

$= \left(\dfrac{2}{L}\right)^3 \displaystyle\int_0^L \sin\left(\dfrac{\pi}{L}n_x' x\right) \sin\left(\dfrac{\pi}{L}n_x x\right) dx \int_0^L \sin\left(\dfrac{\pi}{L}n_y' y\right) \sin\left(\dfrac{\pi}{L}n_y y\right) dy$

$\qquad\qquad\qquad\qquad\qquad\qquad \times \displaystyle\int_0^L \sin\left(\dfrac{\pi}{L}n_z' z\right) \sin\left(\dfrac{\pi}{L}n_z z\right) dz.$

ここで, $n_x' \neq n_x$ のとき

$\displaystyle\int_0^L \sin\left(\dfrac{\pi}{L}n_x' x\right) \sin\left(\dfrac{\pi}{L}n_x x\right) dx$

$= \dfrac{1}{2}\displaystyle\int_0^L \left[\cos\dfrac{\pi}{L}(n_x' - n_x)x - \cos\dfrac{\pi}{L}(n_x' + n_x)x\right] dx = 0. \quad (n_x' \neq n_x)$

$n_x' = n_x$ のとき

$$\int_0^L \sin^2\left(\dfrac{\pi}{L}n_x x\right) dx = \dfrac{L}{2}.$$

変数 y, z についても同様であるから,

$$\int \psi^*_{n_x' n_y' n_z'} \psi_{n_x n_y n_z} \, d\boldsymbol{r} = \delta_{n_x n_x'} \delta_{n_y n_y'} \delta_{n_z n_z'}.$$

1.3 例題1の波動関数

$$\psi(x,y,z,t) = \left(\dfrac{2}{L}\right)^{3/2} \sin\left(\dfrac{\pi}{L}n_x x\right) \sin\left(\dfrac{\pi}{L}n_y y\right) \sin\left(\dfrac{\pi}{L}n_z z\right) e^{-i\frac{E}{\hbar}t}$$

は時間変化の部分を除けば実関数である. したがって $\psi^* \operatorname{grad} \psi = \psi \operatorname{grad} \psi^*$ である. 故に $\boldsymbol{S} = 0$. これは解 ψ が定常的な状態であり, 密度の流れが存在しないことを示している.

2.1 例題2の結果より

$$\langle (\Delta x)^2 \rangle = \langle (x - \langle x \rangle)^2 \rangle = \langle x^2 \rangle - \langle x \rangle^2 = \sigma_0^2/2,$$
$$\langle (\Delta p)^2 \rangle = \langle (p - \langle p \rangle)^2 \rangle = \langle p^2 \rangle - \langle p \rangle^2 = \hbar^2/(2\sigma_0^2).$$

したがって，$\sqrt{\langle(\Delta x)^2\rangle\langle(\Delta p)^2\rangle} = \sqrt{(\sigma_0{}^2/2)\cdot\hbar^2/(2\sigma_0{}^2)} = \hbar/2$.

2.2 $\psi(x,0) = (\pi\sigma_0{}^2)^{-1/4}\exp\left[-\dfrac{x^2}{2\sigma_0{}^2}+ik_0x\right]$ を，

$$A_k = \int_{-L/2}^{L/2}(L^{-1/2}e^{ikx})^*\psi(x,0)dx = L^{-1/2}\int_{-\infty}^{\infty}e^{-ikx}\psi(x,0)dx$$

に代入する．ただし，最後の変形では，$\psi(x,0)$ は $x=\pm L/2$ では十分小さく減衰しているとして，積分範囲を $\pm\infty$ までのばした．積分公式 $\displaystyle\int_{-\infty}^{\infty}e^{-a^2x^2+ibx}dx = \dfrac{\sqrt{\pi}}{a}e^{-\frac{b^2}{4a^2}}$ を用いて，

$$A_k = (\pi\sigma_0{}^2L^2)^{-\frac{1}{4}}\int_{-\infty}^{\infty}e^{-\frac{x^2}{2\sigma_0{}^2}+i(k_0-k)x}dx = \left(\frac{4\pi\sigma_0{}^2}{L^2}\right)^{\frac{1}{4}}\exp\left[-\frac{\sigma_0{}^2}{2}(k-k_0)^2\right].$$

2.3 $\displaystyle\psi(x,t) = \sum_k A_k e^{-iE_kt/\hbar}L^{-1/2}e^{ikx}$

$$= L^{-1}\sum_k(4\pi\sigma_0{}^2)^{1/4}\exp\left[-\frac{\sigma_0{}^2}{2}(k-k_0)^2+i\left(kx-\frac{\hbar k^2}{2m}t\right)\right]$$

と書ける．L を十分大きいとして，$L\to\infty$ とすると $\displaystyle\sum_k \longrightarrow \frac{L}{2\pi}\int_{-\infty}^{\infty}dk$ と置き換えてよいから，

$$\psi(x,t) = \left(\frac{\sigma_0{}^2}{4\pi^3}\right)^{1/4}\int_{-\infty}^{\infty}dk\exp\left[-\frac{\sigma_0{}^2}{2}(k-k_0)^2+i\left(kx-\frac{\hbar k^2}{2m}t\right)\right]$$

となる．積分公式

$$\int_{-\infty}^{\infty}\exp[-a^2x^2+ibx]dx = \int_{-\infty}^{\infty}\exp\left[-a^2\left(x-i\frac{b}{2a^2}\right)^2-\frac{b^2}{4a^2}\right]dx$$

$$= \frac{\sqrt{\pi}}{a}\exp\left(-\frac{b^2}{4a^2}\right)$$

を用いると

$$\psi(x,t) = (\pi\sigma_0{}^2)^{-1/4}\left(1+\frac{i\hbar t}{m\sigma_0{}^2}\right)^{-1/2}\exp\left[-\frac{x^2-2i\sigma_0{}^2k_0x+(i\hbar tk_0{}^2\sigma_0{}^2/m)}{2\sigma_0{}^2+(2i\hbar t/m)}\right].$$

したがって確率密度は

$$|\psi(x,t)|^2 = (\pi\sigma(t)^2)^{-1/2}\exp\left[-\frac{(x-\hbar k_0t/m)^2}{\sigma(t)^2}\right],\quad \sigma(t)^2 = \sigma_0{}^2\left(1+\frac{\hbar^2t^2}{m^2\sigma_0{}^4}\right)$$

となる．ゆえに，$t\neq 0$ でも確率密度はガウス分布をしているが，その中心は $\hbar k_0t/m$ で t に依存し，また幅は $\sigma(t)$ に従って広くなっていくことがわかる．幅が広がるのは，この波束が，様々な位相速度 $\hbar k/m$ をもった平面波の重ね合わせであるからである．

2.4
$$\langle x \rangle = \int_{-\infty}^{\infty} x |\psi(x,t)|^2 dx$$

$$= \int_{-\infty}^{\infty} \left(x - \frac{\hbar k_0 t}{m}\right) |\psi(x,t)|^2 dx + \int_{-\infty}^{\infty} \frac{\hbar k_0 t}{m} |\psi(x,t)|^2 dx = \frac{\hbar k_0 t}{m},$$

$$\langle x^2 \rangle = \int_{-\infty}^{\infty} \left\{ \left(x - \frac{\hbar k_0 t}{m}\right)^2 + 2 \frac{\hbar k_0 t}{m}\left(x - \frac{\hbar k_0 t}{m}\right) + \left(\frac{\hbar k_0 t}{m}\right)^2 \right\} |\psi(x,t)|^2 dx$$

$$= \frac{\sigma(t)^2}{2} + \left(\frac{\hbar k_0 t}{m}\right)^2.$$

また

$$\frac{\partial}{\partial x}\psi(x,t) = -\frac{x - i\sigma_0^2 k_0}{\sigma_0^2 + i\hbar t/m}\psi(x,t) = -\frac{x - \hbar k_0 t/m}{\sigma_0^2 + i\hbar t/m}\psi(x,t) + ik_0 \psi(x,t)$$

を用いると,

$$\langle p \rangle = -i\hbar \int_{-\infty}^{\infty} \psi^*(x,t) \frac{\partial}{\partial x}\psi(x,t) dx$$

$$= i\hbar \int_{-\infty}^{\infty} \frac{x - \hbar k_0 t/m}{\sigma_0^2 + i\hbar t/m} |\psi(x,t)|^2 dx + \hbar k_0 \int_{-\infty}^{\infty} |\psi(x,t)|^2 dx = \hbar k_0,$$

$$\langle p^2 \rangle = (-i\hbar)^2 \int_{-\infty}^{\infty} \left[\frac{-1}{\sigma^2 + i\hbar t/m} |\psi(x,t)|^2 - \frac{x - \hbar k_0 t/m}{\sigma_0^2 + i\hbar t/m} \psi^*(x,t) \frac{\partial}{\partial x}\psi(x,t) \right.$$

$$\left. + ik_0 \psi^*(x,t) \frac{\partial}{\partial x}\psi(x,t) \right] dx$$

$$= (-i\hbar)^2 \int_{-\infty}^{\infty} \left[-\frac{1}{\sigma_0^2 + i\hbar t/m} + \frac{(x - \hbar k_0 t/m)^2}{(\sigma_0^2 + i\hbar t/m)^2} - \frac{ik_0(x - \hbar k_0 t/m)}{\sigma_0^2 + i\hbar t/m} \right]$$

$$\times |\psi(x,t)|^2 dx + (\hbar k_0)^2$$

$$= (-i\hbar)^2 \left[-\frac{1}{\sigma_0^2 + i\hbar t/m} + \frac{\sigma(t)^2/2}{(\sigma_0^2 + i\hbar t/m)^2} \right] + (\hbar k_0)^2 = \frac{\hbar^2}{2\sigma_0^2} + (\hbar k_0)^2.$$

実際 $\langle p \rangle$, $\langle p^2 \rangle$ が t に依存しないことは, $\psi(x,t)$ を平面波すなわち p の固有関数で展開して, $\psi(x,t) = \sum_k A_k e^{-iE_k t/\hbar} L^{-1/2} e^{ikx}$ と書き, 直交関係

$$\frac{1}{L} \int_{-L/2}^{L/2} e^{-ikx} e^{ik'x} dx = \begin{cases} 0 & (k \neq k') \\ 1 & (k = k') \end{cases}$$

を考慮すれば明らかであろう. すなわち, $\psi(x,t)$ における各平面波のまじりが, 時間に依存せず, 一定だからである.

4.1 例題 4 で $V_0 \to +\infty$ にすると有限の範囲に閉じ込められた粒子の問題となる．このとき $k' \to +\infty$ となるから，例題の (10) で $\beta \to +\infty, \xi \to +\infty$ に対応し，図 2.2 でいえば

$$\eta = \alpha' + n\pi (偶) \quad または \quad \eta = \alpha' + (n+1/2)\pi (奇) \quad と \quad \alpha' = \pi/2$$

の交点が解になる．したがって

　　パリティ偶の解　　$\eta = (n+1/2)\pi = ka$
　　パリティ奇の解　　$\eta = (n+1)\pi = ka$

となる．まとめると次のようになる $(n = 1, 2, \cdots)$．

　　パリティ偶の解　　$k = \dfrac{(n+1/2)}{a}\pi, \quad E = \dfrac{\hbar^2 k^2}{2m}, \quad \psi_e(x) = a^{-1/2}\cos kx$

　　パリティ奇の解　　$k = \dfrac{n+1}{a}\pi, \quad E = \dfrac{\hbar^2 k^2}{2m}, \quad \psi_o(x) = a^{-1/2}\sin kx$

一方，境界条件を $\psi(\pm a) = 0$ として，シュレディンガー方程式を解くと

$$\begin{aligned}\psi(x) &= (|A|^2 + |B|^2)^{-1/2}(Ae^{ikx} + Be^{-ikx})/\sqrt{2a} \\ &= (2a)^{-1/2}(|A|^2 + |B|^2)^{-1/2}\{(A+B)\cos kx + i(A-B)\sin kx\}, \\ \psi(\pm a) &= 0\end{aligned}$$

より $\cos ka = 0$ なら $A = B$, $\sin ka = 0$ なら $A + B = 0$ となり，前半の結果と一致する．

4.2 ポテンシャルは下図のようになっている．$x < 0$, $0 < x < a$, $a < x$ の領域でそれぞれ次のような方程式を解けばよい．

$$-\frac{\hbar^2}{2m}\frac{d^2\psi}{dx^2} + V_1\psi = E\psi \quad (x < 0)$$

$$-\frac{\hbar^2}{2m}\frac{d^2\psi}{dx^2} - V_0\psi = E\psi \quad (0 < x < a)$$

$$-\frac{\hbar^2}{2m}\frac{d^2\psi}{dx^2} = E\psi \quad (a < x)$$

束縛状態であるから $-V_0 < E < 0$ の解のみ考えればよい．

$$k_0{}^2 = \frac{2m}{\hbar^2}(V_1 - E), \quad k_1{}^2 = \frac{2m}{\hbar^2}(V_0 + E),$$
$$k_2{}^2 = \frac{2m}{\hbar^2}(-E)$$

と書くと（もちろん $k_0, k_1, k_2 > 0$ である），それぞれの解は

　　$x < 0$　　　　$\psi(x) = A_0 e^{k_0 x}$
　　$0 < x < a$　　$\psi(x) = A_1 \sin(k_1 x + \phi)$
　　$a < x$　　　　$\psi(x) = A_2 e^{-k_2 x}$

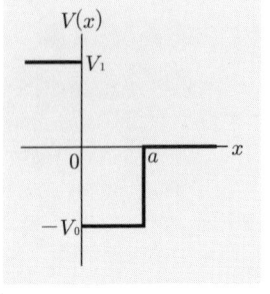

となる．ここで境界条件 $\lim_{x\to\pm\infty}\psi(x)=0$ を用いた．さらに $x=0$ および $x=a$ で $\psi(x)$ はなめらかにつながらなくてはならないので，

$$A_0 = A_1 \sin\phi, \quad A_0 k_0 = A_1 k_1 \cos\phi$$

$$A_1 \sin(k_1 a + \phi) = A_2 e^{-k_2 a}, \quad A_1 k_1 \cos(k_1 a + \phi) = -A_2 k_2 e^{-k_2 a}$$

の条件が得られる．以上をまとめると，

$$k_1/k_0 = \tan\phi, \quad (1) \qquad k_1/k_2 = -\tan(k_1 a + \phi), \quad (2)$$

$$A_0/A_1 = \sin\phi, \quad (3) \qquad A_2/A_1 = e^{k_2 a}\sin(k_1 a + \phi) \quad (4)$$

となる．すなわち，(1)，(2) より ϕ を消去した超越方程式よりエネルギー固有値 E が決まる．その E を用いて，(1) より ϕ が決められる．E，ϕ を用いて (3) および (4) により係数 A_0/A_1，A_2/A_1 が決まる．A_1 は波動関数の規格化条件により決定される．実際 (1)，(2) より ϕ を消去すると

$$n\pi - k_1 a = \arctan\frac{k_1}{k_0} + \arctan\frac{k_1}{k_2} \quad (n \text{ は正の整数})$$

が，E を決める式である．

4.3 シュレディンガー方程式

$$-\frac{\hbar^2}{2m}\frac{d^2\psi(x)}{dx^2} + \{-E - V_0\delta(x)\}\psi(x) = 0 \quad (E < 0)$$

の解で束縛状態 $\psi(x) \to 0$ $(x \to \pm\infty)$ に対応するものは

$$\psi(x) = ae^{-\kappa x} \quad (x > 0) \qquad \kappa = \sqrt{\frac{2m}{\hbar^2}|E|} \quad (a = \kappa^{1/2})$$
$$\psi(x) = ae^{\kappa x} \quad (x < 0),$$

である．さらに，このシュレディンガー方程式を $x=0$ をふくむ微小区間 $(-\epsilon, \epsilon)$ で積分すると ($\epsilon \sim 0$ を考慮して)，$-\frac{\hbar^2}{2m}\frac{d}{dx}\psi\Big|_{-\epsilon}^{\epsilon} - V_0\psi(0) = 0$ となる．上の解 $\psi(x) = ae^{\mp\kappa x}(x \gtrless 0)$ を代入すると

$$-\frac{\hbar^2}{2m}a(-\kappa - \kappa) - V_0 a = 0 \quad \text{つまり} \quad \kappa = \frac{mV_0}{\hbar^2}$$

となる．以上より，

$$\psi(x) = \frac{\sqrt{mV_0}}{\hbar}\exp\left(-\frac{mV_0}{\hbar^2}|x|\right), \quad E = -\frac{m}{2\hbar^2}V_0^{\,2}.$$

束縛状態は $V_0(>0)$ の値によらず，ただ 1 つ存在する．

以上の結果は a を有限の値にとって，1 次元ポテンシャルの問題

$$V(x) = \begin{cases} -V_0/2a & (|x| < a) \\ 0 & (|x| > a) \end{cases}$$

を解き，そのあとで，$a \to 0$ の極限操作を行なっても完全に同じである．この場合，

$$k^2 = \frac{2m}{\hbar^2}\left(E + \frac{V_0}{2a}\right), \quad k'^2 = \frac{2m}{\hbar^2}(-E)$$

とすると，エネルギー E を決定する式は，$x = \pm a$ における境界条件より，

$$k \tan ka = k' \text{(パリティ偶)} \quad \text{または} \quad (1/k)\tan ka = -(1/k') \quad \text{(奇)}$$

となる．$a \to 0$ の極限では $ka \to 0$ であるから $\tan ka \approx ka$ として

$$k^2 a = k' \quad \text{(偶)}$$

となる．この偶の解が，上記の解 $E = -(m/2\hbar^2)V_0{}^2$ になっている．一方，パリティ奇の束縛状態は存在し得ない．なぜなら $a \to 0$ の極限でのポテンシャルが存在する領域では，波動関数は 0 で，ポテンシャルの効果がないからである．もちろん，波動関数が $a \to 0$ の極限でも有限の広がりをもっているためには $\psi(0)$ は有限でなくてはならない．

5.1 縮退があるとして，その波動関数を ψ_1, ψ_2 とする．シュレディンガー方程式

$$-\frac{\hbar^2}{2m}\psi_1{}'' + V(x)\psi_1 = E\psi_1, \quad -\frac{\hbar^2}{2m}\psi_2{}'' + V(x)\psi_2 = E\psi_2$$

のそれぞれに ψ_2 または ψ_1 をかけて辺々引くと，

$$(\psi_1{}''\psi_2 - \psi_2{}''\psi_1) = \frac{d}{dx}\left(\frac{d\psi_1}{dx}\psi_2 - \frac{d\psi_2}{dx}\psi_1\right) = 0.$$

これを積分すると，$\psi_1{}'(x)\psi_2(x) - \psi_2{}'(x)\psi_1(x) = \text{const.}$

ところで束縛状態を問題にしているから，波動関数 ψ_1, ψ_2 には $\psi_1(\infty) = \psi_2(\infty) = 0$ を要求することができる．したがって，上式の右辺の const. $= 0$ である．

$$\psi_1{}'\psi_2 - \psi_2{}'\psi_1 = 0, \quad \psi_1{}'/\psi_1 = \psi_2{}'/\psi_2$$

をふたたび積分すると，$\ln \psi_1(x) = \ln \psi_2(x) + \text{const.}$

すなわち，$\psi_1(x) = a\psi_2(x)$ となる．したがって ψ_1 と ψ_2 は同じ状態であり縮退があるという仮定は正しくない．

6.1 シュレディンガー方程式は

$$-\frac{\hbar^2}{2m}\left(\frac{\partial^2}{\partial x^2} + \frac{\partial^2}{\partial y^2}\right)\psi(x,y) + \frac{K}{2}(x^2 + y^2)\psi(x,y) = E\psi(x,y)$$

で与えられる．

$$\psi(x,y) = u(x)v(y)$$

と置くと，原式は変数分離できて，次の 2 式を得る．

$$-\frac{\hbar^2}{2m}\frac{d^2u}{dx^2} + \frac{K}{2}x^2 u = E_x u, \quad -\frac{\hbar^2}{2m}\frac{d^2v}{dy^2} + \frac{K}{2}y^2 v = E_y v \quad (E_x + E_y = E)$$

u と v の式はそれぞれ x, y についての 1 次元調和振動子のシュレディンガー方程式であり，固有関数は要項 $(5')$，固有値は $(6')$ で与えられる．したがって

$$\psi_{n_x n_y}(x,y) = u_{n_x}(x) v_{n_y}(y)$$
$$= \left(\frac{\alpha^2}{2^{n_x+n_y}\pi n_x!\, n_y!}\right)^{1/2} H_{n_x}(\alpha x) H_{n_y}(\alpha y) e^{-\frac{1}{2}\alpha^2(x^2+y^2)}$$
$$E_{n_x n_y} = (n_x + n_y + 1)\hbar\omega_0 \quad (n_x, n_y = 0, 1, 2, \cdots)$$

ただし
$$\alpha = \sqrt{\frac{m\omega_0}{\hbar}}, \quad \omega_0 = \sqrt{\frac{K}{m}}$$

である．1つの状態は，量子数 (n_x, n_y) で指定される．エネルギー準位を図に示す．

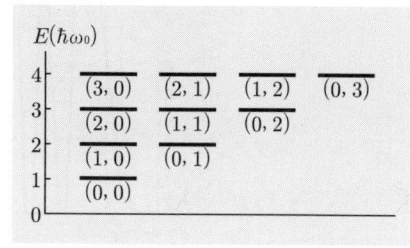

6.2 $x \geq 0$ にかぎれば，例題6の議論は完全にそのまま成立している．ただし境界条件
$$\psi(\xi) \to 0 \quad (\xi \to \infty), \quad \psi(0) = 0 \quad (\xi = \sqrt{m\omega_0/\hbar}\, x)$$
を満たさなくてはならない．したがって，通常の調和振動子の解で，$\psi(0) = 0$ を満たすものが，この問題の解となる．エルミート多項式 $H_n(\xi)$ は n 次多項式でかつ，n が偶数なら偶関数，n が奇数なら奇関数である．
$$H_{2n+1}(0) = 0, \quad H_{2n}(0) \neq 0.$$
また，$\psi(\xi)$ は $\xi \geq 0$ にのみ許されているから，規格化すべき空間は，例題6の 1/2 である．以上を考慮して，解は
$$\psi_{2n+1}(x) = \sqrt{2} N_{2n+1} \exp(-\alpha^2 x^2/2) H_{2n+1}(\alpha x), \quad (n = 0, 1, 2, \cdots)$$
$$E_{2n+1} = \hbar\omega_0(2n + 3/2), \quad \alpha = \sqrt{m\omega_0/\hbar}, \quad N_{2n+1} = (\alpha/(\sqrt{\pi}2^n n!))^{1/2}.$$

6.3 $\ddot{x} + \omega_0^2 x = 0$ を解いて，$x = a\sin(\omega_0 t + \varphi)$ である．
したがって $\dot{x} = a\omega_0 \cos(\omega_0 t + \varphi) = \pm a\omega_0[1 - x^2/a^2]^{1/2}$.
振動周期 T は，$T = 2\pi/\omega_0$.
粒子を $(x, x+dx)$ に見出す確率を $W(x)dx$ とすると
$$W(x)dx = (2/T)dt = (2/T)|\dot{x}|^{-1}dx = (\pi a)^{-1}(1 - x^2/a^2)^{-1/2}dx.$$
古典粒子のエネルギー E は $E = \frac{1}{2}m\dot{x}^2 + \frac{1}{2}m\omega_0^2 x^2 = \frac{1}{2}m\omega_0^2 a^2$.
$E = \left(10 + \frac{1}{2}\right)\hbar\omega_0$ の古典粒子（したがって振幅 a として $\sqrt{m\omega_0/\hbar}\, a = \sqrt{21} \simeq 4.58$）の $W(x)$（破線）と，量子力学的粒子の $W_{\text{qu}}(x) = |\psi_{10}(x)|^2$（実線）を比較したのが，次頁図である．

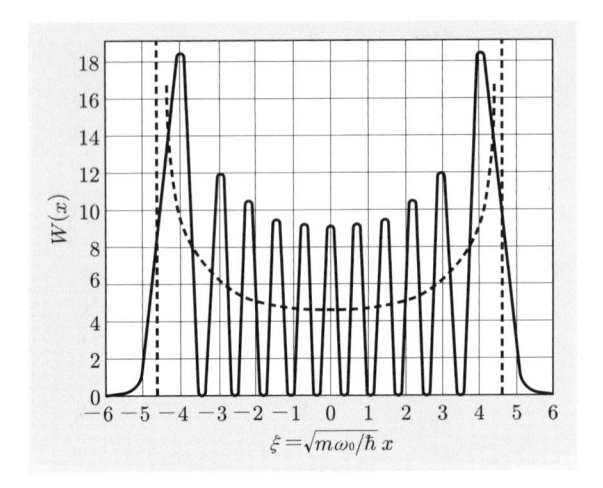

7.1 エルミート多項式の母関数表示

$$e^{-s^2+2s\xi} = \sum_{n=0}^{\infty} \frac{H_n(\xi)}{n!} s^n \qquad (1)$$

を s で微分すると

$$(-2s+2\xi)e^{-s^2+2s\xi} = \sum_{n=1}^{\infty} \frac{H_n(\xi)}{(n-1)!} s^{n-1} = \sum_{n=0}^{\infty} \frac{H_{n+1}(\xi)}{n!} s^n. \qquad (2)$$

一方,左辺は書きなおすと

$$(-2s+2\xi)e^{-s^2+2s\xi} = -2\sum_{n=0}^{\infty} \frac{H_n(\xi)}{n!} s^{n+1} + 2\sum_{n=0}^{\infty} \frac{\xi H_n(\xi)}{n!} s^n$$

$$= \sum_{n=0}^{\infty} \frac{s^n}{n!}[-2nH_{n-1}(\xi) - 2\xi H_n(\xi)] \qquad (3)$$

となる. (2), (3) より,

$$H_{n+1}(\xi) = 2\xi H_n(\xi) - 2nH_{n-1}(\xi). \qquad (4)$$

(1) を ξ で微分すると,

$$2se^{-s^2+2s\xi} = \sum_{n=0}^{\infty} \frac{s^n}{n!} \cdot \frac{d}{d\xi} H_n(\xi). \qquad (5)$$

左辺を書きなおすと

$$2se^{-s^2+2s\xi} = \sum_{n=0}^{\infty} \frac{s^n}{n!} (2nH_{n-1}(\xi)). \qquad (6)$$

したがって (5), (6) より,

$$\frac{d}{d\xi}H_n(\xi) = 2nH_{n-1}(\xi). \tag{7}$$

8.1 $x^2\psi_n(x) = \alpha^{-2}N_n \exp\left(-\alpha^2 x^2/2\right)\left\{(\alpha x)^2 H_n(\alpha x)\right\}$
で，エルミート多項式の漸化式を2度用いると

$$x^2\psi_n(x) = \alpha^{-2}N_n \exp\left(\frac{-\alpha^2 x^2}{2}\right)(\alpha x)\left\{\frac{1}{2}H_{n+1}(\alpha x) + nH_{n-1}(\alpha x)\right\}$$

$$= \alpha^{-2}N_n \exp\left(\frac{-\alpha^2 x^2}{2}\right)\left\{\frac{1}{4}H_{n+2}(\alpha x) + \frac{2n+1}{2}H_n(\alpha x) + n(n-1)H_{n-2}\right\}$$

$$= (2\alpha^2)^{-1}\left\{\sqrt{(n+1)(n+2)}\psi_{n+2}(x) + (2n+1)\psi_n(x) + \sqrt{n(n-1)}\psi_{n-2}\right\}.$$

したがって，$\psi_n(x)$ の規格直交性から

$$\int_{-\infty}^{\infty}\psi_n^*(x)x^2\psi_m(x)dx = \begin{cases} \sqrt{(m+1)(m+2)}/(2\alpha^2) & (n = m+2) \\ (2m+1)/(2\alpha^2) & (n = m) \\ \sqrt{m(m-1)}/(2\alpha^2) & (n = m-2) \\ 0 & (n \neq m, m\pm 2) \end{cases}$$

$$\frac{\partial}{\partial x}\psi_n(x) = \alpha\frac{\partial}{\partial(\alpha x)}N_n \exp\left(-\alpha^2 x^2/2\right)H_n(\alpha x)$$

$$= \alpha N_n\left\{-\alpha x H_n(\alpha x) + 2n H_{n-1}(\alpha x)\right\}\exp\left(-\alpha^2 x^2/2\right)$$

$$= \alpha\{\sqrt{2n}\psi_{n-1}(x) - \alpha x\psi_n(x)\} = (\alpha/2)\{\sqrt{2n}\psi_{n-1}(x) - \sqrt{2n+2}\psi_{n+1}(x)\}.$$

したがって

$$\int_{-\infty}^{\infty}\psi_n^*(x)\left(-i\hbar\frac{\partial}{\partial x}\right)\psi_m(x)dx = \begin{cases} i\hbar\alpha\sqrt{(m+1)/2} & (n = m+1) \\ -i\hbar\alpha\sqrt{m/2} & (n = m-1) \\ 0 & (n \neq m\pm 1) \end{cases}$$

9.1 $\psi(x,t) = \sum_{n=0}^{\infty}A_n \exp\left[-i\left(n+\frac{1}{2}\right)\omega_0 t\right]\psi_n(x)$

$$A_n = \xi_0^n e^{-\frac{1}{4}\xi_0^2}/(2^n n!)^{\frac{1}{2}}, \quad \xi_0 = \alpha a.$$

a が大きくなればなる程，大きな A_n を与える量子数 n は大きくなる．

$$\ln A_n^2 = 2n\ln\xi_0 - \frac{1}{2}\xi_0^2 - n\ln 2 - \ln n! \approx 2n\left(\ln\xi_0 - \frac{1}{2}\ln 2\right) - n(\ln n - 1).$$

これを最大にする n は

$$\frac{d}{dn}A_n^2 = 2\left(\ln\xi_0 - \frac{1}{2}\ln 2\right) - \ln n = \ln\frac{\xi_0^2}{2n} = 0$$

より，$n = n_0 = \xi_0^2/2$ と与えられる．$\psi(x,t)$ のエネルギー期待値は

$$\int_{-\infty}^{\infty} \psi^*(x,t)\mathcal{H}\psi(x,t)dx$$
$$= \int_{-\infty}^{\infty} \psi^*(x,t) \sum_{n=0}^{\infty} A_n e^{-i(n+\frac{1}{2})\omega_0 t} \left(n+\frac{1}{2}\right)\hbar\omega_0 \psi_n(x) dx$$
$$= \sum_{n=0}^{\infty} |A_n|^2 \left(n+\frac{1}{2}\right)\hbar\omega_0.$$

ところで，$|A_n|^2$ の n についての変化をみてやると，n が n_0 のごく近くでのみ大きな値をとるから，上式の和の中にある $\left(n+\frac{1}{2}\right)$ を n_0 で置き換えて外に出す．つまり

$$\int_{-\infty}^{\infty} \psi^*(x,t)\mathcal{H}\psi(x,t)dx \approx n_0\hbar\omega_0 \sum_{n=0}^{\infty} |A_n|^2 = n_0\hbar\omega_0$$
$$= \hbar\omega_0 \cdot \frac{1}{2}\frac{m\omega_0}{\hbar}a^2 = \frac{m\omega_0^2 a^2}{2}.$$

9.2
$$b^\dagger b = \frac{1}{2m\hbar\omega}p^2 + \frac{i}{\sqrt{2m\hbar\omega}} \cdot \sqrt{\frac{m\omega}{2\hbar}}(-px+xp) + \frac{m\omega}{2\hbar}x^2$$
$$= \frac{1}{2m\hbar\omega}p^2 + \frac{m\omega}{2\hbar}x^2 + \frac{i}{2\hbar}(i\hbar)$$

であるから，$\hbar\omega(b^\dagger b + \frac{1}{2}) = \frac{p^2}{2m} + \frac{1}{2}m\omega^2 x^2$ となり，これは調和振動子のハミルトニアンである．また

$$bb^\dagger = \frac{1}{2m\hbar\omega}p^2 + \frac{m\omega}{2\hbar}x^2 + \frac{i}{\sqrt{2m\hbar\omega}} \cdot \sqrt{\frac{m\omega}{2\hbar}}(px-xp)$$
$$= \frac{1}{2m\hbar\omega}p^2 + \frac{m\omega}{2\hbar}x^2 + \frac{i}{2\hbar}(-i\hbar)$$

であるから $[b, b^\dagger] = bb^\dagger - b^\dagger b = 1$ を得る．

9.3 例題 8 および問題 8.1 で得られたように

$$x\psi_n = \frac{1}{2}\sqrt{\frac{\hbar}{m\omega}}\left\{\sqrt{2n+2}\,\psi_{n+1} + \sqrt{2n}\,\psi_{n-1}\right\}$$
$$p\psi_n = \frac{\hbar}{2i}\sqrt{\frac{m\omega}{\hbar}}\left\{-\sqrt{2n+2}\,\psi_{n+1} + \sqrt{2n}\,\psi_{n-1}\right\}$$

である．$b = \frac{i}{\sqrt{2m\hbar\omega}}p + \sqrt{\frac{m\omega}{2\hbar}}x$ であるから

$$b\psi_n = \frac{1}{2\sqrt{2}}\left\{\left(-\sqrt{2n+2}\,\psi_{n+1} + \sqrt{2n}\,\psi_{n-1}\right) + \left(\sqrt{2n+2}\,\psi_{n+1} + \sqrt{2n}\,\psi_{n-1}\right)\right\}$$
$$= \sqrt{n}\,\psi_{n-1}.$$

同様に $b^\dagger \psi_n = \sqrt{n+1}\,\psi_{n+1}$ となる．$b, b^\dagger$ は消滅，生成演算子または下降，上昇演算子と呼ばれる．

2章の解答

10.1 極座標によって表わしたシュレディンガー方程式

$$\left[-\frac{\hbar^2}{2m}\left\{\frac{1}{r^2}\frac{\partial}{\partial r}\left(r^2\frac{\partial}{\partial r}\right)+\frac{1}{r^2\sin\theta}\frac{\partial}{\partial\theta}\left(\sin\theta\frac{\partial}{\partial\theta}\right)+\frac{1}{r^2\sin^2\theta}\frac{\partial^2}{\partial\phi^2}\right\}+V(r)-E\right]$$
$$\times\psi(r,\theta,\phi)=0$$

において，波動関数を変数分離形 $\psi(r,\theta,\phi)=R(r)Y(\theta,\phi)$ として代入し，それを $\psi(r,\theta,\phi)$ で割ると

$$\frac{1}{R}\cdot\frac{d}{dr}\left(r^2\frac{dR}{dr}\right)-\frac{2m}{\hbar^2}r^2\left\{V(r)-E\right\}$$
$$=-\frac{1}{Y}\left\{\frac{1}{\sin\theta}\frac{\partial}{\partial\theta}\left(\sin\theta\frac{\partial Y}{\partial\theta}\right)+\frac{1}{\sin^2\theta}\frac{\partial^2 Y}{\partial\phi^2}\right\}.$$

左辺は r のみの関数，右辺は (θ,ϕ) のみの関数である．したがって実際には両辺が r にも (θ,ϕ) にも依存しない定数でなくてはならない．その定数を λ とすると

$$\frac{1}{r^2}\frac{d}{dr}\left(r^2\frac{dR}{dr}\right)+\left\{\frac{2m}{\hbar^2}(E-V(r))-\frac{\lambda}{r^2}\right\}R=0,$$
$$\frac{1}{\sin\theta}\frac{\partial}{\partial\theta}\left(\sin\theta\frac{\partial Y}{\partial\theta}\right)+\frac{1}{\sin^2\theta}\frac{\partial^2 Y}{\partial\phi^2}+\lambda Y=0$$

を得る．さらに $Y(\theta,\phi)=\Theta(\theta)\Phi(\phi)$ として第2の式に代入し，再び $\Theta\Phi$ で割ると，

$$\sin^2\theta\left\{\frac{1}{\Theta}\frac{1}{\sin\theta}\frac{d}{d\theta}\left(\sin\theta\frac{d\Theta}{d\theta}\right)+\lambda\right\}=-\frac{1}{\Phi}\frac{d^2\Phi}{d\phi^2}$$

となる．これは，先程と同様に定数でなくてはならない．その定数を m^2 と書くと，

$$\frac{1}{\sin\theta}\frac{d}{d\theta}\left(\sin\theta\frac{d\Theta}{d\theta}\right)+\left(\lambda-\frac{m^2}{\sin^2\theta}\right)\Theta=0,\quad \frac{d^2\Phi}{d\phi^2}+m^2\Phi=0.$$

11.1 $\rho\to\infty$ としたときの微分方程式 $\dfrac{d^2R}{d\rho^2}-\dfrac{1}{4}R=0$ の解には $R=e^{-\rho/2}$ が存在するから，原式の解として $R(\rho/\alpha)=e^{-\rho/2}F(\rho)$ を仮定する．$F(\rho)$ の満たすべき方程式は，これを代入して書きなおすと，

$$\frac{d^2F}{d\rho^2}+\left(\frac{2}{\rho}-1\right)\frac{dF}{d\rho}+\left\{\frac{\lambda-1}{\rho}-\frac{l(l+1)}{\rho^2}\right\}F=0$$

であることがわかる．$F(\rho)$ を $F(\rho)=\sum\limits_{\nu=0}^{\infty}C_\nu\rho^{s+\nu}$ と展開して，

$$F''=C_0 s(s-1)\rho^{s-2}+\sum_{\nu=1}^{\infty}C_\nu(s+\nu)(s+\nu-1)\rho^{s+\nu-2}$$

$$\left(\frac{2}{\rho}-1\right)F'=2C_0 s\rho^{s-2}+\sum_{\nu=1}^{\infty}\left\{2C_\nu(s+\nu)-C_{\nu-1}(s+\nu-1)\right\}\rho^{s+\nu-2}$$

$$\left(\frac{\lambda-1}{\rho}-\frac{l(l+1)}{\rho^2}\right)F$$
$$=-C_0 l(l+1)\rho^{s-2}+\sum_{\nu=1}^{\infty}\{C_{\nu-1}(\lambda-1)-C_\nu l(l+1)\}\rho^{s+\nu-2}.$$

を代入すると

$$0 = C_0\{s(s+1)-l(l+1)\}\rho^{s-2}$$
$$+\sum_{\nu=1}^{\infty}\{C_\nu(s+\nu)(s+\nu-1)+2C_\nu(s+\nu)-C_{\nu-1}(s+\nu-1)$$
$$+C_{\nu-1}(\lambda-1)-C_\nu l(l+1)\}\rho^{s+\nu-2}$$

となる．これが恒等的に成立するために，ρ の各ベキの係数がすべて 0 でなくてはならないから，$(C_0 \neq 0)$

$$\begin{cases} s(s+1)-l(l+1)=(s-l)(s+l+1)=0, & (1) \\ C_\nu\{(s+\nu)(s+\nu+1)-l(l+1)\}=C_{\nu-1}(s+\nu-\lambda). & (2) \end{cases}$$

動径方向の解は，r に関して定数または正のベキで始まらなければならない．したがって (1) の解で

$$s = l \tag{3}$$

が許される．(3) を (2) に代入して

$$C_{\nu+1} = \frac{\nu+l+1-\lambda}{(\nu+1)(\nu+2l+2)}C_\nu. \tag{4}$$

(4) の形から C_ν が $\nu\to\infty$ までつづくなら，$C_{\nu+1}/C_\nu \to \nu^{-1}$ $(\nu\to\infty)$ であるから，$F(\rho)$ は

$$F(\rho) = (\rho \text{ の多項式}) + (\text{定数}) \times e^\rho$$

となることがわかる．したがって $R(\rho/\alpha)=e^{-\rho/2}F(\rho)$ は $e^{\rho/2}$ で発散する．これは，もちろん波動関数の規格化条件を満足しないから，逆に (4) は ν の有限のところで切れなくてはならない．つまり，λ が，適当な 0 または正の整数 n' に対して，

$$\lambda = l + 1 + n' \tag{5}$$

を満たすような数が，C_ν が

$$C_\nu = 0 \quad (\nu \geq n'+1) \tag{6}$$

であるように決まればよい．(5) の n' を動径量子数，λ を主量子数と呼ぶ．λ をあらためて n と書くと，$|E|$ は $\lambda = n = \dfrac{Ze^2}{\hbar}\left(\dfrac{m}{2|E|}\right)^{1/2}$，$|E| = \dfrac{mZ^2e^4}{2\hbar^2 n^2}$ と定まる．

11.2 ルジャンドルの陪多項式 $P_l{}^m$ に対する微分方程式
$$\frac{d}{d\omega}\left[(1-\omega^2)\frac{dP_l{}^m}{d\omega}\right] + \left\{l(l+1) - \frac{m^2}{1-\omega^2}\right\}P_l{}^m = 0$$
と同様の $P_{l'}{}^m$ に対する微分方程式のそれぞれに $P_{l'}{}^m$ と $P_l{}^m$ をかけて辺々引くと，
$$P_{l'}{}^m \frac{d}{d\omega}\left[(1-\omega^2)\frac{dP_l{}^m}{d\omega}\right] - P_l{}^m \frac{d}{d\omega}\left[(1-\omega^2)\frac{dP_{l'}{}^m}{d\omega}\right]$$
$$= \{l'(l'+1) - l(l+1)\}P_l{}^m P_{l'}{}^m.$$
これを ω に関して積分すると左辺は
$$\int_{-1}^{1} d\omega \left[P_{l'}{}^m \frac{d}{d\omega}\left\{(1-\omega^2)\frac{dP_l{}^m}{d\omega}\right\} - P_l{}^m \frac{d}{d\omega}\left\{(1-\omega^2)\frac{dP_{l'}{}^m}{d\omega}\right\}\right]$$
$$= \left[P_{l'}{}^m\left\{(1-\omega^2)\frac{dP_l{}^m}{d\omega}\right\} - P_l{}^m\left\{(1-\omega^2)\frac{dP_{l'}{}^m}{d\omega}\right\}\right]_{\omega=-1}^{\omega=1}$$
$$- \int_{-1}^{1} d\omega \left[\frac{dP_{l'}{}^m}{d\omega}(1-\omega^2)\frac{dP_l{}^m}{d\omega} - \frac{dP_l{}^m}{d\omega}(1-\omega^2)\frac{dP_{l'}{}^m}{d\omega}\right] = 0$$
である．したがって $\{l'(l'+1) - l(l+1)\}\int_{-1}^{1} P_l{}^m P_{l'}{}^m d\omega = 0$ となり $l \ne l'$ の場合の直交性が証明された．

11.3 R_{nl} に対する微分方程式に $R_{n'l}$ をかけ，また $R_{n'l}$ に対する微分方程式に R_{nl} をかけて，辺々引くと
$$R_{n'l}\frac{1}{r^2}\frac{d}{dr}\left(r^2\frac{dR_{nl}}{dr}\right) - R_{nl}\frac{1}{r^2}\frac{d}{dr}\left(r^2\frac{dR_{n'l}}{dr}\right) = \frac{2m}{\hbar^2}(E_{n'l} - E_{nl})R_{nl}R_{n'l}.$$
これに r^2 をかけて r について 0 から ∞ まで積分すると，
$$\int_0^{\infty} dr \left\{R_{n'l}\frac{d}{dr}\left(r^2\frac{dR_{nl}}{dr}\right) - R_{nl}\frac{d}{dr}\left(r^2\frac{dR_{n'l}}{dr}\right)\right\}$$
$$= \frac{2m}{\hbar^2}(E_{n'l} - E_{nl})\int_0^{\infty} r^2 R_{nl}R_{n'l} dr.$$
左辺は，部分積分して，$[r^2 R_{n'l} R_{nl}]_0^{\infty} = 0$ を用いれば 0 である．したがって
$$(E_{n'l} - E_{nl})\int_0^{\infty} r^2 R_{nl}R_{n'l} dr = 0$$
となり，R_{nl} と $R_{n'l}(n \ne n')$ は直交することが示された．

12.1 例題 12 と同様に，波動関数 $\psi_{nlm}(r,\theta,\phi)$ を $\psi_{nlm}(r,\theta,\phi) = R_{nl}(r)Y_{lm}(\theta,\phi)$ と書くと，$R_{nl}(r)$ の満たすべき微分方程式は
$$\frac{1}{r^2}\frac{d}{dr}\left(r^2\frac{dR_{nl}}{dr}\right) + \left[\frac{2m}{\hbar^2}E - \frac{l(l+1)}{r^2}\right]R_{nl} = 0. \quad (r < a, E > 0)$$
また，境界条件は $r \to 0$ で正則，$r \to a$ で $R_{nl}(a) = 0$ である．
$$\alpha = \sqrt{2mE/\hbar^2} \quad (\rho = \alpha r)$$

と置くと，$\dfrac{d^2 R_{nl}}{d\rho^2} + \dfrac{2}{\rho}\dfrac{dR_{nl}}{d\rho} + \left(1 - \dfrac{l(l+1)}{\rho^2}\right)R_{nl} = 0$ と変形される．

$r = 0$ で正則な解として，球ベッセル関数 $R_{nl}(r) = j_l(\rho) = j_l(\alpha r)$ を得る．$r = a$ における境界条件 $j_l(\alpha r) = 0$ より，α は $j_l(\rho)$ の 0 点を $\rho_1{}^{(l)}, \rho_2{}^{(l)}, \cdots$ と表わすと，$\alpha a = \rho_n{}^{(l)}$．

すなわち，固有エネルギー E_n と固有関数 $R_{nl}(r)$ は

$$E_{nl} = \{\rho_n{}^{(l)}\}^2 (\hbar^2/2ma^2), \quad R_{nl}(r) = A_{nl} j_l(\rho_n{}^{(l)} r/a)$$

となる．$j_l(\rho)$ の n 番目の 0 点 $\rho_n{}^{(l)}$ は，次のような値である．

	$l=0$	$l=1$	$l=2$	$l=3$	$l=4$	$l=5$	$\cdots$
$n=1$	3.14	4.49	5.76	6.99	8.18	9.36	
$n=2$	6.28	7.73	9.10	10.42	$\vdots$	$\vdots$	
$n=3$	9.42	$\vdots$	$\vdots$	$\vdots$	$\vdots$	$\vdots$	
$\vdots$	$\vdots$	$\vdots$	$\vdots$	$\vdots$	$\vdots$	$\vdots$	

各 l に対して，固有状態は無限個存在する．

12.2 3次元調和振動子 $V(x, y, z) = \dfrac{m\omega^2}{2}(x^2 + y^2 + z^2)$ の場合，動径波動関数が満たすべき微分方程式は，$\xi = \sqrt{\dfrac{m\omega}{\hbar}}r,\ \lambda = \dfrac{2E}{\hbar\omega}$ とおくと

$$\left\{\dfrac{1}{\xi^2}\dfrac{d}{d\xi}\left(\xi^2 \dfrac{d}{d\xi}\right) - \dfrac{l(l+1)}{\xi^2}\right\} R + (\lambda - \xi^2) R = 0 \tag{1}$$

となる．$\xi \sim \infty$ での振舞いは，微分方程式の漸近的な形 $\left[\dfrac{1}{\xi^2}\dfrac{d}{d\xi}\left(\xi^2\dfrac{d}{d\xi}\right) - \xi^2\right]R = 0$ より $R \sim e^{-\xi^2/2}$ である．これから解を

$$R(\xi) = e^{-\frac{\xi^2}{2}} \psi(\xi) \tag{2}$$

と仮定し (1) に代入する．$\psi(\xi)$ の方程式として

$$\psi'' + \left(\dfrac{2}{\xi} - 2\xi\right)\psi' + \left\{-\dfrac{l(l+1)}{\xi^2} + \lambda - 3\right\}\psi = 0 \tag{3}$$

を得る．$\xi = 0$ はこの微分方程式の確定特異点であるから

$$\psi = \xi^s \sum_{n=0}^\infty c_n \xi^n \tag{4}$$

という解が存在する．これを (3) に代入して解くと $c_0 \neq 0,\ c_1 = 0,\ s(s+1) - l(l+1) = 0$ を得る $(s = l, -l-1)$．$s = -l-1$ のときは，この解は $r = 0$ で解となり得ないので $s = l$ となる．こうして解としては

$$s = l,\quad c_0 \neq 0,\quad c_1 = 0,\quad c_{n+2} = \dfrac{2\left(n + l + \frac{3}{2}\right) - \lambda}{(n+l+2)(n+l+3) - l(l+1)} c_n$$

を得る．$n \to \infty$ とすると $c_{n+2}/c_n \to \frac{2}{n}$ となるから，$\psi(r) \sim \xi^l e^{2\xi^2}$ と振舞う．この解は (2) に代入すればわかるように束縛状態とならず不適当である．したがって解の級数が無限に続かず途中で切れるように λ（エネルギー E）を決めなくてはならない．こうして次のように E が決まる．

$$s = l, \quad \lambda = 2\left(n_0 + l + \frac{3}{2}\right), \quad (n_0 \text{は偶数})$$

$$c_{n+2} = \begin{cases} \dfrac{2\left(n+l+\frac{3}{2}\right) - \lambda}{(n+l+2)(n+l+3) - l(l+1)} c_n & (n_0 - 2 \geq n \geq 0) \\ 0 & (n \geq n_0) \end{cases}$$

$$c_1 = c_3 = c_5 = \cdots = 0 \quad (\text{奇数次の項})$$

エネルギー固有値は $E = \hbar\omega\left(n_0 + l + \dfrac{3}{2}\right)$，固有関数は $R(\xi) = e^{-\xi^2/2}\psi_\lambda(\xi)$ である．

一方，x, y, z に変数を分離して解くと $\Psi(\boldsymbol{r}) = \psi_{n_x}(x)\psi_{n_y}(y)\psi_{n_z}(z)$，$E = \hbar\omega\left(n_x + n_y + n_z + \dfrac{3}{2}\right)$ となる．相互の関係は以下のとおりである．

エネルギー $E/\hbar\omega$	n_0	l	対称性	縮重度	$n_x + n_y + n_z$	$n_x n_y n_z$
3/2	0	0	s	1	0	0 0 0
5/2	0	1	p	3	1	$\begin{cases} 1\,0\,0 \\ 0\,1\,0 \\ 0\,0\,1 \end{cases}$
7/2	$\begin{cases} 2 \\ 0 \end{cases}$	$\begin{matrix} 0 \\ 2 \end{matrix}$	$\begin{matrix} s \\ d \end{matrix}$	$\left.\begin{matrix} 1 \\ 5 \end{matrix}\right\} 6$	2	$\begin{cases} 2\,0\,0 \\ 0\,2\,0 \\ 0\,0\,2 \\ 1\,1\,0 \\ 1\,0\,1 \\ 0\,1\,1 \end{cases}$
9/2	$\begin{cases} 2 \\ 0 \end{cases}$	$\begin{matrix} 1 \\ 3 \end{matrix}$	$\begin{matrix} p \\ f \end{matrix}$	$\left.\begin{matrix} 3 \\ 7 \end{matrix}\right\} 10$	3	$\begin{cases} 3\,0\,0 \\ 0\,3\,0 \\ 0\,0\,3 \\ 2\,1\,0 \\ 2\,0\,1 \\ 1\,2\,0 \\ 0\,2\,1 \\ 1\,0\,2 \\ 0\,1\,2 \\ 1\,1\,1 \end{cases}$

3章の解答

1.1 (i) $E_i^{(0)} + \mathcal{H}'_{ii} = \mathcal{H}_{ii}$ と書こう．$\mathcal{H}'^*_{12} = \mathcal{H}'_{21}$ を用いて，

$$\det \begin{vmatrix} \mathcal{H}_{11} - E & \mathcal{H}'_{12} \\ \mathcal{H}'_{21} & \mathcal{H}_{22} - E \end{vmatrix} = E^2 - E(\mathcal{H}_{11} + \mathcal{H}_{22}) + (-|\mathcal{H}'_{12}|^2 + \mathcal{H}_{11}\mathcal{H}_{22}) = 0.$$

ゆえに固有エネルギーは $E = \dfrac{1}{2}[(\mathcal{H}_{11} + \mathcal{H}_{22}) \pm \sqrt{(\mathcal{H}_{11} - \mathcal{H}_{22})^2 + 4|\mathcal{H}'_{12}|^2}] = E_\pm$.

E_+ および E_- に対応する固有ベクトル $\begin{bmatrix} a_+ \\ b_+ \end{bmatrix}$, $\begin{bmatrix} a_- \\ b_- \end{bmatrix}$ は

$$\begin{bmatrix} \mathcal{H}_{11} & \mathcal{H}'_{12} \\ \mathcal{H}'_{21} & \mathcal{H}_{22} \end{bmatrix} \begin{bmatrix} a_\pm \\ b_\pm \end{bmatrix} = E_\pm \begin{bmatrix} a_\pm \\ b_\pm \end{bmatrix}$$

を解き，規格条件 $|a_\pm|^2 + |b_\pm|^2 = 1$ を満足させるようにすると

$$a_\pm = -\mathcal{H}'_{12}\left\{(\mathcal{H}_{11} - E_\pm)^2 + |\mathcal{H}'_{12}|^2\right\}^{-1/2},$$

$$b_\pm = (\mathcal{H}_{11} - E_\pm)\left\{(\mathcal{H}_{11} - E_\pm)^2 + |\mathcal{H}'_{12}|^2\right\}^{-1/2}.$$

(ii) 上で求めた $E_\pm$ を書きなおして

$$E_\pm = \frac{1}{2}\Big[(E_1^{(0)} + E_2^{(0)}) + (\mathcal{H}'_{11} + \mathcal{H}'_{22})$$

$$\pm \sqrt{(E_1^{(0)} + E_2^{(0)})^2 + (\mathcal{H}'_{11} + \mathcal{H}'_{22})^2 + 2(\mathcal{H}'_{11} + \mathcal{H}'_{22})(E_1^{(0)} + E_2^{(0)}) + 4|\mathcal{H}'_{12}|^2}\Big]$$

$$= \frac{1}{2}\Big[(E_1^{(0)} + E_2^{(0)}) + (\mathcal{H}'_{11} + \mathcal{H}'_{22})$$

$$\pm |E_1^{(0)} + E_2^{(0)}|\sqrt{1 + 2\frac{\mathcal{H}'_{11} - \mathcal{H}'_{22}}{E_1^{(0)} - E_2^{(0)}} + \frac{(\mathcal{H}'_{11} - \mathcal{H}'_{22})^2 + 4|\mathcal{H}'_{12}|^2}{(E_1^{(0)} - E_2^{(0)})^2}}\Big]$$

$$= \frac{1}{2}\Big[E_1^{(0)} + E_2^{(0)} + \mathcal{H}'_{11} + \mathcal{H}'_{22} \pm |E_1^{(0)} - E_2^{(0)}|\Big\{1 + \frac{\mathcal{H}'_{11} - \mathcal{H}'_{22}}{E_1^{(0)} - E_2^{(0)}}$$

$$+ \frac{2|\mathcal{H}'_{12}|^2}{(E_1^{(0)} - E_2^{(0)})^2} + \left(\frac{\mathcal{H}'}{E_1^{(0)} - E_2^{(0)}}\right)^3 \text{の項} \cdots\cdots\Big\}\Big].$$

$E_1^{(0)} > E_2^{(0)}$ として

$$E_\pm \simeq \begin{cases} E_1^{(0)} + \mathcal{H}'_{11} + \dfrac{|\mathcal{H}'_{12}|^2}{E_1^{(0)} - E_2^{(0)}}, \\ E_2^{(0)} + \mathcal{H}'_{22} + \dfrac{|\mathcal{H}'_{21}|^2}{E_2^{(0)} - E_1^{(0)}}. \end{cases}$$

これは摂動の公式と一致する．

2.1 1次元調和振動子の固有状態 $\psi_n^{(0)}(x)$ に対する x^2 に対する行列要素で0でないものは2章問題8.1の結果より

$$\int_{-\infty}^{\infty} \psi_n{}^*(x) x^2 \psi_m(x) dx = \begin{cases} \sqrt{(m+1)(m+2)}/(2\alpha^2) & (n = m+2) \\ (2m+1)/(2\alpha^2) & (n = m) \\ \sqrt{m(m-1)}/(2\alpha^2) & (n = m-2) \end{cases}$$

である $(\alpha = \sqrt{m\omega_0/\hbar})$. したがって

$$E_n{}^{(0)} = \left(n + \frac{1}{2}\right)\hbar\omega_0, \quad E_n{}^{(1)} = \left(n + \frac{1}{2}\right)\hbar\omega_0 \left(\frac{1}{2} \cdot \frac{b}{m\omega_0{}^2}\right),$$

$$E_n{}^{(2)} = \left\{ \frac{(n+1)(n+2)/4\alpha^4}{-2\hbar\omega_0} + \frac{n(n-1)/4\alpha^4}{+2\hbar\omega_0} \right\} \left(\frac{b}{2}\right)^2$$

$$= -\left(n + \frac{1}{2}\right)\hbar\omega_0 \left(\frac{1}{8} \cdot \frac{b^2}{m^2 \omega_0{}^4}\right).$$

すなわち，2 次のエネルギーとして

$$E_n = \left(n + \frac{1}{2}\right)\hbar\omega_0 \left[1 + \frac{1}{2} \cdot \frac{b}{m\omega_0{}^2} - \frac{1}{8} \cdot \left(\frac{b}{m\omega_0{}^2}\right)^2 \right] \tag{1}$$

となる．一方，正確なハミルトニアンは $\mathcal{H} = \mathcal{H}_0 + \mathcal{H}' = \dfrac{p^2}{2m} + m\left(\omega_0{}^2 + \dfrac{b}{m}\right)\dfrac{x^2}{2}$ であるから，正確な固有エネルギー E_n は

$$E_n = \left(n + \frac{1}{2}\right)\hbar\omega_0 \left(1 + \frac{b}{m\omega_0{}^2}\right)^{1/2} \tag{2}$$

となる．(1) は (2) を $b/(m\omega_0{}^2)$ で展開した 2 次までの項と一致している．

2.2 2 章問題 8.1 と同様にして x^3 の行列要素を計算すると

$$\int_{-\infty}^{\infty} \psi_n{}^*(x) x^3 \psi_m(x) dx = \begin{cases} [(n+1)(n+2)(n+3)/2^3]^{1/2}/\alpha^3 & (m = n+3) \\ 3[(n+1)/2]^{3/2}/\alpha^3 & (m = n+1) \\ 3(n/2)^{3/2}/\alpha^3 & (m = n-1) \\ [n(n-1)(n-2)/2^3]^{1/2}/\alpha^3 & (m = n-3) \\ 0 & (その他の場合) \end{cases}$$

したがって，x^3 の項は $\hbar^{3/2}$ のオーダーの項であり，1 次摂動のエネルギーは 0, 2 次摂動のエネルギーは $\hbar^2$ のオーダーの寄与をする．一方，x^4 の項はさらに複雑であるが，$\hbar^2$ のオーダー (α^{-4} のオーダー) の項である．したがって 1 次摂動のエネルギーのみが $\hbar^2$ のオーダーの寄与をし，2 次摂動では，x^3 の項と組み合わせて $\hbar^{5/2}$, x^4 の項についてのみの 2 次では $\hbar^3$ のオーダーであることがわかる．これから今の問題では，x^4 の項は対角成分のみ計算しておけばよい．前と同様に計算してもよいが，ここでは x^2 の行列要素 $\langle n|x^2|m\rangle$ のかけ算として求めてみる．

$$\langle m|x^4|m\rangle = \langle m|x^2|m\rangle\langle m|x^2|m\rangle + \langle m|x^2|m-2\rangle\langle m-2|x^2|m\rangle$$
$$+ \langle m|x^2|m+2\rangle\langle m+2|x^2|m\rangle$$

$$= \frac{1}{4\alpha^4}\{(2m+1)^2 + m(m-1) + (m+1)(m+2)\}$$
$$= \frac{3}{4\alpha^4}(2m^2 + 2m + 1).$$

以上より

$$E_n = \left(n + \frac{1}{2}\right)\hbar\omega_0 + \frac{3}{4}(2n^2 + 2n + 1)\left(\frac{\hbar}{m\omega_0}\right)^2 \cdot b + \sum_l \frac{|\langle n|x^3|l\rangle|^2}{(n-l)\hbar\omega_0} \cdot a^2$$

$$= \left(n + \frac{1}{2}\right)\hbar\omega_0 + \frac{3}{4}(2n^2 + 2n + 1)\frac{b\hbar^2}{m^2\omega_0^2} - \frac{1}{8}(30n^2 + 30n + 11)\frac{a^2\hbar^2}{m^3\omega_0^4}.$$

2.3 電子の電荷を $-e$ と書いて, 摂動ハミルトニアン $\mathcal{H}'$ は $\mathcal{H}' = e\mathcal{E}z$ と書ける. 基底状態 ψ_{100} (波動関数は $\psi_{nlm}(r, \theta, \phi) = R_{nl}(r)Y_{lm}(\theta, \phi)$ と書く) は, 原点に関して球対称な波動関数で表わされるから, 1次の摂動エネルギーは 0 である.

$$E^{(1)} = e\mathcal{E}\langle\psi_{100}|z|\psi_{100}\rangle = 0.$$

2次の摂動エネルギー $E^{(2)}$ は ψ_{nlm} 状態の固有エネルギーを $E_n^{(0)} = -\frac{me^4/(4\pi\epsilon_0)^2}{2\hbar^2 n^2}$ と書いて,

$$E^{(2)} = (e\mathcal{E})^2 \sum_{nlm} \frac{|\langle\psi_{nlm}|z|\psi_{100}\rangle|^2}{E_1^{(0)} - E_n^{(0)}}$$

と表わされる. 行列要素は

$$\langle\psi_{nlm}|z|\psi_{100}\rangle = \int_0^\infty R_{nl} r R_{10} r^2 dr \int Y_{lm}^* \cos\theta Y_{00} \sin\theta d\theta d\phi$$
$$= \int_0^\infty R_{nl} r^3 R_{10} dr \cdot \frac{1}{\sqrt{3}}\delta_{l1}\delta_{m0}$$

となる. $f_{nl} = \int_0^\infty R_{nl} r^3 R_{10} dr$ と書くと,

$$E^{(2)} = -\frac{2\hbar^2 \mathcal{E}^2}{3me^2} \sum_{n=2}^\infty \frac{n^2 (f_{nl})^2}{n^2 - 1}.$$

2.4 無摂動ハミルトニアンの基底状態のエネルギーは $E^{(0)} = -\frac{4me^4/(4\pi\epsilon_0)^2}{\hbar^2}$, 波動関数は

$$\Psi(\boldsymbol{r}_1, \boldsymbol{r}_2) = \frac{8}{\pi a_0^3} e^{-\frac{2}{a_0}(r_1 + r_2)} \quad \left(a_0 = \frac{\hbar^2 4\pi\epsilon_0}{me^2} \ ; \ \text{ボーア半径}\right)$$

である. 摂動ハミルトニアン $\mathcal{H}' = \frac{e^2/4\pi\epsilon_0}{|\boldsymbol{r}_1 - \boldsymbol{r}_2|} = \sum_{k=0}^\infty \frac{e^2/4\pi\epsilon_0}{r_>}\left(\frac{r_<}{r_>}\right)^k P_k(\cos\theta)$ に対する対角要素を計算すればよい. θ は $\boldsymbol{r}_1$ と $\boldsymbol{r}_2$ のなす角であるが, 今, $\boldsymbol{r}_2$ の極軸を $\boldsymbol{r}_1$ の方向にとれば, $\theta_2 = \theta$ ととれて,

$$\int \Psi^*(\boldsymbol{r}_1, \boldsymbol{r}_2) \mathcal{H}' \Psi(\boldsymbol{r}_1, \boldsymbol{r}_2) r_1^2 r_2^2 dr_1 dr_2 d\Omega_1 d\Omega_2$$
$$= \left(\frac{8}{\pi a_0^3}\right)^2 \iint \frac{e^2/4\pi\epsilon_0}{r_>} \sum_{k=0}^\infty \left(\frac{r_<}{r_>}\right)^k e^{-\frac{4}{a_0}(r_1 + r_2)} r_1^2 r_2^2 dr_1 dr_2$$

$$\times (4\pi \cdot 2\pi) \int_{-1}^{1} dx P_k(x)$$

$$= \left(\frac{32}{a_0^3}\right)^2 \iint \frac{e^2/4\pi\epsilon_0}{r_>} e^{-\frac{4}{a_0}(r_1+r_2)} r_1{}^2 r_2{}^2 dr_1 dr_2$$

$$= \frac{e^2}{4\pi\epsilon_0} \left(\frac{32}{a_0^3}\right)^2 \left[\int_0^\infty r_1 dr_1 \int_0^{r_1} dr_2 r_2{}^2 e^{-\frac{4}{a_0}(r_1+r_2)}\right.$$

$$\left. + \int_0^\infty r_1{}^2 dr_1 \int_{r_1}^\infty dr_2 r_2 e^{-\frac{4}{a_0}(r_1+r_2)}\right]$$

$$= \frac{e^2}{4\pi\epsilon_0} \left(\frac{32}{a_0^3}\right)^2 \frac{5}{8} \cdot \frac{1}{16(2/a_0)^5} = \frac{5e^2/4\pi\epsilon_0}{4a_0}.$$

ゆえに $E_0 = -\frac{4e^2/4\pi\epsilon_0}{a_0} + \frac{5e^2/(4\pi\epsilon_0)^2}{4a_0} = -\frac{11}{4} \cdot \frac{e^2/4\pi\epsilon_0}{a_0} = -2.75 \frac{me^4/(4\pi\epsilon_0)^2}{\hbar^2}$ と

なる．(変分法による計算が問題 8.2 で行なわれ，$E \simeq -2.85 me^4/(4\pi\epsilon_0)^2/\hbar^2$ を得る．)

2.5 この問題は，2章問題 4.2 で行なったのと同様に正確に解ける．しかし，ここでは，摂動論にしたがって考えてみる．

無摂動系の固有関数，固有エネルギーは，$x = \pm a$ での境界条件を考慮して

$$\psi_n{}^{(0)}(x) = \begin{cases} \frac{1}{\sqrt{a}} \cos \frac{n\pi}{2a} x & n = 1, 3, 5, \cdots \quad \text{(パリティ偶の解)} \\ \frac{1}{\sqrt{a}} \sin \frac{n\pi}{2a} x & n = 2, 4, 6, \cdots \quad \text{(パリティ奇の解)} \end{cases}$$

$$E_n{}^{(0)} = \frac{\pi^2 \hbar^2}{8ma^2} n^2$$

である．摂動系まで含めて，全ポテンシャル $V(x)$ は，x の偶関数であるから，摂動がかかった状態でも，固有状態のパリティは保存されなくてはならない．したがって，上の波動関数で，n が偶のものと奇のものがまじり合うことはない．このことは，もちろん直接の計算からも示される．実際，$\mathcal{H}' = V(x) - V_0(x)$ として

$$\langle \psi_n{}^{(0)} | \mathcal{H}' | \psi_n{}^{(0)} \rangle = \frac{V_1}{ab} \left[(-1)^{n+1} \frac{a}{n\pi} \sin\left(\frac{n\pi b}{a}\right) + b\right],$$

$$\langle \psi_m{}^{(0)} | \mathcal{H}' | \psi_n{}^{(0)} \rangle = \frac{2V_1}{\pi b} \left[(-1)^{n+1} \frac{1}{n+m} \sin \frac{(n+m)\pi b}{2a} + \frac{1}{n-m} \sin \frac{(n-m)\pi b}{2a}\right]$$

(ただし $n \neq m$，かつ n と m の偶奇性は同じ)，

$$\langle \psi_{2n}{}^{(0)} | \mathcal{H}' | \psi_{2m+1}^{(0)} \rangle = 0.$$

以上を $E_n = E_n{}^{(0)} + \langle \psi_n{}^{(0)} | \mathcal{H}' | \psi_n{}^{(0)} \rangle + \sum_m{}' \frac{|\langle \psi_m{}^{(0)} | \mathcal{H}' | \psi_n{}^{(0)} \rangle|^2}{E_n{}^{(0)} - E_m{}^{(0)}}$ に代入すればよい．ただし，第 3 項の和についてプライム記号は，m の和は，n と同じ偶奇性のものに関してのみ行なうことを示す．

$b \to 0$ の極限では

であるから $\langle\psi_n{}^{(0)}|\mathcal{H}'|\psi_n{}^{(0)}\rangle \longrightarrow \begin{cases} 0 & (n:偶) \\ 2V_1/a & (n:奇) \end{cases}$

$\langle\psi_m{}^{(0)}|\mathcal{H}'|\psi_n{}^{(0)}\rangle \longrightarrow \begin{cases} 0 & (n,m:偶) \\ 2V_1/a & (n,m:奇) \end{cases}$

であるから $E_{2n} = E_{2n}{}^{(0)}, E_{2n+1} = E_{2n+1}^{(0)} + \dfrac{2V_1}{a} + \displaystyle\sum_{m(\neq n)} \dfrac{|2V_1/a|^2}{E_{2n+1}^{(0)} - E_{2m+1}^{(0)}}$ である.

$\psi_{2n}{}^{(0)}$（パリティ奇の状態）が，原点で δ 関数的に存在する摂動により，何の影響も受けないのは，容易に理解できる．

2.6 $\mathcal{H}'$ を R^{-1} のベキで展開すると

$$\mathcal{H}' = \dfrac{e^2/4\pi\epsilon_0}{R}\left[1+\left\{1+\dfrac{2(z_2-z_1)}{R}+\dfrac{(x_2-x_1)^2+(y_2-y_1)^2+(z_2-z_1)^2}{R^2}\right\}^{-1/2}\right.$$
$$\left.-\left\{1-\dfrac{2z_1}{R}+\dfrac{r_1{}^2}{R^2}\right\}^{-1/2}-\left\{1+\dfrac{2z_2}{R}+\dfrac{r_2{}^2}{R^2}\right\}^{-1/2}\right]$$

$$\approx \dfrac{e^2/4\pi\epsilon_0}{R^3}(x_1x_2+y_1y_2-2z_1z_2).$$

基底状態の波動関数 $\Psi_0(\boldsymbol{r}_1,\boldsymbol{r}_2) = \varphi_{100}(\boldsymbol{r}_1)\varphi_{100}(\boldsymbol{r}_2)$ は $x_1, x_2, y_1, y_2, z_1, z_2$ のそれぞれについて偶関数であるから，1 次摂動は 0 である．

2 次摂動のエネルギーは

$$E^{(2)} = {\sum_n}' \dfrac{|\langle 0|\mathcal{H}'|n\rangle|}{E_0{}^{(0)} - E_n{}^{(0)}}$$

を求めればよい．ここで n は系の励起状態を示し，

$$E_0{}^{(0)} = -\dfrac{e^2}{4\pi\epsilon_0 a_0}.$$

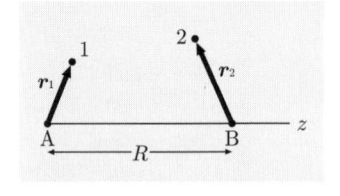

上の和を正しく実行することは不可能なので，分母の $E_n{}^{(0)}$ は $\mathcal{H}'$ によって基底状態から励起され得る最低エネルギー状態 n^* のそれ $E_{n^*}{}^{(0)}$ で置き換えよう．

$$\Psi_{n^*}(\boldsymbol{r}_1,\boldsymbol{r}_2) = \varphi_{210}(\boldsymbol{r}_1)\varphi_{210}(\boldsymbol{r}_2)$$

で，$E_{n^*}{}^{(0)} = 2\times\left(-\dfrac{e^2/4\pi\epsilon_0}{8a_0}\right) = -\dfrac{e^2/4\pi\epsilon_0}{4a_0}$ である．したがって

$$E^{(2)} > {\sum_n}' \dfrac{|\langle 0|\mathcal{H}'|n\rangle|^2}{E_0{}^{(0)} - E_{n^*}{}^{(0)}} = {\sum_n}'|\langle 0|\mathcal{H}'|n\rangle|^2\left(-\dfrac{4a_0}{3e^2/4\pi\epsilon_0}\right).$$

一方，固有関数の完全性により

$${\sum_n}'|\langle 0|\mathcal{H}'|n\rangle|^2 = {\sum_n}'\langle 0|\mathcal{H}'|n\rangle\langle n|\mathcal{H}'|0\rangle = \sum_n\langle 0|\mathcal{H}'|n\rangle\langle n|\mathcal{H}'|0\rangle - |\langle 0|\mathcal{H}'|0\rangle|^2$$

3章の解答

$$= \langle 0|(\mathcal{H}')^2|0\rangle - |\langle 0|\mathcal{H}'|0\rangle|^2$$

である．$\langle 0|\mathcal{H}'|0\rangle = 0$ および

$$(\mathcal{H}')^2 = \frac{e^4}{(4\pi\epsilon_0)^2 R^6}(x_1{}^2 x_2{}^2 + y_1{}^2 y_2{}^2 + 4z_1{}^2 z_2{}^2 + 2x_1 y_1 x_2 y_2 - 4y_1 z_1 y_2 z_2 - 4z_1 x_1 z_2 x_2).$$ さらに

$$\int |\varphi_{100}|^2 x^2 d\boldsymbol{r} = \int |\varphi_{100}|^2 y^2 d\boldsymbol{r} = \int |\varphi_{100}|^2 z^2 d\boldsymbol{r}, \quad \int |\varphi_{100}|^2 xy d\boldsymbol{r} = 0$$

等を用いると

$$\sum_n{}' |\langle 0|\mathcal{H}'|n\rangle|^2 = \frac{6e^4}{(4\pi\epsilon_0)^2 R^6}\left\{\int |\varphi_{100}|^2 x^2 d\boldsymbol{r}\right\}^2$$
$$= \frac{6e^4}{(4\pi\epsilon_0)^2 R^6}\left\{\frac{1}{3}\int |\varphi_{100}|^2 r^2 d\boldsymbol{r}\right\}^2$$

である．$\varphi_{100} = (\pi a_0{}^3)^{-1/2} e^{-r/a_0}$ を用いると

$$\int |\varphi_{100}|^2 r^2 d\boldsymbol{r} = \frac{4\pi}{\pi a_0{}^3}\int_0^\infty e^{-2r/a_0} r^4 dr = 3a_0{}^2$$

であるから

$$E^{(2)} > -\frac{(8e^2/4\pi\epsilon_0)a_0{}^5}{R^6}$$

となる．(後に，変分法により $E^{(2)} < -\frac{(6e^2/4\pi\epsilon_0)a_0{}^5}{R^6}$ であることが示される．問題 8.3 参照)

3.1 3次元調和振動子の解は $\Psi_n(x,y,z) = \varphi_{n_x}(x)\varphi_{n_y}(y)\varphi_{n_z}(z)$ と書ける．ここで $\varphi_n(x)$ 等は1次元調和振動子の解で $n = n_x + n_y + n_z$ である．$n=2$ の状態は，$(n_x, n_y, n_z) = (2,0,0), (0,2,0), (0,0,2), (1,1,0), (1,0,1), (0,1,1)$ 6重に縮退している．行列要素

$$\int_{-\infty}^\infty \varphi_{n_x'}{}^*(x) x \varphi_{n_x}(x) dx = \begin{cases} \sqrt{n_x}/\sqrt{2\alpha^2} & (n_x' = n_x - 1) \\ \sqrt{n_x+1}/\sqrt{2\alpha^2} & (n_x' = n_x + 1) \end{cases}$$

より，$\mathcal{H}' = axy$ に対する行列要素

$$\langle n_x' n_y' n_z' | \mathcal{H}' | n_x n_y n_z \rangle = \langle n_x'|x|n_x\rangle \langle n_y'|y|n_y\rangle \delta_{n_z' n_z} \times a$$

は次のように求められる $(\alpha = \sqrt{m\omega_0/\hbar})$．

$(n_x n_y n_z)$ \ $(n_x' n_y' n_z')$	(2 0 0)	(1 1 0)	(0 2 0)	(1 0 1)	(0 1 1)	(0 0 2)	
(2 0 0)	0	$\sqrt{2}$	0	0	0	0	
(1 1 0)	$\sqrt{2}$	0	$\sqrt{2}$	0	0	0	
(0 2 0)	0	$\sqrt{2}$	0	0	0	0	$\times \dfrac{a}{2\alpha^2}$
(1 0 1)	0	0	0	0	1	0	
(0 1 1)	0	0	0	1	0	0	
(0 0 2)	0	0	0	0	0	0	

これを対角化して,

$$E = \begin{cases} (7/2)\hbar\omega_0 \\ (7/2)\hbar\omega_0 \pm a/\alpha^2 \end{cases} \quad (2,0,0),\ (1,1,0),\ (0,2,0)$$

$$E = (7/2)\hbar\omega_0 \pm a/(2\alpha^2) \quad (1,0,1),\ (0,1,1)$$

$$E = (7/2)\hbar\omega_0 \quad (0,0,2)$$

で,2 重に縮退した 1 つの準位と縮退のない 4 つの準位に分裂する.

3.2 水素原子の,$n=2$ の波動関数を次のようにとると便利である.

$$\psi_{2s} = \psi_{200}, \quad \psi_{2p_x} = (-\psi_{211} + \psi_{21-1})/\sqrt{2},$$
$$\psi_{2p_y} = i(\psi_{211} + \psi_{21-1})/\sqrt{2}, \quad \psi_{2p_z} = \psi_{210}$$

上記のように定義した波動関数の角度依存性は $\psi_{2s} \sim r/r$,$\psi_{2p_x} \sim x/r$,$\psi_{2p_y} \sim y/r$,$\psi_{2p_z} \sim z/r$ である.

(i) $\mathcal{H}' = axy$ の場合:0 にならない行列要素は $\langle \psi_{2p_x} | \mathcal{H}' | \psi_{2p_y} \rangle = \langle \psi_{2p_y} | \mathcal{H}' | \psi_{2p_x} \rangle$ のみである.(各行列要素の被積分関数が x, y, z の偶か奇かを見ればよい.)

$$\langle \psi_{2p_x} | \mathcal{H}' | \psi_{2p_y} \rangle = a \int \left\{ \frac{1}{4\sqrt{2\pi}} \left(\frac{1}{a_0} \right)^{3/2} \frac{r}{a_0} e^{-r/2a_0} \right\}^2 \frac{x}{r} \cdot \frac{y}{r} xy \, d\bm{r}$$

$$= a \int \left\{ \frac{1}{4\sqrt{2\pi}} \left(\frac{1}{a_0} \right)^{3/2} \frac{r}{a_0} e^{-r/2a_0} \right\}^2 r^2 r^2 dr \int \sin\theta d\theta d\phi \sin^4\theta \sin^2\phi \cos^2\phi$$

$$= 6a_0^2 a.$$

したがって,

$$\begin{array}{c|cccc} & s & p_x & p_y & p_z \\ \hline s & -E^{(1)} & 0 & 0 & 0 \\ p_x & 0 & -E^{(1)} & 6a_0^2 a & 0 \\ p_y & 0 & 6a_0^2 a & -E^{(1)} & 0 \\ p_z & 0 & 0 & 0 & -E^{(1)} \end{array} = 0 \text{ を解いて}$$

$$E^{(1)} = 0 : (2s), \quad 0 : (2p_z), \quad 6a_0^2 a : ((\psi_{2p_x} - \psi_{2p_y})/\sqrt{2}),$$
$$-6a_0^2 a : ((\psi_{2p_x} + \psi_{2p_y})/\sqrt{2})$$

を得る.カッコ内は固有関数を示す.

(ii) $\mathcal{H}' = b(2z^2 - x^2 - y^2)$ の場合:$\mathcal{H}'$ は x, y, z の各々の偶関数であるから,非対角成分はすべて 0 である.さらに ψ_{2s} は r のみの関数だから,x, y, z の同等性より

$$\langle \psi_{2s} | x^2 | \psi_{2s} \rangle = \langle \psi_{2s} | y^2 | \psi_{2s} \rangle = \langle \psi_{2s} | z^2 | \psi_{2s} \rangle \quad \therefore \quad \langle \psi_{2s} | \mathcal{H}' | \psi_{2s} \rangle = 0.$$

また,同様にして

$$\langle \psi_{2p_x} | \mathcal{H}' | \psi_{2p_x} \rangle + \langle \psi_{2p_y} | \mathcal{H}' | \psi_{2p_y} \rangle + \langle \psi_{2p_z} | \mathcal{H}' | \psi_{2p_z} \rangle = 0,$$
$$\langle \psi_{2p_x} | \mathcal{H}' | \psi_{2p_x} \rangle = \langle \psi_{2p_y} | \mathcal{H}' | \psi_{2p_y} \rangle.$$

したがって行列要素は1つだけ計算すればよい．

$$\langle \psi_{2p_x}|\mathcal{H}'|\psi_{2p_x}\rangle = b\int \left\{\frac{1}{4\sqrt{2\pi}}\left(\frac{1}{a_0}\right)^{\frac{3}{2}}\frac{r}{a_0}e^{-\frac{r}{2a_0}}\right\}^2 \left(\frac{x}{r}\right)^2 \cdot r^2 \frac{2z^2-x^2-y^2}{r^2}d\boldsymbol{r}$$

$$= b\int \left\{\frac{1}{4\sqrt{2\pi}}\left(\frac{1}{a_0}\right)^{\frac{3}{2}}\frac{r}{a_0}e^{-\frac{r}{2a_0}}\right\}^2 r^2 \cdot r^2 dr \int \sin\theta d\theta d\phi \sin^2\theta\cos^2\phi(3\cos^2\theta-1)$$

$$= -12a_0{}^2 b.$$

したがって

$$\begin{vmatrix} s & -E^{(1)} & 0 & 0 & 0 \\ p_x & 0 & -12a_0{}^2 b - E^{(1)} & 0 & 0 \\ p_y & 0 & 0 & -12a_0{}^2 b - E^{(1)} & 0 \\ p_z & 0 & 0 & 0 & 24a_0{}^2 b - E^{(1)} \end{vmatrix} = 0$$

を解いて, $E^{(1)} = 0 : (2s), \quad -12a_0{}^2 b : (2p_x), \quad -12a_0{}^2 b : (2p_y), \quad 24a_0{}^2 b : (2p_z).$

3.3 水素原子の $n=3$ の状態は, $3s$（1重）, $3p$（3重）, $3d$（5重）があって, 原点のまわりで, それぞれ偶, 奇, 偶の対称性をもっている. また, 摂動ハミルトニアンは $\mathcal{H}' = e\mathcal{E}z$ であるから, 行列要素は, 偶と奇の状態間にしかない. さらにまた, $n=3$ の波動関数を

$$\psi_{3s} = \psi_{300} = (1/\sqrt{4\pi})R_{30}, \quad \psi_{3p_x} = (-\psi_{311} + \psi_{31-1})/\sqrt{2} = \frac{\sqrt{3}}{2\sqrt{\pi}}\sin\theta\cos\phi R_{31},$$

$$\psi_{3p_y} = i(\psi_{311} + \psi_{31-1})/\sqrt{2} = \frac{\sqrt{3}}{2\sqrt{\pi}}\sin\theta\sin\phi R_{31}, \quad \psi_{3p_z} = \psi_{310} = \frac{\sqrt{3}}{2\sqrt{\pi}}\cos\theta R_{31},$$

$$\psi_{3d_{yz}} = i(\varphi_{321} + \varphi_{32-1})/\sqrt{2} = \sqrt{\frac{15}{4\pi}}\sin\theta\cos\theta\sin\phi R_{32},$$

$$\varphi_{3d_{zx}} = (-\varphi_{321} + \varphi_{32-1})/\sqrt{2} = \sqrt{\frac{15}{4\pi}}\sin\theta\cos\theta\cos\phi R_{32},$$

$$\psi_{3d_{xy}} = -i(\varphi_{322} - \varphi_{32-2})/\sqrt{2} = \sqrt{\frac{15}{4\pi}}\sin^2\theta\cos\phi\sin\phi R_{32},$$

$$\varphi_{3d_{(3z^2-r^2)}} = \varphi_{320} = \sqrt{\frac{5}{16\pi}}(3\cos^2\theta - 1)R_{32},$$

$$\psi_{3d_{(x^2-y^2)}} = (\varphi_{322} + \varphi_{32-2})/\sqrt{2} = \sqrt{\frac{15}{16\pi}}\sin^2\theta\cos 2\phi R_{32}$$

ととる. 添字は, 波動関数の角度依存性を示している. すると $\mathcal{H}'$ の行列要素は

$$\psi_{3s} \leftrightarrow \psi_{3p_z}, \quad \psi_{3p_z} \leftrightarrow \psi_{3d_{(3z^2-r^2)}}, \quad \psi_{3p_x} \leftrightarrow \psi_{3d_{zx}}, \quad \psi_{3p_y} \leftrightarrow \psi_{3d_{yz}}$$

の間でのみ0でないことがわかる. $\mathcal{H}' = e\mathcal{E}r\cos\theta$ であるから動径波動関数については

$$\int_0^\infty R_{30}(r)R_{31}(r)r^3 dr = -9\sqrt{2}a_0, \quad \int_0^\infty R_{31}(r)R_{32}(r)r^3 dr = -\frac{9\sqrt{5}}{2}a_0$$

と計算される．ゆえに

$$\langle 3s|\mathcal{H}'|3p_z\rangle = -3\sqrt{6}e\mathcal{E}a_0, \quad \langle 3p_z|\mathcal{H}'|3d_{3z^2-r^2}\rangle = -3\sqrt{3}e\mathcal{E}a_0,$$

$$\langle 3p_x|\mathcal{H}'|3d_{zx}\rangle = \langle 3p_z|\mathcal{H}'|3d_{yz}\rangle = -(9/2)e\mathcal{E}a_0$$

である．したがって $n=3$ に関する 9×9 の行列は

$$1\times 1 : 2\text{つ}, \quad 2\times 2 : 2\text{つ}, \quad 3\times 3 : 1\text{つ}$$

に分解される．それを解いて

$\Delta E = [0]\,;\,[0]\,;\,[+(9/2)e\mathcal{E}a_0,\, -(9/2)e\mathcal{E}a_0]\,;\,[+(9/2)e\mathcal{E}a_0,\, -(9/2)e\mathcal{E}a_0]\,;$
$\qquad\qquad [0,\, +9e\mathcal{E}a_0,\, -9e\mathcal{E}a_0]$

を得る．ゆえに $\Delta E = 0(3\text{重}), \pm(9/2)e\mathcal{E}a_0(2\text{重}), \pm 9e\mathcal{E}a_0(1\text{重})$．

3.4 無摂動系のシュレディンガー方程式を解くと $\psi = \exp\left(i\sqrt{\dfrac{2IE}{\hbar^2}}\phi\right)$．

$\psi(\phi)$ は ϕ について周期 2π をもつ関数でなくてはならないから

$$\frac{2IE}{\hbar^2} = n^2 \quad (n=0,\pm 1,\pm 2,\cdots)$$

となる．したがって $\psi_n^{(0)} = \dfrac{1}{\sqrt{2\pi}}e^{in\phi}, E_n^{(0)} = \dfrac{\hbar^2}{2I}n^2 (n=0,\pm 1,\pm 2,\cdots)$ で，$n=0$ は非縮退，$n \neq 0$ では n と $-n$ の状態が縮退している．

$$\mathcal{H}'_{nm} = \int_0^{2\pi} \psi_n^{(0)*}(-\mu\mathcal{E}\cos\phi)\psi_m^{(0)} d\phi = -\frac{\mu}{2}\mathcal{E}\delta_{nm\pm 1}$$

ゆえに，1次摂動のエネルギーは 0 である．2次の摂動エネルギーを計算するのに必要な項は次の 2 つである．

$$\sum_n{}' \frac{\mathcal{H}'_{m,n}\mathcal{H}'_{n,m}}{E_m^{(0)}-E_n^{(0)}} = \frac{2I}{\hbar^2}\left[\frac{\left(-\frac{\mu}{2}\mathcal{E}\right)^2}{m^2-(m-1)^2} + \frac{\left(-\frac{\mu}{2}\mathcal{E}\right)^2}{m^2-(m+1)^2}\right]$$

$$= \frac{I\mu^2\mathcal{E}^2}{\hbar^2(4m^2-1)} \tag{1}$$

$$\sum_n{}' \frac{\mathcal{H}'_{m,n}\mathcal{H}'_{n,-m}}{E_m^{(0)}-E_n^{(0)}} = \begin{cases} 0 & (m\neq\pm 1) \tag{2} \\ \dfrac{I\mu^2\mathcal{E}^2}{2\hbar^2} & (m=\pm 1) \end{cases} \tag{3}$$

(i) $m=0$ の場合，(1) より $E_0 = -I\mu^2\mathcal{E}^2/\hbar^2$．

(ii) $m\neq 0, \pm 1$ の場合，(m) および $(-m)$ 状態の行列を書くと (1), (2) より

$$\begin{vmatrix} \hbar^2 m^2/(2I) + I\mu^2\mathcal{E}^2/[\hbar^2(4m^2-1)] - E & 0 \\ 0 & \hbar^2 m^2/(2I) + I\mu^2\mathcal{E}^2/[\hbar^2(4m^2-1)] - E \end{vmatrix} = 0$$

であるから　　$E_m = E_{-m} = \dfrac{\hbar^2}{2I}m^2 + \dfrac{I\mu^2\mathcal{E}^2}{\hbar^2}\cdot\dfrac{1}{4m^2-1}$.

(iii)　$m = \pm 1$ の場合, (1), (3) より

$$\begin{vmatrix} \dfrac{\hbar^2}{2I} + \dfrac{I\mu^2\mathcal{E}^2}{3\hbar^2} - E & \dfrac{I\mu^2\mathcal{E}^2}{2\hbar^2} \\ \dfrac{I\mu^2\mathcal{E}^2}{2\hbar^2} & \dfrac{\hbar^2}{2I} + \dfrac{I\mu^2\mathcal{E}^2}{3\hbar^2} - E \end{vmatrix} = 0$$

であるから

$$E_{\pm 1} = \begin{cases} \dfrac{\hbar^2}{2I} + \dfrac{5}{6}\dfrac{I\mu^2\mathcal{E}^2}{\hbar^2} \\ \dfrac{\hbar^2}{2I} - \dfrac{1}{6}\dfrac{I\mu^2\mathcal{E}^2}{\hbar^2} \end{cases}$$

4.1　$k = \pm q/2$ の状態を決める永年方程式は

$$\begin{bmatrix} E^{(0)}_{q/2} - E & V_0/2 \\ V_0/2 & E^{(0)}_{-q/2} - E \end{bmatrix} \begin{bmatrix} a \\ b \end{bmatrix} = 0$$

であるから, これに $E = E_\pm = \dfrac{\hbar^2}{2m}\left(\dfrac{q}{2}\right)^2 \pm \dfrac{V_0}{2}$ を代入すれば $a_+ = b_+ = 1/\sqrt{2}$, $a_- = -b_- = -i/\sqrt{2}$ となる. したがって, 波動関数は $E_\pm$ に対応して, $\sqrt{\dfrac{2}{L}}\cos\dfrac{qx}{2}$, $\sqrt{\dfrac{2}{L}}\sin\dfrac{qx}{2}$ となる.

5.1　摂動ハミルトニアン $\mathcal{H}' = -e\mathcal{E}_0/(\sqrt{\pi}\tau)e^{-(t/\tau)^2}x$ であるから

$$\begin{aligned} U^{(1)}_{10}(\infty) &= -\dfrac{i}{\hbar}\int_{-\infty}^{\infty} \mathcal{H}_{10}{}'(t')e^{i\omega_0 t'}dt' \\ &= -\dfrac{e\mathcal{E}_0}{\sqrt{\pi}\tau}\left(-\dfrac{i}{\hbar}\right)\sqrt{\dfrac{\hbar}{2m\omega_0}}\int_{-\infty}^{\infty} e^{-\left(\frac{t'}{\tau}\right)^2 + i\omega_0 t'}dt' \\ &= \dfrac{ie\mathcal{E}_0}{\hbar}\sqrt{\dfrac{\hbar}{2m\omega_0}}\exp\left(-\dfrac{\omega_0^2\tau^2}{4}\right). \end{aligned}$$

したがって $t = \infty$ で $n = 1$ の状態にある確率は $|U^{(1)}_{10}(\infty)|^2$ で

$$|U^{(1)}_{10}(\infty)|^2 = e^2\mathcal{E}_0^2/(2m\hbar\omega_0)\cdot\exp(-\omega_0^2\tau^2/2)$$

6.1　例題 6 と同様に行なえばよい. $\mathcal{H}'_{fi}$ は $\boldsymbol{K} = \boldsymbol{k}_0 - \boldsymbol{k}$ として

$$\begin{aligned} \mathcal{H}'_{fi} &= L^{-3}\int d\boldsymbol{r}_1 d\boldsymbol{r}_2 e^{i\boldsymbol{K}\cdot\boldsymbol{r}_1}\varphi^*_{21m}(\boldsymbol{r}_2)\left(\dfrac{e^2/4\pi\epsilon_0}{r_{12}} - \dfrac{e^2/4\pi\epsilon_0}{r_1}\right)\varphi_{100}(\boldsymbol{r}_2) \\ &= L^{-3}\int d\boldsymbol{r}_1 d\boldsymbol{r}_2 e^{i\boldsymbol{K}\cdot\boldsymbol{r}_1}\varphi^*_{21m}(\boldsymbol{r}_2)\dfrac{e^2/4\pi\epsilon_0}{r_{12}}\varphi_{100}(\boldsymbol{r}_2) \\ &= \dfrac{4\pi e^2/4\pi\epsilon_0}{L^3 K^2}\int d\boldsymbol{r}_2 e^{i\boldsymbol{K}\cdot\boldsymbol{r}_2}\varphi^*_{21m}(\boldsymbol{r}_2)\varphi_{100}(\boldsymbol{r}_2) \end{aligned}$$

となる。ここで、K の方向に z 軸を選んだ。$e^{i\bm{K}\cdot\bm{r}_2} = e^{iKr_2\cos\theta}$ であり ϕ を含まぬから、上式は $m \neq 0$ のときは 0 であることがわかる。

$$\mathcal{H}'_{fi}(m=0) = \frac{4\pi e^2/4\pi\epsilon_0}{L^3 K^2} 2\pi \int_0^\pi \sin\theta d\theta \int_0^\infty r^2 dr e^{ikr\cos\theta}$$

$$\cdot \frac{a_0^{-5/2}}{\sqrt{4\pi}\cdot 2\sqrt{2}} r\cos\theta e^{-\frac{r}{2a_0}} \cdot \frac{a_0^{-3/2}}{\sqrt{\pi}} e^{-\frac{r}{a_0}}$$

$$= \frac{24\sqrt{2} i\pi a_0^2 e^2/4\pi\epsilon_0}{L^3 (a_0 K)(a_0^2 K^2 + 9/4)^3}.$$

ゆえに $w_{fi} = \frac{\hbar}{mL^3} k \frac{288}{(\bm{k}_0-\bm{k})^2 \{(\bm{k}_0-\bm{k})^2 a_0^2 + 9/4\}^6}, \frac{\hbar^2 k^2}{2m} = \frac{\hbar^2 k_0^2}{2m} - \frac{3e^2/4\pi\epsilon_0}{8a_0}.$

ただし、$\bm{k}_0$ と $\bm{k}$ は各々、入射電子と散乱電子の波数ベクトルである。

7.1 $V(\bm{r}) = V(r)$ の場合、$\bm{r}$ の極座標の軸を $\bm{K}$ 方向にとると $\bm{K}\cdot\bm{r} = Kr\cos\Theta$,

$$\int e^{i\bm{K}\cdot\bm{r}} V(\bm{r}) d\bm{r} = 2\pi \int \sin\Theta d\Theta \int_0^\infty r^2 dr e^{iKr\cos\Theta} V(r)$$

$$= 4\pi \int_0^\infty \frac{\sin Kr}{Kr} V(r) r^2 dr.$$

ゆえに、$w_{\bm{k}_0 \to \bm{k}} = \frac{4mk_0}{\hbar^3 L^3} \left| \int_0^\infty \frac{\sin Kr}{Kr} V(r) r^2 dr \right|^2$ となる。$V(r) = Ae^{-\alpha r}/r$ の場合にはさらに計算できて

$$\int_0^\infty \frac{\sin Kr}{Kr} V(r) r^2 dr = \frac{A}{K^2 + \alpha^2}$$

である。$K = 2k_0 \sin(\theta/2)$ であるからこれを θ で書くと

$$w_{\bm{k}_0 \to \bm{k}} \equiv W(\theta) = \frac{4mk_0 A^2}{\hbar^3 L^3} \cdot \left[4k_0^2 \sin^2\frac{\theta}{2} + \alpha^2 \right]^{-2}$$

となる。$\alpha \to 0$ とすると、これはクーロン・ポテンシャルによる散乱確率であり

$$W_c(\theta) = \lim_{\alpha \to 0} W(\theta) = \frac{mA^2}{4(\hbar k_0)^3 L^3} \mathrm{cosec}^4\frac{\theta}{2}.$$

また $W(\theta)$ を全立体角で積分した単位時間当りの遷移確率 W は

$$W = 2\pi \int_0^\pi W(\theta) \sin\theta d\theta = 2\pi \frac{4mk_0 A^2}{\hbar^3 L^3} \cdot \frac{1}{4k_0^4} \int_0^\pi \frac{\sin\theta d\theta}{\left[\left(1+\frac{\alpha^2}{2k_0^2}\right) - \cos\theta\right]^2}$$

$$= \frac{4mA^2}{\hbar^3 L^3} k_0 \cdot \frac{4\pi/\alpha^4}{4k_0^2/\alpha^2 + 1}$$

となる。$\alpha \to 0$ とすると、これは無限大に発散する。

7.2 摂動ハミルトニアンは、電場を、方向まで含めて $\mathcal{E}$ と書くと

$$\mathcal{H}' = e\sin\omega t(\mathcal{E}\cdot\bm{r}) = \frac{e}{2i}(\mathcal{E}\cdot\bm{r})(e^{i\omega t} - e^{-i\omega t})$$

3 章の解答   **205**

である．したがって単位時間当りの遷移確率は

$$W = \frac{2\pi}{\hbar} \cdot \frac{mL^3 k}{8\pi^3 \hbar^2} \cdot \frac{e^2}{4} \int d\Omega_{\boldsymbol{k}} |\langle \boldsymbol{k} | \boldsymbol{\mathcal{E}} \cdot \boldsymbol{r} | 1s \rangle|^2$$

となる．ここで $\hbar^2 k^2 / 2m = \hbar\omega - me^4/(4\pi\epsilon_0)^2/(2\hbar^2)$, $\psi_{1s} = \pi^{-1/2} a_0^{-3/2} \exp(-r/a_0)$, $\psi_{\boldsymbol{k}} = L^{-3/2} \exp(i\boldsymbol{k}\cdot\boldsymbol{r})$ であり $\langle \boldsymbol{k}|\boldsymbol{\mathcal{E}}\cdot\boldsymbol{r}|1s\rangle = \pi^{-1/2}(a_0 L)^{-3/2} \int \exp(-i\boldsymbol{k}\cdot\boldsymbol{r})(\boldsymbol{\mathcal{E}}\cdot\boldsymbol{r})\exp(-r/a_0)d\boldsymbol{r}$.

z 軸を $\boldsymbol{k}$ の方向にとり，$\boldsymbol{\mathcal{E}}, \boldsymbol{r}$ の極座標の角度を $(\Theta, \Phi), (\theta, \phi)$ とすると

$$(\boldsymbol{k} \cdot \boldsymbol{r}) = kr\cos\theta,$$

$$\boldsymbol{\mathcal{E}} \cdot \boldsymbol{r} = \mathcal{E}r(\sin\Theta\cos\Phi\sin\theta\cos\phi + \sin\Theta\sin\Phi\sin\theta\sin\phi + \cos\Theta\cos\theta)$$

である．したがって

$\langle \boldsymbol{k}|\boldsymbol{\mathcal{E}}\cdot\boldsymbol{r}|1s\rangle$

$$= \pi^{-1/2}(a_0 L)^{-3/2}\cos\Theta \cdot 2\pi\mathcal{E}\int_0^\infty dr \cdot r^3 e^{-r/a_0} \int d\theta \sin\theta\cos\theta e^{-ikr\cos\theta}$$

$$= \pi^{-1/2}(a_0 L)^{-3/2}\cos\Theta \cdot 2\pi\mathcal{E}\int_0^\infty dr \cdot r^3 e^{-r/a_0} 2i\left(\frac{\cos kr}{kr} - \frac{\sin kr}{k^2 r^2}\right)$$

$$= i\pi^{1/2}(a_0 L)^{-3/2} 4\mathcal{E}\cos\Theta \cdot (-8 a_0^5 k)(1 + a_0^2 k^2)^{-3}$$

$d\Omega_{\boldsymbol{k}}$ の積分を $\mathcal{E}$ の立体角による積分に置き換えると

$$W = \frac{256 a_0^3 \mathcal{E}^2}{3\hbar}(a_0 k)^3 (1+a_0^2 k^2)^{-6}, \quad \frac{\hbar^2 k^2}{2m} = \hbar\omega - \frac{me^4/(4\pi\epsilon_0)^2}{2\hbar^2}.$$

8.1 $t=0$ で E_1 の状態にあるのだから例題 8 において

$$cu + \sqrt{1-c^2}\, v = 1, \quad \sqrt{1-c^2}\, u - cv = 0$$

を得る．これを解いて，$u=c, v=\sqrt{1-c^2}$ である．以上整理すると

$$\psi = \varphi_1 e^{-i\frac{E_0}{\hbar}t}\left(\cos\frac{\delta}{\hbar}t + i(1-2c^2)\sin\frac{\delta}{\hbar}t\right) - \varphi_2 e^{-i\frac{E_0}{\hbar}t} e^{i\theta} 2ic\sqrt{1-c^2}\sin\frac{\delta}{\hbar}t$$

となる．ψ を $\psi_1 = \varphi_1 e^{-i(E_1/\hbar)t}$ あるいは $\psi_2 = \varphi_2 e^{-i(E_2/\hbar)t}$ に見出す確率 $|\langle\psi_1|\psi\rangle|^2$ および $|\langle\psi_2|\psi\rangle|^2$ は時間とともに振動するが，その総和は $|\langle\psi_1|\psi\rangle|^2 + |\langle\psi_2|\psi\rangle|^2 = 1$ と変わらない．

8.2 $\langle\psi_u|-ez|\psi_u\rangle = -\frac{1}{\mathcal{E}} 2c\sqrt{1-c^2}|a|, \quad \langle\psi_v|-ez|\psi_u\rangle = -\frac{1}{\mathcal{E}}(-2c\sqrt{1-c^2})|a|$

$\langle\psi_v|-ez|\psi_v\rangle = -\frac{1}{\mathcal{E}} e^{-2i(\delta/\hbar)t}(1-2c^2)|a|$

よって

$\langle\psi|-ez|\psi\rangle = -\frac{1}{\mathcal{E}}[(|u|^2 - |v|^2) 2c\sqrt{1-c^2}|a|^2$

$\hspace{4cm} + (u^* v e^{-2i(\delta/\hbar)t} + v^* u e^{2i(\delta/\hbar)t})(1-2c^2)|a|^2].$

ここで初期条件から，問題 8.1 のように $u = c, v = \sqrt{1-c^2}$ となり，よって

$$\langle\psi|-ez|\psi\rangle = -\frac{1}{\mathcal{E}}4c(2c^2-1)\sqrt{1-c^2}|a|^2\sin^2\frac{\delta}{\hbar}t$$

となる．このように固有状態 ψ_u, ψ_v の間を状態が移り動くことにより，双極子モーメントが変化する．

9.1 基底状態は $l = 0$．ゆえに，ハミルトニアンは $\mathcal{H} = -\frac{\hbar^2}{2m}\left(\frac{\partial^2}{\partial r^2} + \frac{2}{r}\frac{\partial}{\partial r}\right) - \frac{e^2/(4\pi\epsilon_0)}{r}$
と書ける．波動関数 $\psi = Ne^{-\alpha^2 r^2}$ の規格化条件より，$N^2 = 2\sqrt{2}\alpha^3/\pi^{3/2}$．したがって

$$\langle\psi|\mathcal{H}|\psi\rangle = \frac{3\hbar^2}{2m}\alpha^2 - 2\sqrt{\frac{2}{\pi}}\frac{e^2}{4\pi\epsilon_0}\alpha$$

である．変分をとり $\frac{\partial}{\partial\alpha}\langle\psi|\mathcal{H}|\psi\rangle = 0$ より

$$\alpha = \frac{2}{3}\sqrt{\frac{2}{\pi}}\frac{me^2/4\pi\epsilon_0}{\hbar^2} = 0.532/a_0,$$

$$E \leq \langle\psi|\mathcal{H}|\psi\rangle = -\frac{4}{3\pi}\cdot\frac{me^4/(4\pi\epsilon_0)^2}{\hbar^2} = -0.435e^2/(4\pi\epsilon_0)/a_0.$$

9.2 問題 2.4 で $2/a_0 \to \alpha$ と置いて，変分パラメタとしたものがここの問題になっている．規格化定数 $N = \alpha^3/\pi$ である．詳しい計算は問題 2.4 と完全に同じなので省略すると，

$$\mathcal{H}\psi = \left\{\frac{\hbar^2}{m}\left(-\alpha^2 + \frac{\alpha}{r_1} + \frac{\alpha}{r_2}\right)\right.$$
$$\left. -\frac{2e^2/(4\pi\epsilon_0)}{r_1} - \frac{2e^2/(4\pi\epsilon_0)}{r_2} + \frac{e^2/(4\pi\epsilon_0)}{r_{12}}\right\}\frac{\alpha^3}{\pi}e^{-\alpha(r_1+r_2)},$$

$$\int\frac{1}{r_1}e^{-2\alpha(r_1+r_2)}d\boldsymbol{r}_1 d\boldsymbol{r}_2 = \frac{\pi^2}{\alpha^5}, \quad \int\frac{1}{r_{12}}e^{-2\alpha(r_1+r_2)}d\boldsymbol{r}_1 d\boldsymbol{r}_2 = \frac{5\pi^2}{8\alpha^5}$$

であるから

$$\langle\psi|\mathcal{H}|\psi\rangle = \frac{\hbar^2\alpha^2}{m} - \frac{27e^2/(4\pi\epsilon_0)\alpha}{8}, \quad \frac{\partial\langle\psi|\mathcal{H}|\psi\rangle}{\partial\alpha} = \frac{2\hbar^2\alpha}{m} - \frac{27e^2/(4\pi\epsilon_0)}{8} = 0$$

より $\alpha = (27/16)a_0^{-1}$ となり，$E \leq \langle\psi|\mathcal{H}|\psi\rangle = -\left(\frac{27}{16}\right)^2\frac{e^2/4\pi\epsilon_0}{a_0} = -2.85\frac{e^2/4\pi\epsilon_0}{a_0}$.

9.3 波動関数 $\psi = \varphi_{100}(\boldsymbol{r}_1)\varphi_{100}(\boldsymbol{r}_2)(1+\alpha\mathcal{H}')$ は規格化されていないので

$$E \leq \frac{\int\varphi_{100}(\boldsymbol{r}_1)\varphi_{100}(\boldsymbol{r}_2)(1+\alpha\mathcal{H}')(\mathcal{H}_0+\mathcal{H}')\varphi_{100}(\boldsymbol{r}_1)\varphi_{100}(\boldsymbol{r}_2)(1+\alpha\mathcal{H}')d\boldsymbol{r}_1 d\boldsymbol{r}_2}{\int\varphi_{100}(\boldsymbol{r}_1)^2\varphi_{100}(\boldsymbol{r}_2)^2(1+\alpha\mathcal{H}')^2 d\boldsymbol{r}_1 d\boldsymbol{r}_2}$$

(1)

$$\mathcal{H}_0\varphi_{100}(\boldsymbol{r}_1)\varphi_{100}(\boldsymbol{r}_2) = -(e^2/4\pi\epsilon_0 a_0)\varphi_{100}(\boldsymbol{r}_1)\varphi_{100}(\boldsymbol{r}_2).$$

また，偶奇性より

$$\int d\boldsymbol{r}_1 d\boldsymbol{r}_2 \varphi_{100}(\boldsymbol{r}_1)^2\varphi_{100}(\boldsymbol{r}_2)^2\mathcal{H}' = \int d\boldsymbol{r}_1 d\boldsymbol{r}_2 \varphi_{100}(\boldsymbol{r}_1)^2\varphi_{100}(\boldsymbol{r}_2)^2(\mathcal{H}')^3 = 0.$$

3 章の解答

これらを用いて，(1) の右辺が次のようになる，

$$\frac{-e^2/(4\pi\epsilon_0 a_0) + 2\alpha\langle 0|(\mathcal{H}')^2|0\rangle + \alpha^2\langle 0|\mathcal{H}'\mathcal{H}_0\mathcal{H}'|0\rangle}{1 + \alpha^2\langle 0|(\mathcal{H}')^2|0\rangle}$$

ただし 0 状態とは $\varphi_{100}(\boldsymbol{r}_1)\varphi_{100}(\boldsymbol{r}_2)$ を示すことにする．$\langle 0|\mathcal{H}'\mathcal{H}_0\mathcal{H}'|0\rangle$ の計算中，本質的に残り得るのは $\int \varphi_{100}(\boldsymbol{r})z\mathcal{H}_0 z\varphi_{100}(\boldsymbol{r})d\boldsymbol{r}$ であるが，例題 8 で実行した計算により

$$\langle\psi_0|z\mathcal{H}_0 z|\psi_0\rangle = \langle\psi_0 z|z\mathcal{H}_0|\psi_0\rangle - \frac{\hbar^2}{m}\left\langle\psi_0 z\left|\frac{\partial\psi_0}{\partial z}\right.\right\rangle$$

$$= -\frac{e^2/4\pi\epsilon_0}{2a_0}\langle\psi_0|z^2|\psi_0\rangle + \frac{\hbar^2}{2m} = -\frac{e^2/4\pi\epsilon_0}{2a_0}a_0^2 + \frac{\hbar^2}{2m} = 0$$

であることがわかる．よって

$$E \leq \left\{-(e^2/4\pi\epsilon_0)/a_0 + 2\alpha\langle 0|(\mathcal{H}')^2|0\rangle\right\}\left\{1 - \alpha^2\langle 0|(\mathcal{H}')^2|0\rangle + \cdots\right\}$$

$$\approx -\frac{e^2/4\pi\epsilon_0}{a_0} + \left(2\alpha + \frac{e^2/4\pi\epsilon_0}{a_0}\alpha^2\right)\langle 0|(\mathcal{H}')^2|0\rangle.$$

$\langle 0|(\mathcal{H}')^2|0\rangle$ は問題 2.6 で計算されていて $6e^4 a_0^4/(4\pi\epsilon_0)^2 R^6$ に等しい．したがって

$$E \leq -\frac{e^2}{4\pi\epsilon_0 a_0} + \left(2\alpha + \frac{e^2}{4\pi\epsilon_0 a_0}\alpha^2\right)\frac{6e^4 a_0^4}{(4\pi\epsilon_0)^2 R^6}.$$

右辺は $\alpha = -a_0/4\pi\epsilon_0 e^2$ のとき最小値 $-\dfrac{e^2}{4\pi\epsilon_0 a_0} - \dfrac{6e^2 a_0^5}{4\pi\epsilon_0 R^6}$ をとる．

$$E \leq -\frac{e^2}{4\pi\epsilon_0 a_0} - \frac{6e^2 a_0^5}{4\pi\epsilon_0 R^6}.$$

9.4 規格化定数 $N = (2\beta/\pi)^{1/4}$，$\displaystyle\int_{-\infty}^{\infty}\psi^*\mathcal{H}\psi dx = \frac{\hbar^2}{2m}\beta + \frac{m\omega_0^2}{8}\frac{1}{\beta}$ であるから $\dfrac{\partial}{\partial\beta}\displaystyle\int_{-\infty}^{\infty}\psi^*\mathcal{H}\psi dx = 0$ より $\beta = \dfrac{m\omega_0}{2\hbar} = \dfrac{1}{2}\alpha^2$，$\displaystyle\int_{-\infty}^{\infty}\psi^*\mathcal{H}\psi dx = \dfrac{\hbar\omega_0}{2}$ となる．実際には，これは，正しい基底状態を与えている．

第 1 励起状態に対しては，基底状態に直交する試行関数を選べばよい．今そのようにして $\psi = Nxe^{-\beta x^2}$ と選べばよい．これは，また，今の場合には正確な第 1 励起状態を与えている．

9.5 $N = (1 + \alpha^2 + 2\alpha S)^{-1/2}$，$E \leq \langle\Psi|\mathcal{H}|\Psi\rangle = (J + J\alpha^2 + 2\alpha K)/(1 + \alpha^2 + 2\alpha S)$. 右辺を α で微分して 0 と置くと，$\alpha^2 = 1$ を得る．$\alpha = \pm 1$ のとき，右辺は $E \leq \dfrac{J\pm K}{1\pm S}$. 通常の水素分子では，$K < JS$ であるから，$\alpha = 1$ が基底状態を近似的に与え，$E \approx (J+K)/(1+S)$ である．すなわち波動関数は，2 つの核のまわりに均等に広がったものとなる．

4章の解答

1.1 要項 (10), (11) から

$P_0 = 1, \quad P_1 = z, \quad P_2 = \frac{1}{8}\frac{d}{dz}\{(z^2-1)4z\} = \frac{1}{2}(3z^2-1), \quad P_1{}^0 = P_1,$
$P_1{}^1 = (1-z^2)^{1/2} = \sin\theta = P_1{}^{-1}, \quad P_2{}^0 = P_2,$
$P_2{}^1 = (1-z^2)^{1/2}3z = 3\sin\theta\cos\theta = P_2{}^{-1}, \quad P_2{}^2 = 3\sin^2\theta = P_2{}^{-2}.$

1.2 前問の結果と要項 (8), (9) から

$$Y_{00} = \frac{1}{\sqrt{4\pi}}, \quad Y_{10} = \sqrt{\frac{3}{4\pi}}\cos\theta, \quad Y_{1\pm 1} = \mp\sqrt{\frac{3}{8\pi}}\sin\theta e^{\pm i\phi},$$

$$Y_{20} = \sqrt{\frac{5}{16\pi}}(3\cos^2\theta - 1), \quad Y_{2\pm 1} = \mp\sqrt{\frac{15}{8\pi}}\sin\theta\cos\theta e^{\pm i\phi},$$

$$Y_{2\pm 2} = \sqrt{\frac{15}{32\pi}}\sin^2\theta e^{\pm 2i\phi}.$$

1.3 $x = r\sin\theta\cos\phi, \quad y = r\sin\theta\sin\phi, \quad z = r\cos\theta$ だから

$$dx = \sin\theta\cos\phi\, dr + r\cos\theta\cos\phi\, d\theta - r\sin\theta\sin\phi\, d\phi, \tag{1}$$

$$dy = \sin\theta\sin\phi\, dr + r\cos\theta\sin\phi\, d\theta + r\sin\theta\cos\phi\, d\phi, \tag{2}$$

$$dz = \cos\theta\, dr - r\sin\theta d\theta. \tag{3}$$

$\{(1)\times\cos\phi + (2)\times\sin\phi\}\times\sin\theta + (3)\times\cos\theta$
$\longrightarrow dr = \sin\theta\cos\phi dx + \sin\theta\sin\phi dy + \cos\theta dz,$
$\{(1)\times\cos\phi + (2)\times\sin\phi\}\times\cos\theta - (3)\times\sin\theta$
$\longrightarrow d\theta = \frac{1}{r}(\cos\theta\cos\phi\, dx + \cos\theta\sin\phi\, dy - \sin\theta\, dz),$
$-(1)\times\sin\phi + (2)\times\cos\phi$
$\longrightarrow d\phi = \frac{1}{r\sin\theta}(-\sin\phi\, dx + \cos\phi\, dy),$

$$\frac{\partial}{\partial x} = \frac{\partial r}{\partial x}\frac{\partial}{\partial r} + \frac{\partial\theta}{\partial x}\frac{\partial}{\partial\theta} + \frac{\partial\phi}{\partial x}\frac{\partial}{\partial\phi}$$

$$= \sin\theta\cos\phi\frac{\partial}{\partial r} + \frac{1}{r}\cos\theta\cos\phi\frac{\partial}{\partial\theta} - \frac{\sin\phi}{r\sin\theta}\frac{\partial}{\partial\phi},$$

$$\frac{\partial}{\partial y} = \sin\theta\sin\phi\frac{\partial}{\partial r} + \frac{1}{r}\cos\theta\sin\phi\frac{\partial}{\partial\theta} + \frac{\cos\phi}{r\sin\theta}\frac{\partial}{\partial\phi},$$

$$\frac{\partial}{\partial z} = \cos\theta\frac{\partial}{\partial r} - \frac{1}{r}\sin\theta\frac{\partial}{\partial\theta},$$

ゆえに $l_z = -i\hbar\left(x\dfrac{\partial}{\partial y} - y\dfrac{\partial}{\partial x}\right) = -i\hbar\dfrac{\partial}{\partial\phi}$.

l_x, l_y の代わりに $l_\pm = l_x \pm il_y$ の球座標表示, 要項 (25), (26) をまず示すと

$$l_\pm = \frac{\hbar}{i}\left[y\frac{\partial}{\partial z} - z\frac{\partial}{\partial y} \pm i\left(z\frac{\partial}{\partial x} - x\frac{\partial}{\partial z}\right)\right]$$

$$= \frac{\hbar}{i}\left[\pm iz\left(\frac{\partial}{\partial x} \pm i\frac{\partial}{\partial y}\right) \mp i(x\pm iy)\frac{\partial}{\partial z}\right]$$

$$= \pm \hbar r \cos\theta \left(\sin\theta e^{\pm i\phi} \frac{\partial}{\partial r} + \frac{1}{r}\cos\theta e^{\pm i\phi} \frac{\partial}{\partial \theta} \pm \frac{ie^{\pm i\phi}}{r\sin\theta} \frac{\partial}{\partial \phi} \right)$$

$$\mp \hbar r \sin\theta e^{\pm i\phi} \left(\cos\theta \frac{\partial}{\partial r} - \frac{\sin\theta}{r} \frac{\partial}{\partial \theta} \right)$$

$$= \hbar e^{\pm i\phi} \left(\pm \frac{\partial}{\partial \theta} + i\cot\theta \frac{\partial}{\partial \phi} \right),$$

$$l_x = \frac{1}{2}(l_+ + l_-) = i\hbar \left(\sin\phi \frac{\partial}{\partial \theta} + \cot\theta \cos\phi \frac{\partial}{\partial \phi} \right),$$

$$l_y = \frac{1}{2i}(l_+ - l_-) = i\hbar \left(-\cos\phi \frac{\partial}{\partial \theta} + \cot\theta \sin\phi \frac{\partial}{\partial \phi} \right).$$

【別解】 r, θ, ϕ 方向の単位ベクトルを, $\boldsymbol{e}_r, \boldsymbol{e}_\theta, \boldsymbol{e}_\phi$ とする.

$$\nabla = \boldsymbol{e}_r \frac{\partial}{\partial r} + \boldsymbol{e}_\theta \frac{1}{r} \frac{\partial}{\partial \theta} + \boldsymbol{e}_\phi \frac{1}{r\sin\theta} \frac{\partial}{\partial \phi},$$

$$\boldsymbol{l} = -i\hbar(\boldsymbol{r} \times \nabla)$$

$$= -i\hbar r \boldsymbol{e}_r \times \left(\boldsymbol{e}_r \frac{\partial}{\partial r} + \boldsymbol{e}_\theta \frac{1}{r} \frac{\partial}{\partial \theta} + \boldsymbol{e}_\phi \frac{1}{r\sin\theta} \frac{\partial}{\partial \phi} \right),$$

$\boldsymbol{e}_r \times \boldsymbol{e}_r = 0, \ \boldsymbol{e}_r \times \boldsymbol{e}_\theta = \boldsymbol{e}_\phi, \ \boldsymbol{e}_r \times \boldsymbol{e}_\phi = -\boldsymbol{e}_\theta$

だから $\quad \boldsymbol{l} = -i\hbar \left(-\boldsymbol{e}_\theta \frac{1}{\sin\theta} \frac{\partial}{\partial \phi} + \boldsymbol{e}_\phi \frac{\partial}{\partial \theta} \right).$

一方, x, y, z 方向の単位ベクトルを, $\boldsymbol{e}_x, \boldsymbol{e}_y, \boldsymbol{e}_z$ とすると

$$\boldsymbol{e}_\theta \cdot \boldsymbol{e}_x = \cos\theta\cos\phi, \quad \boldsymbol{e}_\theta \cdot \boldsymbol{e}_y = \cos\theta\sin\phi, \quad \boldsymbol{e}_\theta \cdot \boldsymbol{e}_z = -\sin\theta,$$
$$\boldsymbol{e}_\phi \cdot \boldsymbol{e}_x = -\sin\phi, \quad \boldsymbol{e}_\phi \cdot \boldsymbol{e}_y = \cos\phi, \quad \boldsymbol{e}_\phi \cdot \boldsymbol{e}_z = 0.$$

これを用いれば

$$l_x = \boldsymbol{e}_x \cdot \boldsymbol{l} = i\hbar \left(\sin\phi \frac{\partial}{\partial \theta} + \cot\theta \cos\phi \frac{\partial}{\partial \phi} \right),$$

$$l_y = \boldsymbol{e}_y \cdot \boldsymbol{l} = i\hbar \left(-\cos\phi \frac{\partial}{\partial \theta} + \cot\theta \sin\phi \frac{\partial}{\partial \phi} \right),$$

$$l_z = \boldsymbol{e}_z \cdot \boldsymbol{l} = -i\hbar \frac{\partial}{\partial \phi}$$

1.4 l_x の固有関数系で u を展開したとき,固有値 0 に対する固有関数の成分がどれだけかを調べる.それにはまず l_x の固有値,固有関数を求めねばならない(もし 0 という固有値がなければ,問題の確率は 0 である).

$$l_x = \frac{\hbar}{\sqrt{2}} \begin{bmatrix} 0 & 1 & 0 \\ 1 & 0 & 1 \\ 0 & 1 & 0 \end{bmatrix}$$

だから

$$\frac{\hbar}{\sqrt{2}}\begin{bmatrix} 0 & 1 & 0 \\ 1 & 0 & 1 \\ 0 & 1 & 0 \end{bmatrix}\begin{bmatrix} a \\ b \\ c \end{bmatrix} = \hbar m_x \begin{bmatrix} a \\ b \\ c \end{bmatrix}, \quad -m_x^3 + m_x = 0, \quad m_x = 0, \pm 1.$$

$m_x = 0$ の固有関数は $b = 0, a + c = 0$ から

$$u_0 = \frac{1}{\sqrt{2}}\begin{bmatrix} 1 \\ 0 \\ -1 \end{bmatrix}.$$

u を u_0 で展開したときの係数は,固有関数の直交性から,u と u_0 の内積で与えられる.

$$(u_0, u) = \frac{1}{\sqrt{52}}[1, 0, -1]\begin{bmatrix} 1 \\ 4 \\ -3 \end{bmatrix} = \frac{2}{\sqrt{13}}.$$

ゆえに l_x の観測値が 0 となる確率は,$4/13$.

同様に $m_x = 1, -1$ に対する固有関数を求めると

$$u_+ = \begin{bmatrix} 1/2 \\ 1/\sqrt{2} \\ 1/2 \end{bmatrix}, \quad u_- = \begin{bmatrix} 1/2 \\ -1/\sqrt{2} \\ 1/2 \end{bmatrix}.$$

1.5 (i) エネルギーは主量子数 n で決まる.各波動関数の係数の 2 乗を重みとしてエネルギーを加えると,$\frac{1}{36}[16E_1 + (9+1+10)E_2] = -\frac{7}{12}\frac{me^4/(4\pi\epsilon_0)^2}{2\hbar^2}$

(ii) 同じように $l(l+1)\hbar^2$ に係数の 2 乗を掛けて,$\frac{1}{36}(16 \times 0\hbar^2 + 20 \times 2\hbar^2) = \frac{10}{9}\hbar^2$

(iii) $\frac{1}{36}(16 \times 0\hbar + 9 \times \hbar + 1 \times 0\hbar + 10 \times (-\hbar)) = -\frac{1}{36}\hbar$

2.1 $2l+1$ 個の異なる m に対する状態は縮退しているから,磁場を加えて角運動量を特別の方向に向けない限り,すべての m について電子が占める確率は等しい.したがって l で指定される状態に見出される確率は

$$\sum_{m=-l}^{l}\int|\psi_{nlm}(r,\theta,\phi)|^2 d\boldsymbol{r} = \int R_{nl}(r)^2 r^2 dr \sum_{m=-l}^{l}\int|Y_{lm}(\theta,\phi)|^2 \sin\theta\, d\theta d\phi$$
$$= F(r)\sum_{m=-l}^{l}1 = F(r)(2l+1)$$

となるから,r だけの関数である.

2.2 (15) の両辺に P を作用させると $P^2 f(\boldsymbol{r}) = Pf(-\boldsymbol{r}) = f(\boldsymbol{r})$ だから,$P^2 = I$. (17) の両辺に P を作用させると

$$P^2\psi_\alpha(\boldsymbol{r}) = \alpha P\psi_\alpha(\boldsymbol{r}) = \alpha^2\psi_\alpha(\boldsymbol{r}) = \psi_\alpha(\boldsymbol{r})$$

4 章の解答

2.3 $P\psi_+(r) = \frac{1}{2}[P\psi(r) + P\psi(-r)] = \frac{1}{2}[\psi(-r) + \psi(r)] = \psi_+(r)$

$P\psi_-(r) = \frac{1}{2}[P\psi(r) - P\psi(-r)] = \frac{1}{2}[\psi(-r) - \psi(r)] = -\psi_-(r)$

2.4 $P[R_{nl}(r)Y_{lm}(\theta,\phi)] = R_{nl}(r)Y_{lm}(\pi-\theta, \phi+\pi)$. 要項 (8), (9) から

$\Theta_{lm}(\pi-\theta) = cP_l^m[\cos(\pi-\theta)] = c(-1)^{l-m}P_l^m(\cos\theta),\ e^{im(\phi+\pi)} = (-1)^m e^{im\phi}$

を用いて，与式は $(-1)^l R_{nl}(r)Y_{lm}(\theta,\phi)$ となる．

3.1 (i), (ii)　$[l_\pm, l_z] = [l_x, l_z] \pm i[l_y, l_z] = -i\hbar l_y \mp \hbar l_x = \mp \hbar l_\pm$.

(iii) $[\boldsymbol{l}^2, l_\pm] = [\boldsymbol{l}^2, l_x] \pm i[\boldsymbol{l}^2, l_y] = 0$.

(iii) から，$l_\pm$ は $\boldsymbol{l}^2$ について対角的だから，行列は $\boldsymbol{l}$ の大きさごとに分離される．その1つにおいて，$l_\pm$ は l_z の固有値 m について非対角的なことが (i), (ii) からいえる．

3.2 $l_+l_- = (l_x + il_y)(l_x - il_y) = l_x{}^2 + l_y{}^2 - i[l_x, l_y] = l_x{}^2 + l_y{}^2 + \hbar l_z$. したがって

$$\boldsymbol{l}^2 = l_+l_- + l_z{}^2 - \hbar l_z.$$

同様にして $l_-l_+ = l_x{}^2 + l_y{}^2 - \hbar l_z$ より $\boldsymbol{l}^2 = l_-l_+ + l_z{}^2 + \hbar l_z$.

3.3 問題 3.1 の交換関係を用いる．

$\boldsymbol{l}^2(l_\pm \psi_{lm}) = l_\pm \boldsymbol{l}^2 \psi_{lm} = l_\pm \{\hbar^2 l(l+1)\psi_{lm}\} = \hbar^2 l(l+1) l_\pm \psi_{lm},$

$l_z l_+ \psi_{lm} = (l_+ l_z + \hbar l_+)\psi_{lm} = (\hbar m l_+ + \hbar l_+)\psi_{lm} = \hbar(m+1)(l_+ \psi_{lm}),$

$l_z l_- \psi_{lm} = (l_- l_z - \hbar l_-)\psi_{lm} = (\hbar m l_- - \hbar l_-)\psi_{lm} = \hbar(m-1)(l_- \psi_{lm}).$

以上の 3 式から，関数 $l_\pm \psi_{lm}$ は $\boldsymbol{l}^2$ の固有値として $\hbar^2 l(l+1)$，l_z の固有値として $\hbar(m\pm1)$ をもつ．したがって $l_\pm \psi_{lm}$ は $\psi_{lm\pm1}$ に比例定数を除いて一致する．比例定数を $C_\pm(l,m)$ で表わせば，$l_\pm \psi_{lm} = C_\pm(l,m)\psi_{lm\pm1}$.

この関係から，$l_\pm$ の ψ_{lm} に関する行列要素は，$m' = m\pm1$ のときにだけ存在すること，その値が $C_\pm(l,m)$ であることがいえる．

4.1 $j_\pm \psi_{jm_j} = C_\pm(j, m_j)\psi_{jm_j\pm1}$ において，両辺の内積を計算すると

$|C_\pm(j, m_j)|^2 \langle \psi_{jm_j\pm1}|\psi_{jm_j\pm1}\rangle = \langle j_\pm \psi_{jm_j}|j_\pm \psi_{jm_j}\rangle = \langle \psi_{jm_j}|j_\mp j_\pm \psi_{jm_j}\rangle$

$= \langle \psi_{jm_j}|(\boldsymbol{j}^2 - j_z{}^2 \mp \hbar j_z)\psi_{jm_j}\rangle = \hbar^2\{j(j+1) - m_j{}^2 \mp m_j\}$

$= \hbar^2(j \mp m_j)(j \pm m_j + 1)$

一方，左辺で ψ_{jm_j} の規格直交性を考慮すれば

$$C_\pm(j, m_j) = \hbar\sqrt{(j \mp m_j)(j \pm m_j + 1)}.$$

ただし $C_\pm(j, m_j)$ は $e^{i\delta}$ (δ は任意定数) だけの位相因子の自由度をもつが，これを 1 にとるのが普通である．

4.2 要項 (27), (28) から

$$l_-l_+\psi_{lm} = \hbar l_-\sqrt{(l-m)(l+m+1)}\psi_{lm+1} = \hbar^2(l-m)(l+m+1)\psi_{lm}.$$

一方エルミート性から

$$\langle l_+\psi_{lm'}|l_+\psi_{lm}\rangle = \langle\psi_{lm'}|l_-l_+\psi_{lm}\rangle = \hbar^2\{l(l+1)-m(m+1)\}\langle\psi_{lm'}|\psi_{lm}\rangle.$$

同様にエルミート性から

$$\langle l_+\psi_{lm'}|l_+\psi_{lm}\rangle = \langle l_-l_+\psi_{lm'}|\psi_{lm}\rangle = \hbar^2\{l(l+1)-m'(m'+1)\}\langle\psi_{lm'}|\psi_{lm}\rangle.$$

両者は同じものであるから

$$\{m(m+1)-m'(m'+1)\}\langle\psi_{lm'}|\psi_{lm}\rangle = 0,$$
$$(m-m')(m+m'+1)\langle\psi_{lm'}|\psi_{lm}\rangle = 0.$$

ゆえに $m' = m$ か $m' = -m-1$ 以外では，$\langle\psi_{lm'}|\psi_{lm}\rangle = 0$. $m' = -m-1$ については $l_+l_-\psi_{lm} = \hbar^2(l+m)(l-m+1)\psi_{lm}$ を用いて

$$\langle l_-\psi_{lm'}|l_-\psi_{lm}\rangle = \langle\psi_{lm'}|l_+l_-\psi_{lm}\rangle = \{l(l+1)-m(m-1)\}\langle\psi_{lm'}|\psi_{lm}\rangle$$
$$= \langle l_+l_-\psi_{lm'}|\psi_{lm}\rangle = \{l(l+1)-m'(m'-1)\}\langle\psi_{lm'}|\psi_{lm}\rangle.$$

したがって

$$\{m(m-1)-m'(m'-1)\}\langle\psi_{lm'}|\psi_{lm}\rangle = 0,$$
$$(m-m')(m+m'-1)\langle\psi_{lm'}|\psi_{lm}\rangle = 0.$$

これは，$m' = m$ と $m' = -m+1$ のとき成立するが，$m' = -m-1$ では成立しない．したがって $m' = m$ のとき以外は直交する．結局，固有関数を規格化すれば

$$\langle\psi_{lm'}|\psi_{lm}\rangle = \delta_{mm'}.$$

5.1 一般にある関数 $f_i(x)$ の規格直交関係は

$$\int_{-\infty}^{\infty} f_i^*(x)f_j(x)dx = \delta_{ij}$$

で与えられる．スピン関数は，変数 σ の値として $\hbar/2$, $-\hbar/2$ の2つだけが許される関数であるから，この関係は $\sum_{\sigma=\pm\frac{\hbar}{2}}\chi_i^*(\sigma)\chi_j(\sigma) = \delta_{ij}$ となる．要項 (5) を用いると

$$\langle\alpha|\alpha\rangle = \sum_{\sigma=\pm\frac{\hbar}{2}}\alpha^*(\sigma)\alpha(\sigma) = 1\times 1 + 0\times 0 = 1,$$
$$\langle\alpha|\beta\rangle = \sum_{\sigma=\pm\frac{\hbar}{2}}\alpha^*(\sigma)\beta(\sigma) = 1\times 0 + 0\times 1 = 0,$$
$$\langle\beta|\beta\rangle = \sum_{\sigma=\pm\frac{\hbar}{2}}\beta^*(\sigma)\beta(\sigma) = 0\times 0 + 1\times 1 = 1.$$

4 章の解答

5.2 大きさは $\sqrt{\frac{1}{2}\cdot\frac{3}{2}}\hbar = \sqrt{\frac{3}{4}}\hbar$, z 成分がとる値は $\pm\hbar/2$ である（右図）.

5.3
$$\langle\alpha|s_x|\alpha\rangle = \frac{\hbar}{2}[1\ 0]\begin{bmatrix}0 & 1\\ 1 & 0\end{bmatrix}\begin{bmatrix}1\\ 0\end{bmatrix}$$

$$= \frac{\hbar}{2}[1\ 0]\begin{bmatrix}0\\ 1\end{bmatrix} = 0,$$

$$\langle\beta|s_x|\beta\rangle = \frac{\hbar}{2}[0\ 1]\begin{bmatrix}0 & 1\\ 1 & 0\end{bmatrix}\begin{bmatrix}0\\ 1\end{bmatrix} = 0$$

$$\langle\alpha|s_y|\alpha\rangle = \frac{\hbar}{2}[1\ 0]\begin{bmatrix}0 & -i\\ i & 0\end{bmatrix}\begin{bmatrix}1\\ 0\end{bmatrix} = 0,$$

$$\langle\beta|s_y|\beta\rangle = \frac{\hbar}{2}[0\ 1]\begin{bmatrix}0 & -i\\ i & 0\end{bmatrix}\begin{bmatrix}0\\ 1\end{bmatrix} = 0$$

$$s_x^2 = \frac{\hbar^2}{4}\begin{bmatrix}0 & 1\\ 1 & 0\end{bmatrix}\begin{bmatrix}0 & 1\\ 1 & 0\end{bmatrix} = \frac{\hbar^2}{4}\begin{bmatrix}1 & 0\\ 0 & 1\end{bmatrix},$$

$$s_y^2 = \frac{\hbar^2}{4}\begin{bmatrix}0 & -i\\ i & 0\end{bmatrix}\begin{bmatrix}0 & -i\\ i & 0\end{bmatrix} = \frac{\hbar^2}{4}\begin{bmatrix}1 & 0\\ 0 & 1\end{bmatrix}$$

この 2 つは対角行列だから, $\langle\alpha|s_x^2|\alpha\rangle = \langle\alpha|s_y^2|\alpha\rangle = \hbar^2/4$. 同様に, $\langle\beta|s_x^2|\beta\rangle = \langle\beta|s_y^2|\beta\rangle = \hbar^2/4$, つまりスピンに関して, x,y 方向が z 方向と違うのは z 成分だけである.

6.1 $\psi_{\frac{3}{2}\frac{3}{2}}, \psi_{\frac{3}{2}\frac{1}{2}}, \psi_{\frac{3}{2}-\frac{1}{2}}, \psi_{\frac{3}{2}-\frac{3}{2}}$ を基底として, 4.1 節要項 (27), (28) を用いて, まず j_+, j_- の行列表示を求めると

$$j_+ = \hbar\begin{bmatrix}0 & \sqrt{3} & 0 & 0\\ 0 & 0 & 2 & 0\\ 0 & 0 & 0 & \sqrt{3}\\ 0 & 0 & 0 & 0\end{bmatrix}, \quad j_- = \hbar\begin{bmatrix}0 & 0 & 0 & 0\\ \sqrt{3} & 0 & 0 & 0\\ 0 & 2 & 0 & 0\\ 0 & 0 & \sqrt{3} & 0\end{bmatrix}.$$

したがって

$$j_x = \hbar\begin{bmatrix}0 & \sqrt{3}/2 & 0 & 0\\ \sqrt{3}/2 & 0 & 1 & 0\\ 0 & 1 & 0 & \sqrt{3}/2\\ 0 & 0 & \sqrt{3}/2 & 0\end{bmatrix},$$

$$j_y = \hbar \begin{bmatrix} 0 & -(\sqrt{3}/2)i & 0 & 0 \\ (\sqrt{3}/2)i & 0 & 1 & 0 \\ 0 & 1 & 0 & -(\sqrt{3}/2)i \\ 0 & 0 & (\sqrt{3}/2)i & 0 \end{bmatrix}$$

また $\quad j_z = \hbar \begin{bmatrix} 3/2 & 0 & 0 & 0 \\ 0 & 1/2 & 0 & 0 \\ 0 & 0 & -1/2 & 0 \\ 0 & 0 & 0 & -3/2 \end{bmatrix}.$

6.2 固有値を λ として,解くべき式 $(s_x\cos\phi + s_y\sin\phi)\begin{bmatrix}u\\v\end{bmatrix} = \frac{1}{2}\hbar\lambda\begin{bmatrix}u\\v\end{bmatrix}$ を行列表示で書くと,要項 (13) を用いて

$$\begin{bmatrix} 0 & \cos\phi - i\sin\phi \\ \cos\phi + i\sin\phi & 0 \end{bmatrix}\begin{bmatrix}u\\v\end{bmatrix} = \lambda \begin{bmatrix}u\\v\end{bmatrix}$$

これから $ve^{-i\phi} = \lambda u$, $ue^{i\phi} = \lambda v$ だから,u を消去すると $ve^{-i\phi} = \lambda^2 e^{-i\phi}v$, よって $\lambda = \pm 1$. $\lambda = \pm 1$ に対する固有関数は,それぞれ $v = \pm u e^{i\phi}$ の関係があるので

$$\frac{1}{\sqrt{2}}\begin{bmatrix}1\\e^{i\phi}\end{bmatrix}, \quad \frac{1}{\sqrt{2}}\begin{bmatrix}1\\-e^{i\phi}\end{bmatrix}$$

スピノルの 2 成分を対称な形に表わすと $\dfrac{1}{\sqrt{2}}\begin{bmatrix}e^{-i\phi/2}\\e^{i\phi/2}\end{bmatrix}, \dfrac{1}{\sqrt{2}}\begin{bmatrix}e^{-i\phi/2}\\-e^{i\phi/2}\end{bmatrix}$ となる.

問題の演算子とこの式で,$\phi = 0$ と置いたものが s_x の固有関数,$\phi = \pi/2$ と置けば s_y の固有関数となる.

6.3 方向 $\boldsymbol{e}$ を向いているスピン状態を $\sigma_x, \sigma_y, \sigma_z$ に射影した演算子は

$$\boldsymbol{e}\cdot\boldsymbol{\sigma} = \sin\theta\cos\phi\begin{bmatrix}0&1\\1&0\end{bmatrix} + \sin\theta\sin\phi\begin{bmatrix}0&-i\\i&0\end{bmatrix} + \cos\theta\begin{bmatrix}1&0\\0&-1\end{bmatrix}$$
$$= \begin{bmatrix}\cos\theta & \sin\theta e^{-i\phi}\\ \sin\theta e^{i\phi} & -\cos\theta\end{bmatrix}.$$

この演算子の固有値を求めると

$$\begin{bmatrix}\cos\theta & \sin\theta e^{-i\phi}\\ \sin\theta e^{i\phi} & -\cos\theta\end{bmatrix}\begin{bmatrix}a\\b\end{bmatrix} = \epsilon\begin{bmatrix}a\\b\end{bmatrix}$$

から,固有値は $\epsilon = \pm 1$. つまりスピンの $\boldsymbol{e}$ 方向成分は $\pm\hbar/2$ である.$\epsilon = 1$ に対して固有ベクトル $\begin{bmatrix}a_+\\b_+\end{bmatrix}$ は $\cos\theta a_+ + \sin\theta e^{-i\phi}b_+ = a_+$, $|a_+|^2 + |b_+|^2 = 1$ から

$$a_+ = \cos\frac{\theta}{2}, \quad b_+ = \sin\frac{\theta}{2}e^{i\phi}.$$

ただし a_+, b_+ の位相因子を $\theta = 0$ のとき $\psi_+ = \begin{bmatrix} 1 \\ 0 \end{bmatrix}$ になるように決めた. すなわち

$$\psi_+ = \begin{bmatrix} \cos\dfrac{\theta}{2} \\ \sin\dfrac{\theta}{2}e^{i\phi} \end{bmatrix}.$$

同様な計算を $\epsilon = -1$ に対して行なうと

$$\psi_- = \begin{bmatrix} -\sin\dfrac{\theta}{2} \\ \cos\dfrac{\theta}{2}e^{i\phi} \end{bmatrix}.$$

この結果から,任意の方向を向いたスピンに対して,その方向成分の固有値はやはり $\pm\hbar/2$ であるが,固有関数は純粋に α 関数, β 関数ではなくなっていることがわかる.

8.1 $S_-\alpha(1)\alpha(2) = (s_{1-} + s_{2-})\alpha(1)\alpha(2) = (s_{1-}\alpha(1))\alpha(2) + \alpha(1)(s_{2-}\alpha(2))$
$\quad\quad = \hbar\{\beta(1)\alpha(2) + \alpha(1)\beta(2)\}$

一方,左辺は $S_-\psi_{11} = \hbar\sqrt{2}\psi_{10}$ だから $\psi_{10} = \dfrac{1}{\sqrt{2}}\{\alpha(1)\beta(2) + \beta(1)\alpha(2)\}$. 同様にして

$S_-\psi_{10} = \hbar\sqrt{2}\psi_{1-1} = (s_{1-} + s_{2-})\dfrac{1}{\sqrt{2}}\{\alpha(1)\beta(2) + \beta(1)\alpha(2)\} = \hbar\sqrt{2}\beta(1)\beta(2)$

から,

$$\psi_{1-1} = \beta(1)\beta(2).$$

ψ_{00} は, S_z の固有値が 0 で ψ_{10} に直交するものとして

$$\psi_{00} = \frac{1}{\sqrt{2}}\{\alpha(1)\beta(2) - \beta(1)\alpha(2)\}$$

9.1 まず $\boldsymbol{S}^2$ を対角化する. 固有値 $S(S+1)$ を x と置けば

$$\det\begin{vmatrix} 2-x & 0 & 0 & 0 \\ 0 & 1-x & 1 & 0 \\ 0 & 1 & 1-x & 0 \\ 0 & 0 & 0 & 2-x \end{vmatrix} = (2-x)^2[(1-x)^2-1] = x(x-2)^3 = 0.$$

$x = 0$ は $S(S+1) = 0$ から $S = 0$ を意味する. 固有関数は

$$\begin{bmatrix} 2-0 & 0 & 0 & 0 \\ 0 & 1-0 & 1 & 0 \\ 0 & 1 & 1-0 & 0 \\ 0 & 0 & 0 & 2-0 \end{bmatrix}\begin{bmatrix} x \\ y \\ z \\ u \end{bmatrix} = 0$$

で決まる x, y, z, u で与えられる．すなわち $x = 0, u = 0, y + z = 0$ から，規格化を考えると

$$\begin{bmatrix} 0 \\ 1/\sqrt{2} \\ -1/\sqrt{2} \\ 0 \end{bmatrix} = \frac{1}{\sqrt{2}} \{\alpha(1)\beta(2) - \beta(1)\alpha(2)\}.$$

$x = 2$ は，$S = 1$ を意味する．上と同様に

$$\begin{bmatrix} 2-2 & 0 & 0 & 0 \\ 0 & 1-2 & 1 & 0 \\ 0 & 1 & 1-2 & 0 \\ 0 & 0 & 0 & 2-2 \end{bmatrix} \begin{bmatrix} x \\ y \\ z \\ u \end{bmatrix} = 0$$

から，$y - z = 0$, x と u は不定となる．不定ということは，任意ということであり

$$\begin{bmatrix} 1 \\ 0 \\ 0 \\ 0 \end{bmatrix} = \alpha(1)\alpha(2)$$

が固有関数ということである．同様に

$$\begin{bmatrix} 0 \\ 0 \\ 0 \\ 1 \end{bmatrix} = \beta(1)\beta(2), \quad \begin{bmatrix} 0 \\ 1/\sqrt{2} \\ 1/\sqrt{2} \\ 0 \end{bmatrix} = \frac{1}{\sqrt{2}} \{\alpha(1)\beta(2) + \beta(1)\alpha(2)\}$$

も固有関数である．以上の 4 つはいずれも S_z を対角化していて，その固有値は，$0, 1, -1, 0$ であることは，例題 8 にみたとおりである．

9.2
$$\begin{bmatrix} \frac{1}{\sqrt{2}}\{\alpha(1)\beta(2) - \beta(1)\alpha(2)\} \\ \alpha(1)\alpha(2) \\ \frac{1}{\sqrt{2}}\{\alpha(1)\beta(2) + \beta(1)\alpha(2)\} \\ \beta(1)\beta(2) \end{bmatrix} = \begin{bmatrix} 0 & \frac{1}{\sqrt{2}} & \frac{-1}{\sqrt{2}} & 0 \\ 1 & 0 & 0 & 0 \\ 0 & \frac{1}{\sqrt{2}} & \frac{1}{\sqrt{2}} & 0 \\ 0 & 0 & 0 & 1 \end{bmatrix} \begin{bmatrix} \alpha(1)\alpha(2) \\ \alpha(1)\beta(2) \\ \beta(1)\alpha(2) \\ \beta(1)\beta(2) \end{bmatrix}$$

だから，

$$U = \begin{bmatrix} 0 & 1/\sqrt{2} & -1/\sqrt{2} & 0 \\ 1 & 0 & 0 & 0 \\ 0 & 1/\sqrt{2} & 1/\sqrt{2} & 0 \\ 0 & 0 & 0 & 1 \end{bmatrix}, \quad U^{-1} = \begin{bmatrix} 0 & 1 & 0 & 0 \\ 1/\sqrt{2} & 0 & 1/\sqrt{2} & 0 \\ -1/\sqrt{2} & 0 & 1/\sqrt{2} & 0 \\ 0 & 0 & 0 & 1 \end{bmatrix},$$

4 章の解答

$U\boldsymbol{S}^2 U^{-1}$

$= \hbar^2 \begin{bmatrix} 0 & 1/\sqrt{2} & -1/\sqrt{2} & 0 \\ 1 & 0 & 0 & 0 \\ 0 & 1/\sqrt{2} & 1/\sqrt{2} & 0 \\ 0 & 0 & 0 & 1 \end{bmatrix} \begin{bmatrix} 2 & 0 & 0 & 0 \\ 0 & 1 & 1 & 0 \\ 0 & 1 & 1 & 0 \\ 0 & 0 & 0 & 2 \end{bmatrix} \begin{bmatrix} 0 & 1 & 0 & 0 \\ 1/\sqrt{2} & 0 & 1/\sqrt{2} & 0 \\ -1/\sqrt{2} & 0 & 1/\sqrt{2} & 0 \\ 0 & 0 & 0 & 1 \end{bmatrix}$

$= \hbar^2 \begin{bmatrix} 0 & 0 & 0 & 0 \\ 0 & 2 & 0 & 0 \\ 0 & 0 & 2 & 0 \\ 0 & 0 & 0 & 2 \end{bmatrix}.$

9.3 $|\boldsymbol{l}| = |\boldsymbol{l}_1 + \boldsymbol{l}_2| = 7, 6, 5, 4, 3, 2, 1$
$|\boldsymbol{L}| = |\boldsymbol{l} + \boldsymbol{l}_3| = 9, 8, 7, 6, 5,$
$\qquad\qquad\qquad\qquad 8, 7, 6, 5, 4$
$\qquad\qquad\qquad\qquad 7, 6, 5, 4, 3$
$\qquad\qquad\qquad\qquad 6, 5, 4, 3, 2$
$\qquad\qquad\qquad\qquad 5, 4, 3, 2, 1$
$\qquad\qquad\qquad\qquad 4, 3, 2, 1, 0$
$\qquad\qquad\qquad\qquad 3, 2, 1$

したがって $L = 9(1), 8(2), 7(3), 6(4), 5(5), 4(5), 3(5), 2(4), 1(3), 0(1)$.
全状態数 $= \sum_L (2L+1) \cdot (\text{度数}) = 315$.

一方で 3 粒子を独立と考えれば，$\prod_{l=2}^{4} (2l+1) = 315$.

10.1 $[\mathcal{H}_{\text{SO}}, l_z] = \lambda[\boldsymbol{l}\cdot\boldsymbol{s}, l_z] = \lambda[\boldsymbol{l}, l_z]\cdot\boldsymbol{s}$
$\qquad\qquad = \lambda[l_x, l_z]s_x + \lambda[l_y, l_z]s_y = \lambda(-i\hbar l_y s_x + i\hbar l_x s_y) \qquad (1)$

つまり交換しない．また同様にして

$[\mathcal{H}_{\text{SO}}, s_z] = \lambda[\boldsymbol{l}\cdot\boldsymbol{s}, s_z] = \lambda[\boldsymbol{s}, s_z]\cdot\boldsymbol{l}$
$\qquad\qquad = \lambda[s_x, s_z]l_x + \lambda[s_y, s_z]l_y = \lambda(-i\hbar l_x s_y + i\hbar l_y s_x) \qquad (2)$

で交換しない．スピン・軌道相互作用があると，m, m_s では固有状態を指定できない．

10.2 $[\mathcal{H}_{\text{SO}}, \boldsymbol{j}^2] = [\mathcal{H}_{\text{SO}}, \boldsymbol{l}^2] + [\mathcal{H}_{\text{SO}}, \boldsymbol{s}^2]$ において，右辺は例題 10 からゼロとなる．
$[\mathcal{H}_{\text{SO}}, j_z] = [\mathcal{H}_{\text{SO}}, l_z] + [\mathcal{H}_{\text{SO}}, s_z]$，右辺に問題 10.1 解答の (1), (2) を使うと，ゼロとなる．

12.1 基底関数は例題 11 の結果から

$\left(\dfrac{3}{2}, \dfrac{3}{2}\right) = u_1\alpha, \quad \left(\dfrac{3}{2}, \dfrac{1}{2}\right) = \dfrac{1}{\sqrt{3}}(\sqrt{2}u_0\alpha + u_1\beta),$

$\left(\dfrac{3}{2}, -\dfrac{1}{2}\right) = \dfrac{1}{\sqrt{3}}(u_{-1}\alpha + \sqrt{2}u_0\beta), \quad \left(\dfrac{3}{2}, -\dfrac{3}{2}\right) = u_{-1}\beta,$

$$\left(\frac{1}{2},\frac{1}{2}\right)=\frac{1}{\sqrt{3}}(-u_0\alpha+\sqrt{2}u_1\beta), \quad \left(\frac{1}{2},-\frac{1}{2}\right)=\frac{1}{\sqrt{3}}(-\sqrt{2}u_{-1}\alpha+u_0\beta),$$

$\mathcal{H}_{\mathrm{SO}}$ は例題 11 の結果により，(j,m_j) 表示では対角的であり，

$$\left\langle\frac{3}{2},m_j\middle|\mathcal{H}_{\mathrm{SO}}\middle|\frac{3}{2},m_j\right\rangle=\frac{\zeta}{2}\hbar^2, \quad \left\langle\frac{1}{2},m_j\middle|\mathcal{H}_{\mathrm{SO}}\middle|\frac{1}{2},m_j\right\rangle=-\zeta\hbar^2,$$

$$\mathcal{H}_{\mathrm{SO}}=\hbar^2\zeta\begin{bmatrix}1/2 & 0 & 0 & 0 & 0 & 0\\ 0 & 1/2 & 0 & 0 & 0 & 0\\ 0 & 0 & 1/2 & 0 & 0 & 0\\ 0 & 0 & 0 & 1/2 & 0 & 0\\ 0 & 0 & 0 & 0 & -1 & 0\\ 0 & 0 & 0 & 0 & 0 & -1\end{bmatrix}.$$

ゼーマン・エネルギーは，(l_z+2s_z) を ψ_{jm_j} に作用して得られた結果を，ψ_{jm_j} の 1 次結合で表わして，その係数から行列要素を求める．

$(l_z+2s_z)u_1\alpha=u_1\alpha+u_1\alpha=2u_1\alpha=2\psi_{\frac{3}{2}\frac{3}{2}},$

$(l_z+2s_z)\dfrac{1}{\sqrt{3}}(\sqrt{2}u_0\alpha+u_1\beta)=\dfrac{1}{\sqrt{3}}\sqrt{2}u_0\alpha=\dfrac{1}{3}\left(2\psi_{\frac{3}{2}\frac{1}{2}}-\sqrt{2}\psi_{\frac{1}{2}\frac{1}{2}}\right),$

$(l_z+2s_z)\dfrac{1}{\sqrt{3}}(u_{-1}\alpha+\sqrt{2}u_0\beta)=-\sqrt{\dfrac{2}{3}}u_0\beta=-\dfrac{1}{3}\left(2\psi_{\frac{3}{2}-\frac{1}{2}}+\sqrt{2}\psi_{\frac{1}{2}-\frac{1}{2}}\right),$

$(l_z+2s_z)u_{-1}\beta=-2u_{-1}\beta=-2\psi_{\frac{3}{2}-\frac{3}{2}},$

$(l_z+2s_z)\dfrac{1}{\sqrt{3}}(-u_0\alpha+\sqrt{2}u_1\beta)=-\dfrac{1}{\sqrt{3}}u_0\alpha=-\dfrac{1}{3}\left(\sqrt{2}\psi_{\frac{3}{2}\frac{1}{2}}-\psi_{\frac{1}{2}\frac{1}{2}}\right),$

$(l_z+2s_z)\dfrac{1}{\sqrt{3}}(-\sqrt{2}u_{-1}\alpha+u_0\beta)=-\dfrac{1}{\sqrt{3}}u_0\beta=-\dfrac{1}{3}\left(\sqrt{2}\psi_{\frac{3}{2}-\frac{1}{2}}+\psi_{\frac{1}{2}-\frac{1}{2}}\right).$

$\langle j,m_j|\mathcal{H}_z|j,m_j\rangle$ を求めるには，上の各式と $\langle j,m_j|$ の内積をとり直交関係を用いて

$$\mathcal{H}_z=\frac{\hbar eB}{2m}\begin{bmatrix}2 & 0 & 0 & 0 & 0 & 0\\ 0 & 2/3 & 0 & 0 & -\sqrt{2}/3 & 0\\ 0 & 0 & -2/3 & 0 & 0 & -\sqrt{2}/3\\ 0 & 0 & 0 & -2 & 0 & 0\\ 0 & -\sqrt{2}/3 & 0 & 0 & 1/3 & 0\\ 0 & 0 & -\sqrt{2}/3 & 0 & 0 & -1/3\end{bmatrix}.$$

12.2 $\mathcal{H}_{\mathrm{SO}},\mathcal{H}_z$ がないときのエネルギーは主量子数を n とすると

$$E_n=-me^4/(4\pi\epsilon_0)^2/2\hbar^2n^2.$$

これをエネルギーの原点にとる．まず磁場がない場合を考えると，$\mathcal{H}_{\mathrm{SO}}$ を対角的にす

る (j, m_j) 表示をとって，永年方程式は問題 12.1 から

$$\begin{vmatrix} \frac{1}{2}-E & 0 & 0 & 0 & 0 & 0 \\ 0 & \frac{1}{2}-E & 0 & 0 & 0 & 0 \\ 0 & 0 & \frac{1}{2}-E & 0 & 0 & 0 \\ 0 & 0 & 0 & \frac{1}{2}-E & 0 & 0 \\ 0 & 0 & 0 & 0 & -1-E & 0 \\ 0 & 0 & 0 & 0 & 0 & -1-E \end{vmatrix} = 0.$$

したがって，$E = 1/2$(4重), -1(2重) となる（$\hbar^2\zeta$ を単位として）．逆に，磁場が非常に大きく $\mathcal{H}_{SO}$ が無視できる場合には，$\mathcal{H}_z$ を対角化する (m, m_s) 表示をとり，永年方程式は例題 12 から（$\hbar eB/2m$ を単位として），

$$\begin{vmatrix} 2-E & 0 & 0 & 0 & 0 & 0 \\ 0 & 1-E & 0 & 0 & 0 & 0 \\ 0 & 0 & 0-E & 0 & 0 & 0 \\ 0 & 0 & 0 & 0-E & 0 & 0 \\ 0 & 0 & 0 & 0 & -1-E & 0 \\ 0 & 0 & 0 & 0 & 0 & -2-E \end{vmatrix} = 0.$$

これから，$E = 2, 1, 0$ (2重), $-1, -2$ が求まる．$\mathcal{H}_z, \mathcal{H}_{SO}$ の両方が共存する，中間的場合を，まず B が大きい方の近似から出発して考える．例題 12 にみたように，$\mathcal{H}_{SO}$ は $m + m_s$ が同じである状態の間にのみ行列要素をもつから，基底を $\left(1, \frac{1}{2}\right)$, $\left(0, \frac{1}{2}\right)$, $\left(1, -\frac{1}{2}\right)$, $\left(-1, \frac{1}{2}\right)$, $\left(0, -\frac{1}{2}\right)$, $\left(-1, -\frac{1}{2}\right)$ の順に並べかえると

$$\mathcal{H}_z + \mathcal{H}_{SO} = \begin{bmatrix} 2\beta B + \frac{\hbar^2\zeta}{2} & 0 & 0 & 0 & 0 & 0 \\ 0 & \beta B & \frac{\hbar^2\zeta}{\sqrt{2}} & 0 & 0 & 0 \\ 0 & \frac{\hbar^2\zeta}{\sqrt{2}} & -\frac{\hbar^2\zeta}{2} & 0 & 0 & 0 \\ 0 & 0 & 0 & -\frac{\hbar^2\zeta}{2} & \frac{\hbar^2\zeta}{\sqrt{2}} & 0 \\ 0 & 0 & 0 & \frac{\hbar^2\zeta}{\sqrt{2}} & -\beta B & 0 \\ 0 & 0 & 0 & 0 & 0 & -2\beta B + \frac{\hbar^2\zeta}{2} \end{bmatrix}.$$

これから，固有値は $\pm 2\beta B + \hbar^2\zeta/2$ と，$m + m_s = 1/2$ に対しては

$$\frac{1}{2}\left(\beta B - \frac{\hbar^2\zeta}{2} \pm \sqrt{\beta^2 B^2 + \hbar^2\zeta\beta B + \frac{9}{4}\hbar^4\zeta^2}\right).$$

$m + m_s = -1/2$ に対して

$$\frac{1}{2}\left(-\beta B - \frac{\hbar^2\zeta}{2} \pm \sqrt{\beta^2 B^2 - \hbar^2\zeta\beta B + \frac{9}{4}\hbar^4\zeta^2}\right).$$

あとの4つの状態は，$\beta B \gg |\hbar^2 \zeta|$ のとき

$$\begin{cases} \beta B + \dfrac{\hbar^4 \zeta^2}{2\beta B} \\ -\dfrac{\hbar^2 \zeta}{2} - \dfrac{\hbar^4 \zeta^2}{2\beta B} \end{cases}, \quad \begin{cases} -\beta B - \dfrac{\hbar^4 \zeta^2}{2\beta B} \\ -\dfrac{\hbar^2 \zeta}{2} + \dfrac{\hbar^4 \zeta^2}{2\beta B} \end{cases}$$

となる．磁場が小さいところの近似から出発すると

$$\begin{bmatrix} \dfrac{\hbar^2 \zeta}{2} & 0 & 0 & 0 & 0 & 0 \\ 0 & \dfrac{\hbar^2 \zeta}{2} & 0 & 0 & 0 & 0 \\ 0 & 0 & \dfrac{\hbar^2 \zeta}{2} & 0 & 0 & 0 \\ 0 & 0 & 0 & \dfrac{\hbar^2 \zeta}{2} & 0 & 0 \\ 0 & 0 & 0 & 0 & -\hbar^2 \zeta & 0 \\ 0 & 0 & 0 & 0 & 0 & -\hbar^2 \zeta \end{bmatrix}$$

$$+ \begin{bmatrix} 2\beta B & 0 & 0 & 0 & 0 & 0 \\ 0 & \dfrac{2}{3}\beta B & 0 & 0 & -\dfrac{\sqrt{2}}{3}\beta B & 0 \\ 0 & 0 & -\dfrac{2}{3}\beta B & 0 & 0 & -\dfrac{\sqrt{2}}{3}\beta B \\ 0 & 0 & 0 & -2\beta B & 0 & 0 \\ 0 & -\dfrac{\sqrt{2}}{3}\beta B & 0 & 0 & \dfrac{1}{3}\beta B & 0 \\ 0 & 0 & -\dfrac{\sqrt{2}}{3}\beta B & 0 & 0 & -\dfrac{1}{3}\beta B \end{bmatrix}.$$

ここで，第1項の対角要素に，第2項の対角要素が1次摂動で，第2項の非対角要素が2次摂動で加わるから，

$$\dfrac{\hbar^2 \zeta}{2} + 2\beta B, \quad \dfrac{\hbar^2 \zeta}{2} + \dfrac{2}{3}\beta B + \dfrac{4}{27}\dfrac{\beta^2 B^2}{\hbar^2 \zeta},$$

$$\dfrac{\hbar^2 \zeta}{2} - \dfrac{2}{3}\beta B + \dfrac{4}{27}\dfrac{\beta^2 B^2}{\hbar^2 \zeta}, \quad \dfrac{\hbar^2 \zeta}{2} - 2\beta B,$$

$$-\hbar^2 \zeta + \dfrac{1}{3}\beta B - \dfrac{4}{27}\dfrac{\beta^2 B^2}{\hbar^2 \zeta},$$

$$-\hbar^2 \zeta - \dfrac{1}{3}\beta B - \dfrac{4}{27}\dfrac{\beta^2 B^2}{\hbar^2 \zeta}.$$

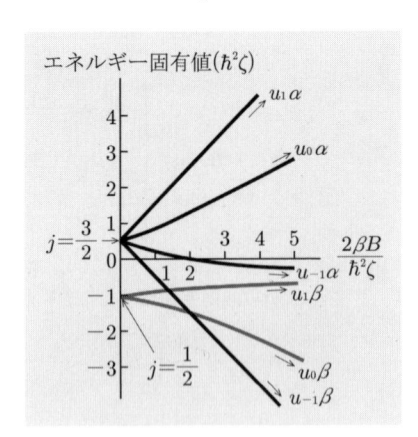

5 章の解答

1.1
$$E = \int \Phi^* \mathcal{H} \Phi d\boldsymbol{r}_1 d\boldsymbol{r}_2 \cdots d\boldsymbol{r}_N = \sum_{\lambda=\alpha}^{\nu} \int \psi_\lambda{}^*(\boldsymbol{r}_i) \left(-\frac{\hbar^2}{2m}\Delta_i - \frac{Ze^2}{4\pi\epsilon_0 r_i}\right) \psi_\lambda(\boldsymbol{r}_i) d\boldsymbol{r}_i$$
$$+ \frac{1}{2} \sum_\lambda^\nu \sum_{\mu \neq \lambda}^\nu \int \frac{e^2 |\psi_\lambda(\boldsymbol{r}_i)|^2 |\psi_\mu(\boldsymbol{r}_j)|^2}{4\pi\epsilon_0 |\boldsymbol{r}_i - \boldsymbol{r}_j|} d\boldsymbol{r}_i d\boldsymbol{r}_j$$

で，$\psi_\lambda(\boldsymbol{r}_i)$ としてハートリー方程式 (要項 (5)) の解を用いれば，N 電子系の全エネルギーが得られる．一方，各軌道のエネルギー ϵ_λ の和は，やはり (5) から

$$\sum_{\lambda=\alpha}^\nu \epsilon_\lambda = \sum_{\lambda=\alpha}^\nu \left[\int \psi_\lambda{}^*(\boldsymbol{r}_i) \left(-\frac{\hbar^2}{2m}\Delta_i - \frac{Ze^2}{4\pi\epsilon_0 r_i}\right) \psi_\lambda(\boldsymbol{r}_i) d\boldsymbol{r}_i \right.$$
$$\left. + \sum_{\mu \neq \lambda}^\nu \int \frac{e^2 |\psi_\lambda(\boldsymbol{r}_i)|^2 |\psi_\mu(\boldsymbol{r}_j)|^2}{4\pi\epsilon_0 |\boldsymbol{r}_i - \boldsymbol{r}_j|} d\boldsymbol{r}_i d\boldsymbol{r}_j \right].$$

したがって $E = \displaystyle\sum_{\lambda=\alpha}^\nu \epsilon_\lambda - \frac{1}{2} \sum_\lambda^\nu \sum_{\mu \neq \lambda}^\nu \int \frac{e^2 |\psi_\lambda(\boldsymbol{r}_i)|^2 |\psi_\mu(\boldsymbol{r}_j)|^2}{4\pi\epsilon_0 |\boldsymbol{r}_i - \boldsymbol{r}_j|} d\boldsymbol{r}_i d\boldsymbol{r}_j.$

この結果は，軌道のエネルギーの和には，電子間相互作用の項が 2 重に含まれているのでこれを引いたものが全系のエネルギーとなることを意味している．

1.2 ヘリウム原子のハミルトニアンは，2 つの電子の座標を 1，2 で表わし

$$\mathcal{H} = \mathcal{H}(1) + \mathcal{H}(2) + \frac{e^2}{4\pi\epsilon_0 r_{12}}.$$

ここで $\mathcal{H}(i) = -\dfrac{\hbar^2}{2m}\Delta_i - \dfrac{Ze^2}{4\pi\epsilon_0 r_i}$ である．電子 1，2 に対するハートリー方程式は

$$\left\{ \mathcal{H}(1) + \int \frac{e^2 |\psi(2)|^2}{4\pi\epsilon_0 r_{12}} d\boldsymbol{r}_2 - \epsilon_1 \right\} \psi(1) = 0,$$
$$\left\{ \mathcal{H}(2) + \int \frac{e^2 |\psi(1)|^2}{4\pi\epsilon_0 r_{12}} d\boldsymbol{r}_1 - \epsilon_2 \right\} \psi(2) = 0. \tag{1}$$

イオン化エネルギー I は，ヘリウム原子の電子系エネルギー E と，He^+ の 1 電子のエネルギー E_0 との差，$|E - E_0|$ で与えられる．問題 1.1 の結果から

$$E = \epsilon_1 + \epsilon_2 - \int \frac{e^2 |\psi(1)|^2 |\psi(2)|^2}{4\pi\epsilon_0 r_{12}} d\boldsymbol{r}_1 d\boldsymbol{r}_2.$$

一方 E_0 は $\{\mathcal{H}(2) - E_0\}\psi_0(2) = 0$ を満たす．(1) で $1/r_{12}$ の項を摂動と考えると

$$\epsilon_2 = E_0 + \int \frac{e^2 |\psi(1)|^2 |\psi_0(2)|^2}{4\pi\epsilon_0 r_{12}} d\boldsymbol{r}_1 d\boldsymbol{r}_2 + \cdots.$$

ここで $\psi(2)$ と $\psi_0(2)$ の差を無視する近似を用いれば

$$\epsilon_2 \simeq E_0 + \int \frac{e^2 |\psi(1)|^2 |\psi(2)|^2}{4\pi\epsilon_0 r_{12}} d\boldsymbol{r}_1 d\boldsymbol{r}_2.$$

したがって，$I = |\epsilon_1|$．

2.1 $P_{12} \Phi(\xi_1, \xi_2) = P_{12} \chi_\alpha(\xi_1) \chi_\beta(\xi_2) = \chi_\alpha(\xi_2) \chi_\beta(\xi_1) \neq a \Phi(\xi_1, \xi_2).$ ここで a は任意定数である．

2.2 $\Phi(\xi_1, \xi_2) = \dfrac{1}{\sqrt{2}}\{\chi_\alpha(\xi_1)\chi_\beta(\xi_2) - \chi_\alpha(\xi_2)\chi_\beta(\xi_1)\}$ を用いて

$$\begin{aligned}\langle \Phi \mid \Phi \rangle &= \frac{1}{2}\langle \chi_\alpha(\xi_1)\chi_\beta(\xi_2) - \chi_\alpha(\xi_2)\chi_\beta(\xi_1) \mid \chi_\alpha(\xi_1)\chi_\beta(\xi_2) - \chi_\alpha(\xi_2)\chi_\beta(\xi_1)\rangle \\ &= \frac{1}{2}[\langle \chi_\alpha(\xi_1)\chi_\beta(\xi_2) \mid \chi_\alpha(\xi_1)\chi_\beta(\xi_2)\rangle - \langle \chi_\alpha(\xi_1)\chi_\beta(\xi_2) \mid \chi_\alpha(\xi_2)\chi_\beta(\xi_1)\rangle \\ &\quad - \langle \chi_\alpha(\xi_2)\chi_\beta(\xi_1) \mid \chi_\alpha(\xi_1)\chi_\beta(\xi_2)\rangle + \langle \chi_\alpha(\xi_2)\chi_\beta(\xi_1) \mid \chi_\alpha(\xi_2)\chi_\beta(\xi_1)\rangle] \\ &= \frac{1}{2}(1 - 0 - 0 + 1) = 1\end{aligned}$$

2.3 ボソンの場合は，すべての座標の交換に関して対称だから，(1,2,3) のすべての置換についての対称和をとり

$$\psi^{(S)}(1,2,3) = \frac{1}{\sqrt{6}}\{\psi(1,2,3) + \psi(2,3,1) + \psi(3,1,2) + \psi(1,3,2) + \psi(2,1,3) \\ + \psi(3,2,1)\}$$

フェルミオンの場合は，反対称だから，(1,2,3) の奇置換の係数を -1，偶置換の係数を 1 にとり

$$\psi^{(A)}(1,2,3) = \frac{1}{\sqrt{6}}\{\psi(1,2,3) + \psi(2,3,1) + \psi(3,1,2) - \psi(1,3,2) - \psi(2,1,3) \\ - \psi(3,2,1)\}$$

2.4 波動関数は，スレーター行列式で表現される．χ_i のうち軌道関数は $\psi_1(\boldsymbol{r}) = e^{i\boldsymbol{k}_1\cdot\boldsymbol{r}}$，$\psi_2(\boldsymbol{r}) = e^{i\boldsymbol{k}_2\cdot\boldsymbol{r}}$ だから

(i) $\Phi(\xi_1, \xi_2) = \dfrac{1}{\sqrt{2V}}\begin{vmatrix} e^{i\boldsymbol{k}_1\cdot\boldsymbol{r}_1}\alpha(\sigma_1) & e^{i\boldsymbol{k}_2\cdot\boldsymbol{r}_1}\alpha(\sigma_1) \\ e^{i\boldsymbol{k}_1\cdot\boldsymbol{r}_2}\alpha(\sigma_2) & e^{i\boldsymbol{k}_2\cdot\boldsymbol{r}_2}\alpha(\sigma_2) \end{vmatrix}.$

または $\alpha \to \beta$ としたもので両方のスピンが下向きの場合が与えられる．反平行のときは

$$\Phi(\xi_1, \xi_2) = \frac{1}{\sqrt{2V}}\begin{vmatrix} e^{i\boldsymbol{k}_1\cdot\boldsymbol{r}_1}\alpha(\sigma_1) & e^{i\boldsymbol{k}_2\cdot\boldsymbol{r}_1}\beta(\sigma_1) \\ e^{i\boldsymbol{k}_1\cdot\boldsymbol{r}_2}\alpha(\sigma_2) & e^{i\boldsymbol{k}_2\cdot\boldsymbol{r}_2}\beta(\sigma_2) \end{vmatrix}.$$

(ii) $\displaystyle\sum_{\sigma_1\sigma_2}|\Phi(\xi_1,\xi_2)|^2$

$$\begin{aligned}&= \frac{1}{2V^2}\sum_{\sigma_1\sigma_2}\{e^{i(\boldsymbol{k}_1\cdot\boldsymbol{r}_1+\boldsymbol{k}_2\cdot\boldsymbol{r}_2)}\alpha(\sigma_1)\alpha(\sigma_2) - e^{i(\boldsymbol{k}_1\cdot\boldsymbol{r}_2+\boldsymbol{k}_2\cdot\boldsymbol{r}_1)}\alpha(\sigma_1)\alpha(\sigma_2)\} \\ &\quad \times \{e^{-i(\boldsymbol{k}_1\cdot\boldsymbol{r}_1+\boldsymbol{k}_2\cdot\boldsymbol{r}_2)}\alpha(\sigma_1)\alpha(\sigma_2) - e^{-i(\boldsymbol{k}_1\cdot\boldsymbol{r}_2+\boldsymbol{k}_2\cdot\boldsymbol{r}_1)}\alpha(\sigma_1)\alpha(\sigma_2)\} \\ &= \sum_{\sigma_1\sigma_2}\frac{\alpha^2(\sigma_1)\alpha^2(\sigma_2)}{2V^2}\{2 - e^{i(\boldsymbol{k}_1-\boldsymbol{k}_2)\cdot(\boldsymbol{r}_1-\boldsymbol{r}_2)} - e^{-i(\boldsymbol{k}_1-\boldsymbol{k}_2)\cdot(\boldsymbol{r}_1-\boldsymbol{r}_2)}\} \\ &= \frac{1}{V^2}[1 - \cos\{(\boldsymbol{k}_1-\boldsymbol{k}_2)\cdot(\boldsymbol{r}_1-\boldsymbol{r}_2)\}],\end{aligned}$$

$$\sum_{\sigma_1\sigma_2} |\Phi(\xi_1,\xi_2)|^2 = \frac{1}{2V^2} \sum_{\sigma_1\sigma_2} [\alpha^2(\sigma_1)\beta^2(\sigma_2) + \beta^2(\sigma_1)\alpha^2(\sigma_2)$$
$$- \{e^{i(\boldsymbol{k}_1-\boldsymbol{k}_2)\cdot(\boldsymbol{r}_1-\boldsymbol{r}_2)} - e^{-i(\boldsymbol{k}_1-\boldsymbol{k}_2)\cdot(\boldsymbol{r}_1-\boldsymbol{r}_2)}\}\alpha(\sigma_1)\beta(\sigma_1)$$
$$\times \alpha(\sigma_2)\beta(\sigma_2)] = \frac{1}{V^2}.$$

以上から，$\boldsymbol{r}_1 = \boldsymbol{r}_2$ に平行スピンの電子がある確率は 0，$|\boldsymbol{r}_1-\boldsymbol{r}_2| \ll 1$ では，$|\boldsymbol{r}_1-\boldsymbol{r}_2|^2$ に比例する．反平行スピンに関しては，$\boldsymbol{r}_1 = \boldsymbol{r}_2$ でもどこでも一定の確率をもつ．これは，ハートリー・フォック近似においても，反平行スピン電子間の相関が無視されているからである．

3.1 スレーター行列式の波動関数を用いて
$P_2(\xi_1,\xi_2)$
$$= \frac{1}{2}\{|\chi_\alpha(\xi_1)|^2|\chi_\beta(\xi_2)|^2 + |\chi_\beta(\xi_1)|^2|\chi_\alpha(\xi_2)|^2 - \chi_\alpha^*(\xi_1)\chi_\beta^*(\xi_2)\chi_\beta(\xi_1)\chi_\alpha(\xi_2)$$
$$- \chi_\beta^*(\xi_1)\chi_\alpha^*(\xi_2)\chi_\alpha(\xi_1)\chi_\beta(\xi_2)\} \tag{1}$$
と書ける．同じスピンの場合の波動関数は
$$\chi_\alpha(\xi) = \psi_\alpha(\boldsymbol{r})\alpha(\sigma), \quad \chi_\beta(\xi) = \psi_\beta(\boldsymbol{r})\alpha(\sigma) \tag{2}$$
である．これを使って
$$P_2(\boldsymbol{r}_1,\boldsymbol{r}_2) = \sum_{\sigma_1\sigma_2} P_2(\xi_1,\xi_2) \tag{3}$$
を計算すると，スピン関数が規格化されているから
$$P_2(\boldsymbol{r}_1,\boldsymbol{r}_2) = \frac{1}{2}\{|\psi_\alpha(\boldsymbol{r}_1)|^2|\psi_\beta(\boldsymbol{r}_2)|^2 + |\psi_\beta(\boldsymbol{r}_1)|^2|\psi_\alpha(\boldsymbol{r}_2)|^2$$
$$- \psi_\alpha^*(\boldsymbol{r}_1)\psi_\beta^*(\boldsymbol{r}_2)\psi_\beta(\boldsymbol{r}_1)\psi_\alpha(\boldsymbol{r}_2) - \psi_\beta^*(\boldsymbol{r}_1)\psi_\alpha^*(\boldsymbol{r}_2)\psi_\alpha(\boldsymbol{r}_1)\psi_\beta(\boldsymbol{r}_2)\} \tag{4}$$

異なるスピンの場合の波動関数は
$$\chi_\alpha(\xi) = \psi_\alpha(\boldsymbol{r})\alpha(\sigma), \quad \chi_\beta(\xi) = \psi_\beta(\boldsymbol{r})\beta(\sigma) \tag{5}$$
である．このとき $\sum_\sigma \chi_\alpha^*(\xi)\chi_\beta(\xi) = \psi_\alpha^*(\boldsymbol{r})\psi_\beta(\boldsymbol{r})\sum_\sigma \alpha^*(\sigma)\beta(\sigma) = 0$ を使うと
$$P_2(\boldsymbol{r}_1,\boldsymbol{r}_2) = \frac{1}{2}\{|\psi_\alpha(\boldsymbol{r}_1)|^2|\psi_\beta(\boldsymbol{r}_2)|^2 + |\psi_\beta(\boldsymbol{r}_1)|^2|\psi_\alpha(\boldsymbol{r}_2)|^2\} \tag{6}$$
(4) と (6) の差は
$$\Delta = -\psi_\alpha^*(\boldsymbol{r}_1)\psi_\beta^*(\boldsymbol{r}_2)\psi_\beta(\boldsymbol{r}_1)\psi_\alpha(\boldsymbol{r}_2) - \psi_\beta^*(\boldsymbol{r}_1)\psi_\alpha^*(\boldsymbol{r}_2)\psi_\alpha(\boldsymbol{r}_1)\psi_\beta(\boldsymbol{r}_2)$$
$$= -2\,\mathrm{Re}\,\{\psi_\alpha^*(\boldsymbol{r}_1)\psi_\beta^*(\boldsymbol{r}_2)\psi_\beta(\boldsymbol{r}_1)\psi_\alpha(\boldsymbol{r}_2)\}$$
この式で $\boldsymbol{r}_1 \approx \boldsymbol{r}_2$ を考えると，$\psi_\lambda^*(\boldsymbol{r}_1)\psi_\lambda^*(\boldsymbol{r}_2) \approx |\psi_\lambda(\boldsymbol{r}_1)|^2, (\lambda = \alpha, \beta)$ だから，$\Delta < 0$. つまり 2 つの粒子のスピンが同じ状態の方が，異なる状態よりも $P_2(\boldsymbol{r}_1,\boldsymbol{r}_2)$ は小さい．これは，2 つの粒子が避け合うというパウリの排他律の現われである．

3.2 $P_2(\xi_1, \xi_2)$ に，問題 3.1 の解答の (1) を使うと

$$P_1(\xi) = \sum_{\sigma_2} \int d\bm{r}_2 P_2(\xi_1, \xi_2) = \frac{1}{2}\{|\chi_\alpha(\xi)|^2 + |\chi_\beta(\xi)|^2\} \tag{1}$$

これは χ_α, χ_β の係数が等しいから，2 つの状態に均等に電子が配置されている場合の電子密度である．スピンが同じ向きなら，同じく解答の (2) を用いて

$$P_1(\xi) = \frac{1}{2}\{|\psi_\alpha(\bm{r})|^2 + |\psi_\beta(\bm{r})|^2\}|\alpha(\sigma)|^2 \tag{2}$$

したがって

$$P_1(\bm{r}) = \sum_\sigma P_1(\xi) = \frac{1}{2}\{|\psi_\alpha(\bm{r})|^2 + |\psi_\beta(\bm{r})|^2\} \tag{3}$$

となる．異なるスピンの場合は，解答の (5) を使って

$$P_1(\xi) = \frac{1}{2}\{|\psi_\alpha(\bm{r})|^2|\alpha(\sigma)|^2 + |\psi_\beta(\bm{r})|^2|\beta(\sigma)|^2\} \tag{4}$$

$$P_1(\bm{r}) = \sum_\sigma P_1(\xi) = \frac{1}{2}\{|\psi_\alpha(\bm{r})|^2 + |\psi_\beta(\bm{r})|^2\} \tag{5}$$

(2) と (4) はスピンを考えた電子密度は 2 つの場合で異なることを示す．(3) と (5) はスピン座標で和をとり，スピンを区別しないと電子密度が同じであることを表わしている．

3.3 行列式のラプラス展開により，Φ を次のように変形する．

$$\frac{1}{\sqrt{N!}} \begin{vmatrix} \chi_\alpha(1) \, \chi_\beta(1) & \cdots & \chi_\nu(1) \\ \chi_\alpha(2) & & \vdots \\ \vdots & & \vdots \\ \chi_\alpha(N) & & \chi_\nu(N) \end{vmatrix} = \frac{1}{\sqrt{N!}} \begin{vmatrix} \chi_\alpha(1) \, \chi_\beta(1) \\ \chi_\alpha(2) \, \chi_\beta(2) \end{vmatrix} \begin{vmatrix} \chi_\gamma(3) & \cdots & \chi_\nu(3) \\ \chi_\gamma(4) & & \vdots \\ \vdots & & \vdots \\ \chi_\gamma(N) & & \chi_\nu(N) \end{vmatrix}$$

$$- \frac{1}{\sqrt{N!}} \begin{vmatrix} \chi_\alpha(1) \, \chi_\gamma(1) \\ \chi_\alpha(2) \, \chi_\gamma(2) \end{vmatrix} \begin{vmatrix} \chi_\beta(3) \, \chi_\delta(3) & \cdots & \chi_\nu(3) \\ \chi_\beta(4) & & \vdots \\ \vdots & & \vdots \\ \chi_\beta(N) & & \chi_\nu(N) \end{vmatrix} + \cdots .$$

ここで各項は，座標 1, 2 だけを含む関数 χ_λ, χ_μ のすべての組合せによる 2×2 行列式と，座標 $3, 4, \cdots, N$ と (χ_λ, χ_μ) 以外の関数でつくられた $(N-2) \times (N-2)$ 行列式との積である．後者に $1/(N-2)!$ および適当な符号をかけたものを，$N-2$ 体のスレーター行列式 $\Phi_{\lambda-1,\mu-1}(3, 4, \cdots, N)$ で表わせば，上式は

$$\Phi = \sqrt{\frac{2}{N(N-1)}} \sum_{\lambda > \mu}^\nu \sum^\nu \frac{\chi_\lambda(1)\chi_\mu(2) - \chi_\mu(1)\chi_\lambda(2)}{\sqrt{2}} \Phi_{\lambda-1,\mu-1}(3, 4, \cdots, N)$$

$\Phi_{\lambda-1,\mu-1}$ と $\Phi_{\kappa-1,\rho-1}$ とは，$\lambda = \kappa$ で $\mu = \rho$ のときか，$\lambda = \rho$ で $\mu = \kappa$ のとき以外は直交する．(実際に $\Phi^*\Phi$ を考えるときは，和に $\lambda > \mu, \kappa > \rho$ の制限があるので，片方の場合しか実在しない．) したがって

$$\int \Phi^*\Phi d\xi_3 d\xi_4 \cdots d\xi_N = \frac{2}{N(N-1)} \sum_{\lambda > \mu}^{\nu} \sum_{\lambda > \mu}^{\nu} \frac{1}{2}|\chi_\lambda(1)\chi_\mu(2) - \chi_\mu(1)\chi_\lambda(2)|^2.$$

これは,電子 1 が座標 $\xi_1(\boldsymbol{r}_1,\sigma_1)$ に,電子 2 が座標 $\xi_2(\boldsymbol{r}_2,\sigma_2)$ にあることの確率を与える. さらに座標 2 について積分すると

$$\int \Phi^*\Phi d\xi_2 d\xi_3 \cdots d\xi_N = \frac{1}{N}\{|\chi_\alpha(1)|^2 + |\chi_\beta(1)|^2 + \cdots + |\chi_\nu(1)|^2\}.$$

ここで

$$\sum_{\lambda > \mu}^{\nu}\sum^{\nu}\{|\chi_\lambda(1)|^2|\chi_\mu(2)|^2 + |\chi_\mu(1)|^2|\chi_\lambda(2)|^2\}$$

$$= \sum_{\lambda > \mu}^{\nu}\sum^{\nu}|\chi_\lambda(1)|^2|\chi_\mu(2)|^2 + \sum_{\lambda < \mu}^{\nu}\sum^{\nu}|\chi_\lambda(1)|^2|\chi_\mu(2)|^2 = \sum_\lambda^\nu \sum_{\mu \neq \lambda}^\nu \{|\chi_\lambda(1)|^2|\chi_\mu(2)|^2$$

を用いた.

3.4 電子配置は $(1s)^2(2s)$ である.軌道関数 ψ_{100} を u_1, ψ_{200} を u_2 と書くと
$$\chi_\alpha(\boldsymbol{r},\sigma) = u_1(\boldsymbol{r})\alpha(\sigma), \quad \chi_\beta(\boldsymbol{r},\sigma) = u_1(\boldsymbol{r})\beta(\sigma), \quad \chi_\gamma(\boldsymbol{r},\sigma) = u_2(\boldsymbol{r})v_m(\sigma)$$
ここで v_m は,$m = \pm 1/2$ に対して,それぞれ $\alpha(\sigma), \beta(\sigma)$ である.
3 粒子系の波動関数は
$$\Phi(\boldsymbol{r}_1,\sigma_1;\boldsymbol{r}_2,\sigma_2;\boldsymbol{r}_3,\sigma_3)$$
$$= \frac{1}{\sqrt{6}}\begin{vmatrix} u_1(\boldsymbol{r}_1)\alpha(\sigma_1) & u_1(\boldsymbol{r}_2)\alpha(\sigma_2) & u_1(\boldsymbol{r}_3)\alpha(\sigma_3) \\ u_1(\boldsymbol{r}_1)\beta(\sigma_1) & u_1(\boldsymbol{r}_2)\beta(\sigma_2) & u_1(\boldsymbol{r}_3)\beta(\sigma_3) \\ u_2(\boldsymbol{r}_1)v_m(\sigma_1) & u_2(\boldsymbol{r}_2)v_m(\sigma_2) & u_2(\boldsymbol{r}_3)v_m(\sigma_3) \end{vmatrix}$$

これを第 3 行を軸として展開すると次のようになる.

$$[u_2(\boldsymbol{r}_1)u_1(\boldsymbol{r}_2)u_1(\boldsymbol{r}_3)v_m(\sigma_1)\{\alpha(\sigma_2)\beta(\sigma_3) - \beta(\sigma_2)\alpha(\sigma_3)\}$$
$$- u_2(\boldsymbol{r}_2)u_1(\boldsymbol{r}_3)u_1(\boldsymbol{r}_1)v_m(\sigma_2)\{\alpha(\sigma_3)\beta(\sigma_1) - \beta(\sigma_3)\alpha(\sigma_1)\}$$
$$+ u_2(\boldsymbol{r}_3)u_1(\boldsymbol{r}_1)u_1(\boldsymbol{r}_2)v_m(\sigma_3)\{\alpha(\sigma_1)\beta(\sigma_2) - \beta(\sigma_1)\alpha(\sigma_2)\}]/\sqrt{6}$$

このような 3 項にまとまったのは,軌道関数に同じ u_1 が 2 度使われているからである.

4.1 要項 (1) のハミルトニアンで,第 1 項,第 2 項は 1 電子の座標だけを含む項の和,第 3 項は 2 電子の座標だけを含む項の和である.またすべての電子が同等であることを用いると

$$\int \Phi^* \mathcal{H} \Phi d\xi_1 d\xi_2 \cdots d\xi_N$$
$$= N\int \Phi^*\left(-\frac{\hbar^2}{2m}\Delta - \frac{Ze^2}{4\pi\epsilon_0 r}\right)\Phi d\xi_1 d\xi_2 \cdots d\xi_N$$
$$+ \frac{N(N-1)}{2}\int \Phi^*\frac{e^2}{4\pi\epsilon_0 r_{ij}}\Phi d\xi_1 d\xi_2 \cdots d\xi_N.$$

問題 3.3 の結果を用いると
$$\text{上式} = \sum_{\lambda=\alpha}^{\nu}\int \chi_\lambda^*(\xi)\left(-\frac{\hbar^2}{2m}\Delta - \frac{Ze^2}{4\pi\epsilon_0 r}\right)\chi_\lambda(\xi)d\xi$$

$$+\frac{1}{2}\sum_{\lambda}^{\nu}\sum_{\mu\neq\lambda}^{\nu}\int\frac{1}{2}|\chi_\lambda(\xi)\chi_\mu(\xi')-\chi_\mu(\xi)\chi_\lambda(\xi')|^2\frac{e^2}{4\pi\epsilon_0|\bm{r}-\bm{r}'|}d\xi d\xi'.$$

第 2 項は

$$\frac{1}{2}\sum_{\lambda}^{\nu}\sum_{\mu\neq\lambda}^{\nu}\int\frac{e^2|\chi_\mu(\xi)|^2|\chi_\lambda(\xi')|^2}{4\pi\epsilon_0|\bm{r}-\bm{r}'|}d\xi d\xi'$$

$$-\frac{1}{2}\sum_{\lambda}^{\nu}\sum_{\mu\neq\lambda}^{\nu}\int\frac{e^2\chi_\lambda{}^*(\xi)\chi_\mu(\xi)\chi_\lambda(\xi')\chi_\mu{}^*(\xi')}{4\pi\epsilon_0|\bm{r}-\bm{r}'|}d\xi d\xi'$$

となる．スピン座標に関する和は，第 1 項と第 2 項の 1 行目の項は 1 がかかるだけ，2 行目の項の方は χ_λ と χ_μ のスピン関数がともに α のときと，ともに β のときだけ 1 を生じ，それ以外の場合には 0 となる．よって証明された．

4.2 要項 (7) が χ_λ の変分に対して極値をとるように χ_λ を決める．χ_λ は規格直交条件を満たさねばならない．そのために N^2 個の未定乗数 $\epsilon_{\lambda\mu}$ を導入して，変分の式 $\delta E-\sum_\lambda^\nu\sum_\mu^\nu\epsilon_{\lambda\mu}\delta\langle\chi_\mu\mid\chi_\lambda\rangle=0$ を解く．$\epsilon_{\lambda\mu}$ が対角化されるようなスピン軌道関数を選んで計算をすることができるから，上式は $\delta E-\sum_\lambda^\nu\epsilon_\lambda\delta\langle\chi_\lambda|\chi_\lambda\rangle=0$ となる．これを χ_λ について変分をとると，要項 (8), (9), (10) から

$$\left(-\frac{\hbar^2}{2m}\Delta_i-\frac{Ze^2}{4\pi\epsilon_0 r_i}\right)\chi_\lambda(\xi_i)+\left[\sum_\mu^\nu\int\chi_\mu^*(\xi_j)\frac{e^2}{4\pi\epsilon_0 r_{ij}}\chi_\mu(\xi_j)d\xi_j\right]\chi_\lambda(\xi_i)$$

$$-\sum_\mu^\nu\left[\int\chi_\mu^*(\xi_j)\frac{e^2}{4\pi\epsilon_0 r_{ij}}\chi_\lambda(\xi_j)d\xi_j\right]\chi_\mu(\xi_i)=\epsilon_\lambda\chi_\lambda(\xi_i)\quad(\lambda,\mu=\alpha,\beta,\cdots,\nu)$$

$\chi_\lambda(\xi_i)$ を軌道関数とスピン関数の積とすると，$\psi_\lambda(\bm{r}_i)$ に関するハートリー・フォック方程式，すなわち要項 (6) を得る．

5.1 Li の電子配置は $(1s)^2(2s)$ だから，閉殻の外には $2s$ 電子が 1 個である．これから $L=0, S=1/2$．Ne 原子の電子配置は $(1s)^2(2s)^2(2p)^6$ と閉殻構造である．このとき軌道角運動量の z 成分の和は 0 だから $L=0$，スピン角運動量の z 成分の和も 0 だから $S=0$．この結果は閉殻構造のとき，s 殻に限らず，$p,d,f,\cdots$ 殻でもつねに成り立つ．

5.2 閉殻ではすべての軌道を電子が占めているから，$M=\sum m=0$，これは $L=0$ である．また $M_S=\sum m_s=0$，これは $S=0$ のことだから，$^1S_0$ となる．

5.3 (i)　$J=7/2, 5/2$ だから，$^2F_{7/2}, {}^2F_{5/2}$．このとき全状態数 $(2L+1)(2S+1)=14$ は，$\sum_{j=\frac{7}{2},\frac{5}{2}}(2J+1)=14$ と一致する．
(ii)　$J=3, 2, 1$ だから $^5P_3, {}^5P_2, {}^5P_1$．
(iii)　$S=|\bm{S}_1+\bm{S}_2|=3/2, 1/2, J=9/2, 7/2, 5/2, 3/2$，および $J=7/2, 5/2$ であるから，$^4F_{9/2}, {}^4F_{7/2}, {}^4F_{5/2}, {}^4F_{3/2}, {}^2F_{7/2}, {}^2F_{5/2}. (2S_1+1)(2S_2+1)(2L+1)=42$，一方 $2J+1$ をすべての J につき加えるとやはり 42．

5.4 ^2D とは，$S=1/2, L=2$ を意味しているから，$J=5/2, 3/2$．^4F では $S=3/2, L=3$ から $J=9/2, 7/2, 5/2, 3/2$．^3G では $S=1, L=4$ から $J=5, 4, 3$．

5.5 Nの電子配置は$(1s)^2(2s)^2(2p)^3$，閉殻の外にある3個の$2p$電子による多重項を考える．基底状態を知るだけなら，現われるすべての多重項を知らなくても，フントの規則で最大のSを与える多重項を求めればよい．6つの軌道のうち$(1,1/2),(0,1/2),(-1,1/2)$に詰めたときがそれで，このとき$M=1+0+(-1)=0$だから$L=0$である．また$M_S = 1/2+1/2+1/2 = 3/2$から，$S=3/2$が最大のSで，基底状態の多重項は$^4S_{3/2}$である．Kの電子配置は$3p$までの閉殻の外に$4s$電子が1個ある．これにより$L=0, S=1/2$だから$^2S_{1/2}$多重項が唯一現われ，これが基底状態である．

Scの電子配置は$4s$までの閉殻の外に$3d$電子が1個あるから，$L=2, S=1/2$，ここでスピン・軌道相互作用を考えると，$^2D_{5/2}, {}^2D_{3/2}$の2つの多重項が現われるが，フントの規則の3番目から後者が基底状態である．

6.1 右図に示す．

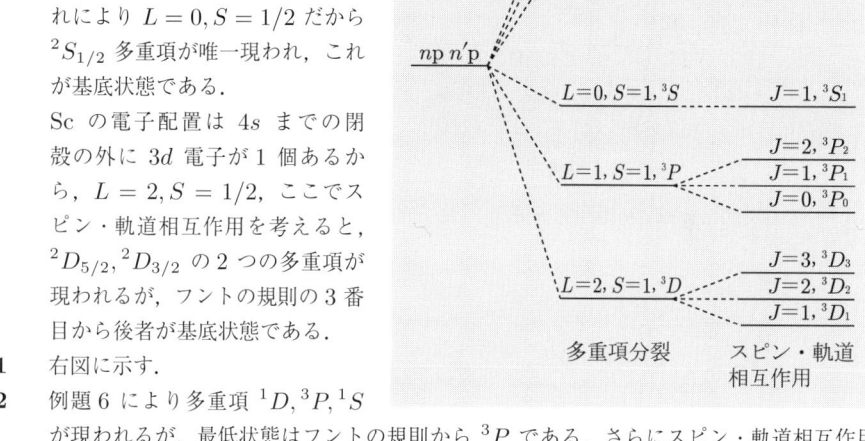

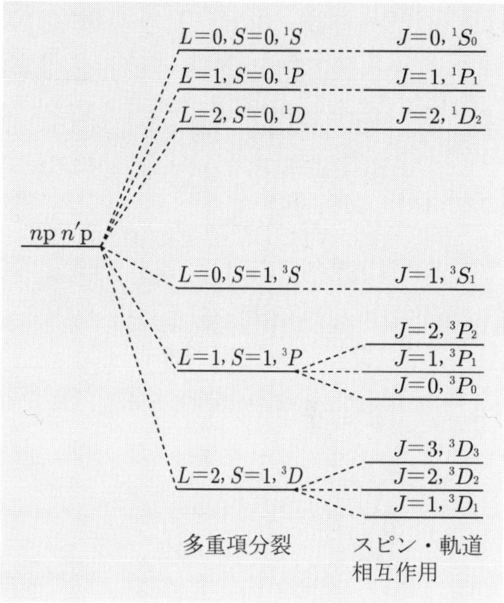

6.2 例題6により多重項$^1D, {}^3P, {}^1S$が現われるが，最低状態はフントの規則から^3Pである．さらにスピン・軌道相互作用を考えると，$J=2,1,0$となるが，その中の最低状態は，電子数が2で半数以下だから$J=0$で$^3P_0$．

6.3 前問の軌道(a)〜(f)の中から3つを選び，$M \geq 0, M_S \geq 0$を満たす組み合わせの場合を数えそのときの(M, M_S)を示すと

(a)+(b)+(c) $(0, 3/2)$,　　(a)+(b)+(d) $(2, 1/2)$,　　(a)+(b)+(e) $(1, 1/2)$,

(a)+(b)+(f) $(0, 1/2)$,　　(a)+(c)+(d) $(1, 1/2)$,　　(a)+(c)+(e) $(0, 1/2)$,

(b)+(c)+(d) $(0, 1/2)$

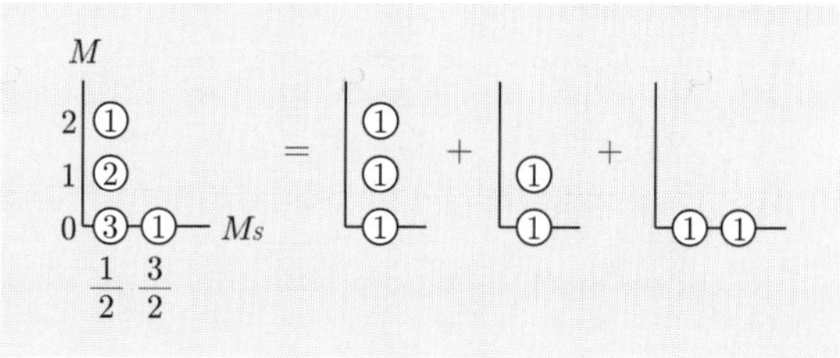

これを図にして分解すると，^2D, ^2P, ^4S. 基底状態は ^4S で，問題 5.5 で示した通りである．

6.4 10 個の軌道

(a)(2,1/2),　(b)(1,1/2),　(c)(0,1/2),　(d)(−1,1/2),　(e)(−2,1/2),
(f)(2,−1/2),　(g)(1,−1/2),　(h)(0,−1/2),　(i)(−1,−1/2),　(j)(−2,−1/2)

から 2 つを選び，$M \geq 0, M_S \geq 0$ を満たす場合だけをとって，(M, M_S) を示すと

(a) + (b)　(3,1),　(a) + (c)　(2,1),　(a) + (d)　(1,1),　(a) + (e)　(0,1),
(a) + (f)　(4,0),　(a) + (g)　(3,0),　(a) + (h)　(2,0),　(a) + (i)　(1,0),
(a) + (j)　(0,0),
(b) + (c)　(1,1),　(b) + (d)　(0,1),　(b) + (f)　(3,0),　(b) + (g)　(2,0),
(b) + (h)　(1,0),　(b) + (i)　(0,0),
(c) + (f)　(2,0),　(c) + (g)　(1,0),　(c) + (h)　(0,0),
(d) + (f)　(1,0),　(d) + (g)　(0,0),　(e) + (f)　(0,0)

これを図によって分解すると ^1G, ^3F, ^1D, ^3P, ^1S である．

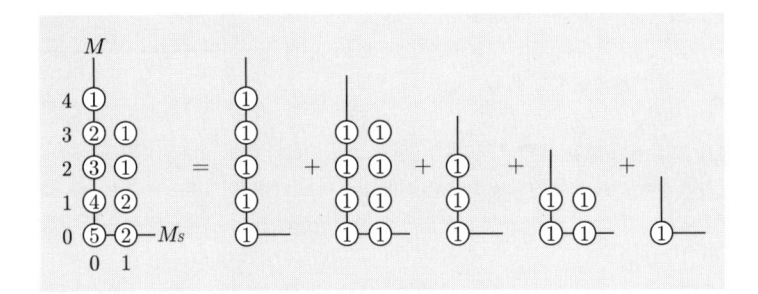

6.5 $(3s)(3p)^4$ は $(3s)(3p)^2$ と同値である．例題 6 に示したように，$(np)^2$ のダイアグラムは図 (a) のとおり．(ns) 軌道には $(0,1/2)$ と $(0,-1/2)$ があるので，図 (a) のそれぞれの場合に両者を加えて生じるダイアグラムを示すと図 (b) になる．このときも，$M \geq 0, M_S \geq 0$ の場合のみを考えた．これを分解すると $^2D, ^4P, ^2P, ^2S$．

6 章の解答

1.1 $\dfrac{\hbar}{im}\nabla\psi_{\text{inc}} = \dfrac{\hbar}{im}Aike^{ikz}\boldsymbol{e}_z, \quad \boldsymbol{j}_{\text{inc}}(r) = \text{Re}\left[\dfrac{\hbar k}{m}|A|^2\boldsymbol{e}_z\right] = N\boldsymbol{e}_z$

$\dfrac{\hbar}{im}\nabla\psi_{\text{sc}} = \dfrac{\hbar}{im}A\left[f\boldsymbol{e}_r\dfrac{\partial}{\partial r}\dfrac{e^{ikr}}{r} + \dfrac{e^{ikr}}{r}\boldsymbol{e}_\theta\dfrac{1}{r}\dfrac{\partial f}{\partial \theta} + \dfrac{e^{ikr}}{r}\boldsymbol{e}_\phi\dfrac{1}{r\sin\theta}\dfrac{\partial f}{\partial \phi}\right]$

$= \dfrac{\hbar}{im}A\left[ikf\dfrac{e^{ikr}}{r}\boldsymbol{e}_r + O\left(\dfrac{1}{r^2}\right)\right]$

$\boldsymbol{j}_{\text{sc}}(r) = \text{Re}\left[|A|^2\dfrac{\hbar k}{m}\dfrac{|f|^2}{r^2}\boldsymbol{e}_r + O\left(\dfrac{1}{r^3}\right)\right] = |A|^2\dfrac{|f|^2}{r^2}\dfrac{\hbar k}{m}\boldsymbol{e}_r + O\left(\dfrac{1}{r^3}\right)$

2.1 (i) 重心が静止している座標系が重心系だから.

(ii) $(\boldsymbol{v})_L = \boldsymbol{v} + \boldsymbol{V}$, これは粒子 A,B の両方に成り立つ関係である.

(iii) 図による.

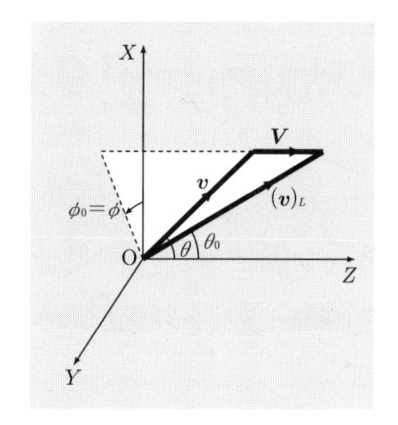

2.2 (i) 衝突前は
$$(\boldsymbol{p}_\text{A})_L = m_\text{A}(\boldsymbol{v}_\text{A})_L, \quad (\boldsymbol{p}_\text{B})_L = 0$$
衝突後は運動量保存則から
$$(\boldsymbol{p}_\text{A}')_L + (\boldsymbol{p}_\text{B}')_L = (\boldsymbol{p}_\text{A})_L \qquad \text{これを図 (a) に示す.}$$

(ii) 重心の速度は運動量保存則から

$m_\text{A}(\boldsymbol{v}_\text{A})_L = (m_\text{A} + m_\text{B})\boldsymbol{V}$ だから $\boldsymbol{V} = \dfrac{m_\text{A}}{m_\text{A} + m_\text{B}}(\boldsymbol{v}_\text{A})_L$. 前問の (ii) から

$\boldsymbol{v}_\text{A} = (\boldsymbol{v}_\text{A})_L - \boldsymbol{V} = \dfrac{m_\text{B}}{m_\text{A} + m_\text{B}}(\boldsymbol{v}_\text{A})_L, \quad \boldsymbol{v}_\text{B} = -\boldsymbol{V} = -\dfrac{m_\text{A}}{m_\text{A} + m_\text{B}}(\boldsymbol{v}_\text{A})_L$

から, 衝突前は
$$\boldsymbol{p}_\text{A} + \boldsymbol{p}_\text{B} = 0$$
衝突後はやはり保存則から $\boldsymbol{p}_\text{A}' + \boldsymbol{p}_\text{B}' = \boldsymbol{p}_\text{A} + \boldsymbol{p}_\text{B} = 0$. 以上を図 (b) に示す.

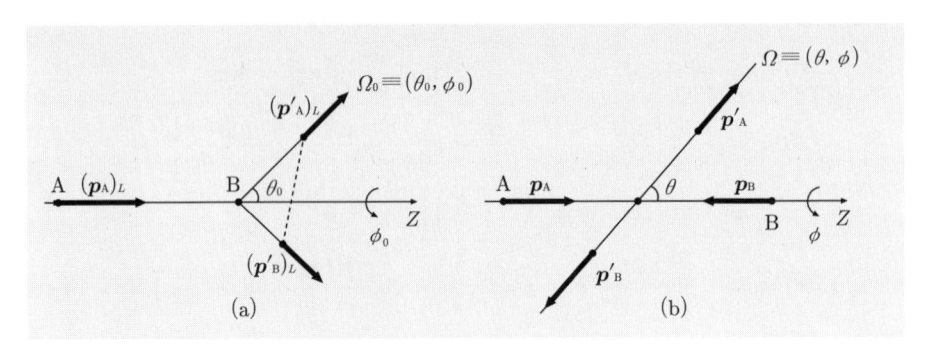

3.1 6.1 節要項 (16) と 6.2 節要項 (3) から
$$\sigma = \int d\Omega \frac{1}{4k^2} \sum_l (2l+1)(e^{2i\delta_l}-1)P_l(\cos\theta) \sum_{l'}(2l'+1)(e^{2i\delta_{l'}}-1)P_{l'}(\cos\theta)$$
ここで, $\int d\Omega P_l(\cos\theta)P_{l'}(\cos\theta) = \frac{4\pi}{2l+1}\delta_{ll'}$ を使うと
$$\sigma = \frac{4\pi}{k^2}\sum_l (2l+1)\sin^2\delta_l$$

3.2 $\mathrm{Im} f(0) = \frac{1}{k}\sum_l (2l+1)\,\mathrm{Im}\,[e^{i\delta_l}\sin\delta_l]P_l(1) = \frac{1}{k}\sum_l (2l+1)\sin^2\delta_l = \frac{k}{4\pi}\sigma$

3.3 $\exp(ikr\cos\theta) = \sum_{l'=0}^\infty c_{l'}j_{l'}(kr)P_{l'}(\cos\theta)$ の両辺に $P_l(\cos\theta)$ を掛けて積分する
$$\int_{-1}^1 d(\cos\theta)e^{ikr\cos\theta}P_l(\cos\theta) = \sum_{l'=0}^\infty c_{l'}j_{l'}(kr)\int_{-1}^1 P_{l'}(\cos\theta)P_l(\cos\theta)d(\cos\theta)$$
$$= \frac{2}{2l+1}c_l j_l(kr) \tag{1}$$
ここで $\int_{-1}^1 P_l(\omega)P_{l'}(\omega)d\omega = \frac{2}{2l+1}\delta_{ll'}$ を使った. 式 (1) の左辺を部分積分すると
$$\left.\frac{e^{ikr\cos\theta}}{ikr}P_l(\cos\theta)\right|_{\cos\theta=-1}^{\cos\theta=1} - \int_{-1}^1 d(\cos\theta)\frac{e^{ikr\cos\theta}}{ikr}\frac{dP_l(\cos\theta)}{d(\cos\theta)}$$
r を大きくすると第 2 項は $1/r^2$ 程度の小さい量になるので無視する. 式 (1) の右辺に $j_l(kr) \xrightarrow[\rho\to\infty]{} \frac{1}{kr}\sin\left(kr-\frac{l\pi}{2}\right)$ を使うと
$$\frac{2}{2l+1}c_l \frac{1}{kr}\sin\left(kr-\frac{l\pi}{2}\right) = \frac{1}{ikr}\left\{e^{ikr}-(-1)^l e^{-ikr}\right\} = \frac{2}{kr}e^{i\pi l/2}\sin\left(kr-\frac{l\pi}{2}\right),\ \text{こ}$$
こで $(-1)^l = e^{i\pi l}$ を使った. $e^{i\pi l/2} = \left(i\sin\frac{\pi}{2}\right)^l = i^l$ だから, $c_l = (2l+1)i^l$

4.1 $j_0(\rho) = \frac{\sin\rho}{\rho}$, $n_0(\rho) = -\frac{\cos\rho}{\rho}$ とその導関数の, ρ が大きいところでの主要項 $j_0{'}(\rho) =$

$\dfrac{\cos\rho}{\rho}$, $n_0{}'(\rho) = \dfrac{\sin\rho}{\rho}$ を使うと

$$\tan\delta_0(k) = \frac{k\tan\kappa a - \kappa\tan ka}{\kappa + k\tan ka \tan\kappa a} \tag{1}$$

となる．公式

$$\tan(A-B) = \frac{\tan A - \tan B}{1 + \tan A \tan B} \tag{2}$$

において，$B = ka$, $\tan A = \dfrac{k}{\kappa}\tan\kappa a$ とすると，右辺は (1) の右辺となる．したがって左辺が $\tan\delta_0(k)$ となるから，(2) の左辺に A, B を代入して

$$\tan\left(\tan^{-1}\left(\frac{k}{\kappa}\tan\kappa a\right) - ka\right) = \tan\delta_0(k) \tag{3}$$

となる．したがって

$$\delta_0 = -ka + \tan^{-1}\left(\frac{k}{\kappa}\tan\kappa a\right) \tag{4}$$

4.2 前問解答の (4) において，$\kappa^2 = k^2 + \dfrac{2m}{\hbar^2}V_0 (V_0 > 0)$ の関係がある．$\tan x \simeq x$ ($x \ll 1$) を使うと，$\tan\delta_0 \approx \delta_0 \approx ka\left(\dfrac{\tan\kappa a}{\kappa a} - 1\right)$．ここでポテンシャルの深さをゆっくり大きくしていくと κa が増加して，$\pi/2$ を過ぎるとき，$\tan\kappa a$ は無限大になる．このとき前問解答の (2) から $\tan\delta_0 = \dfrac{1}{\tan ka} \to \infty$ であるから，δ_0 が $\pi/2$ を過ぎることを意味する．一方，κa が $\pi/2$ を超えることは，2 章例題 4 からポテンシャルが束縛状態を生じるのに十分なだけ深くなることである．

4.3 要項 (8) で，$ka \ll 1$ のときの漸化式

$$j_l(\rho) \underset{\rho\to 0}{\longrightarrow} \frac{1}{(2l+1)!!}\rho^l, \quad n_l(\rho) \underset{\rho\to 0}{\longrightarrow} -\frac{(2l-1)!!}{\rho^{l+1}} \tag{1}$$

を使うと

$$\tan\delta_l(k) \simeq \frac{2l+1}{((2l+1)!!)^2}(ka)^{2l+1}\frac{lj_l(\kappa a) - \kappa a j_l{}'(\kappa a)}{(l+1)j_l(\kappa a) + \kappa a j_l{}'(\kappa a)} \tag{2}$$

となる．分母がゼロということから

$$(l+1)j_l(\kappa a) + \kappa a j_l{}'(\kappa a) = 0 \tag{3}$$

$\kappa a \gg l$ のとき，近似式

$$j_l(\rho) \underset{\rho\to\infty}{\longrightarrow} \frac{1}{\rho}\cos\left[\rho - \frac{1}{2}(l+1)\pi\right] \tag{4}$$

を使うと，(3) は

$$\tan\left(\kappa a - \frac{l+1}{2}\pi\right) = \frac{l+1}{\kappa a} \tag{5}$$

右辺が小さいことを使うと，共鳴条件は $\kappa a - \dfrac{l+1}{2}\pi \approx n\pi + \dfrac{l+1}{\kappa a}$ となる．これは 3

次元箱型ポテンシャルでの離散的エネルギー，2章例題 12 の (7) の漸近形である．共鳴散乱は，入射エネルギーが，束縛状態のエネルギーに一致するときに起こる．いまの場合図に示すように，遠心力ポテンシャルが加わって $E > 0$ に生じた準位は，寿命が無限大の本当の束縛状態ではなく，障壁の外に透過する確率をもつ共鳴状態となっている．

4.4 動径方向のシュレディンガー方程式は，$\chi = rR$ に対して

$$\frac{d^2\chi}{dr^2} + \frac{2m}{\hbar^2}(E + V_0 e^{-\frac{r}{a}})\chi = 0.$$

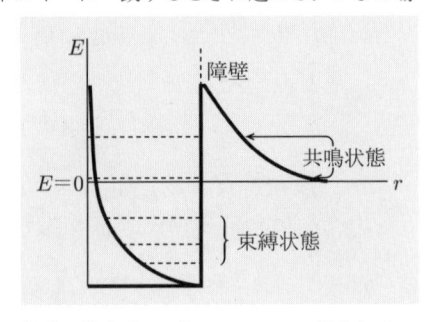

箱型＋遠心力のポテンシャルに現われる共鳴状態

散乱問題だから正のエネルギー域を考える．$k^2 = 2mE/\hbar^2, \kappa^2 = 2mV_0/\hbar^2$ と置き，$\xi = \exp\left(-\dfrac{r}{2a}\right)$ と変数変換すれば $\dfrac{d^2\chi}{d\xi^2} + \dfrac{1}{\xi}\dfrac{d\chi}{d\xi} + 4a^2\left(\dfrac{k^2}{\xi^2} + \kappa^2\right)\chi = 0.$ これは次数が $\pm 2aki$ のベッセルの微分方程式であり，独立な 2 つの解は

$$\chi = J_{\pm 2aki}(2a\kappa\xi).$$

$\chi(r = 0) = \chi(\xi = 1) = 0$ の境界条件を満たさせるには，両者の 1 次結合として

$$\chi = J_{-2aki}(2a\kappa)J_{2aki}(2a\kappa\xi) - J_{2aki}(2a\kappa)J_{-2aki}(2a\kappa\xi) \tag{1}$$

をとる．$r \to \infty (\xi \to 0)$ での漸近形は，ベッセル関数の級数表示

$$J_\nu(z) = \left(\frac{z}{2}\right)^\nu \sum_{m=0}^{\infty} \frac{(-1)^m}{\Gamma(\nu + m + 1)} \left(\frac{z}{2}\right)^{2m}$$

から，$z \to 0$ での漸近形 $(z/2)^\nu / \Gamma(\nu + 1)$ を用いれば

$$\lim_{\xi \to 0} J_{\pm 2aki}(2a\kappa\xi) = (a\kappa)^{\pm 2aki} \xi^{\pm 2aki} / \Gamma(\pm 2aki + 1)$$
$$= e^{\pm 2aki \ln a\kappa} e^{\mp kri} / \Gamma(\pm 2aki + 1)$$

であるから

$$\chi \sim J_{-2aki}(2a\kappa) \frac{e^{2aki\ln a\kappa}}{\Gamma(2aki+1)} e^{-ikr} - J_{2aki}(2a\kappa) \frac{e^{-2aki\ln a\kappa}}{\Gamma(-2aki+1)} e^{ikr}$$
$$= A(e^{-ikr-i\delta_0} - e^{ikr+i\delta_0}) = -2iA\sin(kr + \delta_0).$$

ここで $e^{2i\delta_0} = \dfrac{J_{2aki}(2a\kappa)}{J_{-2aki}(2a\kappa)} \dfrac{\Gamma(2aki+1)}{\Gamma(-2aki+1)} e^{-4aki\ln a\kappa}.$

k が純虚数 ik_n のとき，負エネルギーの束縛状態を与える．$k_n > 0$ と考えると，e^{-ikr} の係数が 0 でなければ波動関数が規格化できない．つまり

$$J_{2ak_n}(2a\kappa) = 0 \quad \text{または} \quad 1/\Gamma(-2ak_n + 1) = 0$$

後者は Γ 関数の性質：$\Gamma(\nu) = \pm\infty$（ν が 0 または負の整数）から，$-2ak_n = -n$（n は正の整数）ということである．このとき J の次数 $2aki = -n$ だから，$J_n(x) = (-1)^n J_{-n}(x)$ を用いると (1) は恒等的に 0．第 1 の条件が束縛状態を与える．ポテンシャル U_0 が与えられると，κ を通じて変数の値が与えられ，それがベッセル関数の 0 点となるような次数 $2ak_n$ を決める．束縛エネルギーは，$E_n = -\dfrac{\hbar^2}{2m}k_n{}^2$．

5.1 $f(\theta) = -\dfrac{2m}{\hbar^2}\dfrac{V_0}{K\mu}\displaystyle\int_0^\infty \sin Kr\, e^{-\mu r}dr = -\dfrac{2mV_0}{\hbar^2 K\mu}\mathrm{Im}\int_0^\infty e^{-(\mu-iK)r}dr$

$\qquad = -\dfrac{2mV_0}{\hbar^2\mu}\dfrac{1}{\mu^2 + 4k^2\sin^2\frac{\theta}{2}}$,

$\sigma = \left(\dfrac{2mV_0}{\hbar^2\mu}\right)^2 \displaystyle\int \dfrac{\sin\theta d\theta d\phi}{(\mu^2 + 2k^2 - 2k^2\cos\theta)^2} \quad \cos\theta = t$ と置くと，積分ができて，

$\qquad = 4\pi\left(\dfrac{2mV_0}{\hbar^2\mu^3}\right)^2 \dfrac{1}{1 + \left(\frac{2k}{\mu}\right)^2}$.

5.2 要項 (3) で $e^{2i\delta_l} - 1 \simeq 2i\delta_l$ と近似すると，

$f(\theta) \simeq \dfrac{1}{k}\displaystyle\sum_l (2l+1)\delta_l P_l(\cos\theta) = -\dfrac{1}{k^2}\sum_l (2l+1)P_l(\cos\theta)\int_0^\infty U(r)v_l^2(r)dr$

$\qquad = -\displaystyle\int_0^\infty U(r)\sum_l (2l+1)P_l(\cos\theta)\cdot r^2 j_l{}^2(kr)dr.$

ここで $k = k'$ として，公式 $\dfrac{\sin(r|\boldsymbol{k}-\boldsymbol{k}'|)}{r|\boldsymbol{k}-\boldsymbol{k}'|} = \displaystyle\sum_l (2l+1)[j_l(kr)]^2 P_l(\cos\theta)$ を用いると

$$f(\theta) = -\int_0^\infty \dfrac{\sin Kr}{K}U(r)r dr.$$

5.3 要項 (2) において，第 1 項は摂動の 0 次を与え，第 2 項で $\psi = e^{ikz'}$ と置いたものが 1 次の効果を与える．このとき第 2 項の絶対値が第 1 項に比べて小さいことが，近似が成り立つ条件である．入射エネルギーが小さく，k が小さいとき，$\exp(ik|\boldsymbol{r}-\boldsymbol{r}'|) \approx 1$ と考えてよい．(例えば $|\boldsymbol{r}-\boldsymbol{r}'| \approx 10A$ とすると，$E \leq 10meV$ のとき，これが成り立つ). 第 2 項は UR^2 程度だから，成立条件は $1 \gg UR^2$.

5.4 問題の (1)，(2) を要項 (3) に代入すると

$$(k^2 - k'^2)\int e^{i\boldsymbol{k}'\cdot(\boldsymbol{r}-\boldsymbol{r}')}G_0(\boldsymbol{k}')d\boldsymbol{k}' = (2\pi)^{-3}\int e^{i\boldsymbol{k}'\cdot(\boldsymbol{r}-\boldsymbol{r}')}d\boldsymbol{k}'$$

よって $G_0(\boldsymbol{k}') = \dfrac{1}{(2\pi)^3}\dfrac{1}{k^2 - k'^2}$. これを (2) に代入すると

$$G_0(\boldsymbol{r}) = (2\pi)^{-3}\int \dfrac{e^{i\boldsymbol{k}'\cdot\boldsymbol{r}}}{k^2 - k'^2}d\boldsymbol{k}'$$

6.1 $\mathcal{H} = \mathcal{H}_0 + V = -\dfrac{\hbar^2}{2m}\Delta + V$ と置き,$\mathcal{H}_0 e^{i\boldsymbol{k}\cdot\boldsymbol{r}} = E_k e^{i\boldsymbol{k}\cdot\boldsymbol{r}}$ を用いると,例題 5 解答の (6) から

$$\begin{aligned}\psi(\boldsymbol{r}) &= \varphi(\boldsymbol{r}) + \int G_0(\boldsymbol{r}-\boldsymbol{r}')U(\boldsymbol{r}')\psi(\boldsymbol{r}')d\boldsymbol{r}' \\ &= \varphi(\boldsymbol{r}) + (2\pi)^{-3}\iint \frac{1}{E_k - E_{k'} + i\epsilon}e^{i\boldsymbol{k}'\cdot(\boldsymbol{r}-\boldsymbol{r}')}V(\boldsymbol{r}')\psi(\boldsymbol{r}')d\boldsymbol{k}'d\boldsymbol{r}' \\ &= \varphi(\boldsymbol{r}) + (2\pi)^{-3}\iint \frac{1}{E_k - \mathcal{H}_0 + i\epsilon}e^{i\boldsymbol{k}'\cdot(\boldsymbol{r}-\boldsymbol{r}')}V(\boldsymbol{r}')\psi(\boldsymbol{r}')d\boldsymbol{k}'d\boldsymbol{r}' \\ &= \varphi(\boldsymbol{r}) + \frac{1}{E_k - \mathcal{H}_0 + i\epsilon}\int \delta(\boldsymbol{r}-\boldsymbol{r}')V(\boldsymbol{r}')\psi(\boldsymbol{r}')d\boldsymbol{r}' \\ &= \varphi(\boldsymbol{r}) + \frac{1}{E_k - \mathcal{H}_0 + i\epsilon}V(\boldsymbol{r})\psi(\boldsymbol{r}).\end{aligned}$$

よって

$$\psi = \varphi + G_0 V \psi. \tag{1}$$

このリップマン・シュウィンガーの方程式は,散乱の積分方程式の 1 つの表現である.いま恒等式

$$\frac{1}{E_k - \mathcal{H} + i\epsilon} = \frac{1}{E_k - \mathcal{H}_0 + i\epsilon} + \frac{1}{E_k - \mathcal{H} + i\epsilon}V\frac{1}{E_k - \mathcal{H} + i\epsilon} \tag{2}$$

が成り立つことは,両辺に左から $(E_k - \mathcal{H}_0 + i\epsilon)$,右から $(E_k - \mathcal{H} + i\epsilon)$ をかけてみればわかる.(演算子の逆数も 1 つの演算子として定義できる.) (2) は $G = G_0 + G_0 V G$ と書ける.同様に

$$\frac{1}{E_k - \mathcal{H}_0 + i\epsilon} = \frac{1}{E_k - \mathcal{H} + i\epsilon} - \frac{1}{E_k - \mathcal{H} + i\epsilon}V\frac{1}{E_k - \mathcal{H}_0 + i\epsilon}$$

が成り立つことは,左から $(E_k - \mathcal{H} + i\epsilon)$,右から $(E_k - \mathcal{H}_0 + i\epsilon)$ をかけるといえるから

$$G_0 = G - GVG_0. \tag{3}$$

(3) を (1) に用いると

$$\psi = \varphi + G(1 - VG_0)V\psi = \varphi + GV(\psi - G_0 V\psi) = \varphi + GV\varphi. \tag{4}$$

これに左から $\varphi^* V$ をかけて全空間で積分すると,例題 6 と同様に

$$T = V + VGV.$$

8.1 $E > 0$ のとき解は,$k^2 = 2mE/\hbar^2$,$\kappa^2 = 2m(E+V_0)/\hbar^2$ として

$$\psi(x) = \begin{cases} Ae^{ikx} + Be^{-ikx} & (x < -a) \\ Fe^{i\kappa x} + Ge^{-i\kappa x} & (-a < x < a) \\ Ce^{ikx} & (a < x) \end{cases}$$

$x = -a, a$ での ψ と ψ' の連続条件は

$$Ae^{-ika} + Be^{ika} = Fe^{-i\kappa a} + Ge^{i\kappa a}, \tag{1}$$

$$ik(Ae^{-ika} - Be^{ika}) = i\kappa(Fe^{-i\kappa a} - Ge^{i\kappa a}), \tag{2}$$

$$Fe^{i\kappa a} + Ge^{-i\kappa a} = Ce^{ika}, \tag{3}$$

$$i\kappa(Fe^{i\kappa a} - Ge^{-i\kappa a}) = ikCe^{ika}. \tag{4}$$

以下で，$B/A, C/A$ を求める．

$(1) \times i\kappa + (2)$ $\quad i\kappa(Ae^{-ika} + Be^{ika}) + ik(Ae^{-ika} - Be^{ika}) = 2i\kappa Fe^{-i\kappa a}, \tag{5}$

$(1) \times i\kappa - (2)$ $\quad i\kappa(Ae^{-ika} + Be^{ika}) - ik(Ae^{-ika} - Be^{ika}) = 2i\kappa Ge^{i\kappa a}, \tag{6}$

$(3) \times i\kappa + (4)$ $\quad 2i\kappa Fe^{i\kappa a} = Ci(\kappa + k)e^{ika}, \tag{7}$

$(3) \times i\kappa - (4)$ $\quad 2i\kappa Ge^{-i\kappa a} = Ci(\kappa - k)e^{ika}. \tag{8}$

次に

$(5) \times e^{i\kappa a} = (7) \times e^{-i\kappa a}$

$\longrightarrow [i(\kappa+k)e^{-ika}A + i(\kappa-k)e^{ika}B]e^{i\kappa a} = Ci(\kappa+k)e^{i(k-\kappa)a}, \tag{9}$

$(6) \times e^{-i\kappa a} = (8) \times e^{i\kappa a}$

$\longrightarrow [i(\kappa-k)e^{-ika}A + i(\kappa+k)e^{ika}B]e^{-i\kappa a} = Ci(\kappa-k)e^{i(k+\kappa)a}. \tag{10}$

さらに

$(9) \times (\kappa-k)e^{i\kappa a} - (10) \times (\kappa+k)e^{-i\kappa a} = 0$

$$\longrightarrow \frac{B}{A} = \frac{i(\kappa^2-k^2)e^{-2ika}\sin 2\kappa a}{2\kappa k\cos 2\kappa a - i(\kappa^2+k^2)\sin 2\kappa a}. \tag{11}$$

$(9) \times (\kappa+k)e^{-i\kappa a} - (10) \times (\kappa-k)e^{i\kappa a} = 0$

$$\longrightarrow \frac{C}{A} = e^{-2ika}\frac{2\kappa k}{2\kappa k\cos 2\kappa a - i(\kappa^2+k^2)\sin 2\kappa a}. \tag{12}$$

これから，反射率は，$|B/A|^2$，透過率は $|C/A|^2$ で与えられる．$\sin 2\kappa a = 0$ つまり $\kappa = n\pi/2a$，$E = -V_0 + n^2\pi^2\hbar^2/8ma^2$ のときも反射が起こらない．この E の値で透過が共鳴的に生じる．

$E < 0$ のときにも，$E + V_0 > 0$ ならば解がある．$\dfrac{2mE}{\hbar^2} = -\kappa'^2, \kappa^2 = \dfrac{2m}{\hbar^2}(V_0 - |E|)$ と置く．遠方での境界条件を満たすものとして

$$\psi(x) = \begin{cases} Ae^{\kappa'x} & (x < -a) \\ F\cos\kappa x + G\sin\kappa x & (-a < x < a) \\ Ce^{-\kappa'x} & (a < x) \end{cases}$$

$x = \pm a$ での連続条件から

$$Ae^{-\kappa' a} = F\cos\kappa a - G\sin\kappa a, \tag{13}$$

$$\kappa' Ae^{-\kappa' a} = \kappa(F\sin\kappa a + G\cos\kappa a), \tag{14}$$

$$Ce^{-\kappa' a} = F\cos\kappa a + G\sin\kappa a, \tag{15}$$

$$-\kappa' Ce^{-\kappa' a} = -\kappa(F\sin\kappa a - G\cos\kappa a). \tag{16}$$

$(14)/(13) = -(16)/(15)$ から

$$\kappa' = \kappa\frac{F\sin\kappa a + G\cos\kappa a}{F\cos\kappa a - G\sin\kappa a} = \kappa\frac{F\sin\kappa a - G\cos\kappa a}{F\cos\kappa a + G\sin\kappa a}.$$

右辺の等式を整理すると $FG = 0$, $F = 0$ のとき, 奇関数の解であり, $(14)/(13)$ から

$$\kappa' = -\kappa\cot\kappa a \tag{17}$$

で固有値が決まる. $G = 0$ のときは偶関数の解となり, 固有値を決める式は

$$\kappa' = \kappa\tan\kappa a. \tag{18}$$

$\lambda = 2mV_0 a^2/\hbar^2$, $\kappa a = y$ と置けば, (17), (18) はそれぞれ

$$\sqrt{\lambda - y^2} = -y\cot y, \quad \sqrt{\lambda - y^2} = y\tan y$$

となる. 図 (a) に $\sqrt{\lambda - y^2}/y$ と $-\cot y$, 図 (b) に $\sqrt{\lambda - y^2}/y$ と $\tan y$ を示したので, その交点から固有値が決まる.

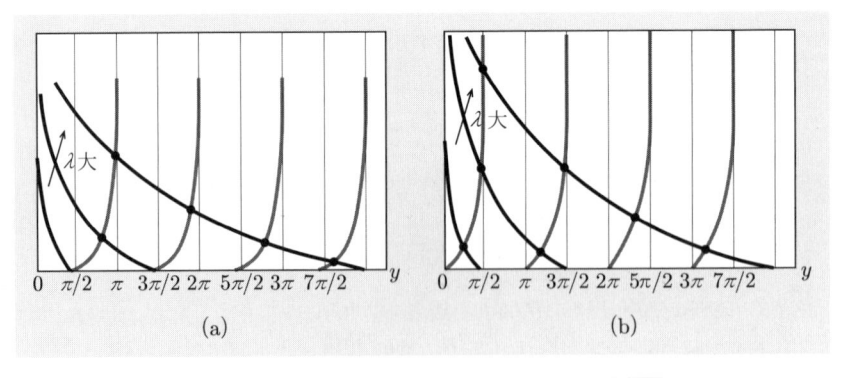

8.2 トンネル現象だから $E < V_0$ の場合を考える. $\kappa' = \sqrt{2m(V_0 - E)}/\hbar$ と置くと, 解は

$$\psi(x) = \begin{cases} Ae^{ikx} + Be^{-ikx} & (x < -a) \\ Fe^{\kappa' x} + Ge^{-\kappa' x} & (-a < x < a) \\ De^{ikx} & (a < x) \end{cases}$$

この解は問題 8.1 の解で $\kappa \to i\kappa'$ としたものに対応しているから, 8.1 の $B/A, C/A$ の表式で, $\kappa \to i\kappa'$ とすれば

$$\frac{B}{A} = \frac{e^{-2ika}\frac{2mV_0}{\hbar^2}\sinh 2\kappa' a}{2i\kappa' k \cosh 2\kappa' a - (\kappa'^2 - k^2)\sinh 2\kappa' a}.$$

$$\frac{C}{A} = e^{-2ika}\frac{2\kappa' k}{2\kappa' k \cosh 2\kappa' a + i(\kappa'^2 - k^2)\sinh 2\kappa' a}.$$

透過率は
$$\left|\frac{C}{A}\right|^2 = \frac{(2\kappa' k)^2}{(\kappa'^2 + k^2)^2 \sinh^2 2\kappa' a + (2\kappa' k)^2},$$

ここで $\kappa' a \gg 1$ の場合を考えると

$$T = \left(\frac{4\kappa' k}{\kappa'^2 + k^2}\right)^2 e^{-4\kappa' a}.$$

これは指数関数のため、壁の厚さに非常に敏感な透過率を与える.

8.3 滑らかな曲線で与えられるポテンシャル障壁を、図に示すように箱型をつないだもので近似する。透過率が小さいときは各部分による効果が独立と考えてよいから、全透過率 T は各部分の障壁による透過率 T_i の積で与えられる. 問題 8.2 解答の T では指数部分が重要だから、$\log T \simeq -2\kappa'(2a)$ と考えてよい. これからいまの問題では

$$\log T \simeq \sum_i \log T_i \simeq -2 \sum_i \Delta x \langle \kappa_i' \rangle$$

となる. Δx は各障壁の幅、$\langle \kappa_i' \rangle$ はそこでの κ' の平均値である. 幅が狭い極限を考えると

$$\log T \simeq -2 \int dx \sqrt{\frac{2m}{\hbar^2}\{V(x) - E\}} \quad \text{となるので、表式を得る.}$$

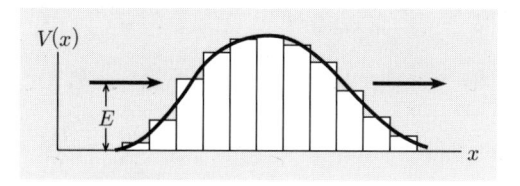

ゆるやかなポテンシャルの箱型による近似

8.4 $\quad T = \exp\left(-\int \sqrt{\frac{2m}{\hbar^2}(W - eEx)}dx\right) = \exp\left(-\frac{4}{3}\sqrt{\frac{2m}{\hbar^2}}W^{3/2}/eE\right)$

9.1 自由電子の場合には例題 9 の (11) 左辺第 1 項の係数は 0 だから、$k = K$ となる. つまりエネルギーは通常の波数ベクトル k で表される. 一方第 1 項の係数が無限大のときは

$$\sin(ka) = 0 \quad \text{から} \quad k = \frac{\pi}{a}$$

となり、束縛状態のエネルギーに対応する k (2.2 節箱型ポテンシャルの束縛状態) の値が導かれる.

7 章の解答

1.1
$$\left[\Delta\phi' + \frac{\partial}{\partial t}\operatorname{div}\boldsymbol{A}'\right] - \left[\Delta\phi + \frac{\partial}{\partial t}\operatorname{div}\boldsymbol{A}\right] = \Delta\frac{\partial}{\partial t}\chi - \frac{\partial}{\partial t}\operatorname{div}\operatorname{grad}\chi = 0,$$

$$\left[\Delta\boldsymbol{A}' - \epsilon_0\mu_0\frac{\partial^2\boldsymbol{A}'}{\partial t^2} - \operatorname{grad}\left(\operatorname{div}\boldsymbol{A}' + \epsilon_0\mu_0\frac{\partial\phi'}{\partial t}\right)\right]$$

$$-\left[\Delta\boldsymbol{A} - \epsilon_0\mu_0\frac{\partial^2\boldsymbol{A}}{\partial t^2} - \operatorname{grad}\left(\operatorname{div}\boldsymbol{A} + \epsilon_0\mu_0\frac{\partial\phi}{\partial t}\right)\right]$$

$$= -\Delta\operatorname{grad}\chi + \epsilon_0\mu_0\frac{\partial^2}{\partial t^2}\operatorname{grad}\chi + \operatorname{grad}\operatorname{div}\operatorname{grad}\chi - \epsilon_0\mu_0\operatorname{grad}\frac{\partial}{\partial t}\left(\frac{\partial\chi}{\partial t}\right) = 0.$$

ここで $\operatorname{div}\operatorname{grad}\phi = \Delta\phi$ を使った. また

$$\boldsymbol{E}' = -\frac{\partial\boldsymbol{A}'}{\partial t} - \operatorname{grad}\phi' = \boldsymbol{E} + \frac{\partial}{\partial t}\operatorname{grad}\chi - \operatorname{grad}\frac{\partial}{\partial t}\chi = \boldsymbol{E},$$

$$\boldsymbol{B}' = \operatorname{rot}\boldsymbol{A}' = \boldsymbol{B} - \operatorname{rot}\operatorname{grad}\chi = \boldsymbol{B}.$$

1.2 $\boldsymbol{E} = -\dfrac{\partial\boldsymbol{A}}{\partial t} - \operatorname{grad}\phi = \operatorname{grad}(\boldsymbol{E}\cdot\boldsymbol{r}) = \boldsymbol{E}, \quad \boldsymbol{B} = \operatorname{rot}\boldsymbol{A} = \dfrac{1}{2}\operatorname{rot}(\boldsymbol{B}\times\boldsymbol{r}) = \boldsymbol{B}.$

2.1 $\boldsymbol{E} = i\sum_\lambda \omega_\lambda\{q_\lambda\boldsymbol{A}_\lambda - q_\lambda^*\boldsymbol{A}_\lambda^*\}, \ \boldsymbol{B} = i\sum_\lambda\{q_\lambda(\boldsymbol{k}_\lambda\times\boldsymbol{A}_\lambda) - q_\lambda^*(\boldsymbol{k}_\lambda\times\boldsymbol{A}_\lambda^*)\}$ より

$$\int(\boldsymbol{E}\times\boldsymbol{B})d\boldsymbol{r} = -\sum_{\lambda\lambda'}\int\omega_\lambda\{q_\lambda q_{\lambda'}\boldsymbol{A}_\lambda\times(\boldsymbol{k}_{\lambda'}\times\boldsymbol{A}_{\lambda'}) + q_\lambda^* q_{\lambda'}^*\boldsymbol{A}_\lambda^*\times(\boldsymbol{k}_{\lambda'}\times\boldsymbol{A}_{\lambda'}^*)$$
$$- q_\lambda q_{\lambda'}^*\boldsymbol{A}_\lambda\times(\boldsymbol{k}_{\lambda'}\times\boldsymbol{A}_{\lambda'}^*) - q_\lambda^* q_{\lambda'}\boldsymbol{A}_\lambda^*\times(\boldsymbol{k}_{\lambda'}\times\boldsymbol{A}_{\lambda'})\}d\boldsymbol{r}.$$

右辺の第 1 項, 第 2 項は 0 で, 第 3, 第 4 項は $\boldsymbol{k}_\lambda = \boldsymbol{k}_{\lambda'}$ のときのみ 0 でない. ゆえに

$$\int(\boldsymbol{E}\times\boldsymbol{B})d\boldsymbol{r} = \frac{1}{\epsilon_0}\sum_{\boldsymbol{k}_\lambda}\sum_{\lambda_1\lambda_2}\omega_\lambda\boldsymbol{e}_{\lambda_1}\times(\boldsymbol{k}_\lambda\times\boldsymbol{e}_{\lambda_2})(q_{\lambda_1}q_{\lambda_2}^* + q_{\lambda_1}^* q_{\lambda_2}).$$

ここで $\boldsymbol{e}_{\lambda_1}\times(\boldsymbol{k}_\lambda\times\boldsymbol{e}_{\lambda_2}) = \boldsymbol{k}_\lambda(\boldsymbol{e}_{\lambda_1}\cdot\boldsymbol{e}_{\lambda_2}) - \boldsymbol{e}_{\lambda_2}(\boldsymbol{e}_{\lambda_1}\cdot\boldsymbol{k}_\lambda) = \delta_{\lambda_1\lambda_2}\boldsymbol{k}_\lambda$ を用いると

$$\boldsymbol{G} = \epsilon_0\int(\boldsymbol{E}\times\boldsymbol{B})d\boldsymbol{r} = \sum_\lambda \omega_\lambda\boldsymbol{k}_\lambda(q_\lambda q_\lambda^* + q_\lambda^* q_\lambda).$$

2.2 $\boldsymbol{G}$ が場の運動量であることを了解してしまえば, 輻射場では (エネルギー) = $c\times$ (運動量) であるから, 明らかである. また

$$c\boldsymbol{G} = \sum_\lambda \omega_\lambda c\boldsymbol{k}_\lambda(q_\lambda q_\lambda^* + q_\lambda^* q_\lambda) = \sum_\lambda\left(\frac{\boldsymbol{k}_\lambda}{k_\lambda}\right)\omega_\lambda^2(q_\lambda q_\lambda^* + q_\lambda^* q_\lambda)$$

であり, 全エネルギー U を, 各振動子に分けて $U = \sum_\lambda U_\lambda$ と書けば $c\boldsymbol{G} = \sum_\lambda(\boldsymbol{k}_\lambda/k_\lambda)U_\lambda$ となる. したがって $c\boldsymbol{G}$ はエネルギーの流れを表わしている.

3.1 調和振動子の固有関数 $\phi_n(Q)$ に対する漸化式と微分公式 (2 章例題 7 参照) を用いてもよいが, ここではもう少し簡単に行なう.

$$a_\lambda = \sqrt{2\omega_\lambda/\hbar}\,q_\lambda, \qquad a_\lambda^\dagger = \sqrt{2\omega_\lambda/\hbar}\,q_\lambda^\dagger$$

の行列要素は，例題 3 より

$$(a_\lambda)_{n_\lambda-1,n_\lambda} = \sqrt{n_\lambda}, \qquad (a_\lambda{}^\dagger)_{n_\lambda+1,n_\lambda} = \sqrt{n_\lambda+1} \tag{1}$$

以外すべて 0 である．$a_\lambda \phi_{n_\lambda}(Q_\lambda) = \sum_{m_\lambda} A_{m_\lambda} \phi_{m_\lambda}(Q_\lambda), a_\lambda{}^\dagger \phi_{m_\lambda}(Q_\lambda) = \sum_{m_\lambda} B_{m_\lambda} \phi_{n_\lambda}(Q_\lambda)$ と書くと，左側から $\phi_{n'_\lambda}(Q_\lambda)^*$ をかけて積分すれば $A_{m_\lambda} = \sqrt{n_\lambda}\,\delta_{m_\lambda,n_\lambda-1},\ B_{m_\lambda} = \sqrt{n_\lambda+1}\,\delta_{m_\lambda,n_\lambda+1}$ である．

3.2 $[a_\lambda, a_{\lambda'}{}^\dagger] = (4\hbar^2\omega_\lambda\omega_{\lambda'})^{-1/2}[\omega_\lambda Q_\lambda + iP_\lambda, \omega_{\lambda'} Q_{\lambda'} - iP_{\lambda'}]$

$\qquad = (4\hbar^2\omega_\lambda\omega_{\lambda'})^{-1/2}\{-\omega_\lambda i[Q_\lambda, P_{\lambda'}] + i\omega_{\lambda'}[P_\lambda, Q_{\lambda'}]\} = \delta_{\lambda\lambda'},$

$[a_\lambda, a_{\lambda'}] = (4\hbar^2\omega_\lambda\omega_{\lambda'})^{-1/2}\{+\omega_\lambda i[Q_\lambda, P_{\lambda'}] + i\omega_{\lambda'}[P_\lambda, Q_{\lambda'}]\} = 0,$

$[a_\lambda{}^\dagger, a_{\lambda'}{}^\dagger] = (4\hbar^2\omega_\lambda\omega_{\lambda'})^{-1/2}\{-\omega_\lambda i[Q_\lambda, P_{\lambda'}] - i\omega_{\lambda'}[P_\lambda, Q_{\lambda'}]\} = 0.$

3.3 量子論では $q_\lambda{}^*$ を，演算子 $q_\lambda{}^\dagger$ に置き換える．

$$q_\lambda q_\lambda{}^* + q_\lambda{}^* q_\lambda \longrightarrow q_\lambda q_\lambda{}^\dagger + q_\lambda{}^\dagger q_\lambda = \frac{\hbar}{2\omega_\lambda}(a_\lambda a_\lambda{}^\dagger + a_\lambda{}^\dagger a_\lambda) = \frac{\hbar}{\omega_\lambda}\left(a_\lambda{}^\dagger a_\lambda + \frac{1}{2}\right).$$

ゆえに $\quad U = \sum_\lambda \omega_\lambda{}^2 (q_\lambda q_\lambda{}^* + q_\lambda{}^* q_\lambda) \longrightarrow \mathcal{H}_0 = \sum_\lambda \hbar\omega_\lambda \left(a_\lambda{}^\dagger a_\lambda + \frac{1}{2}\right),$

$\quad \boldsymbol{G} = \sum_\lambda \omega_\lambda \boldsymbol{k}_\lambda (q_\lambda q_\lambda{}^* + q_\lambda{}^* q_\lambda) \longrightarrow \boldsymbol{P} = \sum_\lambda \hbar\boldsymbol{k}_\lambda \left(a_\lambda{}^\dagger a_\lambda + \frac{1}{2}\right).$

3.4 輻射場の振動子密度 $\rho(\hbar\omega)d(\hbar\omega)$ は，光の偏りおよび，光の波数ベクトルの方向に対する自由度をすべてふくめて $\rho(\hbar\omega)d(\hbar\omega) = 2 \cdot \left(\dfrac{L}{2\pi}\right)^3 k^2 dk \cdot 4\pi$ となる．また，$k = \omega/c$ であるから $dk = d\omega/c$．ゆえに $\rho(\hbar\omega) = \dfrac{L^3\omega^2}{\pi^2\hbar c^3}$．問題 2.2 で

$$c^2|\boldsymbol{P}|\sum_\lambda c^2\hbar k_\lambda \left(n_\lambda + \frac{1}{2}\right) = \sum_\omega I(\omega)\Delta\omega = \sum_\omega \rho(\hbar\omega)\Delta(\hbar\omega) \cdot c\hbar\omega \left\{n(\omega) + \frac{1}{2}\right\}.$$

したがって $I(\omega) = c\hbar^2\omega\rho(\hbar\omega)\left\{n(\omega) + \dfrac{1}{2}\right\} = \dfrac{L^3\hbar\omega^3}{\pi^2 c^2}\left\{n(\omega) + \dfrac{1}{2}\right\}.$

古典的に理解できる程度に振動子数 $n(\omega)$ が十分大きければ

$$I(\omega) = (L^3\hbar\omega^3/\pi^2 c^2)n(\omega).$$

4.1 $Q_\lambda = q_\lambda + q_\lambda{}^*,\ P_\lambda = -i\omega_\lambda(q_\lambda - q_\lambda{}^*)$ に対して正準方程式

$$\frac{dQ_\lambda}{dt} = \frac{\partial\mathcal{H}}{\partial P_\lambda}, \qquad \frac{dP_\lambda}{dt} = -\frac{\partial\mathcal{H}}{\partial Q_\lambda}$$

を用いると

$$\frac{d}{dt}(q_\lambda \pm q_\lambda{}^*) = -i\omega_\lambda(q_\lambda \mp q_\lambda{}^*) \mp \frac{i}{2\omega_\lambda}\sum_j e_j\boldsymbol{v}_j \cdot (\boldsymbol{A}_\lambda(\boldsymbol{r}_j) \mp \boldsymbol{A}_\lambda{}^*(\boldsymbol{r}_j))$$

を得る．これから

$$\frac{d}{dt}q_\lambda = -i\omega_\lambda q_\lambda + \frac{i}{2\omega_\lambda}\sum_j e_j \boldsymbol{v}_j \cdot \boldsymbol{A}_\lambda{}^*(\boldsymbol{r}_j),$$

$$\frac{d}{dt}q_\lambda{}^* = -i\omega_\lambda q_\lambda{}^* - \frac{i}{2\omega_\lambda}\sum_j e_j \boldsymbol{v}_j \cdot \boldsymbol{A}_\lambda(\boldsymbol{r}_j)$$

を得る．これを再び時間で微分し

$$\frac{d^2}{dt^2}q_\lambda + \omega_\lambda{}^2 q_\lambda = \left(1 + \frac{i}{\omega_\lambda}\frac{d}{dt}\right)\sum_j \frac{e_j}{2}\boldsymbol{v}_j \cdot \boldsymbol{A}_\lambda{}^*(\boldsymbol{r}_j),$$

$$\frac{d^2}{dt^2}q_\lambda{}^* + \omega_\lambda{}^2 q_\lambda{}^* = \left(1 - \frac{i}{\omega_\lambda}\frac{d}{dt}\right)\sum_j \frac{e_j}{2}\boldsymbol{v}_j \cdot \boldsymbol{A}_\lambda(\boldsymbol{r}_j)$$

を得る．上式のそれぞれに $\boldsymbol{A}_\lambda(\boldsymbol{r}), \boldsymbol{A}_\lambda{}^*(\boldsymbol{r})$ をかけて，辺々和をとり，さらに

$$\sum_\lambda \{\omega_\lambda{}^2 q_\lambda \boldsymbol{A}_\lambda(\boldsymbol{r}) + \omega_\lambda{}^2 q_\lambda{}^* \boldsymbol{A}_\lambda{}^*(\boldsymbol{r})\} = \sum_\lambda \{-c^2 \Delta q_\lambda \boldsymbol{A}_\lambda(\boldsymbol{r}) - c^2 \Delta q_\lambda{}^* \boldsymbol{A}_\lambda{}^*(\boldsymbol{r})\}$$

$$= -c^2 \Delta \boldsymbol{A}(\boldsymbol{r})$$

を用いると

$$\left(\frac{\partial^2}{\partial t^2} - c^2\Delta\right)\boldsymbol{A}(\boldsymbol{r}) = \sum_\lambda \left[\left(1 + \frac{i}{\omega_\lambda}\frac{d}{dt}\right)\sum_j \frac{e_j}{2}(\boldsymbol{v}_j \cdot \boldsymbol{A}_\lambda{}^*(\boldsymbol{r}_j))\boldsymbol{A}_\lambda(\boldsymbol{r})\right.$$
$$\left.+ \left(1 - \frac{i}{\omega_\lambda}\frac{d}{dt}\right)\sum_j \frac{e_j}{2}(\boldsymbol{v}_j \cdot \boldsymbol{A}_\lambda(\boldsymbol{r}_j))\boldsymbol{A}_\lambda{}^*(\boldsymbol{r})\right]. \qquad (1)$$

ヒントに注意すれば，

$$\sum_\lambda (\boldsymbol{v}_j \cdot \boldsymbol{A}_\lambda{}^*(\boldsymbol{r}_j))\boldsymbol{A}_\lambda(\boldsymbol{r}) = \frac{1}{\epsilon_0 L^3}\sum_{\boldsymbol{k}_\lambda}\{\boldsymbol{v}_j - (\boldsymbol{v}_j \cdot \boldsymbol{k}_\lambda)\boldsymbol{k}_\lambda/k_\lambda{}^2\}e^{i\boldsymbol{k}_\lambda \cdot (\boldsymbol{r}-\boldsymbol{r}_j)}$$

$$= \frac{1}{\epsilon_0 L^3}\left\{\boldsymbol{v}_j \sum_{\boldsymbol{k}_\lambda} e^{i\boldsymbol{k}_\lambda \cdot (\boldsymbol{r}-\boldsymbol{r}_j)} + i\,\mathrm{grad}\sum_{\boldsymbol{k}_\lambda}(\boldsymbol{v}_j \cdot \boldsymbol{k}_\lambda)e^{i\boldsymbol{k}_\lambda \cdot (\boldsymbol{r}-\boldsymbol{r}_j)}/k_\lambda{}^2\right\}$$

$$= \frac{1}{\epsilon_0 L^3}\left\{\boldsymbol{v}_j L^3 \delta(\boldsymbol{r}-\boldsymbol{r}_j) + i\,\mathrm{grad}\sum_{\boldsymbol{k}} i\frac{\partial}{\partial t}e^{i\boldsymbol{k}_\lambda \cdot (\boldsymbol{r}-\boldsymbol{r}_j)}/k_\lambda{}^2\right\}$$

$$= \frac{1}{\epsilon_0}\left\{\boldsymbol{v}_j \delta(\boldsymbol{r}-\boldsymbol{r}_j) - \frac{1}{4\pi}\mathrm{grad}\,\frac{\partial}{\partial t}\frac{1}{|\boldsymbol{r}-\boldsymbol{r}_j|}\right\}$$

と変形される．ゆえに (1) は c^2 でわって

$$\left(\frac{1}{c^2}\frac{\partial^2}{\partial t^2} - \Delta\right)\boldsymbol{A}(\boldsymbol{r}) = \mu_0 \sum_j e_j \boldsymbol{v}_j \delta(\boldsymbol{r}-\boldsymbol{r}_j) - \frac{1}{c^2}\mathrm{grad}\,\frac{\partial}{\partial t}\sum_j \frac{e_j/4\pi\epsilon_0}{|\boldsymbol{r}-\boldsymbol{r}_j|}.$$

4.2 $\psi' = \psi u$ と書くと

$$\left\{ i\hbar \frac{\partial}{\partial t} + e\left(\phi + \frac{\partial \chi}{\partial t}\right)\right\}\psi' = u\left\{i\hbar \frac{\partial}{\partial t} + e\phi\right\}\psi + \psi\left\{i\hbar \frac{\partial u}{\partial t} + eu\frac{\partial \chi}{\partial t}\right\},$$

$$\left\{\frac{\hbar}{i}\nabla + e(\boldsymbol{A} - \operatorname{grad}\chi)\right\}\psi' = u\left\{\frac{\hbar}{i}\nabla + e\boldsymbol{A}\right\}\psi + \psi\left\{\frac{\hbar}{i}(\nabla u) - eu(\nabla\chi)\right\}$$

であり，さらにこれから次式が求められる．

$$\left\{\frac{\hbar}{i}\nabla + e(\boldsymbol{A} - \operatorname{grad}\chi)\right\}^2\psi' = u\left(\frac{\hbar}{i}\nabla + e\boldsymbol{A}\right)^2\psi$$
$$+ 2\left(\left\{\frac{\hbar}{i}\nabla + e\boldsymbol{A}\right\}\psi\right)\left(\left\{\frac{\hbar}{i}\nabla - e(\nabla\chi)\right\}u\right) + \psi\left\{\frac{\hbar}{i}\nabla - e(\nabla\chi)\right\}^2 u.$$

これらから，シュレディンガー方程式が不変であるには

$$i\hbar\frac{\partial u}{\partial t} + eu\frac{\partial \chi}{\partial t} = 0, \quad \frac{\hbar}{i}\nabla u - eu(\nabla\chi) = 0$$

でなくてはならない．この解は $u = \exp\left\{i\frac{e}{\hbar}\chi(\boldsymbol{r},t)\right\}$ である．

5.1 $\boldsymbol{p} = -i\hbar\nabla$ を用いると

$$\boldsymbol{A}\cdot\boldsymbol{p} - \boldsymbol{p}\cdot\boldsymbol{A} = (-i\hbar)(\boldsymbol{A}\cdot\nabla - \nabla\cdot\boldsymbol{A}) = (-i\hbar)\{\boldsymbol{A}\cdot\nabla - \operatorname{div}\boldsymbol{A} - \boldsymbol{A}\cdot\nabla\}$$
$$= i\hbar\operatorname{div}\boldsymbol{A} = 0$$

5.2 (i) $[p_x{}^2, x] = p_x[p_x, x] - [x, p_x]p_x = (2\hbar/i)p_x, \quad [\mathcal{H}_e, \boldsymbol{r}] = (\hbar/im)\boldsymbol{p}.$

(ii) $\langle\psi_b|\boldsymbol{p}|\psi_a\rangle = (im/\hbar)\langle\psi_b|[\mathcal{H}_e,\boldsymbol{r}]|\psi_a\rangle = (im/\hbar)\langle\psi_b|\mathcal{H}_e\boldsymbol{r} - \boldsymbol{r}\mathcal{H}_e|\psi_a\rangle$
$$= (im/\hbar)\langle\psi_b|E_b\boldsymbol{r} - \boldsymbol{r}E_a|\psi_a\rangle = (im/\hbar)(E_b - E_a)\langle\psi_b|\boldsymbol{r}|\psi_a\rangle.$$

5.3 (i) $[\mathcal{H}_e, x_i] = (\hbar/im)p_i$ であるから

$$p_i x_j + x_i p_j = \frac{im}{\hbar}\{[\mathcal{H}_e, x_i]x_j + x_i[\mathcal{H}_e, x_j]\} = \frac{im}{\hbar}(\mathcal{H}_e x_i x_j - x_i x_j \mathcal{H}_e).$$

(ii) $-i\langle\psi_b|(\boldsymbol{p}\cdot\boldsymbol{e})(\boldsymbol{k}\cdot\boldsymbol{r})|\psi_a\rangle = -i\sum_{ij}e_i k_j\langle\psi_b|p_i x_j|\psi_a\rangle.$

ところで $p_i x_j = \frac{1}{2}(p_i x_j + x_i p_j + (\hbar/i)\delta_{ij})$, $\sum_{ij}e_i k_j \delta_{ij} = \sum_i e_i k_i = 0$ であるから

$$-i\langle\psi_b|(\boldsymbol{p}\cdot\boldsymbol{e})(\boldsymbol{k}\cdot\boldsymbol{r})|\psi_a\rangle = \left(-\frac{i}{2}\right)\sum_{ij}e_i k_j\langle\psi_b|p_i x_j + x_j p_i|\psi_a\rangle$$
$$= \left(-\frac{i}{2}\right)\sum_{ij}e_i k_j\langle\psi_b|(p_i x_j + x_i p_j) - (x_i p_j - x_j p_i)|\psi_a\rangle$$
$$= \frac{m}{2\hbar}\sum_{ij}e_i k_j\langle\psi_b|\mathcal{H}_e x_i x_j - x_i x_j \mathcal{H}_e|\psi_a\rangle + \frac{i}{2}\langle\psi_b|(\boldsymbol{e}\times\boldsymbol{k})\cdot(\boldsymbol{r}\times\boldsymbol{p})|\psi_a\rangle$$
$$= \frac{m}{2\hbar}(E_b - E_a)\langle\psi_b|(\boldsymbol{e}\cdot\boldsymbol{r})(\boldsymbol{k}\cdot\boldsymbol{r})|\psi_a\rangle + \frac{i}{2}(\boldsymbol{e}\times\boldsymbol{k})\cdot\langle\psi_b|(\boldsymbol{r}\times\boldsymbol{p})|\psi_a\rangle.$$

6.1 $\sum_{e_\lambda}|\boldsymbol{e}_\lambda\cdot(\boldsymbol{r})_{ba}|^2 = \sum_{e_\lambda}((\boldsymbol{r})_{ba}\cdot\boldsymbol{e}_\lambda)(\boldsymbol{e}_\lambda\cdot(\boldsymbol{r})_{ba})$

$$= \{(\boldsymbol{r})_{ba} - ((\boldsymbol{r})_{ba} \cdot \boldsymbol{k}_\lambda/k_\lambda)\boldsymbol{k}_\lambda/k_\lambda\} \cdot (\boldsymbol{r})_{ba} = (\boldsymbol{r})_{ba} \cdot (\boldsymbol{r})_{ba} - \{(\boldsymbol{r})_{ba} \cdot \boldsymbol{k}_\lambda/k_\lambda\}^2$$
$$= |(\boldsymbol{r})_{ba}|^2(1 - \cos^2\theta) = |(\boldsymbol{r})_{ba}|^2 \sin^2\theta.$$

したがって $\displaystyle\sum_{e_\lambda} w = \dfrac{e^2\omega^3}{8\pi^2\epsilon_0\hbar c^3}\bar{n}_\lambda|(\boldsymbol{r})_{ba}|^2 \sin^2\theta \cdot \delta(\hbar\omega_{ba} - \hbar\omega).$

6.2 $\displaystyle\int \sin^2\theta d\Omega = 8\pi/3$ であるから w の偏りと立体角についての平均 W_A は

$$W_A = \frac{1}{8\pi}\sum_{e_\lambda}\int w d\Omega = \frac{e^2\omega_{ba}{}^3}{24\pi^2\epsilon_0\hbar c^3}\bar{n}_\lambda|(\boldsymbol{r})_{ba}|^2.$$

また, $I_0(\omega) = (\hbar\omega^3/8\pi^3 c^2)\bar{n}(\omega)$ を用いると $W_A = \dfrac{4\pi^2}{3}\dfrac{e^2}{4\pi\epsilon_0\hbar^2 c}|(\boldsymbol{r})_{ba}|^2 I_0(\omega_{ba}).$

6.3 計算は例題 6 から問題 6.1, 6.2 まで行なったことをそのまま実行すればよく, 唯一の違いは, 放出の遷移確率を求めたいから

$$n_\lambda \longrightarrow n_\lambda + 1$$

となることである. ゆえに

$$W_E = \frac{e^2\omega_{ba}{}^3}{24\pi^2\epsilon_0\hbar c^3}(\bar{n}_\lambda + 1)|(\boldsymbol{r})_{ba}|^2$$
$$= \frac{4\pi^2}{3}\frac{e^2}{4\pi\epsilon_0\hbar^2 c}|(\boldsymbol{r})_{ba}|^2 I_0(\omega_{ba}) + \frac{e^2\omega_{ba}{}^3}{24\pi^2\epsilon_0\hbar c^3}|(\boldsymbol{r})_{ba}|^2.$$

6.4 問題 6.3 より自然放出の単位立体角当り, 偏り当りの確率は $\dfrac{e^2\omega_{ba}{}^3}{24\pi^2\epsilon_0\hbar c^3}|(\boldsymbol{r})_{ba}|^2$ であるから, 立体角についての積分と偏りについての縮退度 2 を考慮し, 8π 倍して

$$\frac{4e^2\omega_{ba}{}^3}{12\pi\epsilon_0\hbar c^3}|(\boldsymbol{r})_{ba}|^2 = \frac{4}{3}\left(\frac{e^2}{4\pi\epsilon_0\hbar c}\right)\left(\frac{|(\boldsymbol{r})_{ba}|^2}{c^2}\right)\omega_{ba}{}^3.$$

6.5 ヒントにより $e^{-\hbar\omega_{ba}/kT}\left(I_0(\omega_{ba}) + \dfrac{\hbar\omega^3}{8\pi^3 c^2}\right) = I_0(\omega_{ba}).$ ゆえに

$$I_0(\omega_{ba}) = \frac{\hbar\omega^3}{8\pi^3 c^2}(e^{\hbar\omega_{ba}/kT} - 1)^{-1} = \frac{\hbar\omega^3}{8\pi^3 c^2}n(\omega_{ba})$$

より

$$n(\omega) = \frac{1}{e^{\hbar\omega/kT} - 1}.$$

7.1 (i) 母関数表示 $S(t, x) = \dfrac{1}{\sqrt{1 - 2tx + t^2}} = \displaystyle\sum_{l=0}^{\infty}P_l(x)t^l$ を t および x で微分して

$$(1 - 2tx + t^2)\frac{dS(t, x)}{dt} + (t - x)S(t, x) = 0, \tag{1}$$

$$(1 - 2tx + t^2)\frac{dS(t, x)}{dx} - tS(t, x) = 0. \tag{2}$$

(1) を書きなおして

$$(1-2tx+t^2)\sum_{l=0}^{\infty}lP_l(t)t^{l-1}+(t-x)\sum_{l=0}^{\infty}P_l(t)t^l$$
$$=\sum_{l=0}^{\infty}t^l\{(l+1)P_{l+1}(x)-(2l+1)xP_l(x)+lP_{l-1}(x)\}=0.$$

ゆえに $(l+1)P_{l+1}(x)-(2l+1)xP_l(x)+lP_{l-1}(x)=0.$ (3)

(2) を書きなおして
$$(1-2tx+t^2)\sum_{l=0}^{\infty}t^lP_l'(x)-\sum_{l=0}^{\infty}t^{l+1}P_l(t)$$
$$=\sum_{l=0}^{\infty}t^{l+1}\{P_{l+1}'(x)-2xP_l'(x)+P_{l-1}'(x)-P_l(x)\}=0.$$

ゆえに $P_{l+1}'(x)-2xP_l'(x)+P_{l-1}'(x)-P_l(x)=0.$ (4)

さらに (3) を x で微分すると,
$$(l+1)P_{l+1}'(x)-(2l+1)xP_l'(x)+lP_{l-1}'(x)-(2l+1)P_l(x)=0. \quad (5)$$

(5) $-l\times$ (4) より $\dfrac{d}{dx}P_{l+1}(x)-x\dfrac{d}{dx}P_l(x)-(l+1)P_l(x)=0.$ (6)

以上, (6) および (3) が求める式である.

(ii) (3) を m 回微分して
$$(l+1)\frac{d^m}{dx^m}P_{l+1}-(2l+1)\left[m\frac{d^{m-1}}{dx^{m-1}}P_l+x\frac{d^m}{dx^m}P_l\right]+l\frac{d^m}{dx^m}P_{l-1}=0.$$

これに $(1-x^2)^{m/2}$ をかけて
$$(l+1)P_{l+1}^m-(2l+1)m(1-x^2)^{1/2}P_l^{m-1}-(2l+1)xP_l^m+lP_{l-1}^m=0. \quad (7)$$

(6) を m 回微分して $(1-x^2)^{(m+1)/2}$ をかけると
$$P_{l+1}^{m+1}-(l+m+1)(1-x^2)^{1/2}P_l^m-xP_l^{m+1}=0$$

を得る. 最後の項 xP_l^{m+1} を (7) を用いて書きなおすと, 整理して
$$(2l+1)(1-x^2)^{1/2}P_l^m=P_{l+1}^{m+1}-P_{l-1}^{m+1}. \quad (8)$$

(7), (8) より $(1-x^2)^{1/2}P_l^m$ を消去して
$$(l+1)P_{l+1}^m-m(P_{l+1}^m-P_{l-1}^m)-(2l+1)xP_l^m+lP_{l-1}^m=0,$$

したがって $(2l+1)xP_l^m=(l-m+1)P_{l+1}^m+(l+m)P_{l-1}^m.$ (9)

(7), (8), (9) が求める式である.

(iii) $(1-x^2)^{1/2}\dfrac{d}{dx}P_l^m=(1-x^2)^{1/2}\dfrac{d}{dx}(1-x^2)^{m/2}\dfrac{d^m}{dx^m}P_l$
$$=-mx(1-x^2)^{(m-1)/2}\frac{d^m}{dx^m}P_l+(1-x^2)^{(m+1)/2}\frac{d^{m+1}P_l}{dx^{m+1}}$$
$$=-mx(1-x^2)^{-1/2}P_l^m+P_l^{m+1}. \quad (10)$$

次にルジャンドルの陪微分方程式を
$$\frac{d}{dx}\left\{(1-x^2)\frac{dP_l^m}{dx}\right\} + \left\{l(l+1) - \frac{m^2}{1-x^2}\right\}P_l^m$$
$$= \left[(1-x^2)^{1/2}\frac{d}{dx} - (m+1)x(1-x^2)^{-1/2}\right] \times$$
$$\left[(1-x^2)^{1/2}\frac{d}{dx} + mx(1+x^2)^{-1/2}\right]P_l^m + \{l(l+1) - m(m+1)\}P_l^m = 0$$

と変形して (10) を代入すると
$$(1-x^2)^{1/2}\frac{d}{dx}P_l^{m+1} - (m+1)x(1-x^2)^{-1/2}P_l^{m+1}$$
$$+ \{l(l+1) - m(m+1)\}P_l^m = 0.$$

$m \to m-1$ として
$$(1-x^2)^{1/2}\frac{d}{dx}P_l^m - mx(1-x^2)^{-1/2}P_l^m + \{l(l+1) - m(m-1)\}P_l^{m-1} = 0. \quad (11)$$

(10) と (11) より $(1-x^2)^{1/2}\dfrac{d}{dx}P_l^m$ を消去して
$$P_l^{m+1} - 2mx(1-x^2)^{-1/2}P_l^m + (l+m)(l-m+1)P_l^{m-1} = 0. \quad (12)$$

(iv)　(12) より
$$(2l+1)(1-x^2)^{1/2}P_l^{m+1} - 2m(2l+1)xP_l^m$$
$$+ (l+m)(l-m+1)(2l+1)(1-x^2)^{1/2}P_l^{m-1} = 0.$$

第2項に (9), 第3項に (8) を用いて変形し
$$(2l+1)(1-x^2)^{1/2}P_l^{m+1} - 2m\{(l-m+1)P_{l+1}^m + (l+m)P_{l-1}^m\}$$
$$+ (l+m)(l-m+1)\{P_{l+1}^m - P_{l-1}^m\} = 0.$$

整理して
$$(2l+1)(1-x^2)^{1/2}P_l^{m+1} + (l-m)(1-m+1)P_{l+1}^m$$
$$- (l+m)(l+m+1)P_{l-1}^m = 0 \quad (13)$$

を得る.

7.2　$(\boldsymbol{e}\cdot\boldsymbol{r})(\boldsymbol{k}\cdot\boldsymbol{r}) = r^2(e_-\sin\theta\, e^{i\phi} + e_+\sin\theta\, e^{-i\phi} + e_z\cos\theta)$
$$\times(k_-\sin\theta\, e^{i\phi} + k_+\sin\theta\, e^{-i\phi} + k_z\cos\theta)$$
$$= r^2\{e_-k_-\sin^2\theta\, e^{2i\phi} + e_+k_+\sin^2\theta\, e^{-2i\phi}$$
$$+ (e_-k_z + e_zk_-)\sin\theta\cos\theta\, e^{i\phi}$$
$$+ (e_+k_z + e_zk_+)\sin\theta\cos\theta\, e^{-i\phi}$$
$$+ (e_zk_z\cos^2\theta + e_+k_-\sin^2\theta + e_-k_+\sin^2\theta)\}.$$

ただし $e_+ = (e_x + ie_y)/2$, $k_+ = (k_x + ik_y)/2$, $e_- = e_+^*$, $k_- = k_+^*$ で，また

$$\boldsymbol{e}\cdot\boldsymbol{k} = e_x k_x + e_y k_y + e_z k_z = 2(e_+ k_- + e_- k_+) + e_z k_z = 0.$$

したがって

$$\begin{aligned}(\boldsymbol{e}\cdot\boldsymbol{r})(\boldsymbol{k}\cdot\boldsymbol{r}) = r^2\{&e_- k_- \sin^2\theta e^{2i\phi} + e_+ k_+ \sin^2\theta e^{-2i\phi}\\ &+(e_- k_z + e_z k_-)\sin\theta\cos\theta e^{i\phi}\\ &+(e_+ k_z + e_z k_+)\sin\theta\cos\theta e^{-i\phi} + (e_+ k_- + e_- k_+)(1-3\cos^2\theta)\}.\end{aligned}$$

ルジャンドル陪多項式の漸化式より

$$\sin^2\theta e^{\pm 2i\phi}Y_{lm} = A_\pm Y_{l+2,m\pm 2} + B_\pm Y_{l,m\pm 2} + C_\pm Y_{l-2,m\pm 2},$$
$$\sin\theta\cos\theta e^{\pm i\phi}Y_{lm} = A'_\pm Y_{l+2,m\pm 1} + B'_\pm Y_{l,m\pm 1} + C'_{\pm'} Y_{l-2,m\pm 1},$$
$$(1-3\cos^2\theta)Y_{lm} = A''Y_{l+2,m} + B''Y_{l,m} + C''Y_{l-2,m}.$$

したがって $\psi_b = R_b Y_{l'm'}$, $\psi_a = R_a Y_{lm}$ と書くと $\langle\psi_b|(\boldsymbol{e}\cdot\boldsymbol{r})(\boldsymbol{k}\cdot\boldsymbol{r})|\psi_a\rangle$ は容易に計算でき，次のようにまとめられる．

$$\Delta l = 0, \pm 2, \quad \Delta m = 0, \pm 1, \pm 2$$

また $(\boldsymbol{e}\cdot\boldsymbol{r})(\boldsymbol{k}\cdot\boldsymbol{r})$ はスピンを含まぬからスピン角運動量は保存される．

7.3 $\langle\psi_b|(\boldsymbol{r}\times\boldsymbol{p})|\psi_a\rangle = \langle\psi_b|\boldsymbol{l}|\psi_a\rangle$ によって選択則が決まる．したがってもちろんスピン角運動量は保存し，かつ $\Delta l = 0$, $\Delta m = 0$ (l_z), ± 1 (l_x, l_y).

7.4 $\langle\psi_b|\boldsymbol{s}|\psi_a\rangle$ によって選択則が決まっている．ψ_a, ψ_b は陽にスピン関数を含めて書く必要があるが，もちろん

$$\Delta s = 0, \quad \Delta m_s = 0 : (\boldsymbol{B}//z), \quad \pm 1 : (\boldsymbol{B}//x\text{-}y\text{ 面}).$$

軌道角運動量については

$$\Delta l = 0, \quad \Delta m = 0.$$

7.5 自由電子の始状態，終状態の運動量をそれぞれ $\boldsymbol{p}_i, \boldsymbol{p}_f$ と書く．吸収または放出される光の運動量を $\hbar\boldsymbol{k}$ と書くと，エネルギーおよび運動量保存則は

$$\frac{1}{2m}(p_f^2 - p_i^2) = \pm\hbar ck,$$
$$\boldsymbol{p}_f - \boldsymbol{p}_i = \pm\hbar\boldsymbol{k}.$$

上の式で双方の右辺が $+\hbar ck$ または $+\hbar\boldsymbol{k}$ の場合のみ考えておけば十分である (吸収)．反対の場合 (放出) には，$f \rightleftarrows i$ を行なえばよい．第2式より $(\boldsymbol{p}_f\cdot\boldsymbol{p}_i) = p_f p_i \cos\theta$ として

$$\hbar k = |\boldsymbol{p}_f - \boldsymbol{p}_i| = \sqrt{p_f^2 + p_i^2 - 2p_f p_i \cos\theta} \geq \sqrt{p_f^2 + p_i^2 - 2p_f p_i} = p_f - p_i.$$

これを第1式に代入すると $\dfrac{1}{2m}(p_f^2 - p_i^2) \geq c(p_f - p_i)$.

ゆえに $\dfrac{p_f}{m} + \dfrac{p_i}{m} \geq 2c$ となり，これは光速の条件に反する．

8.1 例題 8 で $\varphi_0 = \varphi_{100} = \frac{1}{\sqrt{\pi a_0^3}} e^{-r/a_0}$ とすればよい.

$$\int e^{i\boldsymbol{K}\cdot\boldsymbol{r}} e^{-r/a_0} d\boldsymbol{r} = \frac{4\pi}{K} \int_0^\infty \sin Kr \, e^{-r/a_0} r dr = \frac{8\pi a_0^3}{(1+a_0^2 K^2)^2}$$

を代入して $w = \frac{32nk'(\boldsymbol{e}\cdot\boldsymbol{k}')^2}{L^3\omega} a_0^3 \frac{e^2}{4\pi\epsilon_0 m} (1+a_0^2 K^2)^{-4}$, $\frac{\hbar^2 k'^2}{2m} = E_0 + \hbar\omega$.

8.2 入射粒子の個数が nc/L^3 であるから,入射粒子 1 個当りの微分散乱断面積とし,

$$\frac{d\sigma}{d\Omega} = \frac{1}{(nc/L^3)} w$$

であるから

$$d\sigma d\Omega = \frac{32}{\omega} k'(\boldsymbol{e}\cdot\boldsymbol{k}')^2 \frac{e^2}{4\pi\epsilon_0 mc} \frac{a_0^3}{(1+a_0^2 K^2)^4} \tag{1}$$

ここで,与えられた定義 $\boldsymbol{k}\cdot\boldsymbol{k}' = kk'\cos\theta$ より θ は $\boldsymbol{k}$ と $\boldsymbol{k}'$ のつくる角度であることが知れる.さらに $\boldsymbol{k}'$ と $\boldsymbol{k}$ のつくる平面と $\boldsymbol{e}$ と $\boldsymbol{k}$ のつくる平面が成す角を ϕ とすると,

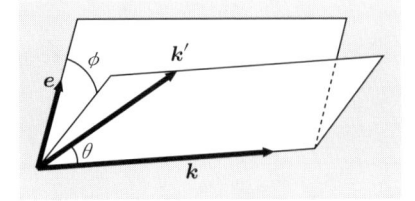

$$(\boldsymbol{e}\cdot\boldsymbol{k}') = k'\sin\theta\cos\phi.$$

また $K^2 = k^2 + k'^2 - 2kk'\cos\theta$ および $\omega = ck$ を用いると

$$1 + a_0^2 K^2 = \frac{a_0^2}{\hbar^2}\left(\frac{\hbar^2}{a_0^2} + \hbar^2 k^2 + \hbar^2 k'^2 - 2\hbar^2 kk'\cos\theta\right)$$

$$= \frac{a_0^2}{\hbar^2}(2m\hbar\omega + \hbar^2 k^2 - 2\hbar^2 kk'\cos\theta)$$

$$= \frac{a_0^2}{\hbar^2}\cdot\hbar k(2mc + \hbar k - 2\hbar k'\cos\theta) \approx \frac{a_0^2}{\hbar^2}\hbar k\cdot 2mc\left(1 - \frac{\hbar k'}{mc}\cos\theta\right)$$

$$= \frac{a_0^2}{\hbar^2}\hbar k\cdot 2mc\left(1 - \frac{v}{c}\cos\theta\right) \tag{2}$$

と評価できる.ここで $\hbar\omega = \hbar ck \ll mc^2$ を用いた.$\hbar k' = mv \approx \sqrt{2m\hbar\omega}$ として (1) へ (2) を代入すると

$$\frac{d\sigma}{d\Omega} = 64 \frac{e^2}{4\pi\epsilon_0 \hbar c} a_0^2 \left(\frac{|E_0|}{\hbar\omega}\right)^{7/2} \frac{\sin^2\theta\cos^2\phi}{\{1-(v/c)\cos\theta\}^4}.$$

$v/c \ll 1$ の場合には $\int \sin^2\theta\cos^2\phi \, d\Omega = 4\pi/3$ であるから

$$\sigma = 64 \frac{e^2}{4\pi\epsilon_0 \hbar c}\cdot\frac{4\pi a_0^2}{3}\left(\frac{|E_0|}{\hbar\omega}\right)^{7/2}.$$

索 引

あ 行

イオン化エネルギー　111
位相のずれ　132
1光子過程　157
1次振動　54
1電子密度　117
一般化運動量　12
一般化座標　12
一般化された角運動量　90, 94
ウィグナー係数　167
内向き球面波　137
永年方程式　60
エーレンフェストの定理　10
エネルギー固有関数　6
エネルギーバンド　148
エルミート演算子　16
エルミート共役　15
エルミート行列　15
エルミート性　15
エルミート多項式　36, 167
演算子　6
遠心力ポテンシャル　119

か 行

回折現象　2
ガウス型波束　28
ガウント (Gaunt) 係数　165
殻　119
角運動量の合成　94
角運動量のベクトルモデル　79
確定特異点　50
確率　5
確率の流れの密度　5, 128, 143
確率密度　5
下降演算子　80
偏りの方向　150
換算質量　48
規格化条件　5
規格直交関係　78
期待値　6
基底状態　123
軌道角運動量　77
軌道のエネルギー　109
球座標　45

球座標表示　80
吸収　157
球対称ポテンシャル　79, 110
球ノイマン関数　52
球ベッセル関数　52
球面調和関数　46, 77, 167
球面調和関数の規格直交関係　82
許容状態　148
許容遷移　158
禁止状態　148
禁止遷移　158
偶奇性 (パリティ)　31
クーロン・ゲージ　149
クーロン・ブロッケード　148
クーロン積分　109, 114
グリーン関数　136
グリーン関数の積分表示　137
クレブシュ・ゴーダン係数　95, 167
クローニッヒ・ペニーモデル　146
ゲージ変換　150, 156
ケット・ベクトル　169
原子形状因子　142
原子構造　108
原子単位　3
原子内の電子状態　119
光学定理　134
交換エネルギー　118
交換関係　79
交換子　13
交換積分　114
交換相互作用　113, 118
光子　149
光子の数　152
剛体球による散乱　133
剛体球ポテンシャル　133
光電効果　158, 166
光量子仮説　1
コヒーレント散乱　161
固有値問題　6
コンプトン効果　158

さ 行

歳差運動　79, 93
座標の交換　112
座標を交換する演算子　115
作用　1
三角不等式　17
散乱　126
散乱角　127, 130
散乱振幅　127
散乱波　128
散乱問題の境界条件　127
散乱粒子　127
時間に依存した摂動　65
時間に依存しないシュレディンガー方程式　6
磁気双極子遷移　161
磁気量子数　46, 119
仕事関数　145
自己無撞着な波動関数　110
自己無撞着場　110
自然放出　157
実験室系　127
磁場中の電子　100
周期的境界条件　24
周期ポテンシャル　146
周期律　119
重心系　127
重心座標　129
自由な輻射場の量子化　151
自由粒子のシュレディンガー方程式　3
縮退　27, 120
縮退度　99, 121
シュタルク効果　59
シュミットの直交化法　17
主量子数　47, 119
シュレディンガー表示　44
シュレディンガー方程式　3, 5
シュワルツの不等式　17
昇降演算子　80
上昇演算子　80
衝突　126
消滅演算子　43, 152

水素様原子の動径波動関数 167
スカラー・ポテンシャル 22, 149
スピノル 89
スピン 88
スピン・軌道相互作用 101, 104, 106, 107, 119, 121
スピン角運動量 88
スピン角運動量成分の行列表示 89
スピン関数 88
スピン関数の規格直交関係 89
スピン座標 88, 94
スピン量子数 119
スレーター行列式 113, 118
スレーター行列式の規格直交性 116
ずれの演算子 170
正準方程式 12
生成演算子 43, 152
ゼーマン・エネルギー 100, 102, 106, 107
ゼーマン効果 100
摂動ハミルトニアン 54
摂動論 54
遷移 66
遷移確率 66
全角運動量 95, 121
全軌道角運動量 121
線形演算子 14
全質量 48
全スピン角運動量 121
選択則 158
全断面積 128
相関 113, 115
双極子近似 158
相対運動 126
相対座標 129
束縛エネルギー 119
束縛状態 31
外向き球面波 127, 137

た 行

第1ボルン近似 139
対称 112
対称和 115

多重項 120
多重度 121
多電子系 108
弾性散乱 126
単電子トンネル 148
断熱近似 70
逐次近似 54, 65
調和振動子 36
直交性 17
低エネルギー散乱 133
定常状態 6
ディラックの δ 関数 24
電気 4 重極子遷移 161
電気双極子遷移 158
電気双極子モーメント 72
電子間相互作用 120
電子間のクーロン相互作用 108
電子配置 119
電磁場の全エネルギー 151
電磁場の方程式 149
ド・ブロイ波 2
ド・ブロイ波長 2
透過率 143
動径波動関数 46
動径量子数 47
同種粒子 112
同種粒子の系 112
同値な軌道 120
トンネル効果 143

な 行

2 光子過程 161
2 次摂動 55
2 電子密度 117
入射波 136
入射フラックス 127
入射平面波 128
入射粒子 127

は 行

ハートリー・フォック近似 113
ハートリー・フォック方程式 113, 118
ハートリー近似 108
ハートリー方程式 109, 111

ハイゼンベルクの運動方程式 23
ハイゼンベルク表示 44
排他律 112, 124
パウリ行列 90
パウリの原理 112
箱形ポテンシャル 31
波束 11, 24, 25
波動関数 3
ハミルトン関数 (ハミルトニアン) 12
ハミルトン方程式 12
パリティ 78
パリティ演算子 78
パリティが奇 79
パリティが偶 79
ハンケル関数 52
反交換子 13
反射率 143
反対称 112
反対称和 115
微分断面積 128
ビリアル定理 11
フェルミオン 112
フェルミの黄金律 66
フォトン 149
不確定性原理 5, 20
輻射場と荷電粒子の相互作用 156
輻射場の運動量 154
部分波による展開 132
ブラ・ベクトル 169
フントの規則 122
閉殻 119
閉殻構造 123
平均場近似 108
ベクトル・ポテンシャル 22, 149
ヘリウム原子 59
変分原理 73, 109, 111, 113
方位量子数 46, 119
放出 157
ボーア磁子 100
ボーアの原子模型 1
ボーア半径 47
母関数表示 36, 46, 47
ボソン 112

索　引

ボルン近似　136, 139
ボルンの公式　138

ま　行

マックスウェルの方程式　149
無摂動ハミルトニアン　54

や　行

誘導放出　157
ユニタリー演算子　16
ユニタリー行列　15
ユニタリー性　15
ユニタリー変換　99

ら　行

ラグランジュ関数 (ラグランジアン)　12
ラグランジュの方程式　12
ラゲールの陪多項式　47
ラザフォードの散乱公式　71, 142
ラマン散乱　161
離散的束縛状態　135
リップマン・シュウィンガーの方程式　141
粒子数演算子　152
粒子数表示　151
量子数　27
量子力学の行列形式　14
ルジャンドル関数　78
ルジャンドルの多項式　46
ルジャンドルの陪多項式　46
ルジャンドルの陪多項式の直交性　51
ルジャンドル陪関数　78
連続の方程式　149
ローレンツ・ゲージ　150
ロドリーグの公式　36

欧　字

(j, m_j) 表示　102
(m, m_s) 表示　102
LS 結合近似　121
N 電子系の全エネルギー　108, 109, 113
N 電子系の波動関数　108
SI 単位系　3
T 行列　140
V 行列　140
δ 関数　136

著者略歴

岡崎　誠
おか　ざき　まこと

1957年　東京大学理学部物理学科卒業
現　在　筑波大学名誉教授，理学博士

主要著書
「量子力学［新訂版］」
「物質の量子力学」
「べんりな変分原理」

藤原　毅夫
ふじ　わら　たけ　お

1967年　東京大学工学部物理工学科卒業
現　在　東京大学名誉教授，工学博士

主要著書
「常微分方程式」（共著）

セミナー
ライブラリ　物理学＝4

演習　量子力学［新訂版］

1983年 5月25日ⓒ	初　版　発　行
2000年10月10日	初版第21刷発行
2002年 3月10日ⓒ	新　訂　版　発　行
2023年 5月10日	新訂第13刷発行

著　者　岡崎　誠　　　　発行者　森平敏孝
　　　　藤原毅夫　　　　印刷者　大道成則

発行所　株式会社　サイエンス社
〒151-0051　東京都渋谷区千駄ヶ谷1丁目3番25号
営業　☎ (03)5474-8500(代)　振替 00170-7-2387
編集　☎ (03)5474-8600(代)
FAX　☎ (03)5474-8900

印刷・製本　太洋社
《検印省略》

本書の内容を無断で複写複製することは，著作者および出版社の権利を侵害することがありますので，その場合にはあらかじめ小社あて許諾をお求め下さい．

ISBN4-7819-1006-8

PRINTED IN JAPAN

サイエンス社のホームページのご案内
http://www.saiensu.co.jp
ご意見・ご要望は
rikei@saiensu.co.jp　まで